电力变压器运行损耗与节能

刘丽平　牛迎水　编著

中国电力出版社
CHINA ELECTRIC POWER PRESS

内 容 提 要

变压器运行中的电能损耗占电网总电能损耗的 25%～45%。探索研究变压器的损耗特点和规律，提出节能降损措施，是本书的主要目的。

本书主要以国标中不同系列变压器技术参数为依据，以变压器经济运行理论为指导，按照不同电压等级，对常用变压器运行时的功率损耗特点、规律以图、表的形式展示，一目了然、方便快捷，同时，给出了不同的节能策略与节能措施，是一部图文并茂、实用性强的变压器运行节能指导书。

本书既是变压器运行管理人员开展节能增效的良师益友，也是各级电力企业和用电单位开展变压器损耗理论计算和能效管理的工具书，对相关培训机构、研究机构、节能爱好者也具有较大参考价值。

图书在版编目（CIP）数据

电力变压器运行损耗与节能 / 刘丽平，牛迎水编著. —北京：中国电力出版社，2018.2
ISBN 978-7-5198-1738-1

Ⅰ. ①电… Ⅱ. ①刘… ②牛… Ⅲ. ①电力变压器–输送损耗–研究②电力变压器–节能–研究
Ⅳ. ①TM41

中国版本图书馆 CIP 数据核字（2018）第 027144 号

出版发行：中国电力出版社
地　　址：北京市东城区北京站西街 19 号（邮政编码 100005）
网　　址：http://www.cepp.sgcc.com.cn
责任编辑：崔素媛（cuisuyuan@gmail.com）
责任校对：王开云
装帧设计：张　娟
责任印制：杨晓东

印　　刷：三河市航远印刷有限公司
版　　次：2018 年 3 月第一版
印　　次：2018 年 3 月北京第一次印刷
开　　本：787 毫米×1092 毫米　16 开本
印　　张：18.5
字　　数：436 千字
印　　数：0001—2000 册
定　　价：58.00 元

前言

随着我国经济持续地高速发展，电力需求持续快速增长，电力网规模迅速扩张，变压器作为电力转换与分配的关键电气设备，大规模、广泛应用于经济社会各行各业。变压器在运行中要产生大量损耗，其损耗量约占电网总损耗量的25%～45%，因此开展变压器运行损耗研究，总结归纳变压器运行损耗特点与规律，指导运行和管理人员合理使用变压器，提高变压器运行效率，对于节能降耗、降本增效具有重要意义。

本书共11章。第1章介绍了变压器损耗基础知识，第2～9章分别介绍了10kV、20kV、35kV、66kV、110kV、220kV、330kV和500kV电压等级变压器的损耗特性和节能措施，第1～9章主要依据相关国标规定的技术参数。第10章主要依据实际运行的变压器铭牌参数，对750kV和1000kV电压等级变压器运行时的损耗特点、规律以图、表格形式展示，指出了节能策略，总结了节能措施。第11章以220kV变压器为例，对不同双绕组和三绕组变压器之间的技术性能进行计算比较及优化运行分析。只要知道变压器型号容量、参数及负载区间（运行功率范围），就可以快速查出变压器损耗率范围，并获得相应的节能策略和节能措施，一目了然、方便快捷。

“运行变压器，损耗有规律；预控负载区，节能增效益”。希望本书对读者开展变压器节能管理、降本增效能够有所启示和帮助。

本书第1.1、1.3节和第2～6章由国网河南省电力公司鹤壁供电公司牛迎水高级工程师编写，第1.2、1.4节和第7～11章由中国电力科学研究院刘丽平教授级高级工程师编写，并负责全书的统稿工作。华北电力大学硕士研究生张义涛参与了本书部分例题计算和数据整理工作。

本书获得了中国电力科学研究院有限公司专著出版基金资助。在编写过程中得到了中国电力科学研究院系统所及国网河南省电力公司鹤壁供电公司各位领导和同事们的支持和帮助，在此，对他们的关心和帮助表示衷心的感谢。

由于作者水平所限，不足之处在所难免，恳请广大读者和同仁批评指正。

目 录

变压器损耗基础知识

1.1 变压器运行条件与经济运行

变压器运行需要具备一定的条件，在运行过程中，变压器会产生功率损耗，并且其损耗大小随着负载大小的不同而有规律地变化。

1.1.1 变压器的运行条件

1. 一般运行条件

（1）运行电压

变压器的运行电压一般不应高于该运行分接额定电压的 105%，且不得超过系统最高运行电压。对于特殊的使用情况（例如变压器的有功功率可以在任何方向流通），允许在不超过 110%的额定电压下运行；对电流与电压的相互关系如无特殊要求，当负载电流为额定电流的 K（$K \leqslant 1$）倍时，按公式 $U(\%) = 110 - 5K^2$ 对电压 U 加以限制。

在《标准电压》（GB/T 156—2007）中规定了不同电压等级交流三相系统中的变压器最高电压，见表 1–1（表格中括号内数据为用户有要求时使用）。

表 1–1　　不同电压等级的交流三相系统中变压器的最高电压　　kV

序号	变压器最高电压	系统标称电压	序号	变压器最高电压	系统标称电压
1	3.6	3（3.3）	7	126（123）	110
2	7.2	6	8	252（245）	220
3	12	10	9	363	330
4	24	20	10	550	500
5	40.5	35	11	800	750
6	72.5	66	12	1100	1000

（2）分接容量

无励磁调压变压器在额定电压±5%范围内改换分接位置运行时，其额定容量不变。如为

–7.5%和–10%分接时，其容量按制造厂的规定；如无制造厂规定，则容量应相应降低 2.5%和 5%。有载调压变压器各分接位置的容量，按制造厂的规定。

（3）顶层油温

根据《电力变压器运行规程》（DL/T 572—2010），油浸式变压器顶层油温一般不应超过表 1–2 规定（制造厂有规定的按制造厂规定）。当冷却介质温度较低时，顶层油温也相应降低。自然循环冷却变压器的顶层油温一般不宜经常超过 85℃。

表 1–2　油浸式变压器顶层油温在额定电压下的一般限值　℃

冷却方式	冷却介质最高温度	最高顶层油温
自然循环自冷、风冷	40	95
强迫油循环风冷	40	85
强迫油循环水冷	30	70

经改进结构或改变冷却方式的变压器，必要时应通过温升试验确定其负载能力。

（4）三相负载不平衡

当变压器三相负载不平衡时，应监视最大一相的电流。接线为 YNyn0 的大、中型变压器允许的中性线电流，按制造厂及有关规定。接线为 Yyn0（或 YNyn0）和 YZn11（或 YNzn11）的配电变压器，中性线电流的允许值分别为额定电流的 25%和 40%，或按制造厂的规定。

2. 负载电流和温度限值

（1）负载状态

变压器的负载状态通常用负载率来表示。一定时间内，变压器输出的平均视在功率与变压器的额定容量之比，称为变压器的平均负载系数，若用百分数表示，就称为负载率。

全年各小时整点供电负荷中的最大（小）值称为年最大（小）负荷。年最大（小）负荷与变压器的额定有功功率之比的百分数称为年最大（小）负载率。

（2）变压器的轻载、重载与过载

根据《城市配电网运行水平和供电能力评估导则》（Q/DGW 565—2010）规定，变压器的轻载与重载标准规定如下。

1）轻载变压器：年最大负载率小于或等于 20%的变压器。

2）重载变压器：年最大负载率达到或超过 80%且持续 2h 以上的变压器。可选取年最大负荷日的变压器负载率作为单台变压器的年最大负载率。

3）过载变压器：年最大负载率超过了 100%且持续 2h 以上的变压器。

（3）变压器运行时的电流和温度限值

变压器的正常预期寿命值通常是以设计的环境温度和额定运行条件下的连续工况为基础的。当负载超过铭牌额定值和/或环境温度高于设计环境温度时，变压器将遭受一定程度的危险，并且加速老化。通常，变压器的过载通过电流和温度限制来实现。

根据《电力变压器　第 7 部分：油浸式电力变压器负载导则》（GB/T 1094.7—2008），正常周期性负载条件下，当超铭牌额定值负载运行时，不应超过表 1–3 规定的所有的限值。

表 1–3　　超铭牌额定值负载时的电流和温度限值

类别（正常周期性负载）	配电变压器（S_r≤2500kVA）	中型变压器（S_r≤100MVA）	大型变压器（S_r>100MVA）
电流（标幺值 p.u.）	1.5	1.5	1.3
绕组热点温度和与纤维绝缘材料接触的金属部件的温度（℃）	120	120	120
其他金属部件的热点温度（与油、芳族聚酰胺纸、玻璃纤维材料接触）（℃）	140	140	140
顶层油温（℃）	105	105	105

变压器在额定使用条件下，全年可按额定电流运行。变压器允许在平均相对老化率小于或等于 1 的情况下，周期性地超额定电流运行。但在外界环境温度较高，变压器有较严重的缺陷（如冷却系统不正常、严重漏油、局部过热、油中溶解气体分析结果异常、绝缘有缺陷等）或运行时间超过设计年限 20 年时，负载接近或超过铭牌值将加速变压器老化与损坏，不利于变压器安全可靠运行。因此，变压器应该尽量避免过载运行。

（4）干式电力变压器运行时的电流和温度限值

对于干式电力变压器，根据《电力变压器　第 12 部分：干式电力变压器负载导则》（GB/T 1094.12—2013），当负载超过铭牌额定值时，特别是当负载周期短，且为重复性负载时，绕组热点温度不应超过表 1–4 所列限值，电流的幅值要限定到 1.5 倍额定电流，以避免在绕组上产生机械损伤。干式变压器满载运行时，其每个绕组的温升均不应超过表 1–4 中所列出的平均温升限值。

表 1–4　　负载超过铭牌额定值时的电流和温度限值

绝缘系统温度（℃）	最大电流（p.u.）	最高热点温度（℃）	额定电流下的绕组平均温升限值（K）
105（A）	1.5	130	60
120（E）	1.5	145	75
130（B）	1.5	155	80
155（F）	1.5	180	100
180（H）	1.5	205	125
200	1.5	225	135
220	1.5	245	150

注：温度和电流的限值不是同时有效；计算表明，在表格中的最高热点温度下，一台新变压器的寿命只有几千小时。

3. 变压器的并列运行

并列（并联）运行是指并联的各变压器的两个绕组，采用同名端子对端子的直接相连方式下的运行。根据《电力变压器应用导则》（GB/T 13499—2002）以及《电力变压器运行规程》（DL/T 572—2010）规定，变压器并列运行的基本条件如下：

（1）联结组标号相同，即时钟序数要严格相等，以确保具有相同的相位关系。

（2）电压和电压比相同，或差值不得超过±0.5%；调压范围与每级电压要相同。

（3）短路阻抗相同，或短路阻抗值偏差小于±10%，还应注意极限正分接位置短路阻抗与极限负分接位置短路阻抗要分别相同。阻抗电压不等或电压比不等的变压器，任何一台变压器除满足 GB/T 1094.7 和制造厂规定外，每台变压器并列运行绕组的环流应满足制造厂的要求。短路阻抗不同的变压器，可适当提高短路阻抗较高的变压器的二次电压，使并列运行变压器的容量均能充分利用。

（4）容量比在 0.5～2.0 之间，当两台变压器容量比大于 1:2 时，不宜并列运行。

（5）频率相同。

（6）新装或变动过内外连接线的变压器，并列运行前必须重新核定相位。

4. 变压器的寿命

在外部冷却空气为 20℃，变压器以额定电流运行，以某种温度等级的绝缘材料发生热老化而损坏时，规定变压器的寿命一般为 20 年。

对于油浸式电力变压器，在绕组热点温度为 98℃下相对热老化率为 1，此热点温度与“在环境温度 20℃和绕组热点温升为 78K 下运行”相对应。

对于干式电力变压器，其环境温度也为 20℃，而热点温度取决于绝缘材料的温度等级，其温度限值按表 1–4 中的规定。

在额定热点温度的基础上，每增加 6℃（油浸式）或 10℃（干式），其热寿命减少一半，反之，增加一倍。

1.1.2 变压器经济运行的概念

根据《电力变压器经济运行》（GB/T 13462—2008），变压器经济运行是指在确保安全可靠运行及满足供电量需求的基础上，通过对变压器进行合理配置，对变压器运行方式进行优化选择，对变压器负载实施经济调整，从而最大限度地降低变压器的电能损耗。

1. 基本概念

（1）综合功率损耗 ΔP_Z

变压器运行中有功功率损耗与因无功功率消耗使其受电网增加的有功功率损耗之和。

（2）综合功率损耗率 $\Delta P_Z\%$

变压器综合功率损耗与其输入的有功功率之比的百分数。

（3）无功经济当量 K_Q

变压器无功消耗每增加或减少 1kvar 时引起受电网有功功率损耗增加或减少的量，它反映穿越电网的无功功率所引起电网的有功功率损耗。当变压器全年受入端功率因数已补偿到 0.9 及以上时，无功经济当量 K_Q 取 0.04kW/kvar。

（4）平均负载系数 β

一定时间内，变压器平均输出的视在功率与变压器的额定容量之比。

（5）负荷率 γ

即视在负荷率，指一定时间内平均负载视在功率与最大负载视在功率之比的百分率。负荷率用于计算或查找变压器负荷波动损耗系数。

（6）形状系数 K_f

某工作日（或代表日）关口计量点的方均根电流与其平均电流之比，简称形状系数，由于它反映了负载随着时间变化而变化的曲线形象状态，故称为形状系数。

（7）负载波动损耗系数 K_T

一定时间内，负载波动条件下的变压器负载损耗与平均负载条件下的负载损耗之比。负载波动损耗系数 K_T 与负荷曲线形状系数 K_f 的关系为：$K_T = K_f^2$

（8）经济容量

在变压器寿命周期内，经济效益最佳的变压器设计容量。从经济角度看，在同样的负载条件下，选用单台大容量变压器比用数台小容量变压器经济得多。

（9）变压器经济使用期

变压器用户对所选配电变压器经济运行年限的预期。作技术经济评价分析计算时，一般采用 20 年。

（10）年最大负载利用小时数 T_{max}

变压器一年中输送的电能（kWh）与其年尖峰负荷（kW）之比。

（11）年最大负载损耗小时数 τ

变压器的年电能损耗量（kWh）与一年中所发生的最大损耗（kW）之比。

2. 经济运行区划分

对于双绕组变压器，其经济运行区划分规定如下。

（1）经济负载系数 β_{JZ}

变压器在运行中，其综合功率损耗率随着负载系数呈非线性变化，在其非线性曲线中，损耗率最低点对应的负载系数称为综合功率经济负载系数。

若双绕组变压器的综合功率空载损耗为 P_{0Z}，综合功率额定负载功率损耗为 P_{KZ}，负载波动损耗系数为 K_T，则其经济负载系数 β_{JZ} 为

$$\beta_{JZ} = \sqrt{\frac{P_{0Z}}{K_T P_{KZ}}} \tag{1-1}$$

（2）经济运行区（$\beta_{JZ}^2 \leqslant \beta \leqslant 1$）

经济运行区是指综合功率损耗率等于或低于变压器额定负载时的综合功率损耗率的负载区间。变压器在额定负载运行为经济运行区上限，负载系数为 1；与上限额定综合功率损耗率相等的另一点为经济运行区下限，负载系数为 β_{JZ}^2，变压器经济运行区间为 $\beta_{JZ}^2 \leqslant \beta \leqslant 1$，如图 1–1 所示。

（3）最佳经济运行区（$1.33\,\beta_{JZ}^2 \leqslant \beta \leqslant 0.75$）

最佳经济运行区是指综合功率损耗率接近变压器经济负载系数时的综合功率损耗率的负载区间。变压器在 75%负载运行为最佳经济运行区上限，负载系数为 0.75；与上限额定综合功率损耗率相等的另一点为经济运行区下限，最佳经济运行区下限负载系数为 $1.33\,\beta_{JZ}^2$，最佳经济运行区范围为 $1.33\,\beta_{JZ}^2 \leqslant \beta \leqslant 0.75$，如图 1–1 所示。

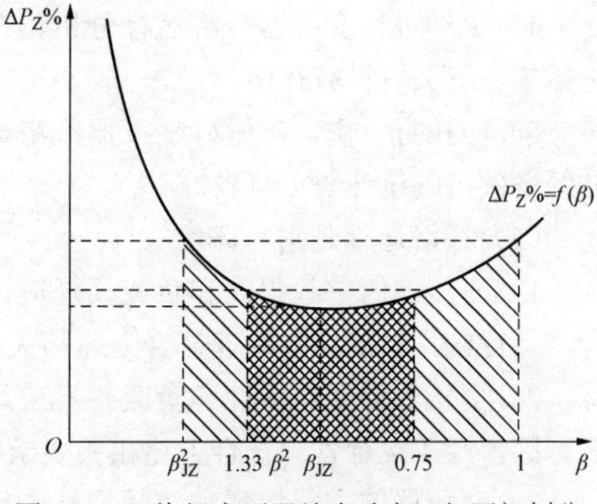

图 1–1　双绕组变压器综合功率运行区间划分

（4）非经济运行区（$0\leqslant\beta<\beta_{JZ}^2$ 或$\beta>1$）

综合功率损耗率高于变压器额定负载时的综合功率损耗率及其对应的低负载运行区间，即非经济运行区范围为$0\leqslant\beta<\beta_{JZ}^2$，或$\beta>1$。

1.1.3 变压器经济运行管理

1. 经济运行的基本要求

1）选用或更新的变压器应符合《电力变压器》（GB 1094—2013）、《油浸式电力变压器技术参数和要求》（GB/T 6451—2015）和《干式电力变压器技术参数和要求》（GB/T 10228—2015）的要求，变压器空载损耗和负载损耗应符合《三相配电变压器能效限定值及能效等级》（GB 20052—2013）等相关能效标准。要淘汰高能耗变压器、更新超过服役年限的变压器。

2）应合理选择变压器组合的容量和台数。选择寿命期内经济效益最佳的容量和台数；根据《配电变压器能效技术经济评价导则》（DL/T 985—2012）对变压器选型进行技术经济评价，优先选用节电效果大、经济效益好、投资收回期短的变压器。

3）变压器的投运台数应按照负载情况，从安全、经济原则出发，合理安排。应优化选择变压器综合功率损耗最低的经济运行方式。

4）可以相互调配负载的变压器，应合理分配、调整变压器负载，使变压器在综合功率损耗最低的经济运行区间运行。

5）应调整变压器负载曲线，提高负载率，采用削峰填谷（一定时间内，把变压器的高峰负载移到低谷时段运行，称为削峰填谷）、调整变压器相间不平衡负载等措施，降低综合功率损耗。

2. 经济运行管理

（1）变压器的经济运行管理

1）应配置变压器的电能计量仪表，完善测量手段。

2）应记录变压器日常运行数据及典型代表日负荷，为变压器经济运行提供数据。

3）应健全变压器经济运行文件管理，保存变压器原始资料；变压器大修、改造后的试验数据应存入变压器档案中。

4）定期进行变压器经济运行分析，在保证变压器安全运行和供电质量的基础上提出改进措施，有关资料应存档。

5）应按月、季、年做好变压器经济运行工作的分析与总结，并编写变压器的节能效果与经济效益的统计与汇总表。

（2）经济运行判别与评价

1）变压器的空载损耗和负载损耗应达到能效标准所规定的节能评价值，且运行在最佳经济运行区，经济运行管理符合上述相关要求，则认定变压器运行经济。

2）变压器的空载损耗和负载损耗应达到能效标准所规定的能效限定值，且运行在经济运行区，经济运行管理符合上述相关要求，则认定变压器运行合理。

3）变压器的空载损耗和负载损耗未能达到能效标准所规定的能效限定值或运行在非经济运行区，则认定变压器运行不经济。

3. 变压器额定容量的经济选择

根据《电力变压器选用导则》（GB/T 17468—2008）及相关理论，不同容量的变压器，在电压等级、短路阻抗、结构型式、设计原则、导线电流密度和铁心密度等相同的条件下，它们之间存在如下近似关系：

1）变压器的容量正比于线性尺寸的 4 次方。

2）变压器的有效材料重量正比于容量的 3/4 次方。

3）变压器单位容量消耗的有效材料正比于容量的–1/4 次方。

4）当变压器的导线电流密度和铁心磁通密度保持不变时，有效材料中的损耗与重量成正比，即总损耗正比于容量的 3/4 次方。

5）变压器单位容量的损耗正比于容量的–1/4 次方。

6）变压器的制造成本正比于容量的 3/4 次方。

7）变压器的损耗率与其额定容量成反比；空载损耗率与负载系数成反比；负载损耗率与负载系数成正比。

因此，从经济角度看，在同样的负载条件下，选用单台大容量变压器比用数台小容量变压器经济得多。

1.2 变压器的等值电路及参数计算

要准确计算变压器的有功损耗和无功损耗，就要明确变压器各侧功率、电压和电流之间的关系，需要建立变压器的等值电路。对于正常运行的电力系统，只要建立变压器的单相等值电路。

1.2.1 双绕组变压器等值电路和参数计算

（1）双绕组变压器的等值电路

正常运行时三相变压器的单相等值电路如图 1–2 所示，其中，R 、X 为变压器绕组等值电阻和等值漏抗；G_m、B_m 为变压器励磁绕组的电导和电纳。通过变压器的短路试验和空载试验结果数据，可以计算出 R 、X 、G_m 、B_m 四个参数的数值。

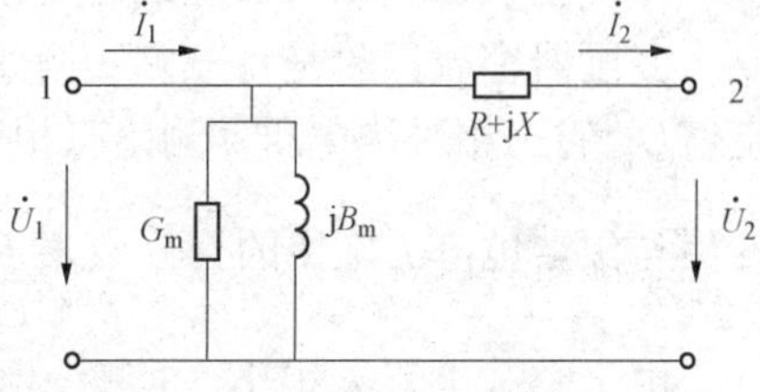

图 1–2 双绕组变压器单相等值电路

（2）短路试验计算绕组的电阻和漏抗

变压器的短路试验是将一侧绕组（例如 2 侧）三相短接，在另一侧（例如 1 侧）加上可调节的三相对称电压，逐渐增加电压使电流达到额定值 I_{1r}（2 侧为 I_{2r}）。这时测出三相变压器消耗的总有功功率称为短路损耗功率 P_k，同时测得 1 侧所加的线电压值 U_{1k}，称为短路电压。短路电压 U_{1k} 除以额定电压 U_{1r} 的百分数，即短路电压百分数 $U_k\%$，算式为

$$U_k\% = \frac{U_{1k}}{U_{1r}} \times 100 \qquad (1\text{–}2)$$

对于同一电压等级类型相同的变压器，容量增加，短路损耗 P_k 增加；容量相同，材料相

同，普通变压器比自耦变压器的短路损耗 P_k 大。

短路电压百分数 $U_k\%$的变化规律是随着电压等级的升高 $U_k\%$逐渐增加。10kV 配电变压器的$U_k\% \approx 4 \sim 5$；35kV 双绕组变压器的$U_k\% \approx 6.5 \sim 8$；110kV 变压器的$U_k\% \approx 10.5$；220kV 的$U_k\% \approx 12 \sim 14$；500kV 变压器的$U_k\% \approx 14 \sim 16$。

由于短路电压 U_{1k} 比一次侧额定电压 U_{1r} 小很多，这时的励磁电流及铁心损耗可以忽略不计，所以短路损耗 P_k 可看作是变压器流过一次侧额定电流 I_{1r} 时高、低压三相绕组的总铜损，即

$$P_k = 3I_{1r}^2 R \times 10^{-3}\text{（kW）} \tag{1–3}$$

由于三相变压器的额定容量 S_r 定义为 $S_r = \sqrt{3}U_{1r}I_{1r} = \sqrt{3}U_{2r}I_{2r}$，因此有

$$P_k = 3\times\left(\frac{S_r}{\sqrt{3}U_{1r}}\right)^2 R\times10^{-3} = \frac{S_r^2}{U_{1r}^2}R\times10^{-3}\text{（kW）} \tag{1–4}$$

若 S_r 用 MVA、U_{1r} 用 kV 表示，则由式（1–4）可推出归算到高压侧的变压器绕组的等值电阻 R 为

$$R = \frac{P_k}{1000}\times\frac{U_{1r}^2}{S_r^2}\text{（Ω）} \tag{1–5}$$

变压器绕组的漏抗 X 比电阻 R 大许多倍，例如 110kV 2.5MVA 的变压器 $X/R \approx 9$，25MVA 的变压器 $X/R \approx 16$，相应的 $\frac{\sqrt{R^2+X^2}}{X}$ 分别约为 1.006 和 1.002，因此短路电压和 X 上的电压降相差甚小。所以短路电压百分数 $U_k\%$为

$$U_k\% = \frac{U_{1k}}{U_{1r}}\times100\% = \frac{\sqrt{3}I_{1r}X}{U_{1r}}\times100\% = \frac{S_r}{U_{1r}^2}X\times100\% \tag{1–6}$$

由式（1–6）可推出归算到高压侧的变压器绕组的等值电抗 X 为

$$X = \frac{U_k\%}{100}\frac{U_{1r}^2}{S_r}\text{（Ω）} \tag{1–7}$$

（3）空载试验结果计算励磁支路的电导和电纳

变压器空载试验是将一侧（例如 2 侧）三相开路，另一侧（例如 1 侧）加上线电压为额定值U_{1r} 的三相对称电压，测出三相有功空载损耗 P_0 和空载电流 I_0（励磁电流），空载电流 I_0 常用与额定电流 I_r 之比的百分数表示，称为空载电流百分数 $I_0\%$，即 $I_0\% = \frac{I_0}{I_r}\times100\%$。

由于空载电流 I_0 很小，1 侧绕组的电阻损耗可以略去不计，P_0 非常接近于铁心损耗，所以变压器励磁绕组的电导 G_m 为

$$G_m = \frac{P_0}{U_{1r}^2}\times10^{-3}\text{（S）} \tag{1–8}$$

式中，P_0 单位为 kW。

励磁支路导纳中，电导 G_m 远小于电纳 B_m，空载电流与 B_m 支路中的电流有效值几乎相等，因此

$$I_0\% = \frac{I_0}{I_{1r}} \times 100 = \frac{U_{1r}B_m}{\sqrt{3}} \times \frac{1}{I_{1r}} \times 100 = \frac{U_{1r}^2}{S_r} B_m \times 100 \tag{1-9}$$

所以变压器励磁绕组的电纳 B_m 为

$$B_m = \frac{I_0\%}{100} \times \frac{S_r}{U_{1r}^2}\text{（S）} \tag{1-10}$$

复导纳定义为 $Y = G + jB$，所以感纳取负值，容纳取正值。变压器的电纳 B_m 是感纳，式（1–10）只表示它的大小。

以上推导了归算到 1 侧的变压器参数计算式，将式（1–5）～式（1–10）中的一次侧额定电压 U_{1r} 换为二次额定电压 U_{2r}，即得到归算到 2 侧的参数值。

1.2.2　三绕组变压器等值电路和参数计算

（1）三绕组变压器的等值电路

正常运行的三绕组变压器单相等值电路如图 1–3 所示。R_1、X_1、R_2、X_2、R_3、X_3 分别为三侧绕组的等值电阻和等值漏抗。

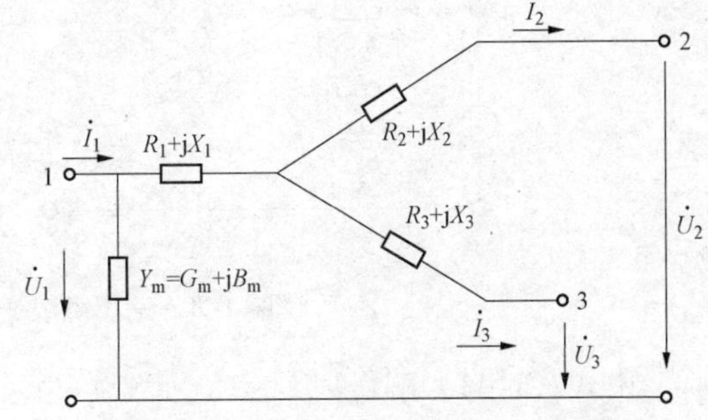

图 1–3　三绕组变压器的等值电路图

（2）短路试验计算三侧绕组的电阻和漏抗

三侧绕组的电阻和漏抗取决于变压器短路试验的数据。由于有三个未知的阻抗，所以要做三个短路试验。三绕组变压器按三个绕组容量比的不同分为

Ⅰ类，容量比为 100/100/100：变压器高/中/低压绕组的额定容量都等于变压器的额定容量，即 $S_r = \sqrt{3}U_{1r}I_{1r} = \sqrt{3}U_{2r}I_{2r} = \sqrt{3}U_{3r}I_{3r}$，它只作为升压型变压器。

Ⅱ类，容量比 100/100/50 或 100/100/＜50：以第三绕组（低压绕组）额定容量为变压器额定容量的 50%为代表的变压器。110～330kV 降压变压器的容量比一般为 100/100/50，500kV 及以上的降压变压器的容量比一般为 100/100/≤30。

Ⅲ类，容量比 100/50/100：即中压绕组的额定容量为变压器额定容量的 50%。

我国制造的降压型三绕组变压器只有Ⅰ、Ⅱ两类，升压型变压器则上述三类都有。

在三侧容量相等（容量比为 100/100/100）的情况下，进行三次额定电流短路试验：

1）3 侧开路，1、2 侧短路试验，测得短路损耗 P_{k1-2} 和短路电压 $U_{k1-2}\%$，等值电路如图 1–4（a）所示。

2）2 侧开路，1、3 侧短路试验如图 1–4（b）所示，测得短路损耗 P_{k1-3} 和短路电压 $U_{k1-3}\%$。

3）1 侧开路，2、3 侧短路试验如图 1–4（c）所示，测得短路损耗 P_{k2-3} 和短路电压 $U_{k2-3}\%$。

设 P_{k1}、P_{k2} 和 P_{k3} 分别为三侧绕组额定电流下的电阻功率损耗，则有

$$\left.\begin{aligned} P_{k1-2} &= P_{k1} + P_{k2} \\ P_{k1-3} &= P_{k1} + P_{k3} \\ P_{k2-3} &= P_{k2} + P_{k3} \end{aligned}\right\} \tag{1-11}$$

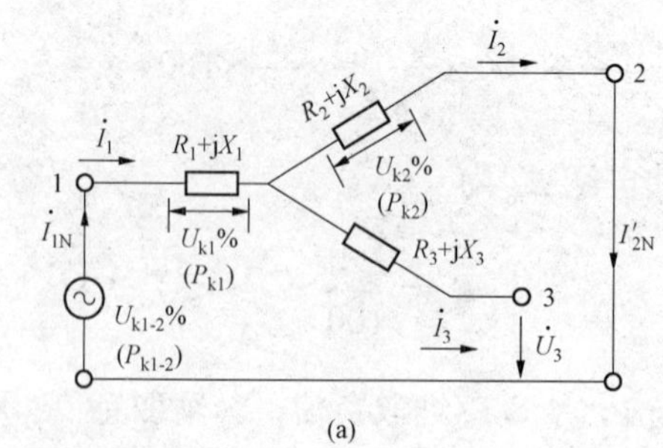

(a)

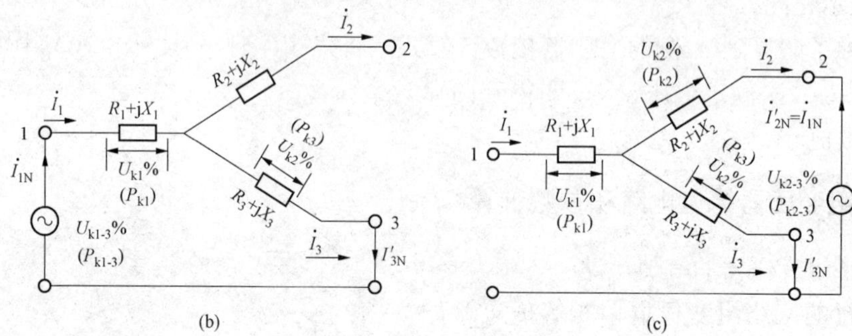

(b) (c)

图 1-4 三相绕组变压器短路试验等值电路

由式（1–11）解得：

$$\left.\begin{aligned}P_{k1}&=\frac{1}{2}(P_{k1-2}+P_{k1-3}-P_{k2-3})\\P_{k2}&=\frac{1}{2}(P_{k1-2}+P_{k2-3}-P_{k1-3})\\P_{k3}&=\frac{1}{2}(P_{k1-3}+P_{k2-3}-P_{k1-2})\end{aligned}\right\}\tag{1–12}$$

根据式（1–9），当 S_r 单位为 MVA 时，则三侧绕组的等值电阻 R 为：

$$\left.\begin{aligned}R_1&=\frac{P_{k1}}{1000}\times\frac{U_{1r}^2}{S_r^2}\ (\Omega)\\R_2&=\frac{P_{k2}}{1000}\times\frac{U_{1r}^2}{S_r^2}\ (\Omega)\\R_3&=\frac{P_{k3}}{1000}\times\frac{U_{1r}^2}{S_r^2}\ (\Omega)\end{aligned}\right\}\tag{1–13}$$

设 $U_{k1}\%$、$U_{k2}\%$ 和 $U_{k3}\%$ 为短路试验时各侧绕组的短路电压百分数值，则：

$$\left.\begin{aligned}U_{k1-2}\%&=U_{k1}\%+U_{k2}\%\\U_{k1-3}\%&=U_{k1}\%+U_{k3}\%\\U_{k2-3}\%&=U_{k2}\%+U_{k3}\%\end{aligned}\right\}\tag{1–14}$$

解得：

$$\left.\begin{aligned}U_{k1}\%&=0.5(U_{k1-2}\%+U_{k1-3}\%-U_{k2-3}\%)\\U_{k2}\%&=0.5(U_{k1-2}\%+U_{k3-3}\%-U_{k1-3}\%)\\U_{k3}\%&=0.5(U_{k1-3}\%+U_{k3-3}\%-U_{k1-2}\%)\end{aligned}\right\}\tag{1–15}$$

根据式（1–11），则三侧绕组的等值漏抗 X 为：

$$\left.\begin{aligned} X_1 &= \frac{U_{k1}\%}{100}\times\frac{U_{1r}^2}{S_r}\ (\Omega) \\ X_2 &= \frac{U_{k2}\%}{100}\times\frac{U_{1r}^2}{S_r}\ (\Omega) \\ X_3 &= \frac{U_{k3}\%}{100}\times\frac{U_{1r}^2}{S_r}\ (\Omega) \end{aligned}\right\} \tag{1–16}$$

现在讨论Ⅱ、Ⅲ类（即容量比为 100/100/50 或 100/50/100）三绕组变压器的短路试验。为了便于叙述，设 3 侧绕组的额定容量 $S_{3r}=0.5S_r$，1、2 两侧均为 S_r。如果三个短路试验均按上述条件进行，即 1 侧或 2 侧均调节到额定电流，测出 P_{k1-2}、$U_{k1-2}\%$，P_{k1-3}、$U_{k1-3}\%$，和 P_{k2-3}、$U_{k2-3}\%$，则完全可按上述方法计算各电阻和等值漏抗。实际上，只有 1、2 侧短路试验能按额定电流进行，而 1、3 侧及 2、3 侧的短路试验如图 1–4（b）和图 1–4（c）所示，由于受到 3 侧额定电流的限制，1 侧或 2 侧绕组电流只能调节到额定电流的一半，短路损耗和短路电压 P'_{k1-3} 和 $U'_{k1-3}\%$ 及 P'_{k2-3} 和 $U'_{k2-3}\%$ 是在这种条件下测出的。因此，在使用这些数据时要先归算到额定电流时的值。因为短路损耗与电流的平方成正比，短路电压与电流成正比，所以归算到额定条件下的值为：

$$P_{k1-3}=4P'_{k1-3} \tag{1–17}$$

$$P_{k2-3}=4P'_{k2-3} \tag{1–18}$$

$$U_{k1-3}\%=2U'_{k1-3}\% \tag{1–19}$$

$$U_{k2-3}\%=2U'_{k2-3}\% \tag{1–20}$$

当 2 侧绕组的额定容量 $S_{2r}=0.5S_r$ 时，也可用同样的方法归算。

短路损耗和短路电压按上法归算后，就可应用式（1–12）、式（1–13）和式（1–15）、式（1–16）计算各绕组等值电阻和等值漏抗。

需要特别注意，三相变压器三侧容量不相同时，P_k 和 $U_k\%$ 参数出厂时的给定条件有以下三种情况：

1）P_{k1-2}、P_{k1-3}、P_{k2-3} 没有按同一容量进行归算，而 $U_{k1-3}\%$，$U_{k1-2}\%$，$U_{k2-3}\%$ 按同一容量归算，1986 年后出厂的国产变压器按此条件给定出厂参数。

2）P_{k1-2}、P_{k1-3}、P_{k2-3}、$U_{k1-3}\%$，$U_{k1-2}\%$，$U_{k2-3}\%$ 均未按同一容量进行归算。

3）P_{k1-2}、P_{k1-3}、P_{k2-3}、$U_{k1-3}\%$，$U_{k1-2}\%$，$U_{k2-3}\%$ 均按同一容量进行归算。

根据《电力变压器　第 1 部分：总则》（GB 1094.1—2013）GB1094 国内生产的变压器大多情况按 1）给值；进口变压器按照情况 3）给值。

我国制造厂提供的短路损耗一般未经归算，而给出的短路电压一般均已归算。

按照国家标准，变压器产品手册中一般只提供一个短路损耗数值，称为最大负载损耗 $P_{k\max}$，它指的是两个 100%容量绕组流过额定电流，另外一个 100%或≤50%容量绕组空载时的损耗值。然后根据“按同一电流密度选择各绕组导线截面”的变压器设计原则，归算到同一侧时，容量相同绕组的电阻相等，容量为 50%的绕组电阻比容量为 100%的绕组大一倍。所以根据 $P_{k\max}$ 只能求得两个 100%绕组的电阻之和，而这两个绕组的电阻以及另一个绕组的电阻就只能估算了。不难证明，按此设计原则可估算得：

$$R_{(100)}=\frac{1}{2}\frac{P_{\mathrm{k\,max}}}{1000}\bullet\frac{U_{1\mathrm{r}}^2}{S_{\mathrm{r}}^2} \tag{1-21}$$

$$R_{(50)}=2R_{(100)} \tag{1-22}$$

上列各式中的$U_{1\mathrm{r}}$换为$U_{2\mathrm{r}}$或$U_{3\mathrm{r}}$，即得到归算到2或3侧的参数。

需要指出，制造厂给出的短路损耗和短路电压是当分接头切换开关放在主接头上进行试验时的数据，所以求出的阻抗和导纳参数只适用于主接头。当切换开关转到其他分接头时，这些参数将有所变化。一般变压器分接头调节的范围有限，所以可忽略这些变化。对于有些分接头调节范围很大的有载调压变压器，可要求制造厂提供各分接头的短路和空载试验数据。

1.2.3 自耦变压器等值电路和参数计算

从端点条件看上去，自耦变压器可以等同于普通变压器，而自耦变压器的短路试验、空载试验又与普通变压器相同。因此自耦变压器等值电路及参数计算与双绕组、三绕组变压器相同。但需要注意相关标准或产品手册给出的三绕组自耦变压器的各绕组间的额定负载损耗值和短路阻抗百分数值是否进行归算，没有归算就必须先归算到同一基准容量（额定全容量）。这是由于三绕组自耦变压器第三绕组的容量总小于变压器的额定容量S_{r}，有些产品手册或厂家给出的额定负载损耗没有归算，甚至短路电压值也没有归算。归算的方法为，归算前的短路损耗$P'_{\mathrm{k1-3}}$、$P'_{\mathrm{k2-3}}$乘以$\left(\frac{S_{\mathrm{r}}}{S_3}\right)^2$，归算前的短路电压百分数$U_{\mathrm{k(1-3)}}\%'$ $U_{\mathrm{k(2-3)}}\%'$乘以$\left(\frac{S_{\mathrm{r}}}{S_3}\right)$。

1.2.4 变压器有功损耗和无功损耗的精确计算

以双绕组变压器为例（见图 1–5）进行计算，说明变压器中的电压降落和功率损耗。

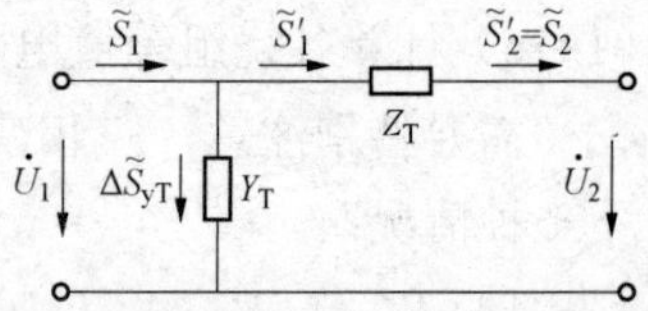

图 1–5 变压器中的电压和功率

如图 1–5 所示，可列出变压器阻抗支路中的损耗的功率ΔS_{zT}为：

$$\begin{aligned}\Delta\tilde{S}_{\mathrm{zT}}&=\left(\frac{S'_2}{U_2}\right)^2 Z_{\mathrm{T}}=\frac{P_2'^2+Q_2'^2}{U_2^2}(R_{\mathrm{T}}+\mathrm{j}X_{\mathrm{T}})\\&=\frac{P_2'^2+Q_2'^2}{U_2^2}R_{\mathrm{T}}+\mathrm{j}\frac{P_2'^2+Q_2'^2}{U_2^2}X_{\mathrm{T}}\\&=\Delta P_{\mathrm{zT}}+\mathrm{j}\Delta Q_{\mathrm{zT}}\end{aligned} \tag{1-23}$$

变压器阻抗中电压降落的纵、横分量为：

$$\Delta U_{\mathrm{T}}=\frac{P'_2R_{\mathrm{T}}+Q'_2X_{\mathrm{T}}}{U_2} \tag{1-24}$$

$$\delta U_{\mathrm{T}}=\frac{P'_2X_{\mathrm{T}}-Q'_2R_{\mathrm{T}}}{U_2} \tag{1-25}$$

变压器电源端的电压 U_1 为：

$$U_1=\sqrt{(U_1+\Delta U_{\rm T})^2+(\delta U_{\rm T})^2} \tag{1-26}$$

变压器电源端和负荷端电压间相角为：

$$\delta_{\rm T}=\arctan\frac{\delta U_{\rm T}}{U_2+\Delta U_{\rm T}} \tag{1-27}$$

注意，变压器励磁支路的无功功率与线路导纳支路的无功功率符号相反。

实际上，上述公式是用于计算变压器中功率和电压的。这是因为对变电站而言，负荷侧的功率为已知。而对发电厂而言，电源侧的功率为已知，它的变压器应从电源侧算起，计算电压的公式为：

$$\Delta U_{\rm T}'=\frac{P_1'R_{\rm T}+Q_1'X_{\rm T}}{U_1} \tag{1-28}$$

$$\delta U_{\rm T}'=\frac{P_1'X_{\rm T}-Q_1'R_{\rm T}}{U_1} \tag{1-29}$$

$$U_2=\sqrt{(U_1-\Delta U_{\rm T}')^2+(\delta U_{\rm T}')^2} \tag{1-30}$$

$$\delta_{\rm T}=\arctan\frac{-\delta U_{\rm T}}{U_1-\Delta U_{\rm T}} \tag{1-31}$$

如果不必求变压器内部的电压降落，可不指定变压器的等值电路而直接由制造厂提供的实验数据计算其功率损耗。当视在功率单位为 MVA，则功率损耗算式为：

$$\Delta P_{\rm zT}=\frac{P_{\rm k}U_{\rm r}^2S_2'^2}{1000U_2^2S_{\rm r}^2}\ \text{（kW）} \tag{1-32}$$

$$\Delta Q_{\rm zT}=\frac{U_{\rm k}\%U_{\rm r}^2S_2'^2}{100U_2^2S_{\rm r}}\ \text{（kvar）} \tag{1-33}$$

$$\Delta P_{\rm yT}=\frac{P_0U_1^2}{1000U_{\rm r}^2}\ \text{（kW）} \tag{1-34}$$

$$\Delta Q_{\rm yT}=\frac{I_{\%}\%S_{\rm r}U_1^2}{100U_{\rm r}^2}\ \text{（kvar）} \tag{1-35}$$

对发电厂的变压器，则应有：

$$\Delta P_{\rm zT}=\frac{P_{\rm k}U_{\rm r}^2S_1'^2}{1000U_1^2S_{\rm r}^2}\ \text{（kW）} \tag{1-36}$$

$$\Delta Q_{\rm zT}=\frac{U_{\rm k}\%U_{\rm r}^2S_1'^2}{100U_1^2S_{\rm r}^2}\ \text{（kvar）} \tag{1-37}$$

这些都是精确计算公式。

双绕组变压器的有功功率损耗为：

$$\Delta P_{\rm T}=\Delta P_{\rm zT}+\Delta P_{\rm yT}=\frac{P_{\rm k}U_{\rm r}^2S_2'^2}{1000U_2^2S_{\rm r}^2}+\frac{P_0U_1^2}{1000U_{\rm r}^2}\ \text{（kW）} \tag{1-38}$$

双绕组变压器的无功功率损耗为：

$$\Delta Q_{\rm T}=\Delta Q_{\rm zT}+\Delta Q_{\rm yT}=\frac{U_{\rm k}\%U_{\rm N}^2S_2'^2}{100U_2^2S_{\rm N}^2}+\frac{I_{\%}\%S_{\rm N}U_1^2}{100U_{\rm N}^2} \tag{1-39}$$

式中，功率单位为 kW，电压单位为 kV，容量单位为 MVA。

三绕组变压器相当于三个有电磁联系的双绕组变压器，有功功率和无功功率消耗的精确计算公式不在此一一推导。

式（1–38）ΔP_T 乘以时间 T（h），得到变压器在 T 时间段内的损耗电量。

$$\Delta A_T = \Delta P_T T = (\Delta P_{zT} + \Delta P_{yT})T = \left(\frac{P_k U_r^2 S_2'^2}{1000 U_2^2 S_r^2} + \frac{P_0 U_1^2}{1000 U_r^2}\right)T \quad (\text{kWh}) \tag{1–40}$$

如果在 T 时间段内，假定视在功率 S_1、S_2、U_1、U_2 等电气量是不变的，即不考虑它们的变化，则此时计算出来的损耗称为稳态损耗。

如果在 T 时间段内考虑上述电气量的变化，则此时计算出来的损耗称为动态损耗。公式为：

$$\Delta A_T = \int_0^T \Delta P_T \, dt = \int_0^T \left(\frac{P_k U_r^2 s(t)_2'^2}{1000 u(t)_2^2 S_r^2} + \frac{P_0 u(t)_1^2}{1000 U_r^2}\right) d(t) \quad (\text{kWh}) \tag{1–41}$$

式中，时间单位为 h。

动态损耗和稳态损耗计算公式的区别是动态损耗考虑了在 T 时间段内负荷和电压的变化。由于系统电压在正常范围内，变化不大，工程计算时可以近似认为电压不变，只考虑视在功率或负荷发生变化。

1.3 变压器的有功损耗和无功损耗工程计算

1.3.1 变压器运行时的有功损耗工程计算

根据《电力变压器经济运行》（GB/T 13462—2008），计算变压器有功和无功损耗时，应考虑负载波动损耗系数对计算结果的影响，采用动态计算式，推导如下。

1. 平均负载系数

双绕组变压器的平均负载系数计算式为：

$$\beta = \frac{S}{S_r} = \frac{P_2}{S_r \cos\varphi} \tag{1–42}$$

式中 β ——变压器的平均负载系数；

S ——一定时间内变压器平均输出的视在功率，kVA；

S_r ——变压器的额定容量，kVA；

P_2——一定时间内变压器平均输出的有功功率，kW；

$\cos\varphi$——一定时间内变压器负载侧平均功率因数。

对于三绕组变压器，若一次、二次、三次侧的平均视在功率分别为 S_1、S_2、S_3，变压器一次、二次、三次侧的平均负载系数分别为β_1、β_2、β_3，则 $S_1=\beta_1 \cdot S_N$，$P_1=\beta_1 \cdot S_N \cdot \cos\varphi_1$，以此类推。

2. 负载波动损耗系数

负载波动损耗系数 K_T 与形状系数 K_f 的关系式：

$$K_T = K_f^2 \tag{1–43}$$

形状系数算式如下：

$$K_{\mathrm{f}}=\sqrt{T}\frac{\sqrt{\sum_{i=1}^{T}A_i^2}}{\sum_{i=1}^{T}A_i}=\frac{\sqrt{\sum_{i=1}^{n}I_i^2/n}}{\sum_{i=1}^{n}I_i/n} \tag{1-44}$$

式中　T——统计期（工作代表日、月工作日或年工作日）时间，h；

A_i——每小时记录的电量，kWh；

n——T 时间段内设定的测量时点数，个；

I_i——每个测量时点的电流，A。

从式（1–44）可见，形状系数是某一个测量点（关口计量点）的方均根电流（或有功功率）值与平均电流（或有功功率）值之比。

该系数用来近似考虑变压器的动态视在功率，并满足工程要求。

3. 有功功率损耗计算

（1）双绕组变压器

T 时间段内双绕组变压器的动态有功功率损耗ΔP 的计算公式为：

$$\Delta P=P_0+K_{\mathrm{T}}\beta^2P_{\mathrm{k}} \tag{1-45}$$

式中　P_0、P_{k}——分别为变压器的空载损耗、额定负载功率损耗，kW；

K_{T}——负载波动损耗系数；

β——T 时间段内变压器的平均负载系数。

（2）三绕组变压器

三绕组变压器运行时，任何一侧的负载率小于 95%时，均应考虑负载波动损耗系数，即进行动态计算损耗。

T 时间段内三绕组变压器的动态有功功率损耗ΔP 的计算公式为：

$$\Delta P=P_0+S_1\left(K_{\mathrm{T1}}\frac{P_{\mathrm{k1}}}{S_{\mathrm{1r}}^2}+K_{\mathrm{T2}}C_2^2\frac{P_{\mathrm{k2}}}{S_{\mathrm{2r}}^2}+K_{\mathrm{T3}}C_3^2\frac{P_{\mathrm{k3}}}{S_{\mathrm{3r}}^2}\right) \tag{1-46}$$

或

$$\Delta P=P_0+\frac{1}{S_1}(K_{\mathrm{T1}}\beta_1^2P_{\mathrm{k1}}+K_{\mathrm{T2}}\beta_2^2P_{\mathrm{k2}}+K_{\mathrm{T3}}\beta_3^2P_{\mathrm{k3}}) \tag{1-47}$$

式中　S_1——变压器电源侧的工况负载，kVA；

K_{T1}，K_{T2}，K_{T3}——分别为变压器一、二、三次侧的负载波动损耗系数；

P_{k1}，P_{k2}，P_{k3}——分别为变压器一、二、三次侧绕组的额定负载损耗，kW；

S_{1r}，S_{2r}，S_{3r}——分别为变压器一、二、三次侧绕组的额定容量，kVA；

C_2——变压器二次侧负载分配系数，$C_2=S_2/S_1=\beta_2/\beta_1$；

C_3——变压器三次侧负载分配系数，$C_3=S_3/S_1=\beta_3/\beta_1$，$C_2+C_3=1$；

P_0——变压器空载损耗，kW；

β_1、β_2、β_3——分别为变压器一、二、三次侧的平均负载系数。

1.3.2　变压器运行时的无功损耗工程计算

1. 双绕组变压器

双绕组变压器的无功功率消耗ΔQ 算式推导如下：

$$\Delta Q = Q_0 + K_T\beta^2 Q_k \approx I_0\% \cdot S_r \times 10^{-2} + K_T\beta^2 \cdot U_k\% \cdot S_r \times 10^{-2} = (I_0\% + K_T\beta^2 \cdot U_k\%) \cdot S_r \times 10^{-2} \quad (1\text{–}48)$$

式中 ΔQ——无功功率消耗，kvar；

Q_0——变压器空载励磁功率，kvar；

Q_k——变压器额定负载漏磁功率，kvar；

$I_0\%$——空载电流百分数；

$U_k\%$——短路阻抗百分数。

2. 三绕组变压器

三绕组变压器无功功率消耗ΔQ计算式推导如下：

$$\Delta Q = Q_0 + S_1\left(K_{T1}\frac{Q_{k1}}{S_{1r}^2} + K_{T2}C_2^2\frac{Q_{k2}}{S_{2r}^2} + K_{T3}C_3^2\frac{Q_{k3}}{S_{3r}^2}\right) \quad (1\text{–}49)$$

或

$$\Delta Q = Q_0 + \frac{1}{S_1}(K_{T1}\beta_1^2 Q_{K1} + K_{T2}\beta_2^2 Q_{K2} + K_{T3}\beta_3^2 Q_{K3}) \quad (1\text{–}50)$$

式中 Q_{k1}，Q_{k2}，Q_{k3}——分别为变压器一、二、三次侧绕组额定负载的漏磁功率，kvar。

1.3.3 变压器无功消耗引起电网的有功损耗率计算

1. 变压器的无功经济当量

变压器无功经济当量K_Q的物理意义是：变压器每减少1kvar无功消耗时，导致连接系统（受电网）有功功率损耗下降的kW值，它反映穿越电网的无功功率所引起电网的有功功率损耗。

由于变压器运行过程中，其有功功率损耗和无功功率消耗都要下降，变压器无功功率消耗要引起变压器连接系统的电网有功功率损耗。通常用无功当量K_Q来计算变压器无功功率消耗引起变压器所在变电站外的电网有功功率损耗，从而得出变压器运行综合功率节约值。

若已知从发电厂到变压器所在处的电阻R（Ω）、线电压U（kV）、变压器的无功负载Q（kvar），则变压器无功经济当量K_Q值可用下式近似计算

$$K_Q \approx \frac{2Q}{U^2}R \times 10^{-3} \quad (1\text{–}51)$$

当变压器连接系统的电阻R值无法取得时，可以按变压器在电网中的受电位置（变压次数）及功率因数，查表1–5取得无功经济当量K_Q值。

表1–5 无功经济当量表

变压器受电位置	K_Q
发电厂母线直配	0.04
二次变压（二次变电站）	0.07
三次变压（配电变压器）	0.10
当功率因数（变压器全年受入端）已补偿到0.9及以上时	0.04

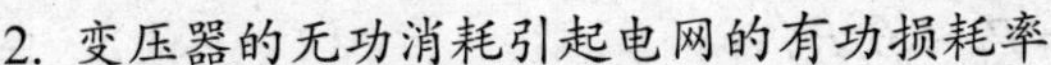

2. 变压器的无功消耗引起电网的有功损耗率

（1）双绕组变压器

双绕组变压器运行的无功消耗引起受电网产生有功损失，该损失占变压器总输入功率的百分比，称为该变压器无功消耗所引起电网的有功损耗率，它的计算公式为

$$\Delta P_{\mathrm{Q}}\%=\frac{K_{\mathrm{Q}}\Delta Q}{P_{1}}\times 100\%=\frac{K_{\mathrm{Q}}(I_{0}\%+K_{\mathrm{T}}\beta^{2}U_{\mathrm{k}}\%)\times S_{\mathrm{r}}\times 10^{-2}}{\beta S_{\mathrm{r}}\cos\varphi}\times 100\% \tag{1-52}$$

式中　$\Delta P_{\mathrm{Q}}\%$——变压器的无功消耗所引起电网的有功功率损耗率，%；

$\cos\varphi$——变压器电源端功率因数；

K_{Q}——无功经济当量。

（2）三绕组变压器

三绕组变压器与双绕组变压器相比，绕组线圈增加，感性更强，因此其自身无功功率消耗更大。三绕组变压器运行时的无功消耗所引起的有功损耗率算式

$$\Delta P_{\mathrm{Q}}\%=\frac{K_{\mathrm{Q}}\Delta Q}{P_{1}}\times 100\%=\frac{K_{\mathrm{Q}}\Delta Q}{\beta_{1}\cdot S_{1\mathrm{r}}\cos\varphi}\times 100\% \tag{1-53}$$

式中　$\Delta P_{\mathrm{Q}}\%$——三绕组变压器的无功消耗所引起电网的有功功率损耗率，%；

ΔQ——三绕组变压器无功功率消耗，kvar；

β_{1}——三绕组变压器第一绕组的平均负载系数；

$S_{1\mathrm{r}}$——三绕组变压器一次绕组额定容量。

1.4　变压器的综合功率损耗

变压器的综合功率损耗是指变压器有功功率损耗和因其消耗无功功率使电网增加的有功功率损耗之和。综合功率损耗也是有功功率损耗，它是从电力系统总体最佳节电法的角度提出，既考虑有功电量节约，又考虑无功电量节约的综合最佳；是既考虑用电单位（或变压器本身）的节电，又考虑供电网损耗降低的系统最佳。由于综合功率节约是从系统整体降损最佳考虑，因此把综合功率损耗最小值的大小作为衡量变压器运行是否经济的标准。

1.4.1　变压器综合功率损耗算法

变压器综合功率损耗计算有瞬态、稳态和动态三种算法。其中瞬态计算反映了任一时刻 t 的损耗值，适用于计算机积分计算；变压器功率损耗的稳态计算适用于 T 时间段内负荷相对平稳、负荷率（平均负荷与最大负荷之比）≥95%时，其计算误差一般不超过 0.3%；当 T 时间段内负荷波动较大，负荷率＜95%时，需要采用动态计算，即用负载波动损耗系数来修正稳态计算，进而接近实际损耗值。下面重点介绍变压器综合功率损耗的稳态和动态两种算法。

1.4.2　双绕组变压器综合功率损耗计算

1. 稳态综合功率损耗

T 时间段内变压器综合功率损耗 ΔP_{Z} 的稳态计算式为

$$\Delta P_Z = P_{0Z} + \beta^2 P_{kZ} \tag{1-54}$$

式中 ΔP_Z ——变压器综合功率损耗，kW；

P_{0Z} ——变压器空载综合功率损耗，kW；

β ——变压器的平均负载系数；

P_{kZ} ——变压器额定负载综合功率损耗，kW。

其中，变压器空载综合功率损耗 P_{0Z} 算式为

$$P_{0Z} = P_0 + K_Q Q_0 \tag{1-55}$$

式中 P_0——变压器空载功率损耗，kW；

K_Q——无功经济当量，kW/ kvar；

Q_0——变压器空载励磁功率，kvar。

变压器额定负载综合功率损耗 P_{kZ} 算式为

$$P_{kZ} = P_k + K_Q Q_k \tag{1-56}$$

式中 P_k——变压器额定负载功率损耗，kW；

K_Q——无功经济当量，kW/ kvar；

Q_k——变压器额定负载励磁功率，kvar。

T 时间段内变压器综合功率损耗率 $\Delta P_Z\%$ 的稳态计算式为

$$\Delta P_Z\% = \frac{P_{0Z} + \beta^2 P_{kZ}}{\beta S_r \cos\varphi_2 + P_{0Z} + \beta^2 P_{kZ}} \times 100\% \tag{1-57}$$

式中 $\cos\varphi_2$——变压器二次侧功率因数。

T 时间段内变压器综合电能（量）损耗 ΔA_Z 的稳态计算式为

$$\Delta A_Z = \Delta A_P + K_Q \Delta A_Q = (P_{0Z} + \beta^2 P_{kZ})T \tag{1-58}$$

式中 ΔA_Z ——变压器稳态综合电能损耗，kWh；

ΔA_P ——变压器稳态有功电能损耗，kWh；

ΔA_Q ——变压器稳态无功电能损耗，kvarh；

T ——变压器运行时间，h；

2. *动态综合功率损耗*

在式（1–53）～式（1–57）中，引入负载波动损耗系数 K_T，即可导出 T 时间段内动态综合功率损耗算式。

变压器动态综合功率损耗 ΔP_{ZD} 的算式为：

$$\Delta P_{ZD} = P_{0Z} + K_T \beta^2 P_{kZ} \tag{1-59}$$

综合功率损耗率动态算式为：

$$\Delta P_{ZD}\% = \frac{P_{0Z} + K_T \beta^2 P_{kZ}}{\beta S_r \cos\varphi_2 + P_{0Z} + K_T \beta^2 P_{kZ}} \times 100\% \tag{1-60}$$

T 时间段内变压器综合电能（量）损耗 ΔA_Z 的动态计算式为

$$\Delta A_Z = (P_{0Z} + K_T \beta^2 P_k)T \tag{1-61}$$

1.4.3　三绕组变压器综合功率损耗计算

1. 稳态计算式

三绕组变压器三侧容量相等时，其综合功率损耗 ΔP_Z 的稳态计算式为

$$\Delta P_Z = P_{0Z} + \beta_1^2 (P_{kZ1} + C_2^2 P_{kZ2} + C_3^2 P_{kZ3}) \text{（kW）} \tag{1-62}$$

三绕组变压器三侧绕组容量不等时，其综合功率损耗 ΔP_Z 的稳态计算式为

$$\Delta P_Z = P_{0Z} + S_1^2 \left(\frac{P_{kZ1}}{S_{1r}^2} + C_2^2 \frac{P_{kZ2}}{S_{2r}^2} + C_3^2 \frac{P_{kZ3}}{S_{3r}^2} \right) \text{（kW）} \tag{1-63}$$

三绕组变压器综合功率损耗率 $\Delta P_Z\%$ 的稳态计算式

$$\Delta P_Z\% = \frac{\Delta P_Z}{P_1} \times 100\% = \frac{\Delta P_Z}{\Delta P + P_2 + P_3} \times 100\% \tag{1-64}$$

ΔP ——三绕组变压器的有功损耗，kW；

P_2、P_3——流经三绕组变压器二次、三次侧的有功功率，kW。

2. 动态计算式

在式（1–62）～式（1–63）中，引入负载波动损耗系数 K_T，即可导出 T 时间段内动态综合功率损耗算式。

三绕组变压器三侧容量相等时，其综合功率损耗 ΔP_{ZD} 的动态计算式为

$$\Delta P_{ZD} = P_{oZ} + K_{T1}\beta_1^2 P_{kZ1} + K_{T2}\beta_2^2 P_{kZ2} + K_{T3}\beta_3^2 P_{kZ3} \text{（kW）} \tag{1-65}$$

或

$$\Delta P_{ZD} = P_{0Z} + K_{T1}\beta_1^2 (P_{kZ1} + C_2^2 P_{kZ2} + C_3^2 P_{kZ3}) \text{（kW）} \tag{1-66}$$

三绕组变压器三侧绕组容量不等时，其综合功率损耗 ΔP_{ZD} 的动态计算式为

$$\Delta P_{ZD} = P_{0Z} + K_{T1} S_1^2 \left(\frac{P_{kZ1}}{S_{1r}^2} + C_2^2 \frac{P_{kZ2}}{S_{2r}^2} + C_3^2 \frac{P_{kZ3}}{S_{3r}^2} \right) \text{（kW）} \tag{1-67}$$

T 时间段内三绕组变压器综合电能（量）损耗 ΔA_Z 的动态计算式为

$$\Delta A_Z = T \cdot \Delta P_{ZD} \text{（kWh）} \tag{1-68}$$

变压器经济运行方式的优化计算分别考虑有功功率损耗最小、无功功率消耗最小和综合功率损耗最小三种情况。如以节约有功电量为主，则应按有功功率经济运行进行优化；如以提高功率因数为主，则应按无功功率经济运行进行优化；如两者兼顾或者以降低系统线损为主，则应按综合功率经济运行进行优化。

一般情况下，三绕组变压器的一次侧为电源侧，二次、三次侧为负载侧，本书的计算及论述均按此种运行方式给出。

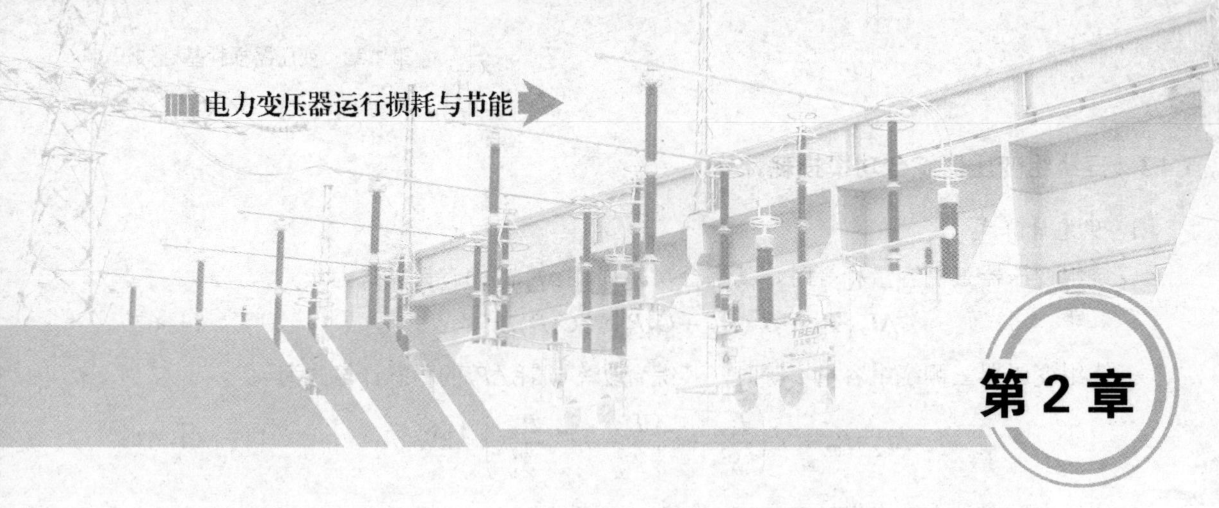

10（6）kV 变压器的损耗与节能

10（6）kV 电力变压器属于配电变压器（简称配变），是电网末端应用最为广泛的变电设备，它包括油浸式配变、干式配变、非晶合金配变和单相配变等多种类型。

2.1　10（6）kV 配变损耗的计算依据

2.1.1　配变损耗的计算式

（1）配变运行时的有功功率损耗计算

根据式（1–45），配变运行时的有功损耗ΔP为：

$$\Delta P = P_0 + K_T \beta^2 P_k \tag{2–1}$$

由于配变计量大多在二次低压侧，因此，通常用负载侧运行参数来计算其运行损耗。配变运行时的有功损耗率$\Delta P\%$为：

$$\Delta P\% = \frac{P_0 + K_T \beta_2^2 P_k}{P_1} \times 100\% = \frac{P_0 + K_T \beta_2^2 P_k}{\beta_2 S_r \cos\varphi_2 + P_0 + K_T \beta_2^2 P_k} \times 100\% \tag{2–2}$$

式中　K_T——T时间段内配变二次侧的负载波动损耗系数；

β_2——T时间段内配变二次侧的平均负载系数；

P_1——T时间段内配变一次侧的有功输入功率，kW；

$\cos\varphi_2$——T时间段内变压器二次侧的平均功率因数。

从上式可以看出，当配变一经投入运行，其技术参数空载损耗 P_0、额定负载损耗 P_k 和额定容量 S_r 是定值，其运行参数负载波动损耗系数 K_T、功率因数 $\cos\varphi$ 相对某一特定配变来讲，其变化范围也比较小，可以近似认为是一个相对固定值，唯有负载功率 P 以及由它推算出来的负载系数β是变化的，就是说，配变运行时的有功功率损耗（或有功功率损耗率）与其负载功率（或负载系数）构成一个函数关系，反映配变运行时的损耗规律。

（2）配变运行时无功功率消耗引起电网有功损耗的计算

根据式（1–48），配变运行时的无功功率消耗引起受电网有功损耗的计算式为：

$$\Delta Q_k \approx (I_0\% + K_T\beta^2 \cdot U_k\%) \cdot S_r \times 10^{-2} \quad (2\text{–}3)$$

配变运行时的无功消耗所引起受电网的有功损耗率的计算式为：

$$\Delta P_Q\% = \frac{K_Q \Delta Q}{P_1} \times 100\% = \frac{K_Q(I_0\% + K_T\beta^2 U_k\%)}{\beta \cdot \cos\varphi}\% \quad (2\text{–}4)$$

从上式可以看出，当配变一经投入运行，其技术参数空载电流 $I_0\%$、短路阻抗 $U_k\%$和额定容量 S_r 是定值，其运行参数负载波动损耗系数 K_T、功率因数 $\cos\varphi$、无功经济当量 K_Q 可以近似认为是一个相对固定值，唯有负载功率 P 以及由它推算出来的负载系数 β 是变化的，就是说，配变运行时无功消耗引起受电网的有功功率损耗（或有功功率损耗率）与其负载功率（或负载系数）构成一个函数关系，反映了配变运行时无功消耗引起受电网有功损耗率的变化规律。

2.1.2　配变损耗计算参数确定

（1）技术参数和额定参数

10（6）kV 配变技术参数和额定参数的选择遵循以下国标：

1）依据《油浸式电力变压器技术参数和要求》（GB/T 6451—2008），选取 S9 型配变的技术参数；依据《变压器类产品型号编制方法》（JB/T 3837—2010）、《油浸式电力变压器技术参数和要求》（GB/T 6451—2015），选取 S10、S11、S13 型配变参数。

2）《三相配电变压器能效限定值及能效等级》（GB 20052—2013）。

3）《油浸式非晶合金铁心配电变压器技术参数和要求》（JB/T 10318—2002）。

4）《干式电力变压器技术参数和要求》（GB/T 10228—2015）、（GB/T 10228—2008）。

配变的空载损耗、额定负载损耗均为配变主分接时的功率损耗值。

（2）负载波动损耗系数

考虑负荷波动的影响：根据相关研究，对于大多数运行中的配变来讲，负荷曲线形状系数 K_f 可近似取 1.05，则负载波动损耗系数 K_T 为 1.1025。

（3）功率因数

根据《全国供用电规则》、《电力系统电压和无功电力技术导则》（SD 325—1989）、《电力系统无功补偿配置技术原则》（Q/GDW 212—2008）、《评价企业合理用电技术导则》（GB/T 3485—1998）等相关规定，对于 500kVA 及以上的配变，$\cos\varphi$ 取 0.95；对于装接在公用线路上的、容量在 400kVA 及以下的配变，$\cos\varphi$ 取 0.90。

若实际运行功率因数 $\cos\varphi$ 非标准值时，可以近似按照"功率因数与配变的损耗率成反比"的关系进行修正。详见有功损耗率随功率因数变化的修正系数表（见表 2–1）。

表 2–1　　有功损耗率随功率因数变化的修正系数表

$\cos\varphi$	0.99	0.98	0.97	0.96	0.95	0.94	0.93	0.92	0.91	0.9
$S_r \geqslant 500$	0.960	0.969	0.979	0.990	1.0	1.011	1.022	1.033	1.044	1.056
$S_r < 500$	0.909	0.918	0.928	0.938	0.947	0.957	0.968	0.978	0.989	1.0
$\cos\varphi$	0.89	0.88	0.87	0.86	0.85	0.84	0.83	0.82	0.81	0.80
$S_r \geqslant 500$	1.067	1.080	1.092	1.105	1.118	1.131	1.145	1.159	1.173	1.188
$S_r < 500$	1.011	1.023	1.034	1.047	1.059	1.071	1.084	1.098	1.111	1.125

该表适用于配变运行时的有功损耗率$\Delta P\%$的修正，也适用于配变运行时的无功消耗所引起电网的有功损耗率$\Delta P_Q\%$的修正。

2.1.3 配变损耗查看说明

（1）本章节配变损耗、损耗率图表适用范围

1）S9、S11、S13 系列三相油浸式电工钢带类配变，SH15 型非晶合金油浸式配变，SC9、SC10、SCH15 型干式配变。

2）配变电压组合：高压 6kV、6.3kV、10kV、10.5kV、11kV；低压 0.4kV。

3）高压电压分接范围：±2×2.5%，±5%。

4）配变联结组标号：Dyn11、Yzn11、Yyn0。

（2）本章节配变运行损耗图表可查看内容

1）配变的空载损耗 P_0、额定负载损耗 P_k 标准值，单位为 kW。

2）配变运行时的有功功率损耗 ΔP 及有功损耗率$\Delta P\%$。

3）配变运行时的无功消耗引起电网的有功损耗ΔP_Q及有功损耗率$\Delta P_Q\%$。

（3）本章节配变损耗图表的特点

1）按照国标容量系列，把相邻三个或四个额定容量配变运行损耗特性编制为一套表图，方便对比、缩减篇幅。

2）以变压器输入功率的变化为变量，以相应有功功率损耗、有功功率损耗率为关注内容制作损耗表格，以便开展损耗（或损耗率）查询与对比分析。

3）以变压器运行时的输入有功功率 P 为横坐标，以有功功率损耗率$\Delta P\%$为纵坐标制作有功损耗率曲线图；以变压器运行时的输入有功功率 P 为横坐标，以配变无功消耗引起电网的有功功率损耗率$\Delta P_Q\%$为纵坐标制作配变无功消耗引起电网的有功损耗率曲线图。

2.2 10（6）kV 油浸式配变的损耗与节能

2.2.1 S9 系列油浸式配变的损耗

本节图表的计算参数（S_r、P_0、P_k、$I_0\%$、$U_k\%$），依据《油浸式电力变压器技术参数和要求》（GB/T 6451—2008）表 1 选取，适用于 Dyn11 或 Yzn11 联结组配变，容量 500kVA 及以下的 Yyn0 联结组配变参考使用。

1. S9-100～160 型配变的损耗

（1）S9-100～160 型配变运行时的损耗（见表 2-2）

表 2-2　S9-100～160 型配变运行时的损耗表

输送功率 P（kW）	S9-100			S9-125			S9-160		
	P_0/P_k 0.29/1.58；$I_0\%$/1.80			P_0/P_k 0.34/1.89；$I_0\%$/1.70			P_0/P_k 0.40/2.31；$I_0\%$/1.60		
	负载损耗（kW）	$\Delta P\%$（%）	$\Delta P_Q\%$（%）	负载损耗（kW）	$\Delta P\%$（%）	$\Delta P_Q\%$（%）	负载损耗（kW）	$\Delta P\%$（%）	$\Delta P_Q\%$（%）
18	0.07	2.00	0.44	0.05	2.18	0.50	0.04	2.44	0.59

续表

输送功率 P（kW）	S9–100			S9–125			S9–160		
	P_0/P_k　0.29/1.58；I_0%/1.80			P_0/P_k　0.34/1.89；I_0%/1.70			P_0/P_k　0.40/2.31；I_0%/1.60		
	负载损耗（kW）	ΔP%（%）	ΔP_Q%（%）	负载损耗（kW）	ΔP%（%）	ΔP_Q%（%）	负载损耗（kW）	ΔP%（%）	ΔP_Q%（%）
25	0.13	1.70	0.34	0.10	1.77	0.38	0.08	1.91	0.44
40	0.34	1.58	0.27	0.26	1.51	0.28	0.20	1.49	0.31
55	0.65	1.71	0.25	0.50	1.52	0.25	0.37	1.40	0.26
70	1.05	1.92	0.25	0.80	1.64	0.24	0.60	1.43	0.24
85	1.55	2.17	0.27	1.19	1.80	0.25	0.89	1.51	0.24
100	2.15	2.44	0.29	1.64	1.98	0.26	1.23	1.63	0.24
115				2.17	2.18	0.27	1.62	1.76	0.25
130				2.78	2.40	0.29	2.07	1.90	0.26
145							2.58	2.05	0.27
160							3.14	2.21	0.28

（2）S9–100～160 型配变运行时的有功损耗率曲线图（见图 2–1）

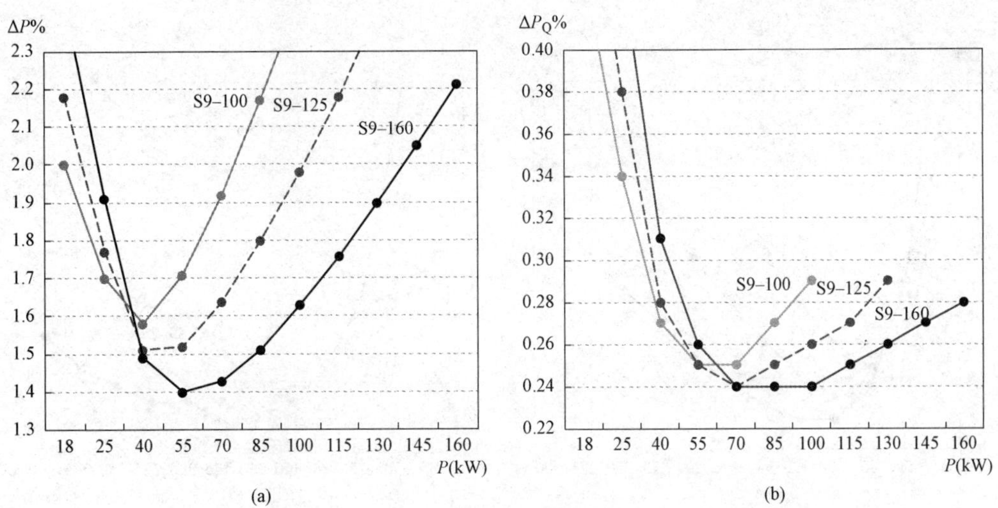

图 2–1　S9–100～160 型配变运行时的有功损耗率曲线

（a）配变有功损耗率曲线；（b）无功消耗引起的电网有功损耗率曲线

【节能策略】图中，配变负载大于 40kW 后，容量 160kVA 或 125kVA 配变运行损耗率低。配变负载大于 70kW 后，容量 160kVA 配变运行时，其无功消耗引起电网的有功损耗率最小。

2. S9–200～315 型配变的损耗

（1）S9–200～315 型配变运行时的损耗（见表 2–3）

表 2-3　　S9-200～315 型配变运行时的损耗表

输送功率 P（kW）	S9-200			S9-250			S9-315		
	P_0/P_k　0.48/2.73；I_0%/1.50			P_0/P_k　0.56/3.20；I_0%/1.40			P_0/P_k　0.67/3.83；I_0%/1.40		
	负载损耗（kW）	ΔP%（%）	ΔP_Q%（%）	负载损耗（kW）	ΔP%（%）	ΔP_Q%（%）	负载损耗（kW）	ΔP%（%）	ΔP_Q%（%）
35	0.08	1.88	0.38	0.06	2.08	0.43	0.05	2.39	0.53
50	0.23	1.42	0.29	0.17	1.47	0.32	0.13	1.60	0.39
75	0.52	1.34	0.24	0.39	1.27	0.25	0.29	1.29	0.29
100	0.93	1.41	0.23	0.70	1.26	0.23	0.52	1.19	0.25
125	1.45	1.54	0.23	1.09	1.32	0.22	0.82	1.19	0.23
150	2.09	1.71	0.24	1.56	1.42	0.22	1.18	1.23	0.22
175	2.84	1.90	0.26	2.13	1.54	0.23	1.61	1.30	0.22
200	3.71	2.09	0.28	2.78	1.67	0.24	2.10	1.38	0.23
225				3.52	1.81	0.26	2.65	1.48	0.23
250				4.35	1.96	0.27	3.28	1.58	0.24
275							3.96	1.69	0.25
300							4.72	1.80	0.27

（2）S9-200～315 型配变运行时的有功损耗率曲线图（见图 2-2）

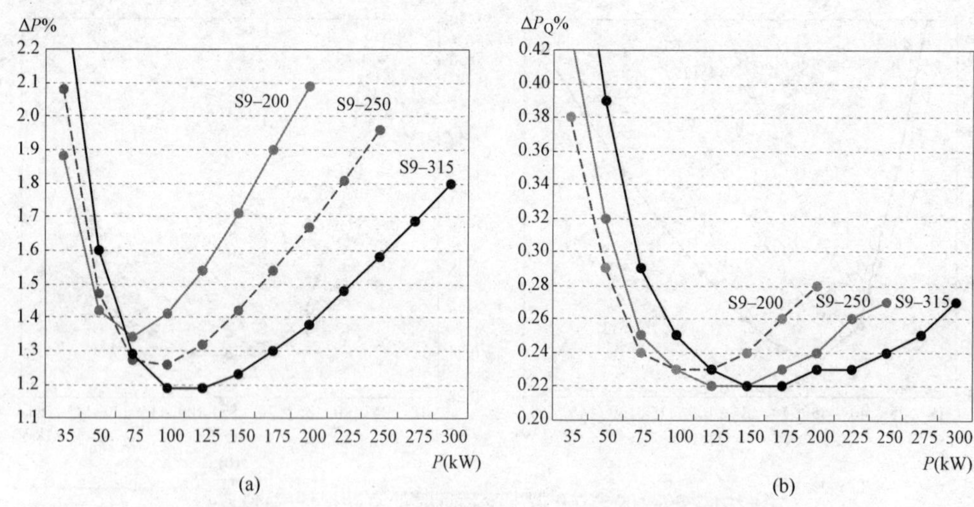

图 2-2　S9-200～315 型配变运行时的有功损耗率曲线

（a）配变有功损耗率曲线；（b）无功消耗引起的电网有功损耗率曲线

【节能策略】图中，配变负载大于 75kW 后，容量 315kVA 或 250kVA 配变运行损耗率低。配变负载大于 150kW 后，容量 315kVA 配变运行时，其无功消耗引起电网的有功损耗率最小。

3. S9-400～630 型配变的损耗

（1）S9-400～630 型配变运行时的损耗（见表 2-4）

表 2-4　　S9-400～630 型配变运行时的损耗表

输送功率 P（kW）	S9-400			S9-500			S9-630		
	P_0/P_k　0.8/4.52　I_0%/1.3			P_0/P_k　0.96/5.41　I_0%/1.2			P_0/P_k　1.2/6.2　I_0%/1.1		
	负载损耗（kW）	ΔP%（%）	ΔP_Q%（%）	负载损耗（kW）	ΔP%（%）	ΔP_Q%（%）	负载损耗（kW）	ΔP%（%）	ΔP_Q%（%）
70	0.17	1.38	0.33	0.13	1.56	0.37	0.09	1.85	0.42
100	0.34	1.14	0.26	0.26	1.22	0.28	0.19	1.39	0.31
150	0.77	1.05	0.21	0.59	1.04	0.22	0.43	1.09	0.24
200	1.38	1.09	0.20	1.06	1.01	0.20	0.76	0.98	0.21
250	2.15	1.18	0.21	1.65	1.04	0.19	1.19	0.96	0.20
300	3.10	1.30	0.22	2.37	1.11	0.20	1.71	0.97	0.20
350	4.22	1.43	0.23	3.23	1.20	0.21	2.33	1.01	0.20
400	5.51	1.58	0.25	4.22	1.30	0.22	3.05	1.06	0.21
450				5.34	1.40	0.23	3.86	1.12	0.22
500				6.59	1.51	0.24	4.76	1.19	0.23
550							5.76	1.27	0.24
600							6.85	1.34	0.26

（2）S9-400～630 型配变运行时的有功损耗率曲线图（见图 2-3）

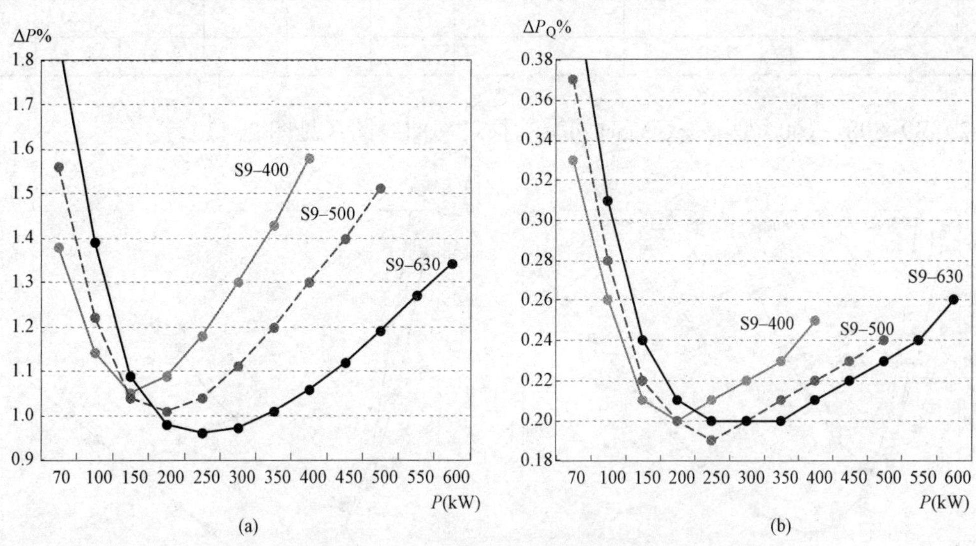

图 2-3　S9-400～630 型配变运行时的有功损耗率曲线

（a）配变有功损耗率曲线；（b）无功消耗引起的电网有功损耗率曲线

【节能策略】图中，配变负载大于 200kW 后，容量 630kVA 或 500kVA 配变运行损耗率低。配变负载大于 300kW 后，容量 630kVA 配变运行，其无功消耗引起电网的有功损耗率最小。

4. S9–800～1600 型配变的损耗

（1）S9–800～1600 型配变运行时的损耗（见表 2–5）

表 2–5　S9–800～1600 型配变运行时的损耗表

输送功率 P（kW）	S9–800			S9–1000			S9–1250			S9–1600		
	P_0/P_k 1.4/7.5		I_0%/1.0	P_0/P_k 1.7/10.3		I_0%/1.0	P_0/P_k 1.95/12.0		I_0%/0.9	P_0/P_k 2.4/14.5		I_0%/0.8
	负载损耗（kW）	ΔP%（%）	ΔP_Q%（%）	负载损耗（kW）	ΔP%（%）	ΔP_Q%（%）	负载损耗（kW）	ΔP%（%）	ΔP_Q%（%）	负载损耗（kW）	ΔP%（%）	ΔP_Q%（%）
150	0.32	1.15	0.25	0.28	1.32	0.30	0.21	1.44	0.33	0.16	1.70	0.36
200	0.57	0.99	0.21	0.50	1.10	0.24	0.37	1.16	0.26	0.28	1.34	0.28
300	1.29	0.90	0.19	1.13	0.94	0.20	0.84	0.93	0.20	0.62	1.01	0.21
400	2.29	0.92	0.19	2.01	0.93	0.19	1.50	0.86	0.18	1.10	0.88	0.18
500	3.57	0.99	0.20	3.14	0.97	0.19	2.34	0.86	0.18	1.73	0.83	0.17
600	5.14	1.09	0.22	4.52	1.04	0.20	3.37	0.89	0.18	2.49	0.81	0.17
700	7.00	1.20	0.24	6.15	1.12	0.21	4.59	0.93	0.19	3.38	0.83	0.17
800	9.14	1.32	0.26	8.03	1.22	0.23	5.99	0.99	0.20	4.42	0.85	0.17
900				10.17	1.32	0.24	7.58	1.06	0.21	5.59	0.89	0.18
1000				12.55	1.43	0.26	9.36	1.13	0.22	6.90	0.93	0.19
1100							11.33	1.21	0.23	8.35	0.98	0.20
1200							13.48	1.29	0.25	9.94	1.03	0.21
1300							15.82	1.37		11.67	1.08	0.22
1400										13.53	1.14	0.23
1500										15.53	1.20	0.24
1600										17.67	1.25	0.25

（2）S9–800～1600 型配变运行时的有功损耗率曲线图（见图 2–4）

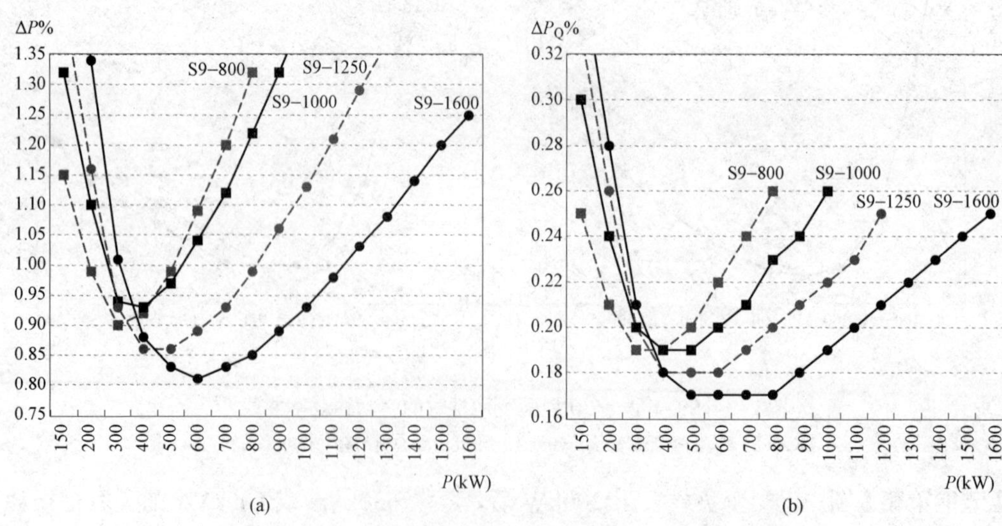

图 2–4　S9–800～1600 型配变运行时的有功损耗率曲线

（a）配变有功损耗率曲线；（b）无功消耗引起的电网有功损耗率曲线

【**节能策略**】图中，配变负载大于 400kW 后，容量越大的配变运行损耗率越低。配变负载大于 400kW 后，容量越大的配变运行，其无功消耗引起电网的有功损耗率越小。

2.2.2　S11 系列油浸式配变的损耗

本节配变图表的计算参数（S_r、P_0、P_k、I_0%、U_k%）来源于《油浸式电力变压器技术参数和要求》（GB/T 6451—2015）表 1，适用于 Dyn11 或 Yzn11 联结组配变，容量 500kVA 及以下的 Yyn0 联结组配变参考使用。

1. S11–100～160 型配变的损耗

（1）S11–100～160 型配变运行时的损耗（见表 2–6）

表 2–6　　S11–100～160 型配变运行时的损耗表

输送功率 P（kW）	S11–100			S11–125			S11–160		
	P_0/P_k 0.20/1.58；I_0%/1.10			P_0/P_k 0.24/1.89；I_0%/1.10			P_0/P_k 0.28/2.31；I_0%/1.00		
	负载损耗（kW）	ΔP%（%）	ΔP_Q%（%）	负载损耗（kW）	ΔP%（%）	ΔP_Q%（%）	负载损耗（kW）	ΔP%（%）	ΔP_Q%（%）
18	0.07	1.50	0.28	0.05	1.63	0.34	0.04	1.78	0.38
25	0.13	1.34	0.23	0.10	1.37	0.26	0.08	1.43	0.29
40	0.34	1.36	0.20	0.26	1.26	0.21	0.20	1.19	0.21
55	0.65	1.54	0.20	0.50	1.34	0.20	0.37	1.18	0.19
70	1.05	1.79	0.21	0.80	1.49	0.20	0.60	1.26	0.19
85	1.55	2.06	0.24	1.19	1.68	0.21	0.89	1.37	0.19
100	2.15	2.35	0.26	1.64	1.88	0.23	1.23	1.51	0.20
115				2.17	2.10	0.25	1.62	1.65	0.21
130				2.78	2.32	0.27	2.07	1.81	0.23
145							2.58	1.97	0.24
160							3.14	2.14	0.26

（2）S11–100～160 型配变运行时的有功损耗率曲线图（见图 2–5）

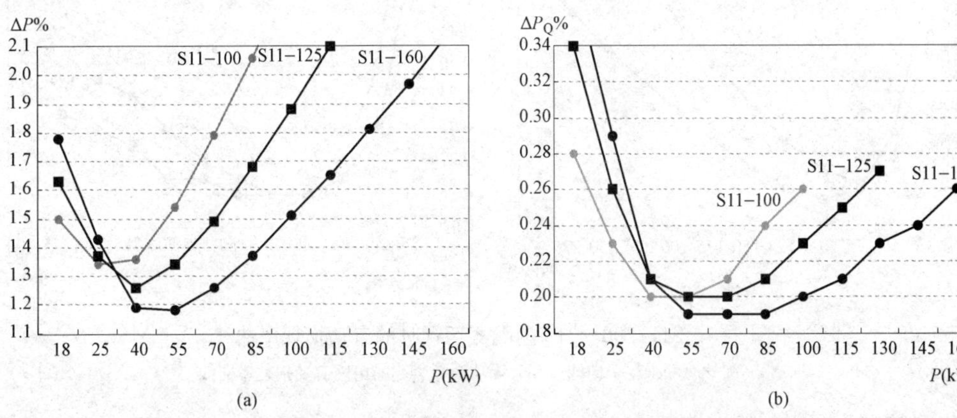

图 2–5　S11–100～160 型配变运行时的有功损耗率曲线

（a）配变有功损耗率曲线；（b）无功消耗引起的电网有功损耗率曲线

【节能策略】图中，配变负载大于 28kW 后，容量 160kVA 或 125kVA 配变运行损耗率低。配变负载大于 50kW 后，容量 160kVA 配变运行时，其无功消耗引起电网的有功损耗率最小。

2. S11–200～315 型配变的损耗

（1）S11–200～315 型配变运行时的损耗（见表 2–7）

表 2–7　　S11–200～315 型配变运行时的损耗表

输送功率 P（kW）	S11–200			S11–250			S11–315		
	P_0/P_k 0.34/2.73；I_0%/1.00			P_0/P_k 0.40/3.20；I_0%/0.90			P_0/P_k 0.48/3.83；I_0%/0.90		
	负载损耗（kW）	ΔP%（%）	ΔP_Q%（%）	负载损耗（kW）	ΔP%（%）	ΔP_Q%（%）	负载损耗（kW）	ΔP%（%）	ΔP_Q%（%）
35	0.08	1.41	0.30	0.06	1.54	0.33	0.05	1.76	0.40
50	0.23	1.14	0.21	0.17	1.15	0.22	0.13	1.22	0.26
75	0.52	1.15	0.19	0.39	1.05	0.19	0.29	1.03	0.20
100	0.93	1.27	0.19	0.70	1.10	0.18	0.52	1.00	0.18
125	1.45	1.43	0.20	1.09	1.19	0.18	0.82	1.04	0.18
150	2.09	1.62	0.22	1.56	1.31	0.19	1.18	1.11	0.18
175	2.84	1.82	0.24	2.13	1.45	0.20	1.61	1.19	0.19
200	3.71	2.02	0.26	2.78	1.59	0.22	2.10	1.29	0.19
225				3.52	1.74	0.24	2.65	1.39	0.21
250				4.35	1.90	0.25	3.28	1.50	0.22
275							3.96	1.62	0.23
300							4.72	1.73	0.24

（2）S11–200～315 型配变运行时的有功损耗率曲线图（见图 2–6）

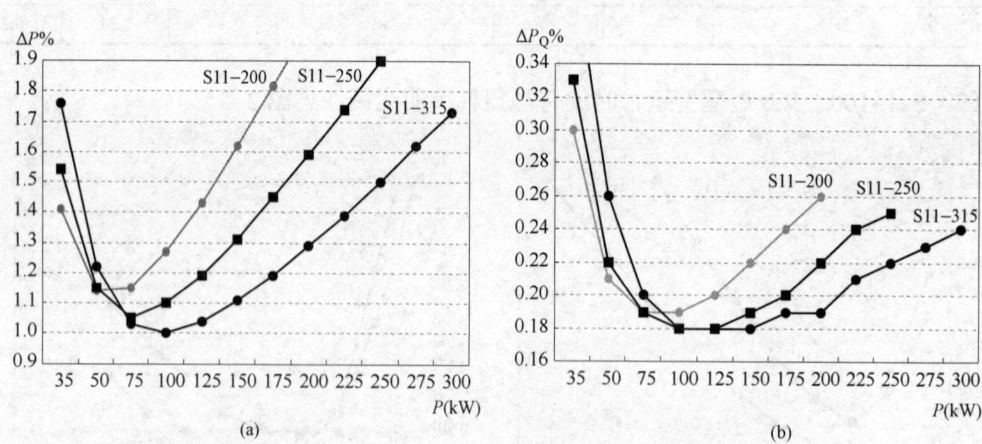

图 2–6　S11–200～315 型配变运行时的有功损耗率曲线

（a）配变有功损耗率曲线；（b）无功消耗引起的电网有功损耗率曲线

【节能策略】图中，配变负载大于 75kW 后，容量 315kVA 或 250kVA 配变运行损耗率低。配变负载大于 110kW 后，容量 315kVA 配变运行时，其无功消耗引起电网的有功损耗率最小。

3. S11-400～630 型配变的损耗

（1）S11-400～630 型配变运行时的损耗（见表 2-8）

表 2-8　　**S11-400～630 型配变运行时的损耗表**

输送功率 P（kW）	S11-400			S11-500			S11-630		
	P_0/P_k 0.57/4.52；I_0%/0.80			P_0/P_k 0.68/5.41；I_0%/0.80			P_0/P_k 0.81/6.20；I_0%/0.60		
	负载损耗（kW）	ΔP%（%）	ΔP_Q%（%）	负载损耗（kW）	ΔP%（%）	ΔP_Q%（%）	负载损耗（kW）	ΔP%（%）	ΔP_Q%（%）
60	0.12	1.16	0.24	0.09	1.29	0.29	0.07	1.46	0.27
100	0.34	0.91	0.18	0.26	0.94	0.20	0.19	1.00	0.19
150	0.77	0.90	0.16	0.59	0.85	0.17	0.43	0.83	0.15
200	1.38	0.97	0.16	1.06	0.87	0.16	0.76	0.79	0.15
250	2.15	1.09	0.17	1.65	0.93	0.16	1.19	0.80	0.15
300	3.10	1.22	0.19	2.37	1.02	0.17	1.71	0.84	0.15
350	4.22	1.37	0.21	3.23	1.12	0.18	2.33	0.90	0.17
400	5.51	1.52	0.23	4.22	1.23	0.20	3.05	0.96	0.18
450				5.34	1.34	0.21	3.86	1.04	0.19
500				6.59	1.45	0.23	4.76	1.11	0.20
550							5.76	1.19	0.22
600							6.85	1.28	0.23

（2）S11-400～630 型配变运行时的有功损耗率曲线图（见图 2-7）

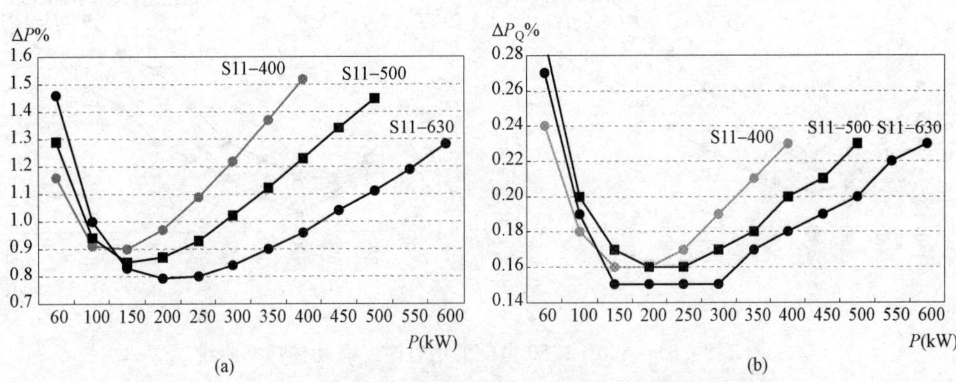

图 2-7　S11-400～630 型配变运行时的有功损耗率曲线

（a）配变有功损耗率曲线；（b）无功消耗引起的电网有功损耗率曲线

【节能策略】图中，配变负载大于 130kW 后，容量 630kVA 或 500kVA 配变运行损耗率低。配变负载大于 150kW 后，容量 630kVA 配变运行，其无功消耗引起电网的有功损耗率最小。

4. S11–800～1250 型配变的损耗

（1）S11–800～1250 型配变运行时的损耗（见表 2–9）

表 2–9　S11–800～1250 型配变运行时的损耗表

输送功率 P（kW）	S11–800			S11–1000			S11–1250		
	P_0/P_k　0.98/7.50；I_0%/0.60			P_0/P_k　1.15/10.30；I_0%/0.60			P_0/P_k　1.36/12.00；I_0%/0.50		
	负载损耗（kW）	ΔP%（%）	ΔP_Q%（%）	负载损耗（kW）	ΔP%（%）	ΔP_Q%（%）	负载损耗（kW）	ΔP%（%）	ΔP_Q%（%）
150	0.32	0.87	0.17	0.28	0.95	0.19	0.21	1.05	0.19
200	0.57	0.78	0.15	0.50	0.83	0.16	0.37	0.87	0.16
300	1.29	0.76	0.15	1.13	0.76	0.15	0.84	0.73	0.14
400	2.29	0.82	0.16	2.01	0.79	0.15	1.50	0.71	0.13
500	3.57	0.91	0.18	3.14	0.86	0.16	2.34	0.74	0.14
600	5.14	1.02	0.20	4.52	0.94	0.17	3.37	0.79	0.15
700	7.00	1.14	0.22	6.15	1.04	0.19	4.59	0.85	0.16
800	9.14	1.27	0.24	8.03	1.15	0.21	5.99	0.92	0.17
900				10.17	1.26	0.22	7.58	0.99	0.19
1000				12.55	1.37	0.24	9.36	1.07	0.20
1100							11.33	1.15	0.22
1200							13.48	1.24	0.23

（2）S11–800～1250 型配变运行时的有功损耗率曲线图（见图 2–8）

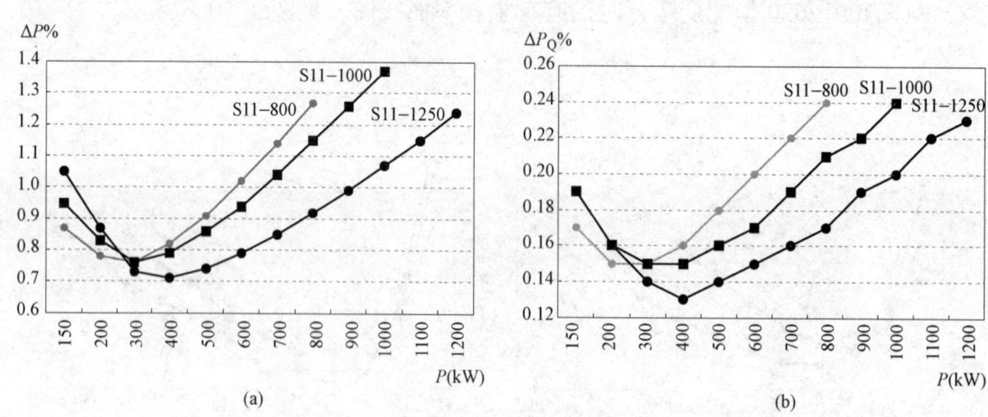

图 2–8　S11–800～1250 型配变运行时的有功损耗率曲线

（a）配变有功损耗率曲线；（b）无功消耗引起的电网有功损耗率曲线

【节能策略】图中，配变负载大于 300kW 后，容量 1600kVA 或 1250kVA 配变运行损耗率低。配变负载大于 300kW 后，容量越大，配变无功消耗引起电网的有功损耗率越小。

5. S11–1600～2500 型配变的损耗

（1）S11–1600～2500 型配变运行时的损耗（见表 2–10）

表 2-10　　S11-1600～2500 型配变运行时的损耗表

输送功率 P（kW）	S11-1600			S11-2000			S11-2500		
	P_0/P_k　1.64/14.50；I_0%/0.50			P_0/P_k　1.94/13.30；I_0%/0.40			P_0/P_k　2.29/21.20；I_0%/0.40		
	负载损耗（kW）	ΔP%（%）	ΔP_Q%（%）	负载损耗（kW）	ΔP%（%）	ΔP_Q%（%）	负载损耗（kW）	ΔP%（%）	ΔP_Q%（%）
250	0.43	0.83	0.16	0.35	0.92	0.16	0.26	1.02	0.18
400	1.10	0.69	0.13	0.89	0.71	0.13	0.66	0.74	0.14
600	2.49	0.69	0.14	2.01	0.66	0.13	1.49	0.63	0.13
800	4.42	0.76	0.15	3.57	0.69	0.14	2.65	0.62	0.13
1000	6.90	0.85	0.17	5.58	0.75	0.15	4.13	0.64	0.14
1200	9.94	0.97	0.19	8.03	0.83	0.17	5.95	0.69	0.15
1400	13.53	1.08	0.21	10.93	0.92	0.19	8.10	0.74	0.17
1600	17.67	1.21	0.24	14.28	1.01	0.22	10.58	0.80	0.18
1800				18.07	1.11	0.24	13.40	0.87	0.20
2000				22.30	1.21	0.26	16.54	0.94	0.22
2200							20.01	1.01	0.23
2400							23.81	1.09	0.25

（2）S11-1600～2500 型配变运行时的有功损耗率曲线图（见图 2-9）

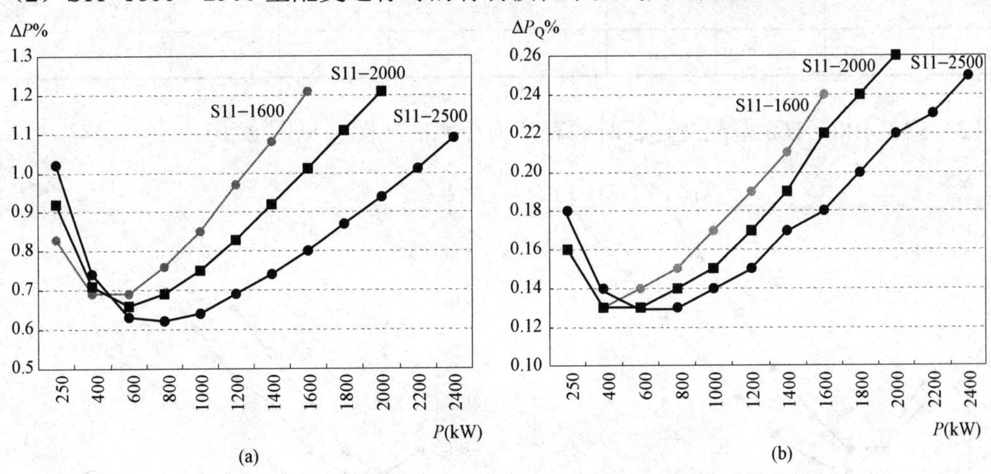

图 2-9　S11-1600～2500 型配变运行时的有功损耗率曲线

（a）配变有功损耗率曲线；（b）无功消耗引起的电网有功损耗率曲线

【节能策略】图中，配变负载大于 500kW 后，容量 2500kVA 或 2000kVA 配变运行时的损耗率低。配变负载大于 600kW 后，容量越大，配变无功消耗引起电网的有功损耗率越小。

2.2.3　S13 系列油浸式配变的损耗

本节配变图表的计算参数（S_r、P_0、P_k、I_0%、U_k%）来源于《三相配电变压器能效限定值及能效等级》（GB 20052—2013）表 1 中的能效 2 级（电工钢带），适用于 Dyn11 或 Yzn11 联结组配变，容量 500kVA 及以下的 Yyn0 联结组配变参考使用。

1. S13–100～160 型配变的损耗

（1）S13–100～160 型配变运行时的损耗（见表 2–11）

表 2–11　S13–100～160 型配变运行时的损耗表

输送功率 P（kW）	S13–100			S13–125			S13–160		
	P_0/P_k　0.15/1.58；I_0%/0.25			P_0/P_k　0.17/1.89；I_0%/0.23			P_0/P_k　0.20/2.31；I_0%/0.23		
	负载损耗（kW）	ΔP%（%）	ΔP_Q%（%）	负载损耗（kW）	ΔP%（%）	ΔP_Q%（%）	负载损耗（kW）	ΔP%（%）	ΔP_Q%（%）
18	0.07	1.22	0.09	0.05	1.24	0.10	0.04	1.33	0.11
25	0.13	1.14	0.09	0.10	1.09	0.09	0.08	1.11	0.09
40	0.34	1.23	0.11	0.26	1.08	0.10	0.20	0.99	0.09
55	0.65	1.45	0.14	0.50	1.21	0.12	0.37	1.04	0.10
70	1.05	1.72	0.17	0.80	1.39	0.14	0.60	1.14	0.12
85	1.55	2.00	0.20	1.19	1.60	0.16	0.89	1.28	0.13
100	2.15	2.30	0.23	1.64	1.81	0.19	1.23	1.43	0.15
115				2.17	2.04	0.21	1.62	1.58	0.17
130				2.78	2.27	0.23	2.07	1.75	0.19
145							2.58	1.91	0.21
160							3.14	2.09	0.23

（2）S13–100～160 型配变运行时的有功损耗率曲线图（见图 2–10）

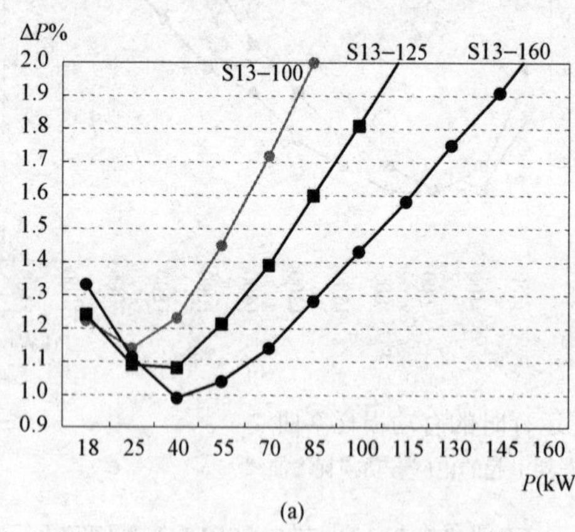

(a)

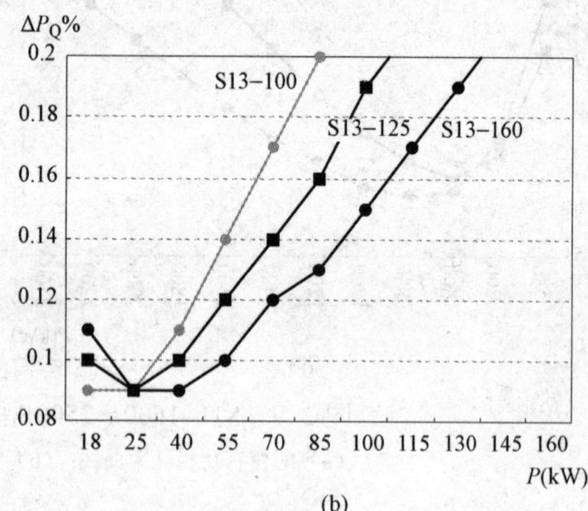

(b)

图 2–10　S13–100～160 型配变运行时的有功损耗率曲线

（a）配变有功损耗率曲线；（b）无功消耗引起的电网有功损耗率曲线

【节能策略】图中，配变负载大于 30kW 后，容量 160kVA 或 125kVA 配变运行损耗率低。配变负载大于 30kW 后，容量 160kVA 配变运行时，其无功消耗引起电网的有功损耗率最小。

2. S13–200～315 型配变的损耗

（1）S13–200～315 型配变运行时的损耗（见表 2–12）

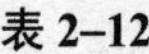

表 2-12　　　　　　　　　　**S13-200～315 型配变运行时的损耗表**

输送功率 P（kW）	S13-200			S13-250			S13-315		
	P_0/P_k　0.24/2.73；I_0%/0.23			P_0/P_k　0.29/3.20；I_0%/0.22			P_0/P_k　0.34/3.38；I_0%/0.21		
	负载损耗（kW）	ΔP%（%）	ΔP_Q%（%）	负载损耗（kW）	ΔP%（%）	ΔP_Q%（%）	负载损耗（kW）	ΔP%（%）	ΔP_Q%（%）
30	0.08	1.08	0.09	0.06	1.18	0.10	0.05	1.29	0.11
50	0.23	0.94	0.09	0.17	0.93	0.09	0.13	0.94	0.09
75	0.52	1.02	0.11	0.39	0.91	0.09	0.29	0.85	0.09
100	0.93	1.17	0.13	0.70	0.99	0.11	0.52	0.86	0.10
125	1.45	1.35	0.15	1.09	1.10	0.13	0.82	0.93	0.11
150	2.09	1.55	0.18	1.56	1.24	0.15	1.18	1.01	0.12
175	2.84	1.76	0.20	2.13	1.38	0.16	1.61	1.11	0.14
200	3.71	1.97	0.23	2.78	1.54	0.18	2.10	1.22	0.15
225				3.52	1.69	0.21	2.65	1.33	0.17
250				4.35	1.85	0.23	3.28	1.45	0.18
275							3.96	1.57	0.20
300							4.72	1.69	0.22

（2）S13-200～315 型配变运行时的有功损耗率曲线图（见图 2-11）

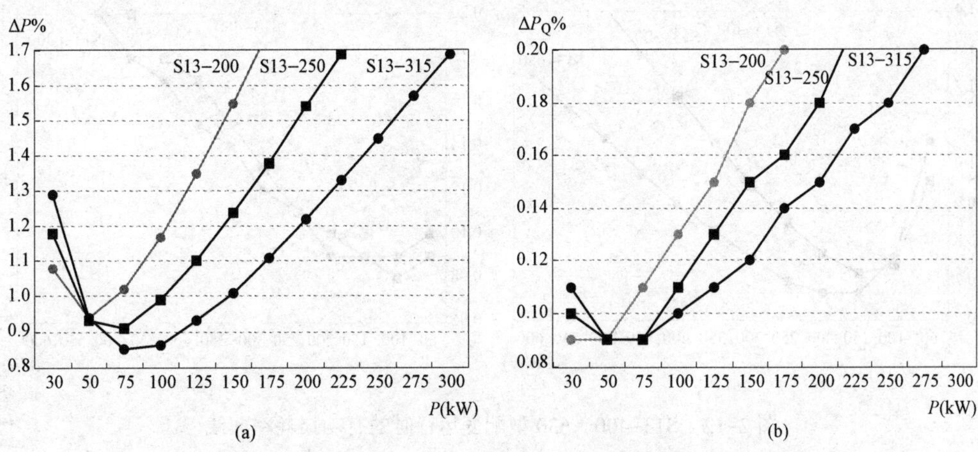

图 2-11　S13-200～315 型配变运行时的有功损耗率曲线

（a）配变有功损耗率曲线；（b）无功消耗引起的电网有功损耗率曲线

【节能策略】图中，配变负载大于 50kW 后，容量 315kVA 或 250kVA 配变运行损耗率低。配变负载大于 50kW 后，容量 315kVA 配变运行时，其无功消耗引起电网的有功损耗率最小。

3. S13-400～630 型配变的损耗

（1）S13-400～630 型配变运行时的损耗（见表 2-13）

表 2-13　　S13-400～630 型配变运行时的损耗表

输送功率 P（kW）	S13-400			S13-500			S13-630		
	P_0/P_k　0.41/4.52；I_0%/0.21			P_0/P_k　0.48/5.41；I_0%/0.20			P_0/P_k　0.57/6.20；I_0%/0.20		
	负载损耗（kW）	ΔP%（%）	ΔP_Q%（%）	负载损耗（kW）	ΔP%（%）	ΔP_Q%（%）	负载损耗（kW）	ΔP%（%）	ΔP_Q%（%）
60	0.12	0.89	0.09	0.09	0.96	0.09	0.07	1.06	0.10
100	0.34	0.75	0.08	0.26	0.74	0.08	0.19	0.76	0.09
150	0.77	0.79	0.10	0.59	0.72	0.09	0.43	0.67	0.09
200	1.38	0.89	0.11	1.06	0.77	0.10	0.76	0.67	0.09
250	2.15	1.02	0.14	1.65	0.85	0.11	1.19	0.70	0.11
300	3.10	1.17	0.16	2.37	0.95	0.13	1.71	0.76	0.12
350	4.22	1.32	0.18	3.23	1.06	0.15	2.33	0.83	0.14
400	5.51	1.48	0.20	4.22	1.18	0.17	3.05	0.90	0.15
450				5.34	1.29	0.18	3.86	0.98	0.17
500				6.59	1.41	0.20	4.76	1.07	0.18
550							5.76	1.15	0.20
600							6.85	1.24	0.22

（2）S13-400～630 型配变运行时的有功损耗率曲线图（见图 2-12）

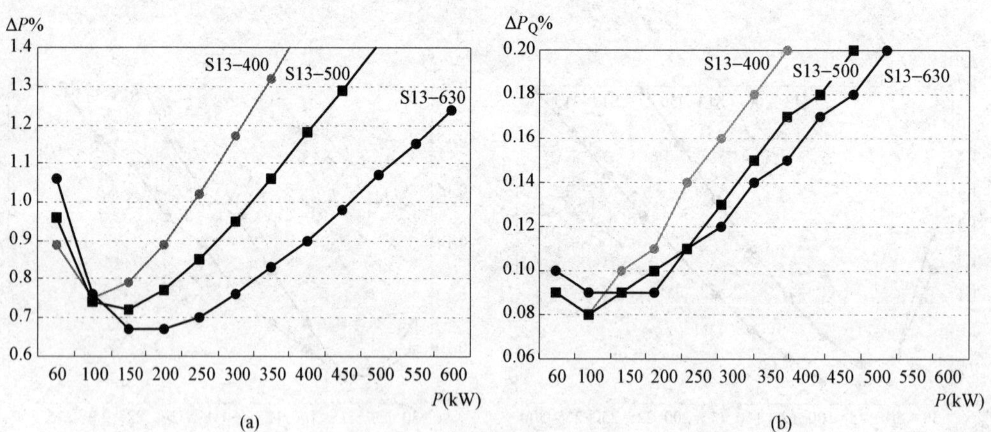

图 2-12　S13-400～630 型配变运行时的有功损耗率曲线

（a）配变有功损耗率曲线；（b）无功消耗引起的电网有功损耗率曲线

【节能策略】图中，配变负载大于 100kW 后，容量 630kVA 或 500kVA 配变运行损耗率低。配变负载大于 150kW 后，容量 630kVA 配变运行，其无功消耗引起电网的有功损耗率最小。

4. S13-800～1600 型配变的损耗

（1）S13-800～1600 型配变运行时的损耗（见表 2-14）

表 2-14　　　　　　　　　　　**S13-800～1600 型配变运行时的损耗表**

输送功率 P（kW）	S13-800			S13-1000			S13-1250			S13-1600		
	P_0/P_k	0.70/7.50	I_0%/0.3	P_0/P_k	0.83/10.3	I_0%/0.3	P_0/P_k	0.97/12.0	I_0%/0.2	P_0/P_k	1.17/14.5	I_0%/0.2
	负载损耗（kW）	ΔP%（%）	ΔP_Q%（%）	负载损耗（kW）	ΔP%（%）	ΔP_Q%（%）	负载损耗（kW）	ΔP%（%）	ΔP_Q%（%）	负载损耗（kW）	ΔP%（%）	ΔP_Q%（%）
100	0.14	0.84	0.12	0.13	0.96	0.14	0.09	1.06	0.12	0.07	1.24	0.14
200	0.57	0.64	0.10	0.50	0.67	0.10	0.37	0.67	0.09	0.28	0.72	0.09
300	1.29	0.66	0.11	1.13	0.65	0.11	0.84	0.60	0.09	0.62	0.60	0.08
400	2.29	0.75	0.13	2.01	0.71	0.12	1.50	0.62	0.10	1.10	0.57	0.09
500	3.57	0.85	0.16	3.14	0.79	0.13	2.34	0.66	0.11	1.73	0.58	0.09
600	5.14	0.97	0.18	4.52	0.89	0.15	3.37	0.72	0.12	2.49	0.61	0.10
700	7.00	1.10	0.21	6.15	1.00	0.17	4.59	0.79	0.14	3.38	0.65	0.11
800	9.14	1.23	0.23	8.03	1.11	0.19	5.99	0.87	0.15	4.42	0.70	0.13
900				10.17	1.22	0.21	7.58	0.95	0.17	5.59	0.75	0.14
1000				12.55	1.34	0.23	9.36	1.03	0.19	6.90	0.81	0.15
1100							11.33	1.12	0.20	8.35	0.87	0.16
1200							13.48	1.20	0.22	9.94	0.93	0.18
1300							15.82	1.29		11.67	0.99	0.19
1400										13.53	1.05	0.20
1500										15.53	1.11	0.21
1600										17.67	1.18	0.23

（2）S13-800～1600 型配变运行时的有功损耗率曲线图（见图 2-13）

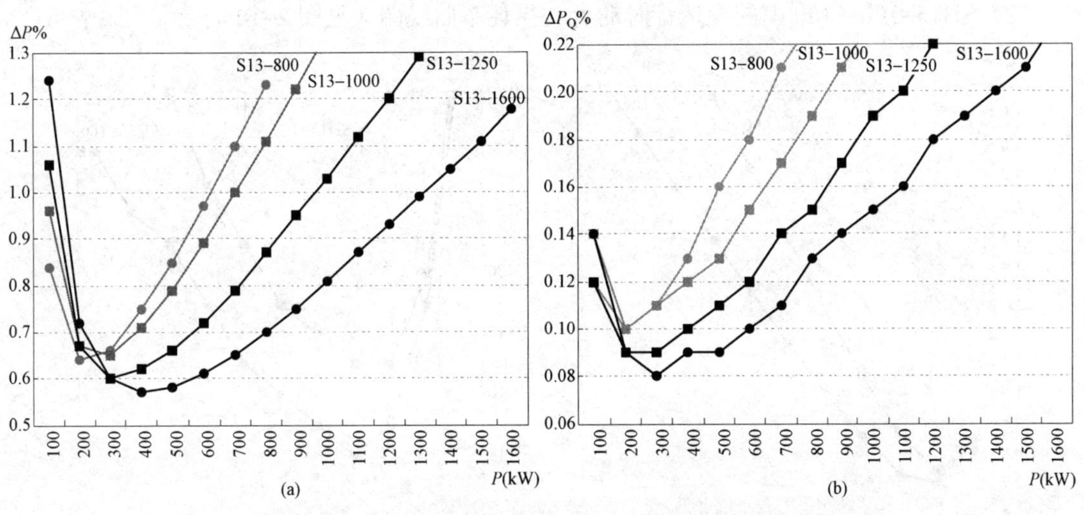

图 2-13　S13-800～1600 型配变运行时的有功损耗率曲线

（a）配变有功损耗率曲线；（b）无功消耗引起的电网有功损耗率曲线

【节能策略】图中，配变负载大于 300kW 后，容量 1600kVA 或 1250kVA 配变运行损耗率低。配变负载大于 200kW 后，容量越大，配变无功消耗引起电网的有功损耗率越小。

2.2.4 SH15 系列油浸式配变的损耗

本节配变图表的计算参数（S_r、P_0、P_k、I_0%、U_k%）来源于《三相配电变压器能效限定值及能效等级》（GB 20052—2013）表 1 中的能效 2 级（非晶合金），适用于 Dyn11 或 Yzn11 联结组配变，容量 500kVA 及以下的 Yyn0 联结组配变参考使用。

1. SH15-100～160 型配变的损耗

（1）SH15-100～160 型配变运行时的损耗（见表 2-15）

表 2-15　　SH15-100～160 型配变运行时的损耗表

输送功率 P（kW）	SH15-100			SH15-125			SH15-160		
	P_0/P_k　0.075/1.58；I_0%/0.90			P_0/P_k　0.085/1.89；I_0%/0.80			P_0/P_k　0.10/2.31；I_0%/0.60		
	负载损耗（kW）	ΔP%（%）	ΔP_Q%（%）	负载损耗（kW）	ΔP%（%）	ΔP_Q%（%）	负载损耗（kW）	ΔP%（%）	ΔP_Q%（%）
15	0.05	0.82	0.27	0.04	0.81	0.29	0.03	0.85	0.28
25	0.13	0.84	0.20	0.10	0.75	0.20	0.08	0.71	0.19
40	0.34	1.05	0.18	0.26	0.87	0.17	0.20	0.74	0.15
55	0.65	1.32	0.18	0.50	1.06	0.17	0.37	0.86	0.14
70	1.05	1.61	0.20	0.80	1.27	0.18	0.60	1.00	0.15
85	1.55	1.91	0.23	1.19	1.50	0.19	0.89	1.16	0.16
100	2.15	2.22	0.25	1.64	1.73	0.21	1.23	1.33	0.17
115				2.17	1.96	0.23	1.62	1.50	0.19
130				2.78	2.20	0.26	2.07	1.67	0.21
145							2.58	1.85	0.22
160							3.14	2.02	0.24

（2）SH15-100～160 型配变运行时的有功损耗率曲线图（见图 2-14）

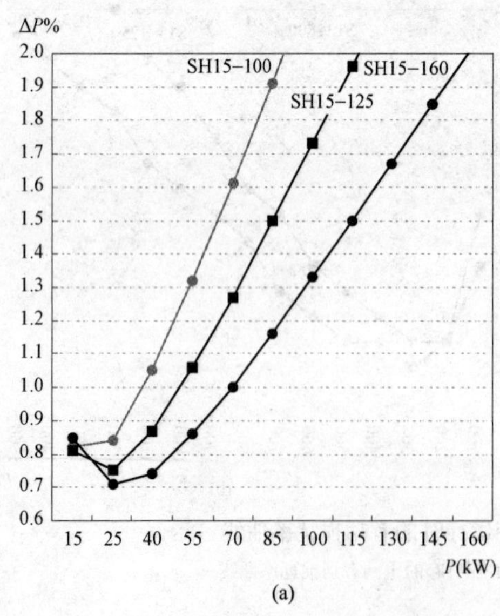

(a)

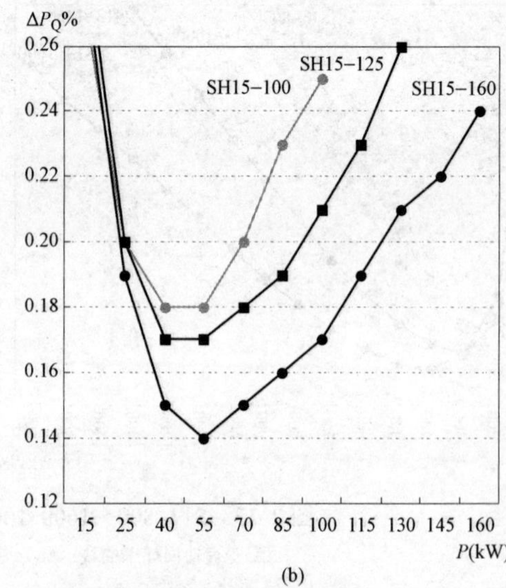

(b)

图 2-14　SH15-100～160 型配变运行时的有功损耗率曲线

（a）配变有功损耗率曲线；（b）无功消耗引起的电网有功损耗率曲线

【节能策略】图中，配变负载大于 15kW 后，容量 160kVA 或 125kVA 配变运行损耗率低。配变负载大于 25kW 后，容量 160kVA 配变运行时，其无功消耗引起电网的有功损耗率最小。

2. SH15–200～315 型配变的损耗

（1）SH15–200～315 型配变运行时的损耗（见表 2–16）

表 2–16　　SH15–200～315 型配变运行时的损耗表

输送功率 P（kW）	SH15–200			SH15–250			SH15–315		
	P_0/P_k　0.12/2.73；I_0%/0.60			P_0/P_k　0.14/3.20；I_0%/0.60			P_0/P_k　0.17/3.83；I_0%/0.50		
	负载损耗（kW）	ΔP%（%）	ΔP_Q%（%）	负载损耗（kW）	ΔP%（%）	ΔP_Q%（%）	负载损耗（kW）	ΔP%（%）	ΔP_Q%（%）
25	0.06	0.71	0.22	0.04	0.73	0.26	0.03	0.81	0.27
50	0.23	0.70	0.15	0.17	0.63	0.16	0.13	0.60	0.16
75	0.52	0.86	0.15	0.39	0.71	0.15	0.29	0.62	0.14
100	0.93	1.05	0.16	0.70	0.84	0.15	0.52	0.69	0.13
125	1.45	1.25	0.17	1.09	0.98	0.16	0.82	0.79	0.14
150	2.09	1.47	0.19	1.56	1.14	0.17	1.18	0.90	0.15
175	2.84	1.69	0.22	2.13	1.30	0.19	1.61	1.01	0.16
200	3.71	1.91	0.24	2.78	1.46	0.20	2.10	1.13	0.17
225				3.52	1.63	0.22	2.65	1.25	0.18
250				4.35	1.79	0.24	3.28	1.38	0.20
275							3.96	1.50	0.21
300							4.72	1.63	0.23

（2）SH15–200～315 型配变运行时的有功损耗率曲线图（见图 2–15）

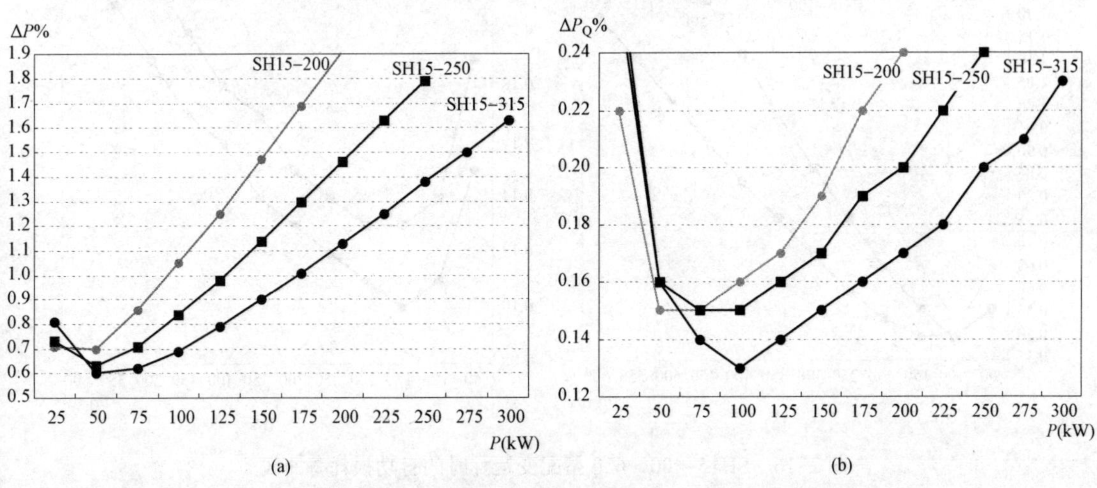

图 2–15　SH15–200～315 型配变运行时的有功损耗率曲线

（a）配变有功损耗率曲线；（b）无功消耗引起的电网有功损耗率曲线

【节能策略】图中，配变负载大于 33kW 后，容量 315kVA 或 250kVA 配变运行损耗率低。配变负载大于 75kW 后，容量 315kVA 配变运行时，其无功消耗引起电网的有功损耗率最小。

3. SH15–400～630 型配变的损耗

（1）SH15–400～630 型配变运行时的损耗（见表 2–17）

表 2–17　　SH15–400～630 型配变运行时的损耗表

输送功率 P（kW）	SH15–400			SH15–500			SH15–630		
	P_0/P_k 0.20/4.52；I_0%/0.50			P_0/P_k 0.24/5.41；I_0%/0.50			P_0/P_k 0.32/6.20；I_0%/0.30		
	负载损耗（kW）	ΔP%（%）	ΔP_Q%（%）	负载损耗（kW）	ΔP%（%）	ΔP_Q%（%）	负载损耗（kW）	ΔP%（%）	ΔP_Q%（%）
60	0.12	0.54	0.16	0.09	0.56	0.19	0.07	0.65	0.15
100	0.34	0.54	0.13	0.26	0.50	0.14	0.19	0.51	0.11
150	0.77	0.65	0.13	0.59	0.56	0.13	0.43	0.50	0.10
200	1.38	0.79	0.14	1.06	0.65	0.13	0.76	0.54	0.11
250	2.15	0.94	0.15	1.65	0.76	0.14	1.19	0.60	0.12
300	3.10	1.10	0.17	2.37	0.87	0.15	1.71	0.68	0.13
350	4.22	1.26	0.19	3.23	0.99	0.17	2.33	0.76	0.14
400	5.51	1.43	0.22	4.22	1.12	0.18	3.05	0.84	0.16
450				5.34	1.24	0.20	3.86	0.93	0.17
500				6.59	1.37	0.22	4.76	1.02	0.19
550							5.76	1.11	0.21
600							6.85	1.20	0.22

（2）SH15–400～630 型配变运行时的有功损耗率曲线图（见图 2–16）

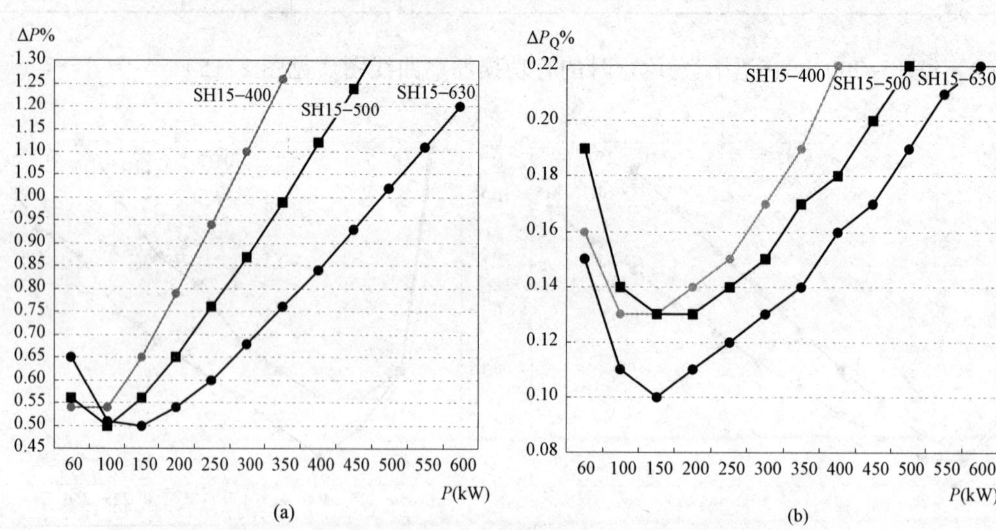

图 2–16　SH15–400～630 型配变运行时的有功损耗率曲线

（a）配变有功损耗率曲线；（b）无功消耗引起的电网有功损耗率曲线

【节能策略】图中，配变负载大于 100kW 后，容量 630kVA 或 500kVA 配变运行损耗率低。配变负载大于 60kW 后，容量 630kVA 配变运行，其无功消耗引起电网的有功损耗率最小。

4. SH15–800～1250 型配变的损耗

（1）SH15–800～1250 型配变运行时的损耗（见表 2–18）

表 2–18　　SH15–800～1250 型配变运行时的损耗表

输送功率 P（kW）	SH15–800			SH15–1000			SH15–1250		
	P_0/P_k　0.38/7.50；I_0%/0.30			P_0/P_k　0.45/10.30；I_0%/0.30			P_0/P_k　0.53/12.00；I_0%/0.20		
	负载损耗（kW）	ΔP%（%）	ΔP_Q%（%）	负载损耗（kW）	ΔP%（%）	ΔP_Q%（%）	负载损耗（kW）	ΔP%（%）	ΔP_Q%（%）
150	0.32	0.47	0.11	0.28	0.49	0.11	0.21	0.49	0.09
200	0.57	0.48	0.10	0.50	0.48	0.10	0.37	0.45	0.09
300	1.29	0.56	0.11	1.13	0.53	0.11	0.84	0.46	0.09
400	2.29	0.67	0.13	2.01	0.61	0.12	1.50	0.51	0.10
500	3.57	0.79	0.16	3.14	0.72	0.13	2.34	0.57	0.11
600	5.14	0.92	0.18	4.52	0.83	0.15	3.37	0.65	0.12
700	7.00	1.05	0.21	6.15	0.94	0.17	4.59	0.73	0.14
800	9.14	1.19	0.23	8.03	1.06	0.19	5.99	0.82	0.15
900				10.17	1.18	0.21	7.58	0.90	0.17
1000				12.55	1.30	0.23	9.36	0.99	0.19
1100							11.33	1.08	0.20
1200							13.48	1.17	0.22

（2）SH15–800～1250 型配变运行时的有功损耗率曲线图（见图 2–17）

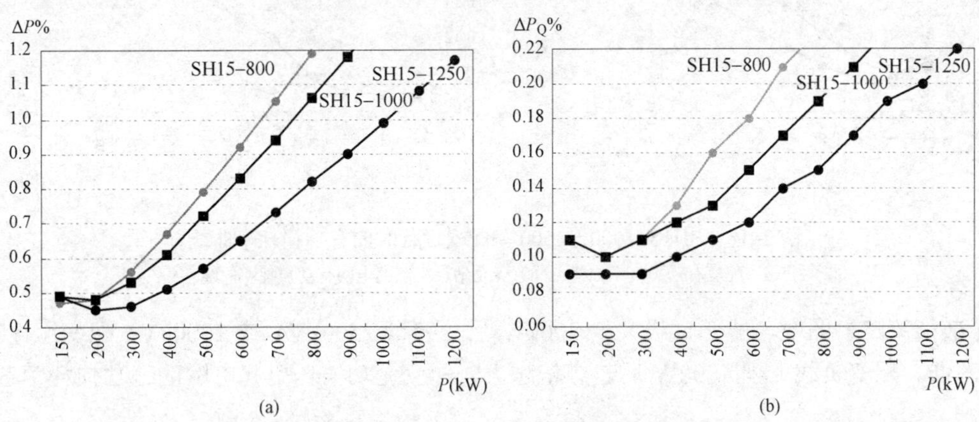

图 2–17　SH15–800～1250 型配变运行时的有功损耗率曲线

（a）配变有功损耗率曲线；（b）无功消耗引起的电网有功损耗率曲线

【节能策略】图中，配变负载大于 200kW 后，容量 1600kVA 或 1250kVA 配变运行损耗率低。配变负载大于 200kW 后，容量越大，配变无功消耗引起电网的有功损耗率越小。

5. SH15–1600～2500 型配变的损耗

（1）SH15–1600～2500 型配变运行时的损耗（见表 2–19）

表 2–19　　SH15–1600～2500 型配变运行时的损耗表

输送功率 P（kW）	SH15–1600 P_0/P_k 0.63/14.50；I_0%/0.20			SH15–2000 P_0/P_k 0.75/13.30；I_0%/0.20			SH15–2500 P_0/P_k 0.90/21.20；I_0%/0.20		
	负载损耗（kW）	ΔP%（%）	ΔP_Q%（%）	负载损耗（kW）	ΔP%（%）	ΔP_Q%（%）	负载损耗（kW）	ΔP%（%）	ΔP_Q%（%）
250	0.43	0.42	0.09	0.35	0.44	0.09	0.26	0.46	0.10
400	1.10	0.43	0.09	0.89	0.41	0.09	0.66	0.39	0.09
600	2.49	0.52	0.10	2.01	0.46	0.10	1.49	0.40	0.09
800	4.42	0.63	0.13	3.57	0.54	0.12	2.65	0.44	0.10
1000	6.90	0.75	0.15	5.58	0.63	0.14	4.13	0.50	0.12
1200	9.94	0.88	0.18	8.03	0.73	0.16	5.95	0.57	0.13
1400	13.53	1.01	0.20	10.93	0.83	0.18	8.10	0.64	0.15
1600	17.67	1.14	0.23	14.28	0.94	0.21	10.58	0.72	0.17
1800				18.07	1.05	0.23	13.40	0.79	0.19
2000				22.30	1.15	0.25	16.54	0.87	0.21
2200							20.01	0.95	0.22
2400							23.81	1.03	0.24

（2）SH15–1600～2500 型配变运行时的有功损耗率曲线图（见图 2–18）

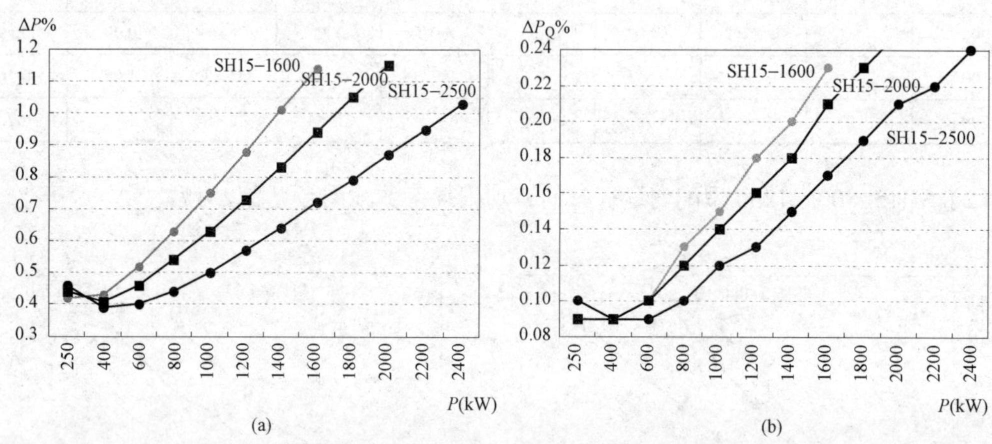

图 2–18　SH15–1600～2500 型配变运行时的有功损耗率曲线

（a）配变有功损耗率曲线；（b）无功消耗引起的电网有功损耗率曲线

【节能策略】图中，配变负载大于 300kW 后，容量 2500kVA 或 2000kVA 配变运行时的损耗率低。配变负载大于 400kW 后，容量越大，配变无功消耗引起电网的有功损耗率越小。

2.3　10（6）kV 干式配变的损耗与节能

2.3.1　SC9 系列干式配变

本节图表的计算参数（S_r、P_0、P_k、I_0%、U_k%），依据《干式电力变压器技术参数和要求》（GB/T 10228—2008）表 1 选取，以 A 组 F（120℃）数据为基础计算，考虑到实际运行

中的干式变大容量较多，本节重点针对 400kVA 及以上容量配变，适用于 Dyn11、Yyn0 联结组、低压 0.4kV 配变。

1. SC9–400～630 型配变的损耗

（1）SC9–400～630 型配变运行时的损耗（见表 2–20）

表 2–20　　SC9–400～630 型配变运行时的损耗表

输送功率 P（kW）	SC9–400			SC9–500			SC9–630		
	P_0/P_k　1.10/4.22　I_0%/1.20			P_0/P_k　1.31/5.17　I_0%/1.20			P_0/P_k　1.51/6.22　I_0%/1.00		
	负载损耗（kW）	ΔP%（%）	ΔP_Q%（%）	负载损耗（kW）	ΔP%（%）	ΔP_Q%（%）	负载损耗（kW）	ΔP%（%）	ΔP_Q%（%）
60	0.12	2.03	0.35	0.09	2.33	0.42	0.07	2.63	0.44
100	0.32	1.42	0.24	0.25	1.56	0.28	0.19	1.70	0.28
150	0.72	1.22	0.20	0.57	1.25	0.22	0.43	1.29	0.21
200	1.29	1.19	0.19	1.01	1.16	0.20	0.76	1.14	0.19
250	2.01	1.24	0.20	1.58	1.15	0.19	1.19	1.08	0.18
300	2.89	1.33	0.21	2.27	1.19	0.20	1.72	1.08	0.18
350	3.94	1.44	0.23	3.09	1.26	0.21	2.34	1.10	0.18
400	5.14	1.56	0.24	4.03	1.34	0.22	3.06	1.14	0.19
450				5.10	1.43	0.23	3.87	1.20	0.20
500				6.30	1.52	0.24	4.78	1.26	0.21
550							5.78	1.33	0.22
600							6.88	1.40	0.23

（2）SC9–400～630 型配变运行时的有功损耗率曲线图（见图 2–19）

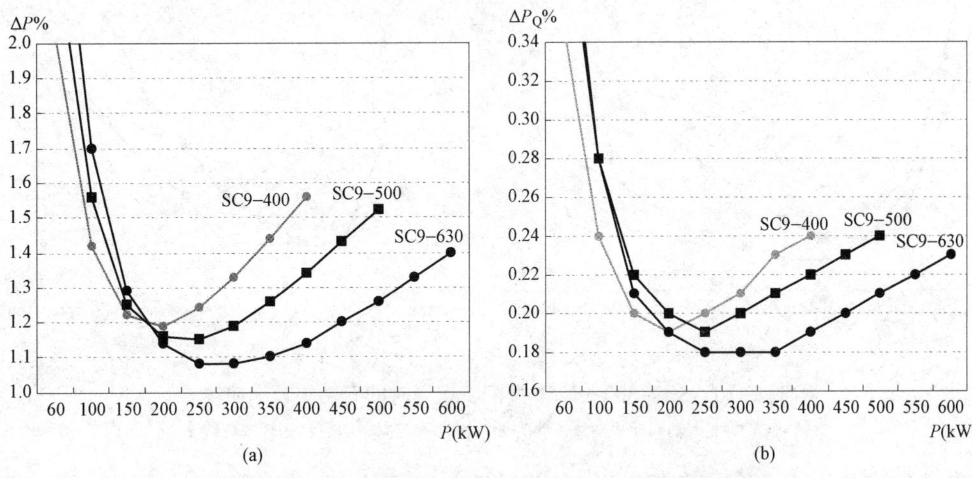

图 2–19　SC9–400～630 型配变运行时的有功损耗率曲线

（a）配变有功损耗率曲线；（b）无功消耗引起的电网有功损耗率曲线

【节能策略】图中，配变负载大于 180kW 后，容量 630kVA 或 500kVA 配变运行损耗率低。配变负载大于 200kW 后，容量 630kVA 配变运行，其无功消耗引起电网的有功损耗率最小。

2. SC9–800～1250 型配变的损耗

（1）SC9–800～1250 型配变运行时的损耗（见表 2–21）

表 2–21　　SC9–800～1250 型配变运行时的损耗表

输送功率 P（kW）	SC9–800			SC9–1000			SC9–1250		
	P_0/P_k　1.71/7.36；I_0%/1.00			P_0/P_k　1.99/8.61；I_0%/1.00			P_0/P_k　2.35/10.26；I_0%/1.00		
	负载损耗（kW）	ΔP%（%）	ΔP_Q%（%）	负载损耗（kW）	ΔP%（%）	ΔP_Q%（%）	负载损耗（kW）	ΔP%（%）	ΔP_Q%（%）
150	0.32	1.35	0.27	0.24	1.48	0.31	0.18	1.69	0.37
200	0.56	1.14	0.23	0.42	1.20	0.26	0.32	1.34	0.30
300	1.26	0.99	0.22	0.94	0.98	0.22	0.72	1.02	0.24
400	2.24	0.99	0.23	1.68	0.92	0.22	1.28	0.91	0.22
500	3.50	1.04	0.25	2.62	0.92	0.23	2.00	0.87	0.22
600	5.05	1.13	0.27	3.78	0.96	0.24	2.88	0.87	0.22
700	6.87	1.23	0.30	5.14	1.02	0.26	3.92	0.90	0.24
800	8.97	1.34	0.33	6.72	1.09	0.28	5.12	0.93	0.25
900				8.50	1.17	0.31	6.48	0.98	0.27
1000				10.49	1.25	0.33	8.00	1.04	0.28
1100							9.68	1.09	0.30
1200							11.52	1.16	0.32

（2）SC9–800～1250 型配变运行时的有功损耗率曲线图（见图 2–20）

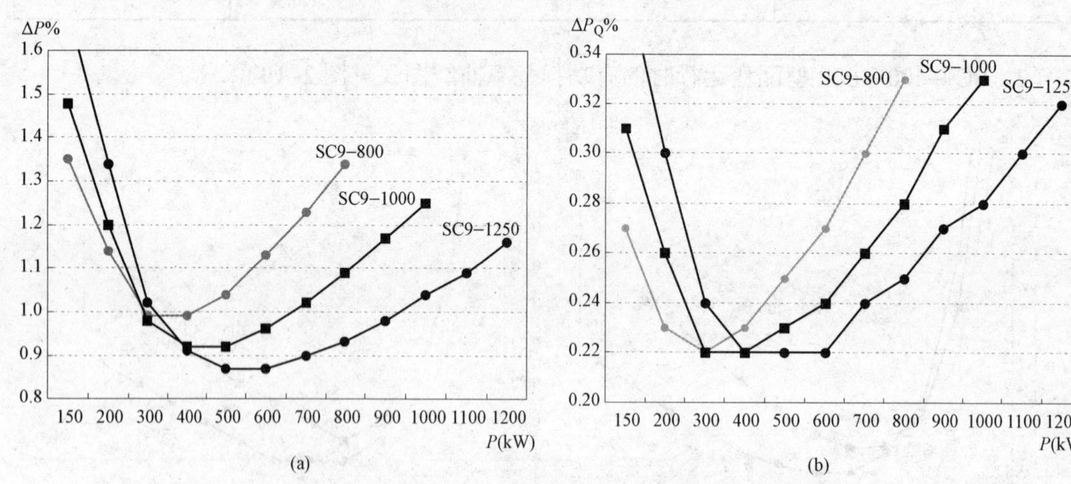

图 2–20　SC9–800～1250 型配变运行时的有功损耗率曲线

（a）配变有功损耗率曲线；（b）无功消耗引起的电网有功损耗率曲线

【节能策略】图中，配变负载大于 400kW 后，容量 1600kVA 或 1250kVA 配变运行损耗率低。配变负载大于 400kW 后，容量越大，配变无功消耗引起电网的有功损耗率越小。

3. SC9–1600～2500 型配变的损耗

（1）SC9–1600～2500 型配变运行时的损耗（见表 2–22）

表 2-22　　SC9-1600～2500 型配变运行时的损耗表

输送功率 P（kW）	SC9-1600			SC9-2000			SC9-2500		
	P_0/P_k　2.76/12.4；I_0%1.00			P_0/P_k　3.4/15.3；I_0%/0.80			P_0/P_k　4.0/18.18；I_0%/0.80		
	负载损耗（kW）	ΔP%（%）	ΔP_Q%（%）	负载损耗（kW）	ΔP%（%）	ΔP_Q%（%）	负载损耗（kW）	ΔP%（%）	ΔP_Q%（%）
250	0.37	1.25	0.30	0.29	1.48	0.29	0.22	1.69	0.35
400	0.94	0.93	0.23	0.75	1.04	0.22	0.57	1.14	0.25
600	2.13	0.81	0.22	1.68	0.85	0.19	1.28	0.88	0.20
800	3.78	0.82	0.23	2.98	0.80	0.20	2.27	0.78	0.19
1000	5.90	0.87	0.25	4.66	0.81	0.21	3.55	0.75	0.20
1200	8.50	0.94	0.27	6.71	0.84	0.23	5.11	0.76	0.21
1400	11.57	1.02	0.30	9.14	0.90	0.25	6.95	0.78	0.22
1600	15.11	1.12	0.33	11.93	0.96	0.27	9.08	0.82	0.24
1800				15.11	1.03	0.30	11.49	0.86	0.26
2000				18.65	1.10	0.32	14.18	0.91	0.27
2200							17.16	0.96	0.29
2400							20.42	1.02	0.31

（2）SC9-1600～2500 型配变运行时的有功损耗率曲线图（见图 2-21）

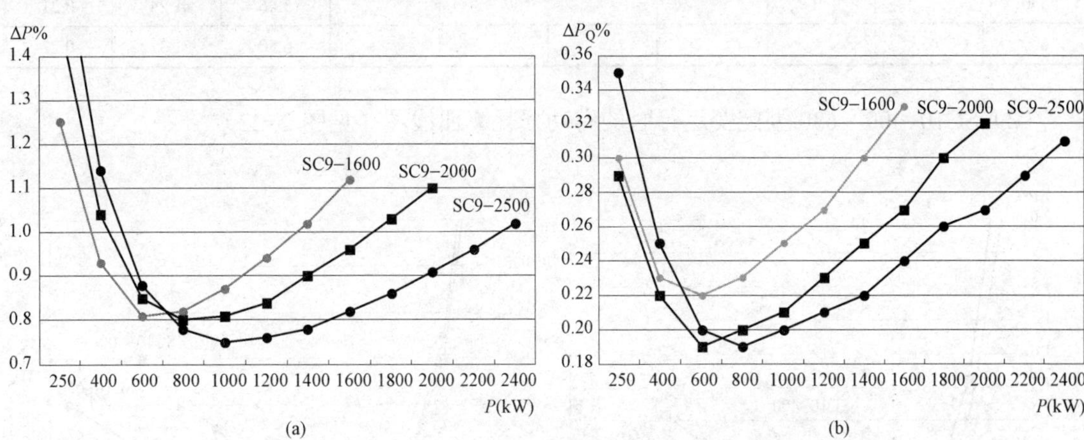

图 2-21　SC9-1600～2500 型配变运行时的有功损耗率曲线

（a）配变有功损耗率曲线；（b）无功消耗引起的电网有功损耗率曲线

【节能策略】图中，配变负载大于 800kW 后，容量 2500kVA 或 2000kVA 配变运行时的损耗率低。配变负载大于 800kW 后，容量越大，配变无功消耗引起电网的有功损耗率越小。

2.3.2　SC10 系列干式配变

本节图表的计算参数（S_r、P_0、P_k、I_0%、U_k%），依据《干式电力变压器技术参数和要求》（GB/T 10228—2015）表 1 选取，以 F（120℃）数据为基础计算，考虑到实际运行中的干式变大容量较多，本节重点针对 400kVA 及以上容量配变，适用于 Dyn11、Yyn0 联结组、低压 0.4kV 配变。

1. SC10–400～630 型配变的损耗

（1）SC10–400～630 型配变运行时的损耗（见表 2–23）

表 2–23　　SC10–400～630 型配变运行时的损耗表

输送功率 P（kW）	SC10–400			SC10–500			SC10–630		
	P_0/P_k　0.98/3.99　I_0%/1.00			P_0/P_k　1.16/4.88　I_0%/1.00			P_0/P_k　1.34/5.88　I_0%/0.85		
	负载损耗（kW）	ΔP%（%）	ΔP_Q%（%）	负载损耗（kW）	ΔP%（%）	ΔP_Q%（%）	负载损耗（kW）	ΔP%（%）	ΔP_Q%（%）
60	0.11	1.82	0.30	0.09	2.08	0.36	0.07	2.34	0.38
100	0.30	1.28	0.21	0.24	1.40	0.24	0.18	1.52	0.25
150	0.68	1.11	0.18	0.54	1.13	0.19	0.41	1.16	0.19
200	1.22	1.10	0.18	0.95	1.06	0.18	0.72	1.03	0.17
250	1.90	1.15	0.19	1.49	1.06	0.18	1.13	0.99	0.16
300	2.74	1.24	0.20	2.14	1.10	0.18	1.63	0.99	0.16
350	3.72	1.34	0.22	2.91	1.16	0.19	2.21	1.01	0.17
400	4.86	1.46	0.24	3.81	1.24	0.21	2.89	1.06	0.18
450				4.82	1.33	0.22	3.66	1.11	0.19
500				5.95	1.42	0.24	4.51	1.17	0.20
550							5.46	1.24	0.21
600							6.50	1.31	0.22

（2）SC10–400～630 型配变运行时的有功损耗率曲线图（见图 2–22）

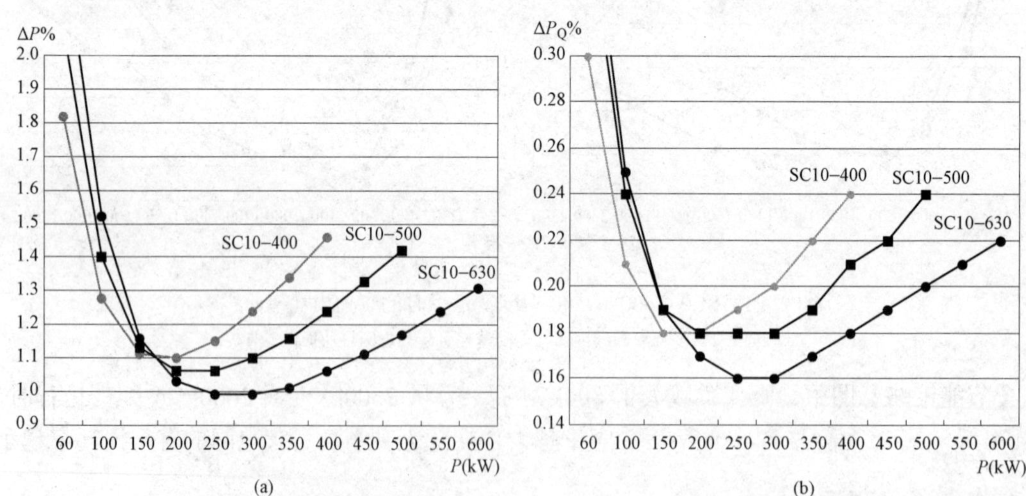

图 2–22　SC10–400～630 型配变运行时的有功损耗率曲线

（a）配变有功损耗率曲线；（b）无功消耗引起的电网有功损耗率曲线

【节能策略】图中，配变负载大于 180kW 后，容量 630kVA 或 500kVA 配变运行损耗率低。配变负载大于 200kW 后，容量 630kVA 配变运行，其无功消耗引起电网的有功损耗率最小。

2. SC10–800～1250 型配变的损耗

（1）SC10–800～1250 型配变运行时的损耗（见表 2–24）

表 2–24　　SC10–800～1250 型配变运行时的损耗表

输送功率 P（kW）	SC10–800			SC10–1000			SC10–1250		
	P_0/P_k　1.52/6.96；I_0%/0.80			P_0/P_k　1.77/8.13；I_0%/0.80			P_0/P_k　2.09/9.69；I_0%/0.80		
	负载损耗（kW）	ΔP%（%）	ΔP_Q%（%）	负载损耗（kW）	ΔP%（%）	ΔP_Q%（%）	负载损耗（kW）	ΔP%（%）	ΔP_Q%（%）
150	0.30	1.21	0.24	0.22	1.33	0.27	0.17	1.51	0.32
200	0.53	1.03	0.21	0.40	1.08	0.23	0.30	1.20	0.26
300	1.19	0.90	0.20	0.89	0.89	0.20	0.68	0.92	0.21
400	2.12	0.91	0.21	1.59	0.84	0.20	1.21	0.82	0.20
500	3.31	0.97	0.24	2.48	0.85	0.21	1.89	0.80	0.20
600	4.77	1.05	0.26	3.57	0.89	0.23	2.72	0.80	0.21
700	6.49	1.14	0.29	4.86	0.95	0.25	3.70	0.83	0.22
800	8.48	1.25	0.33	6.34	1.01	0.28	4.84	0.87	0.24
900				8.03	1.09	0.30	6.12	0.91	0.26
1000				9.91	1.17	0.33	7.56	0.96	0.28
1100							9.15	1.02	0.30
1200							10.88	1.08	0.32

（2）SC10–800～1250 型配变运行时的有功损耗率曲线图（见图 2–23）

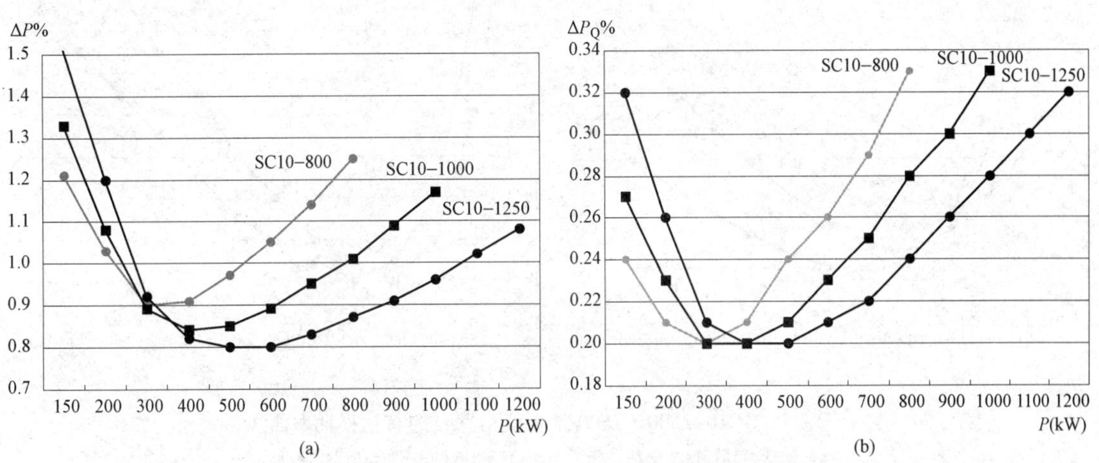

图 2–23　SC10–800～1250 型配变运行时的有功损耗率曲线

（a）配变有功损耗率曲线；（b）无功消耗引起的电网有功损耗率曲线

【节能策略】图中，配变负载大于 400kW 后，容量 1600kVA 或 1250kVA 配变运行损耗率低。配变负载大于 400kW 后，容量越大，配变无功消耗引起电网的有功损耗率越小。

3. SC10–1600～2500 型配变的损耗

（1）SC10–1600～2500 型配变运行时的损耗（见表 2–25）

表 2–25　　SC10–1600～2500 型配变运行时的损耗表

输送功率 P（kW）	SC10–1600			SC10–2000			SC10–2500		
	P_0/P_k　2.45/11.7；I_0%0.85			P_0/P_k　3.05/14.4；I_0%/0.70			P_0/P_k　3.6/17.1；I_0%/0.70		
	负载损耗（kW）	ΔP%（%）	ΔP_Q%（%）	负载损耗（kW）	ΔP%（%）	ΔP_Q%（%）	负载损耗（kW）	ΔP%（%）	ΔP_Q%（%）
250	0.35	1.12	0.26	0.27	1.33	0.26	0.21	1.52	0.31
400	0.89	0.84	0.21	0.70	0.94	0.20	0.53	1.03	0.22
600	2.01	0.74	0.20	1.58	0.77	0.18	1.20	0.80	0.19
800	3.57	0.75	0.21	2.81	0.73	0.19	2.13	0.72	0.18
1000	5.57	0.80	0.24	4.39	0.74	0.20	3.33	0.69	0.19
1200	8.02	0.87	0.26	6.32	0.78	0.22	4.80	0.70	0.20
1400	10.92	0.95	0.29	8.60	0.83	0.24	6.54	0.72	0.21
1600	14.26	1.04	0.33	11.23	0.89	0.27	8.54	0.76	0.23
1800				14.22	0.96	0.29	10.80	0.80	0.25
2000				17.55	1.03	0.32	13.34	0.85	0.27
2200							16.14	0.90	0.29
2400							19.21	0.95	0.31

（2）SC10–1600～2500 型配变运行时的有功损耗率曲线图（见图 2–24）

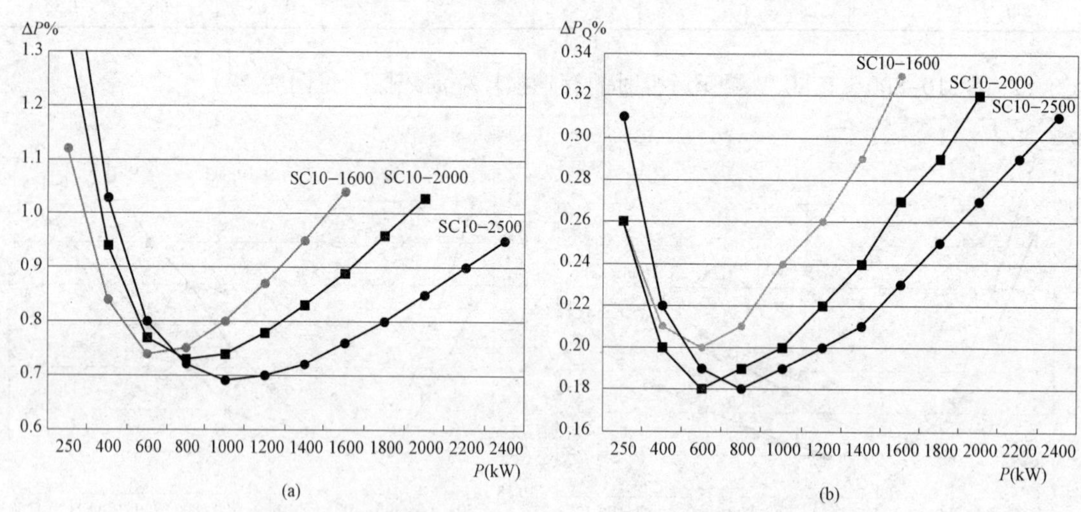

图 2–24　SC10–1600～2500 型配变运行时的有功损耗率曲线

（a）配变有功损耗率曲线；（b）无功消耗引起的电网有功损耗率曲线

【节能策略】图中，配变负载大于 800kW 后，容量 2500kVA 或 2000kVA 配变运行时的损耗率低。配变负载大于 700kW 后，容量越大，配变无功消耗引起电网的有功损耗率越小。

2.3.3　SCH15 系列干式配变

本节图表的计算参数（S_r、P_0、P_k、I_0%、U_k%），依据《10kV 干式非晶合金铁心配电变压器技术参数和要求》（GB/T 22072—2008）表 1 选取，以 F（120℃）数据为基础计算，考

虑到实际运行中的干式变大容量较多，本节重点针对 400kVA 及以上容量配变，适用于 Dyn11 联结组、低压 0.4kV 配变。

1. SCH15–400～630 型配变的损耗

（1）SCH15–400～630 型配变运行时的损耗（见表 2–26）

表 2–26　　SCH15–400～630 型配变运行时的损耗表

输送功率 P（kW）	SCH15–400			SCH15–500			SCH15–630		
	P_0/P_k 0.31/3.99 I_0%/0.80			P_0/P_k 0.36/4.88 I_0%/0.80			P_0/P_k 0.42/5.88 I_0%/0.70		
	负载损耗（kW）	ΔP%（%）	ΔP_Q%（%）	负载损耗（kW）	ΔP%（%）	ΔP_Q%（%）	负载损耗（kW）	ΔP%（%）	ΔP_Q%（%）
60	0.11	0.70	0.24	0.09	0.74	0.29	0.07	0.81	0.31
100	0.30	0.61	0.18	0.24	0.60	0.20	0.18	0.60	0.21
150	0.68	0.66	0.16	0.54	0.60	0.17	0.41	0.55	0.16
200	1.22	0.76	0.16	0.95	0.66	0.16	0.72	0.57	0.15
250	1.90	0.88	0.17	1.49	0.74	0.16	1.13	0.62	0.15
300	2.74	1.02	0.19	2.14	0.83	0.17	1.63	0.68	0.15
350	3.72	1.15	0.21	2.91	0.94	0.18	2.21	0.75	0.16
400	4.86	1.29	0.23	3.81	1.04	0.20	2.89	0.83	0.17
450				4.82	1.15	0.21	3.66	0.91	0.18
500				5.95	1.26	0.23	4.51	0.99	0.19
550							5.46	1.07	0.20
600							6.50	1.15	0.22

（2）SCH15–400～630 型配变运行时的有功损耗率曲线图（见图 2–25）

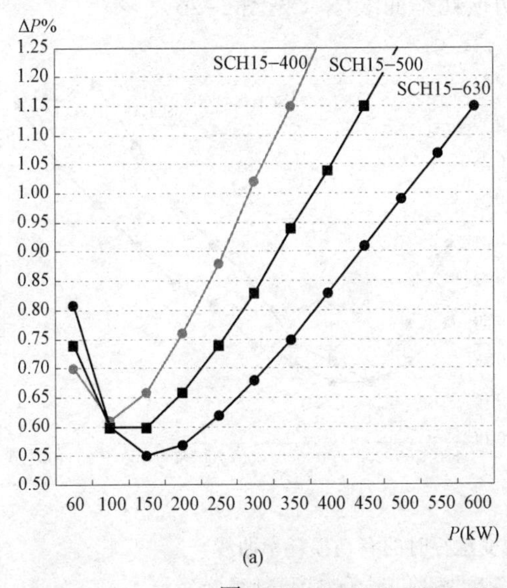

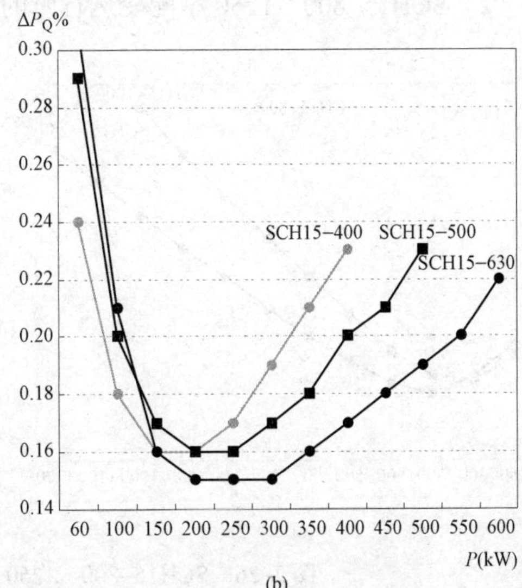

图 2–25　SCH15–400～630 型配变运行时的有功损耗率曲线

（a）配变有功损耗率曲线；（b）无功消耗引起的电网有功损耗率曲线

【节能策略】图中，配变负载大于 100kW 后，容量 630kVA 或 500kVA 配变运行损耗率低。配变负载大于 170kW 后，容量 630kVA 配变运行，其无功消耗引起电网的有功损耗率最小。

2. SCH15-800～1250 型配变的损耗

（1）SCH15-800～1250 型配变运行时的损耗（见表 2-27）

表 2-27　SCH15-800～1250 型配变运行时的损耗表

输送功率 P（kW）	SCH15-800			SCH15-1000			SCH15-1250		
	P_0/P_k　0.48/6.96；I_0%/0.70			P_0/P_k　0.55/8.13；I_0%/0.60			P_0/P_k　0.65/9.69；I_0%/0.60		
	负载损耗（kW）	ΔP%（%）	ΔP_Q%（%）	负载损耗（kW）	ΔP%（%）	ΔP_Q%（%）	负载损耗（kW）	ΔP%（%）	ΔP_Q%（%）
150	0.30	0.52	0.20	0.22	0.52	0.20	0.17	0.55	0.24
200	0.53	0.51	0.19	0.40	0.47	0.18	0.30	0.48	0.20
300	1.19	0.56	0.18	0.89	0.48	0.17	0.68	0.44	0.17
400	2.12	0.65	0.20	1.59	0.53	0.18	1.21	0.46	0.17
500	3.31	0.76	0.23	2.48	0.61	0.19	1.89	0.51	0.18
600	4.77	0.88	0.26	3.57	0.69	0.22	2.72	0.56	0.19
700	6.49	1.00	0.29	4.86	0.77	0.24	3.70	0.62	0.21
800	8.48	1.12	0.32	6.34	0.86	0.26	4.84	0.69	0.22
900				8.03	0.95	0.29	6.12	0.75	0.24
1000				9.91	1.05	0.32	7.56	0.82	0.26
1100							9.15	0.89	0.28
1200							10.88	0.96	0.31

（2）SCH15-800～1250 型配变运行时的有功损耗率曲线图（见图 2-26）

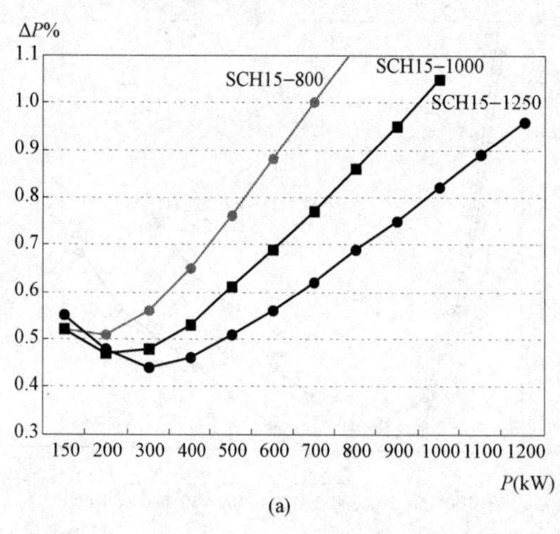

(a)

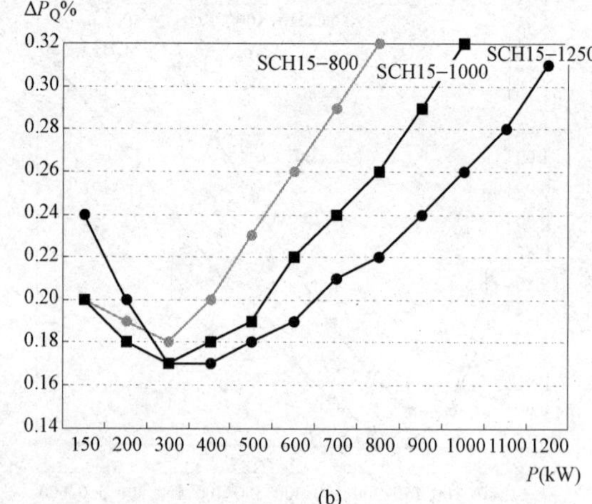

(b)

图 2-26　SCH15-800～1250 型配变运行时的有功损耗率曲线

（a）配变有功损耗率曲线；（b）无功消耗引起的电网有功损耗率曲线

【节能策略】图中，配变负载大于 200kW 后，容量 1600kVA 或 1250kVA 配变运行损耗率低。配变负载大于 300kW 后，容量越大，配变无功消耗引起电网的有功损耗率越小。

3. SCH15-1600～2500 型配变的损耗

（1）SCH15-1600～2500 型配变运行时的损耗（见表 2-28）

表 2-28　　SCH15-1600～2500 型配变运行时的损耗表

输送功率 P（kW）	SCH15-1600			SCH15-2000			SCH15-2500		
	P_0/P_k　0.76/11.73；I_0%0.60			P_0/P_k　1.00/14.45；I_0%/0.50			P_0/P_k　1.20/17.17；I_0%/0.50		
	负载损耗（kW）	ΔP%（%）	ΔP_Q%（%）	负载损耗（kW）	ΔP%（%）	ΔP_Q%（%）	负载损耗（kW）	ΔP%（%）	ΔP_Q%（%）
250	0.35	0.44	0.20	0.28	0.51	0.20	0.21	0.56	0.23
400	0.89	0.41	0.17	0.70	0.43	0.16	0.54	0.43	0.17
600	2.01	0.46	0.17	1.59	0.43	0.15	1.21	0.40	0.15
800	3.57	0.54	0.19	2.82	0.48	0.17	2.14	0.42	0.16
1000	5.58	0.63	0.22	4.40	0.54	0.19	3.35	0.45	0.17
1200	8.04	0.73	0.25	6.34	0.61	0.21	4.82	0.50	0.18
1400	10.95	0.84	0.28	8.63	0.69	0.23	6.56	0.55	0.20
1600	14.30	0.94	0.32	11.27	0.77	0.26	8.57	0.61	0.22
1800				14.27	0.85	0.29	10.85	0.67	0.24
2000				17.61	0.93	0.31	13.39	0.73	0.26
2200							16.21	0.79	0.28
2400							19.29	0.85	0.30

（2）SCH15-1600～2500 型配变运行时的有功损耗率曲线图（见图 2-27）

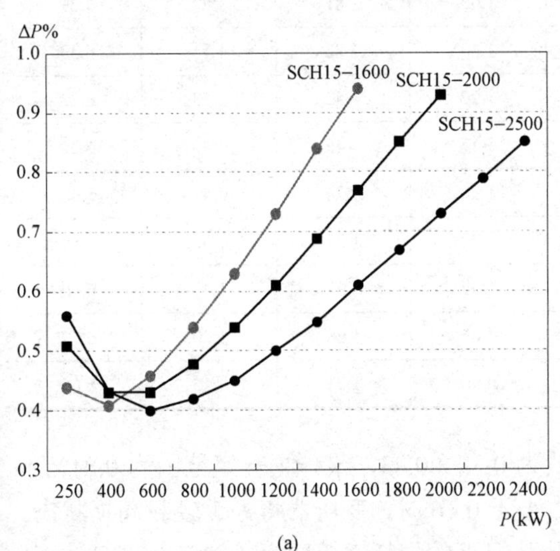

(a)

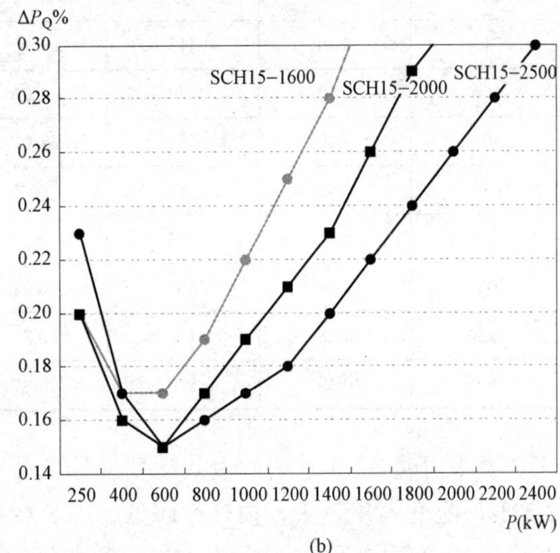

(b)

图 2-27　SCH15-1600～2500 型配变运行时的有功损耗率曲线

（a）配变有功损耗率曲线；（b）无功消耗引起的电网有功损耗率曲线

【节能策略】图中，配变负载大于 500kW 后，容量 2500kVA 或 2000kVA 配变运行时的损耗率低。配变负载大于 600kW 后，容量越大，配变无功消耗引起电网的有功损耗率越小。

2.4 10kV 配变的损耗特点与节能措施

2.4.1 油浸式配变的损耗特点与节能措施

1. S9 系列油浸式配变的损耗特点

（1）S9 系列油浸式配变最佳负载及其对应损耗率，典型负载下的损耗率与最大铜铁损比情况见表 2–29。

表 2–29　　S9 系列油浸式配变最佳负载与最大铜铁损比

额定容量（kVA）	最佳负载系数β_j	最佳负载功率（kW）	最佳负载损耗率（%）	典型负载系数下的损耗率（%）			最大铜铁损比
				β=0.7	β=1	β=0.10	
30	0.43	12	2.22	2.48	3.05	3.42	5.33
50	0.41	19	1.83	2.10	2.60	2.72	5.89
63	0.41	23	1.73	1.98	2.47	2.54	6.00
80	0.42	30	1.67	1.90	2.35	2.49	5.76
100	0.41	37	1.58	1.81	2.25	2.32	5.99
125	0.40	45	1.49	1.73	2.15	2.18	6.11
160	0.40	57	1.40	1.63	2.04	2.02	6.35
200	0.40	72	1.33	1.55	1.94	1.93	6.26
250	0.40	90	1.25	1.45	1.81	1.81	6.29
315	0.40	113	1.19	1.38	1.72	1.71	6.29
400	0.40	152	1.05	1.22	1.52	1.53	6.22
500	0.40	191	1.01	1.17	1.45	1.46	6.20
630	0.42	251	0.96	1.08	1.34	1.44	5.68
800	0.41	313	0.89	1.02	1.27	1.33	5.89
1000	0.39	368	0.92	1.09	1.37	1.31	6.66
1250	0.38	456	0.85	1.01	1.28	1.20	6.77
1600	0.39	590	0.81	0.96	1.21	1.15	6.65

表中可见，S9 系列油浸式配变最佳负载系数为 0.38～0.43，最佳损耗率范围为 0.81%～2.22%，配变容量越大，损耗率越低；当负载系数小于 0.16 时，变压器将处于轻载高损状态，对应损耗率范围为 1.15%～3.42%；配变额定负载状况下的损耗率范围为 1.21%～3.05%；其最大铜铁损比数值范围为 5.33～6.77。

（2）S9 系列油浸式配变无功消耗引起电网的有功损耗率特点

S9 系列油浸式配变在典型负载系数情况下无功消耗引起电网的有功损耗率见表 2–30。

表 2–30　　S9 系列油浸式配变典型负载系数下无功消耗引起电网的有功损耗率

额定容量（kVA）	空载电流 I_0（%）	短路阻抗 U_k（%）	典型负载系数下无功消耗引起电网的有功损耗率（%）			
			$\beta=0.7$	$\beta=1$	β_j	$\beta=0.5$
30	2.30	4.00	0.28	0.30	0.32	0.30
50	2.00	4.00	0.26	0.28	0.30	0.28
63	1.90	4.00	0.26	0.28	0.29	0.27
80	1.90	4.00	0.26	0.28	0.28	0.27
100	1.80	4.00	0.25	0.28	0.28	0.26
125	1.70	4.00	0.24	0.27	0.27	0.25
160	1.60	4.00	0.24	0.27	0.26	0.24
200	1.50	4.00	0.23	0.26	0.24	0.23
250	1.40	4.00	0.23	0.26	0.23	0.22
315	1.40	4.00	0.23	0.26	0.23	0.22
400	1.30	4.00	0.21	0.24	0.21	0.20
500	1.20	4.00	0.20	0.24	0.20	0.19
630	1.10	4.50	0.21	0.25	0.20	0.20
800	1.00	4.50	0.21	0.25	0.19	0.19
1000	1.00	4.50	0.21	0.25	0.19	0.19
1250	0.90	4.50	0.20	0.25	0.18	0.18
1600	0.80	4.50	0.19	0.24	0.17	0.17

表中可见，最佳负载系数下无功消耗引起电网的有功损耗率范围为 0.32%～0.17%，平均损耗率 0.23%；负载系数 0.5 情况下无功消耗引起电网的有功损耗率范围为 0.30%～0.17%，平均损耗率 0.22%；额定负载系数 1 的情况下无功消耗引起电网的有功损耗率范围为 0.30%～0.24%，平均损耗率 0.26%。

2. S11 系列油浸式配变的损耗特点

（1）S11 系列油浸式配变最佳负载及其对应损耗率，典型负载下的损耗率与最大铜铁损比情况见表 2–31。

表 2–31　　S11 系列油浸式配变最佳负载与最大铜铁损比

额定容量（kVA）	最佳负载系数 β_j	最佳负载功率（kW）	最佳负载损耗率（%）	典型负载系数下的损耗率（%）			最大铜铁损比
				$\beta=0.7$	$\beta=1$	$\beta=0.10$	
30	0.38	10	1.95	2.33	2.94	3.39	6.93
50	0.36	16	1.60	1.97	2.51	2.67	7.70
63	0.35	20	1.50	1.86	2.38	2.46	7.99
80	0.35	25	1.41	1.76	2.25	2.32	8.01
100	0.34	31	1.31	1.67	2.15	2.08	8.69
125	0.34	38	1.26	1.60	2.06	2.00	8.66
160	0.33	48	1.17	1.51	1.96	1.83	9.08

续表

额定容量（kVA）	最佳负载系数β_j	最佳负载功率（kW）	最佳负载损耗率（%）	典型负载系数下的损耗率（%）			最大铜铁损比
				β=0.7	β=1	β=0.10	
200	0.34	61	1.12	1.44	1.86	1.77	8.83
250	0.34	76	1.05	1.35	1.74	1.67	8.80
315	0.34	96	1.00	1.28	1.66	1.59	8.78
400	0.34	129	0.89	1.13	1.46	1.41	8.72
500	0.34	161	0.85	1.08	1.40	1.34	8.75
630	0.34	206	0.79	0.99	1.27	1.26	8.42
800	0.34	262	0.75	0.94	1.21	1.20	8.42
1000	0.32	303	0.76	1.01	1.31	1.15	9.85
1250	0.32	381	0.71	0.94	1.23	1.09	9.71
1600	0.32	487	0.67	0.89	1.16	1.03	9.73
2000	0.31	590	0.66	0.89	1.16	0.98	10.38
2500	0.31	744	0.62	0.83	1.08	0.92	10.18

表中可见，S11 系列油浸式配变最佳负载系数为 0.31～0.38，最佳损耗率范围为 0.66%～1.95%，配变容量越大，损耗率越低；当负载系数小于 0.12 时，变压器将处于轻载高损状态，对应损耗率范围为 0.98%～3.39%；配变额定负载状况下的损耗率范围为 1.16%～2.94%；其最大铜铁损比数值范围为 6.93～10.38。

（2）S11 系列油浸式配变无功消耗引起电网的有功损耗率特点

S11 系列油浸式配变在典型负载系数情况下无功消耗引起电网的有功损耗率见表 2–32。

表 2–32　S11 系列油浸式配变典型负载系数下无功消耗引起电网的有功损耗率

额定容量（kVA）	空载电流I_0（%）	短路阻抗U_k（%）	典型负载系数下无功消耗引起电网的有功损耗率（%）			
			β=0.7	β=1	β_j	β=0.5
30	1.50	4.00	0.23	0.26	0.25	0.23
50	1.30	4.00	0.22	0.25	0.23	0.21
63	1.20	4.00	0.21	0.25	0.22	0.20
80	1.20	4.00	0.21	0.25	0.22	0.20
100	1.10	4.00	0.21	0.24	0.21	0.20
125	1.10	4.00	0.21	0.24	0.21	0.20
160	1.00	4.00	0.20	0.24	0.20	0.19
200	1.00	4.00	0.20	0.24	0.20	0.19
250	0.90	4.00	0.19	0.24	0.18	0.18
315	0.90	4.00	0.19	0.24	0.18	0.18
400	0.80	4.00	0.18	0.22	0.16	0.16
500	0.80	4.00	0.18	0.22	0.16	0.16
630	0.60	4.50	0.18	0.23	0.15	0.15
800	0.60	4.50	0.18	0.23	0.15	0.15

续表

额定容量（kVA）	空载电流 I_0（%）	短路阻抗 U_k（%）	典型负载系数下无功消耗引起电网的有功损耗率（%）			
			β=0.7	β=1	β_j	β=0.5
1000	0.60	4.50	0.18	0.23	0.15	0.15
1250	0.50	4.50	0.18	0.23	0.13	0.15
1600	0.50	4.50	0.18	0.23	0.13	0.15
2000	0.40	5.00	0.19	0.25	0.13	0.15
2500	0.40	5.00	0.19	0.25	0.13	0.15

表中可见，S11 系列油浸式配变典型负载系数下无功消耗引起电网的有功损耗率范围为 0.15%～0.26 之间，平均损耗率 0.2%，负载系数越接近 0.50 或最佳负载系数时，损耗率越低。

3. S13 系列油浸式配变的损耗特点

（1）S13 系列油浸式配变最佳负载及其对应损耗率，典型负载下的损耗率与最大铜铁损比情况见表 2–33。

表 2–33　　S13 系列油浸式配变最佳负载与最大铜铁损比

额定容量（kVA）	最佳负载系数 β_j	最佳负载功率（kW）	最佳负载损耗率（%）	典型负载系数下的损耗率（%）			最大铜铁损比
				β=0.7	β=1	β=0.10	
30	0.34	9	1.74	2.22	2.86	3.87	8.66
50	0.32	14	1.41	1.87	2.45	2.92	10.01
63	0.30	17	1.28	1.76	2.31	2.57	10.90
80	0.30	22	1.20	1.66	2.18	2.39	11.08
100	0.29	26	1.13	1.59	2.10	2.21	11.59
125	0.29	32	1.06	1.51	2.00	2.02	12.23
160	0.28	40	0.99	1.43	1.90	1.86	12.71
200	0.28	51	0.94	1.36	1.80	1.78	12.51
250	0.29	65	0.90	1.28	1.69	1.72	12.14
315	0.28	81	0.84	1.21	1.61	1.60	12.39
400	0.29	109	0.75	1.07	1.42	1.44	12.13
500	0.28	135	0.71	1.02	1.35	1.35	12.40
630	0.29	173	0.66	0.93	1.23	1.27	11.96
800	0.29	221	0.63	0.89	1.18	1.23	11.79
1000	0.27	257	0.65	0.96	1.28	1.18	13.65
1250	0.27	322	0.60	0.89	1.19	1.10	13.61
1600	0.27	412	0.57	0.84	1.13	1.04	13.63

表中可见，S13 系列油浸式配变最佳负载系数为 0.27～0.34，最佳损耗率范围为 0.57%～1.74%，配变容量越大，损耗率越低；当负载系数小于 0.08 时，变压器将处于轻载高损状态，对应损耗率范围为 1.09%～3.98%；配变额定负载状况下的损耗率范围为 1.04%～3.87%；其最大铜铁损比数值范围为 8.66～13.63。

（2）S13 系列油浸式配变无功消耗引起电网的有功损耗率特点

S13 系列油浸式配变在典型负载系数情况下无功消耗引起电网的有功损耗率见表 2–34。

表 2–34　S13 系列油浸式配变典型负载系数下无功消耗引起电网的有功损耗率

额定容量（kVA）	空载电流 I_0（%）	短路阻抗 U_k（%）	典型负载系数下无功消耗引起电网的有功损耗率（%）			
			β=0.7	β=1	β_j	β=0.5
30	0.38	4.00	0.16	0.21	0.12	0.13
50	0.30	4.00	0.16	0.21	0.10	0.12
63	0.26	4.00	0.15	0.21	0.10	0.12
80	0.25	4.00	0.15	0.21	0.10	0.12
100	0.25	4.00	0.15	0.21	0.10	0.12
125	0.23	4.00	0.15	0.21	0.09	0.12
160	0.23	4.00	0.15	0.21	0.09	0.12
200	0.23	4.00	0.15	0.21	0.09	0.12
250	0.22	4.00	0.15	0.21	0.09	0.12
315	0.21	4.00	0.15	0.20	0.09	0.12
400	0.21	4.00	0.14	0.19	0.08	0.11
500	0.20	4.00	0.14	0.19	0.08	0.11
630	0.20	4.50	0.16	0.22	0.09	0.12
800	0.19	4.50	0.16	0.22	0.09	0.12
1000	0.17	4.50	0.16	0.22	0.08	0.12
1250	0.15	4.50	0.15	0.21	0.08	0.12
1600	0.13	4.50	0.15	0.21	0.08	0.12

表中可见，S13 系列油浸式配变典型负载系数下无功消耗引起电网的有功损耗率范围为 0.12%～0.21 之间，平均损耗率为 0.14%，负载系数越接近 0.50 或最佳负载系数时，损耗率越低。

4. SH15 系列油浸式配变损耗特点

（1）SH15 系列油浸式配变有功损耗特点

SH15 系列油浸式配变最佳负载及其对应损耗率，典型负载下的损耗率与最大铜铁损比情况见表 2–35。

表 2–35　SH15 系列油浸式配变最佳负载与最大铜铁损比

额定容量（kVA）	最佳负载系数 β_j	最佳负载功率（kW）	最佳负载损耗率（%）	典型负载系数下的损耗率（%）			最大铜铁损比
				β=0.7	β=1	β=0.045	
30	0.22	6	1.12	1.74	2.69	3.16	21.00
50	0.21	9	0.92	1.49	2.32	2.48	23.28
63	0.20	12	0.86	1.42	2.20	2.29	23.98
80	0.20	15	0.82	1.34	2.08	2.16	24.02
100	0.21	19	0.80	1.30	2.01	2.16	23.17

续表

额定容量（kVA）	最佳负载系数β_j	最佳负载功率（kW）	最佳负载损耗率（%）	典型负载系数下的损耗率（%）			最大铜铁损比
				β=0.7	β=1	β=0.045	
125	0.20	23	0.75	1.23	1.92	1.96	24.46
160	0.20	29	0.70	1.17	1.83	1.81	25.41
200	0.20	36	0.67	1.11	1.74	1.73	25.03
250	0.20	45	0.62	1.04	1.63	1.62	25.14
315	0.20	57	0.60	0.99	1.55	1.56	24.78
400	0.20	76	0.52	0.87	1.36	1.37	24.86
500	0.20	95	0.50	0.84	1.30	1.31	24.80
630	0.22	130	0.49	0.77	1.19	1.38	21.31
800	0.21	163	0.47	0.73	1.14	1.29	21.71
1000	0.20	189	0.48	0.79	1.24	1.23	25.18
1250	0.20	238	0.45	0.74	1.16	1.16	24.91
1600	0.20	302	0.42	0.70	1.09	1.08	25.32
2000	0.19	367	0.41	0.70	1.10	1.03	26.84
2500	0.20	467	0.39	0.65	1.02	0.99	25.91

表中可见，SH15 系列油浸式配变最佳负载系数为 0.19～0.22，最佳损耗率范围为 0.39%～1.12%，配变容量越大，损耗率越低；当负载系数小于 0.04 时，变压器将处于轻载高损状态，对应损耗率范围为 0.99%～3.16%；配变额定负载状况下的损耗率范围为 1.02%～2.69%；由于该类型配变空载损耗值大幅下降，因此其最大铜铁损比数值大，其范围为 21.0～26.84。

（2）SH15 系列油浸式配变无功消耗引起电网的有功损耗率特点

SH15 系列油浸式配变在典型负载系数情况下无功消耗引起电网的有功损耗率特点见表 2–36。

表 2–36　SH15 系列油浸式配变典型负载系数下无功消耗引起电网的有功损耗率

额定容量（kVA）	空载电流 I_0（%）	短路阻抗 U_k（%）	典型负载系数下无功消耗引起电网的有功损耗率（%）			
			β=0.7	β=1	β_j	β=0.5
30	1.50	4.00	0.23	0.26	0.35	0.23
50	1.20	4.00	0.21	0.25	0.30	0.20
63	1.10	4.00	0.21	0.24	0.28	0.20
80	1.00	4.00	0.20	0.24	0.26	0.19
100	0.90	4.00	0.19	0.24	0.23	0.18
125	0.80	4.00	0.19	0.23	0.22	0.17
160	0.60	4.00	0.17	0.22	0.17	0.15
200	0.60	4.00	0.17	0.22	0.17	0.15
250	0.60	4.00	0.17	0.22	0.17	0.15
315	0.50	4.00	0.17	0.22	0.15	0.14
400	0.50	4.00	0.16	0.21	0.14	0.13

续表

额定容量（kVA）	空载电流 I_0（%）	短路阻抗 U_k（%）	典型负载系数下无功消耗引起电网的有功损耗率（%）			
			β=0.7	β=1	β_j	β=0.5
500	0.50	4.00	0.16	0.21	0.14	0.13
630	0.30	4.50	0.16	0.22	0.10	0.13
800	0.30	4.50	0.16	0.22	0.10	0.13
1000	0.30	4.50	0.16	0.22	0.10	0.13
1250	0.20	4.50	0.16	0.22	0.08	0.12
1600	0.20	4.50	0.16	0.22	0.08	0.12
2000	0.20	5.00	0.17	0.24	0.09	0.13
2500	0.20	5.00	0.17	0.24	0.09	0.13

表中可见，SH15 系列油浸式配变典型负载系数下无功消耗引起电网的有功损耗率范围为0.13%～0.26%，平均损耗率为0.18%，负载越高，损耗率越大。

5. 油浸式配变节能措施

（1）控制配变运行负载，使配变趋于最佳负载系数运行可以大幅度降低损耗率。

对于 S9 系列配变，保持配变平均负载系数约为 0.40，与配变 0.70 负载系数状态相比，可以降低的损耗率约为 0.2%；与配变额定负载相比，可以降低的损耗率约为 0.5%。对于 S11 系列配变，保持配变平均负载系数约为 0.34，与配变 0.70 负载系数状态相比，可以降低的损耗率约为 0.30%；与配变额定负载相比，可以降低的损耗率约为 0.65%。对于 S13 系列配变，保持配变平均负载系数约为 0.29，与配变 0.70 负载系数状态相比，可以降低的损耗率约为 0.38%；与配变额定负载相比，可以降低的损耗率约为 0.80%。对于 SH15 系列配变，保持配变平均负载系数约为 0.20，与配变 0.60 负载系数状态相比，可以降低的损耗率约为 0.40%；与配变额定负载相比，可以降低的损耗率约为 0.98%。

（2）严格控制过载、重载或轻载运行，可实现配变高效节能。

通过调配不同容量变压器，使得配变运行在合理的负载区间，S9 系列最优负载系数区间为 0.38～0.41；S11 系列最优负载系数区间为 0.31～0.36；S13 系列最优负载系数区间为 0.27～0.32；SH15 系列最优负载系数区间为 0.19～0.21。

（3）配变节能改造。淘汰 S10 系列及以下配变，采用 SH15 系列非晶合金配变替代，可以大幅度降低变压器运行损耗，实现节能运行，并取得很好的经济效益。

（4）当配电室有多台配变运行时，根据实际负荷范围，优先投运技术参数优、负载系数佳的变压器，可实现配变高效节能运行。

2.4.2 干式配变的损耗特点与节能措施

1. SC9 系列干式配变的损耗特点

（1）SC9 系列干式配变有功损耗的特点

SC9 系列干式配变最佳负载及其对应损耗率，典型负载下的损耗率与最大铜铁损比情况见表 2-37。

表 2–37　　SC9 系列干式配变最佳负载与最大铜铁损比

额定容量（kVA）	最佳负载系数β_j	最佳负载功率（kW）	最佳负载损耗率（%）	典型负载系数下的损耗率（%）			最大铜铁损比
				β=0.7	β=1	β=0.24	
50	0.53	24	2.58	2.68	3.11	3.20	3.51
80	0.55	39	2.21	2.30	2.68	2.73	3.59
100	0.55	50	1.97	2.06	2.42	2.37	3.84
125	0.55	62	1.85	1.93	2.27	2.23	3.82
160	0.55	79	1.66	1.74	2.04	2.01	3.82
200	0.54	97	1.55	1.63	1.92	1.85	3.94
250	0.57	129	1.40	1.46	1.70	1.70	3.73
315	0.54	152	1.37	1.44	1.69	1.66	3.84
400	0.55	208	1.26	1.30	1.49	1.38	3.33
500	0.53	252	1.20	1.24	1.44	1.33	3.54
630	0.52	309	1.11	1.16	1.36	1.22	3.76
800	0.51	388	1.02	1.08	1.26	1.10	3.83
1000	0.47	449	0.89	0.96	1.15	1.03	4.48
1250	0.47	559	0.84	0.91	1.09	0.97	4.51
1600	0.46	704	0.78	0.85	1.03	0.90	4.66
2000	0.46	880	0.77	0.84	1.01	0.89	4.66
2500	0.46	1095	0.73	0.80	0.96	0.84	4.70

表中可见，SC9 系列干式配变最佳负载系数为 0.46～0.53，最佳损耗率范围为 0.73%～2.58%，配变容量越大，损耗率越低；当负载系数小于 0.27 时，干式配变将处于轻载高损状态，对应损耗率范围为 0.84%～3.20%；配变额定负载状况下的损耗率范围为 0.96%～3.11%；由于该类型配变空载损耗（铁损）较高，因此其最大铜铁损比数值较小，其范围为 3.51～4.70。

（2）SC9 系列干式配变典型负载系数下无功消耗引起电网的有功损耗率特点

SC9 系列干式配变典型负载系数下无功消耗引起电网的有功损耗率见表 2–38。

表 2–38　　SC9 系列干式配变典型负载系数下无功消耗引起电网的有功损耗率

额定容量（kVA）	空载电流 I_0（%）	短路阻抗 U_k（%）	典型负载系数下无功消耗引起电网的有功损耗率（%）			
			β=0.7	β=1	β_j	β=0.5
50	2.40	4.00	0.29	0.30	0.30	0.31
80	1.80	4.00	0.25	0.28	0.25	0.26
100	1.80	4.00	0.25	0.28	0.25	0.26
125	1.60	4.00	0.24	0.27	0.24	0.24
160	1.60	4.00	0.24	0.27	0.24	0.24
200	1.40	4.00	0.23	0.26	0.22	0.22
250	1.40	4.00	0.23	0.26	0.22	0.22
315	1.20	4.00	0.21	0.25	0.20	0.20

续表

额定容量（kVA）	空载电流 I_0（%）	短路阻抗 U_k（%）	典型负载系数下无功消耗引起电网的有功损耗率（%）			
			β=0.7	β=1	β_j	β=0.5
400	1.20	4.00	0.20	0.24	0.19	0.19
500	1.20	4.00	0.20	0.24	0.19	0.19
630	1.00	4.00	0.19	0.23	0.18	0.18
800	1.00	6.00	0.25	0.32	0.22	0.22
1000	1.00	6.00	0.25	0.32	0.22	0.22
1250	1.00	6.00	0.25	0.32	0.22	0.22
1600	1.00	6.00	0.25	0.32	0.22	0.22
2000	0.80	6.00	0.24	0.31	0.20	0.21
2500	0.80	6.00	0.24	0.31	0.20	0.21

表中可见，SC9 系列干式配变典型负载系数下无功消耗引起电网的有功损耗率范围为0.20%～0.31%；负载系数越接近经济负载系数时，损耗率越低。

2. SC10 系列干式配变的损耗特点

（1）SC10 系列干式配变有功损耗的特点

SC10 系列干式配变最佳负载及其对应损耗率，典型负载下的损耗率与最大铜铁损比情况见表 2–39。

表 2–39　SC10 系列干式配变最佳负载与最大铜铁损比

额定容量（kVA）	最佳负载系数β_j	最佳负载功率（kW）	最佳负载损耗率（%）	典型负载系数下的损耗率（%）			最大铜铁损比
				β=0.7	β=1	β=0.23	
50	0.50	22	2.42	2.57	3.04	3.09	4.07
80	0.51	37	2.08	2.21	2.62	2.65	4.10
100	0.52	47	1.85	1.98	2.36	2.31	4.32
125	0.52	58	1.74	1.86	2.23	2.17	4.33
160	0.51	74	1.57	1.67	2.00	1.95	4.34
200	0.51	92	1.46	1.57	1.89	1.81	4.49
250	0.54	121	1.32	1.40	1.67	1.66	4.22
315	0.51	144	1.29	1.39	1.66	1.62	4.34
400	0.51	195	1.19	1.24	1.46	1.35	3.78
500	0.50	237	1.13	1.19	1.41	1.29	4.01
630	0.48	290	1.05	1.12	1.33	1.19	4.26
800	0.48	365	0.97	1.04	1.24	1.08	4.33
1000	0.44	423	0.84	0.93	1.13	1.00	5.05
1250	0.44	526	0.79	0.88	1.07	0.95	5.10
1600	0.44	663	0.74	0.82	1.01	0.87	5.25
2000	0.44	834	0.73	0.81	0.99	0.87	5.19
2500	0.44	1039	0.69	0.77	0.94	0.82	5.23

表中可见，SC10 系列干式配变最佳负载系数为 0.44～0.52，最佳损耗率范围为 0.69%～2.42%，配变容量越大，损耗率越低；当负载系数小于 0.24 时，变压器将处于轻载高损状态，对应损耗率范围为 0.82%～3.09%；配变额定负载状况下的损耗率范围为 0.94%～3.04%；最大铜铁损比范围为 4.07～5.23。

（2）SC10 系列干式配变无功消耗引起电网的有功损耗率特点

SC10 系列干式配变典型负载系数下无功消耗引起电网的有功损耗率见表 2–40。

表 2–40　SC10 系列干式配变典型负载系数下无功消耗引起电网的有功损耗率

额定容量（kVA）	空载电流 I_0（%）	短路阻抗 U_k（%）	典型负载系数下无功消耗引起电网的有功损耗率（%）			
			β=0.7	β=1	β_j	β=0.5
50	2.00	4.00	0.26	0.28	0.28	0.28
80	1.50	4.00	0.23	0.26	0.23	0.23
100	1.50	4.00	0.23	0.26	0.23	0.23
125	1.30	4.00	0.22	0.25	0.21	0.21
160	1.30	4.00	0.22	0.25	0.21	0.21
200	1.10	4.00	0.21	0.24	0.20	0.20
250	1.10	4.00	0.21	0.24	0.20	0.20
315	1.00	4.00	0.20	0.24	0.19	0.19
400	1.00	4.00	0.19	0.23	0.18	0.18
500	1.00	4.00	0.19	0.23	0.18	0.18
630	0.85	4.00	0.18	0.22	0.16	0.16
800	0.85	6.00	0.25	0.31	0.21	0.21
1000	0.85	6.00	0.25	0.31	0.20	0.21
1250	0.85	6.00	0.25	0.31	0.20	0.21
1600	0.85	6.00	0.25	0.31	0.20	0.21
2000	0.70	6.00	0.24	0.31	0.19	0.20
2500	0.70	6.00	0.24	0.31	0.19	0.20

表中可见，SC10 系列干式配变典型负载系数下无功消耗引起电网的有功损耗率范围为 0.19%～0.31%，负载系数越接近经济负载系数，损耗率越低。

3. SCH15 系列干式配变的损耗特点

（1）SCH15 系列干式配变有功损耗的特点

SCH15 系列干式配变最佳负载及其对应损耗率，典型负载下的损耗率与最大铜铁损比情况见表 2–41。

表 2–41　SCH15 系列干式配变最佳负载与最大铜铁损比

额定容量（kVA）	最佳负载系数 β_j	最佳负载功率（kW）	最佳负载损耗率（%）	典型负载系数下的损耗率（%）			最大铜铁损比
				β=0.7	β=1	β=0.045	
50	0.29	13	1.40	1.80	2.64	3.03	12.22
80	0.28	20	1.19	1.54	2.28	2.53	12.65

续表

额定容量（kVA）	最佳负载系数β_j	最佳负载功率（kW）	最佳负载损耗率（%）	典型负载系数下的损耗率（%）			最大铜铁损比
				β=0.7	β=1	β=0.045	
100	0.27	25	1.05	1.39	2.06	2.20	13.28
125	0.27	31	0.98	1.31	1.94	2.03	13.57
160	0.27	39	0.88	1.17	1.75	1.80	13.78
200	0.27	48	0.83	1.11	1.66	1.70	13.92
250	0.28	62	0.74	0.98	1.45	1.55	13.20
315	0.27	77	0.73	0.97	1.45	1.51	13.63
400	0.27	101	0.61	0.83	1.24	1.25	14.16
500	0.26	123	0.59	0.80	1.21	1.16	14.91
630	0.25	153	0.55	0.77	1.15	1.08	15.40
800	0.25	190	0.50	0.71	1.07	0.97	15.95
1000	0.25	236	0.47	0.66	1.00	0.89	16.26
1250	0.25	293	0.44	0.63	0.95	0.84	16.40
1600	0.24	369	0.41	0.59	0.90	0.77	16.98
2000	0.25	477	0.42	0.59	0.89	0.81	15.90
2500	0.25	599	0.40	0.56	0.85	0.78	15.74

表中可见，SCH15 系列干式配变最佳负载系数范围为 0.24～0.29，最佳损耗率范围为 0.40%～1.40%，配变容量越大，损耗率越低；当负载系数小于 0.07 时，变压器将处于轻载高损状态，对应损耗率范围为 0.77%～3.03%；配变额定负载状况下的损耗率范围为 0.85%～2.64%；由于该类型配变空载损耗值大幅下降，因此其最大铜铁损比数值大，其范围为 12.22～16.98。

（2）SCH15 系列干式配变无功消耗引起电网的有功损耗率特点

SCH15 系列干式配变在典型负载系数情况下无功消耗引起电网的有功损耗率特点见表 2–42。

表 2–42　SCH15 系列干式配变典型负载系数下无功消耗引起电网的有功损耗率

额定容量（kVA）	空载电流I_0（%）	短路阻抗U_k（%）	典型负载系数下无功消耗引起电网的有功损耗率（%）			
			β=0.7	β=1	β_j	β=0.5
50	1.40	4.00	0.23	0.26	0.27	0.22
80	1.30	4.00	0.22	0.25	0.26	0.21
100	1.20	4.00	0.21	0.25	0.25	0.20
125	1.10	4.00	0.21	0.24	0.23	0.20
160	1.10	4.00	0.21	0.24	0.23	0.20
200	1.00	4.00	0.20	0.24	0.22	0.19
250	1.00	4.00	0.20	0.24	0.22	0.19
315	0.90	4.00	0.19	0.24	0.20	0.18
400	0.80	4.00	0.18	0.22	0.18	0.16

续表

额定容量（kVA）	空载电流 I_0（%）	短路阻抗 U_k（%）	典型负载系数下无功消耗引起电网的有功损耗率（%）			
			β=0.7	β=1	β_j	β=0.5
500	0.80	4.00	0.18	0.22	0.18	0.16
630	0.70	4.00	0.17	0.21	0.16	0.15
800	0.70	6.00	0.24	0.31	0.19	0.20
1000	0.60	6.00	0.23	0.30	0.17	0.19
1250	0.60	6.00	0.23	0.30	0.17	0.19
1600	0.60	6.00	0.23	0.30	0.17	0.19
2000	0.50	6.00	0.22	0.30	0.15	0.18
2500	0.50	6.00	0.22	0.30	0.15	0.18

表中可见，SCH15 系列干式配变典型负载系数下无功消耗引起电网的有功损耗率范围为 0.15%～0.30%，平均损耗率为 0.21%，负载越高，损耗率越大。

4. 干式配变节能措施

（1）控制配变运行负载，使配变趋于最佳负载系数运行可以大幅度降低损耗率。

对于 SC9 系列配变，配变最佳负载系数在 0.52 左右，与配变 0.70 负载系数状态相比，可以降低的损耗率约为 0.07%；与配变额定负载相比，可以降低的损耗率约为 0.32%左右。对于 SC10 系列配变，保持配变最佳负载系数为 0.487 左右，与配变 0.70 负载系数状态相比，可以降低的损耗率约为 0.10%；与配变额定负载相比，可以降低的损耗率约为 0.36%。

（2）严格控制过载、重载或轻载运行，可实现配变高效节能。

通过调配不同容量变压器，使得配变运行在合理的负载区间。由于干式配变的空载损耗比油浸式配变高，因此其最优负载系数也高，其中，SC9 系列最优负载系数区间为 0.46～0.53，SC10 型最优负载系数区间为 0.44～0.52。

（3）配变节能改造。淘汰 SC9 型及以下高损干式配变，采用 SH10 型或 SH15 型非晶合金配变替代，可以大幅度降低变压器运行损耗，实现节能运行，并取得很好的经济效益。

（4）当配电室有多台配变运行时，根据实际负荷范围，优先投运技术参数优、负载系数佳的变压器，可实现配变高效节能运行。

（5）条件许可时，选用油浸式节能配变替代干式配变。

2.4.3　10kV 典型型号配变的损耗对比分析

不同的运行负载区间，配置或运行不同型号、容量的变压器，其运行后的节能效果差别很大。下面针对 10kV 常见型号、容量的配变在 50～150kW、100～300kW、200～600kW 不同负载区间运行时所产生的损耗率进行对比分析。其他负载区间可参考借鉴其对比分析，进行多台配变配置应用。

1. 负载 50～150kW 运行时的损耗对比

（1）负载 50～150kW 运行时的损耗率对比表

50～150kW 的负载，如果配置 S9 系列 200kVA 容量配变，其运行区间按照《电力变压器经济运行》（GB/T 13462—2008），正好处于最佳经济运行区间。下面选用 S11、S13、SH15

系列 400kVA 配变运行，考察其运行损耗率情况。10kV 典型型号配变运行时随负载变化的损耗率规律数据见表 2-43。

表 2-43　**10kV 典型型号配变损耗率对比表**

输送功率 P（kW）	S9-200		S11-400		S13-400		SH15-400	
	P_0/P_k 0.48/2.73		P_0/P_k 0.57/4.52		P_0/P_k 0.41/4.52		P_0/P_k 0.20/4.52	
	负载损耗（kW）	损耗率（%）	负载损耗（kW）	损耗率（%）	负载损耗（kW）	损耗率（%）	负载损耗（kW）	损耗率（%）
30	0.08	1.88	0.03	2.00	0.03	1.47	0.03	0.77
50	**0.23**	**1.42**	**0.09**	**1.31**	**0.09**	**0.99**	**0.09**	**0.57**
75	**0.52**	**1.34**	**0.19**	**1.02**	**0.19**	**0.80**	**0.19**	**0.52**
100	**0.93**	**1.41**	**0.34**	**0.91**	**0.34**	**0.75**	**0.34**	**0.54**
125	**1.45**	**1.54**	**0.54**	**0.89**	**0.54**	**0.76**	**0.54**	**0.59**
150	**2.09**	**1.71**	**0.77**	**0.90**	**0.77**	**0.79**	**0.77**	**0.65**
175	2.84	1.90	1.05	0.93	1.05	0.84	1.05	0.72
200	3.71	2.09	1.38	0.97	1.38	0.89	1.38	0.79
225			1.74	1.03	1.74	0.96	1.74	0.86
250			2.15	1.09	2.15	1.02	2.15	0.94
275			2.60	1.15	2.60	1.10	2.60	1.02
300			3.10	1.22	3.10	1.17	3.10	1.10
325			3.64	1.29	3.64	1.25	3.64	1.18
350			4.22	1.37	4.22	1.32	4.22	1.26
375			4.84	1.44	4.84	1.40	4.84	1.34
400			5.51	1.52	5.51	1.48	5.51	1.43

（2）负载 50～150kW 运行时的损耗率对比图（见图 2-28）

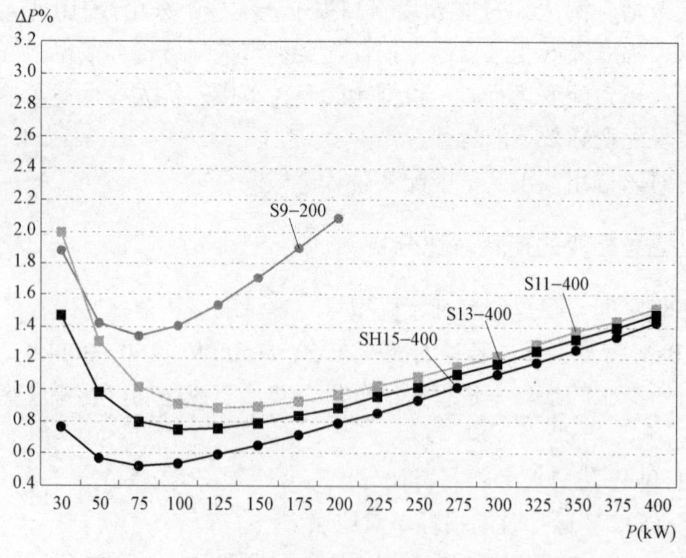

图 2-28　典型型号容量配变运行时的损耗率对比图

图中，50～150kW 的负载，S9 型容量 200kVA 配变运行，按照国标规定其运行区间正是处于最佳经济运行区间（负载系数≤0.75 时，下同），其损耗率范围为 1.42%～1.71%，最佳负载损耗率为 1.34%。如果是 S11–400 配变运行，其损耗率范围为 1.31%～0.90%，最佳负载损耗率为 0.89%；如果是 S13–400 配变运行，其损耗率范围为 0.99%～0.79%，最佳负载损耗率为 0.75%；如果是 SH15–400 运行，其损耗率范围为 0.57%～0.65%，最佳负载损耗率为 0.52%。

由上述图表可见，对于 50～150kW 的负载区间，要实现节能可采取如下措施：

（1）用 S11–400 配变替代 S9–200 配变，可以实现损耗率降低 0.11%～0.81%，按照平均负荷 100kW 计算，年节约电量 4315kWh。

（2）用 S13–400 配变替代 S9–200 配变，可以实现损耗率降低 0.43%～0.92%，按照平均负荷 100kW 计算，年节约电量 5716kWh。

（3）用 SH15–400 配变替代 S9–200 配变，可以实现损耗率降低 0.85%～1.06%，按照平均负荷 100kW 计算，年节约电量 7556kWh。

（4）以上方案，随着平均负荷的提高，节约电量的潜力会更大。

2. 负载 100～300kW 运行时的损耗对比

（1）负载 100～300kW 运行时的损耗率对比表

100～300kW 的负载，如果配置 S9 型 400kVA 容量配变，其运行区间按照《电力变压器经济运行》（GB/T 13462—2008），正好处于最佳经济运行区间。下面选用 S11、S13、SH15、SC10 系列 800kVA 配变运行，考察其运行损耗率情况。10kV 典型型号配变运行时随负载变化的损耗率规律数据见表 2–44。

表 2–44　　**10kV 典型型号配变损耗率对比表**

输送功率 P（kW）	S9–400		S11–800		S13–800		SH15–800		SC10–800	
	P_0/P_k　0.8/4.52		P_0/P_k　0.98/7.50		P_0/P_k　0.7/7.5		P_0/P_k　0.38/7.5		P_0/P_k　1.52/6.96	
	负载损耗（kW）	损耗率（%）	负载损耗（kW）	损耗率（%）	负载损耗（kW）	损耗率（%）	负载损耗（kW）	损耗率（%）	负载损耗（kW）	损耗率（%）
60	0.12	1.54	0.05	1.72	0.05	1.25	0.05	0.72	0.05	2.61
100	**0.34**	**1.14**	**0.14**	**1.12**	**0.14**	**0.84**	**0.14**	**0.52**	**0.13**	**1.65**
150	**0.77**	**1.05**	**0.32**	**0.87**	**0.32**	**0.68**	**0.32**	**0.47**	**0.30**	**1.21**
200	**1.38**	**1.09**	**0.57**	**0.78**	**0.57**	**0.64**	**0.57**	**0.48**	**0.53**	**1.03**
250	**2.15**	**1.18**	**0.89**	**0.75**	**0.89**	**0.64**	**0.89**	**0.51**	**0.83**	**0.94**
300	**3.10**	**1.30**	**1.29**	**0.76**	**1.29**	**0.66**	**1.29**	**0.56**	**1.19**	**0.90**
350	4.22	1.43	1.75	0.78	1.75	0.70	1.75	0.61	1.62	0.90
400	5.51	1.58	2.29	0.82	2.29	0.75	2.29	0.67	2.12	0.91
450			2.89	0.86	2.89	0.80	2.89	0.73	2.68	0.93
500			3.57	0.91	3.57	0.85	3.57	0.79	3.31	0.97
550			4.32	0.96	4.32	0.91	4.32	0.85	4.01	1.01
600			5.14	1.02	5.14	0.97	5.14	0.92	4.77	1.05
650			6.03	1.08	6.03	1.04	6.03	0.99	5.60	1.10

续表

输送功率 P（kW）	S9–400		S11–800		S13–800		SH15–800		SC10–800	
	P_0/P_k 0.8/4.52		P_0/P_k 0.98/7.50		P_0/P_k 0.7/7.5		P_0/P_k 0.38/7.5		P_0/P_k 1.52/6.96	
	负载损耗（kW）	损耗率（%）	负载损耗（kW）	损耗率（%）	负载损耗（kW）	损耗率（%）	负载损耗（kW）	损耗率（%）	负载损耗（kW）	损耗率（%）
700			7.00	1.14	7.00	1.10	7.00	1.05	6.49	1.14
750			8.03	1.20	8.03	1.16	8.03	1.12	7.46	1.20
800			9.14	1.27	9.14	1.23	9.14	1.19	8.48	1.25

（2）负载 100～300kW 运行时的损耗率对比图（见图 2–29）

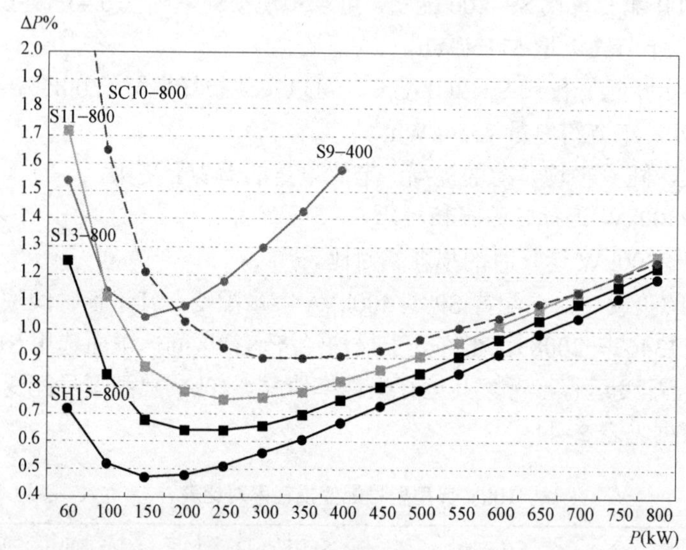

图 2–29　典型型号容量配变运行时的损耗率对比图

图中，100～300kW 的负载，容量 S9–400kVA 配变运行，按照国标规定其运行区间正是处于最佳经济运行区间，其损耗率范围为 1.14%～1.30%，最佳负载损耗率为 1.05%。如果是 SC10–800 配变运行，其损耗率范围为 1.65%～0.90%，最佳负载损耗率为 0.90%；如果是 S11–800 配变运行，其损耗率范围为 1.12%～0.76%，最佳负载损耗率为 0.75%；如果是 S13–800 配变运行，其损耗率范围为 0.84%～0.66%，最佳负载损耗率为 0.64%；如果是 SH15–800 运行，其损耗率范围为 0.52%～0.56%，最佳负载损耗率为 0.47%。

由上述图表可见，对于 100～300kW 的负载区间，要实现节能可采取如下措施：

（1）用 S11–800 配变替代 S9–400 配变，可以实现损耗率降低 0.02%～0.54%，若按平均负荷 200kW 计算，年节约电量 5483kWh。

（2）用 S13–800 配变替代 S9–400 配变，可以实现损耗率降低 0.30%～0.64%，若按平均负荷 200kW 计算，年节约电量 7936kWh。

（3）用 SH15–800 配变替代 S9–400 配变，可以实现损耗率降低 0.62%～0.74%，若按平均负荷 200kW 计算，年节约电量 10 739kWh。

（4）若用 SC10–800 配变替代 S9–400 配变，可能在小负荷时使损耗率增加 0.51%，大负

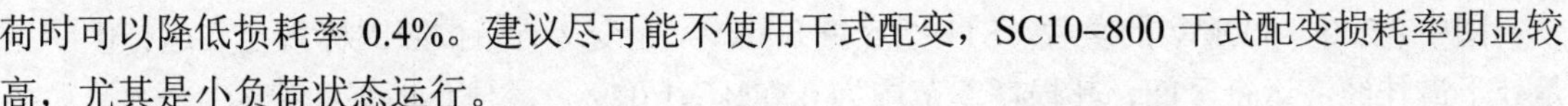

荷时可以降低损耗率 0.4%。建议尽可能不使用干式配变，SC10–800 干式配变损耗率明显较高，尤其是小负荷状态运行。

3. 负载 200～600kW 运行时的损耗对比

（1）负载 200～600kW 运行时的损耗率对比表

200～600kW 的负载，如果配置 S11 型 800kVA 容量配变，其运行区间按照《电力变压器经济运行》（GB/T 13462—2008），正好处于最佳经济运行区间。下面选用 S11、SH15、SC10 系列 1250kVA 配变运行，考察其运行损耗率情况。10kV 典型型号配变运行时随负载变化的损耗率规律数据见表 2–45。

表 2–45　　10kV 典型型号配变损耗率对比表

输送功率 P（kW）	S11–800		S11–1250		SH15–1250		SC10–1250	
	P_0/P_k 0.98/7.5		P_0/P_k 1.36/12		P_0/P_k 0.53/12		P_0/P_k 2.09/9.69	
	负载损耗（kW）	损耗率（%）	负载损耗（kW）	损耗率（%）	负载损耗（kW）	损耗率（%）	负载损耗（kW）	损耗率（%）
150	0.32	0.87	0.21	1.05	0.21	0.49	0.17	1.51
200	**0.57**	**0.78**	**0.37**	**0.87**	**0.37**	**0.45**	**0.30**	**1.20**
300	**1.29**	**0.76**	**0.84**	**0.73**	**0.84**	**0.46**	**0.68**	**0.92**
400	**2.29**	**0.82**	**1.50**	**0.71**	**1.50**	**0.51**	**1.21**	**0.82**
500	**3.57**	**0.91**	**2.34**	**0.74**	**2.34**	**0.57**	**1.89**	**0.80**
600	**5.14**	**1.02**	**3.37**	**0.79**	**3.37**	**0.65**	**2.72**	**0.80**
700	7.00	1.14	4.59	0.85	4.59	0.73	3.70	0.83
800	9.14	1.27	5.99	0.92	5.99	0.82	4.84	0.87
900			7.58	0.99	7.58	0.90	6.12	0.91
1000			9.36	1.07	9.36	0.99	7.56	0.96
1100			11.33	1.15	11.33	1.08	9.15	1.02
1200			13.48	1.24	13.48	1.17	10.88	1.08

（2）负载 200～600kW 运行时的损耗率对比图（见图 2–30）

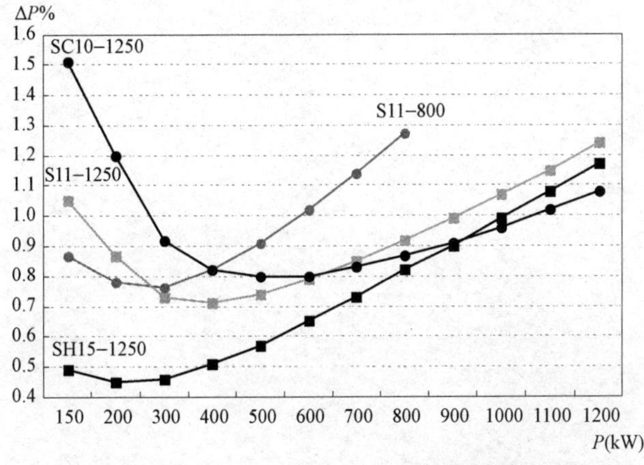

图 2–30　典型型号容量配变运行时的损耗率对比图

图中，200～600kW 的负载，S11 型容量 800kVA 配变运行，按照国标规定其运行区间正是处于最佳经济运行区间，其损耗率范围为 0.78%～1.02%，最佳负载损耗率为 0.76%。如果是 SC10–1250 配变运行，其损耗率范围为 1.20%～0.80%，最佳负载损耗率为 0.80%；如果是 S11–1250 配变运行，其损耗率范围为 0.87%～0.79%，最佳负载损耗率为 0.71%；如果是 SH15–1250 配变运行，其损耗率范围为 0.45%～0.65%，最佳负载损耗率为 0.45%。

由上述图表可见，对于 200～600kW 的负载区间，要实现节能可采取如下措施：

（1）用 S11–1250 配变替代 S11–800 配变，当负载最大情况下可以实现损耗率最大降低 0.23%。注意：当负荷区间在 200～280kW 时，S11–800 配变运行损耗率低；当负荷大于 280kW 后，S11–1250 配变运行损耗率低，应当根据负荷大小及时调配配变实现节能运行。

（2）用 SH15–1250 配变替代 S11–800 配变，可以实现损耗率降低 0.32%～0.37%。

（3）建议谨慎选用干式配变，当负荷在 200～400kW 时，SC10–1250 干式配变损耗率明显较高，最小负荷状态运行，比 S11–800 配变运行损耗率高出 0.42%。当负荷大于 400kW 后，SC10–1250 干式配变运行比 S11–800 配变运行具有节能优势，但其节能效果比 S11–1250 配变稍差。

（4）选用 S11、S13、SH15 系列容量为 1600kVA 配变，其节能效果会更加显著。

第3章

20kV 变压器的损耗与节能

20kV 电力变压器也属于终端配电变压器（以下简称配变），它包括油浸式配变（三相、单相）、干式配变、非晶合金配变等多种类型。本章节给出了 20kV 配变运行时的损耗特点、规律图表与节能措施。

3.1　20kV 变压器运行损耗计算说明

3.1.1　配变运行损耗计算及其参数确定

20kV 配变属于双绕组变压器，其运行时的有功功率损耗算式同式（2–1）和式（2–2），其运行时无功功率消耗引起电网有功功率损耗的算式同式（2–3）和式（2–4）。计算参数来源及相关系数确定如下。

（1）技术参数和额定参数来源

20kV 配变技术参数和额定参数来源于以下国标：

1）《20kV 油浸式配电变压器技术参数和要求》（GB/T 25289—2010）。

2）《油浸式非晶合金铁心配电变压器技术参数和要求》（GB/T 25446—2010）。

3）《干式电力变压器技术参数和要求》（GB/T 10228—2008、GB/T 10228—2015）。

变压器的空载损耗、额定负载损耗均为配变主分接时的功率损耗值。

（2）负载波动损耗系数

考虑负荷波动的影响：根据相关研究，对于运行中的三相配电变压器，负荷曲线形状系数 K_f 取 1.05，则负载波动损耗系数 K_T 约为 1.10；对于运行中的单相变压器，负载波动损耗系数 K_T 约为 1.20。

（3）功率因数

根据《全国供用电规则》、《电力系统电压和无功电力技术导则》（SD 325—1989）、《电力系统无功补偿配置技术原则》（QG/DW 212—2008）、《评价企业合理用电技术导则》（GB/T

3485—1998）等规定，对 400kVA 及以上容量的变压器，cosφ 取 0.95；对 400kVA 以下容量的变压器，cosφ 取 0.90。

若实际运行功率因数 cosφ 非标准值时，可以近似按照“功率因数与变压器的损耗率成反比”的关系进行修正。详见有功损耗率随功率因数变化的修正系数表（表 2–1）。

3.1.2 配变运行损耗查看说明

（1）本章节配变运行损耗图表适用范围

1）S11、D11 系列油浸式配变，SH15 系列非晶合金油浸式配变，SC9、SC10 型干式配变。

2）电压组合：高压 20kV；低压 0.4kV，对于单相配变低压为 0.22～0.24kV 或 2×（0.22～0.24kV）。

3）高压分接范围：±2×2.5%，±5%。

4）联结组标号：Dyn11、Yyn0；对于单相变压器：Ii0。

（2）本章节配变运行损耗图表可查看内容

1）配变的空载损耗 P_0、额定负载损耗 P_k 标准值，单位为 kW。

2）配变运行时的有功功率损耗ΔP 及有功损耗率$\Delta P\%$。

3）配变运行时的无功消耗引起电网的有功损耗ΔP_Q 及有功损耗率$\Delta P_Q\%$。

（3）本章节配变损耗图表的特点

1）按照国标容量系列，把相邻三个额定容量配变运行损耗特性编制为一套表图，方便对比、缩减篇幅。

2）以变压器输入功率的变化为变量，以相应有功功率损耗、有功功率损耗率为关注内容制作损耗表格，以便开展损耗（或损耗率）查询与对比分析。

3）以变压器运行时的输入有功功率 P 为横坐标，以有功功率损耗率$\Delta P\%$为纵坐标制作有功损耗率曲线图，以配变无功消耗引起电网的有功功率损耗率（$\Delta P_Q\%$）为纵坐标制作配变无功消耗引起电网的有功损耗率曲线图。

3.2 20kV 油浸式配变的运行损耗与节能

3.2.1 S11 系列油浸式配变的损耗

本节配变图表的计算参数（S_r、P_0、P_k、$I_0\%$、$U_k\%$）来源于《20kV 油浸式配电变压器技术参数和要求》（GB/T 25289—2010）表 3，适用于 Dyn11、Yzn11 或容量 500kVA 及以下的 Yyn0 联结组配变。

1. S11–100～160 型配变的损耗

（1）S11–100～160 型配变运行时的损耗（见表 3–1）

表 3-1　**S11-100～160 系列配变运行时的损耗表**

输送功率 P（kW）	S11-100			S11-125			S11-160		
	P_0/P_k 0.20/1.73；I_0%/1.60			P_0/P_k 0.24/2.08；I_0%/1.50			P_0/P_k 0.29/2.54；I_0%/1.40		
	负载损耗（kW）	ΔP%（%）	ΔP_Q%（%）	负载损耗（kW）	ΔP%（%）	ΔP_Q%（%）	负载损耗（kW）	ΔP%（%）	ΔP_Q%（%）
18	0.08	1.53	0.41	0.06	1.66	0.46	0.04	1.85	0.53
25	0.15	1.39	0.33	0.11	1.41	0.36	0.08	1.50	0.41
40	0.38	1.44	0.28	0.29	1.32	0.28	0.22	1.26	0.30
55	0.71	1.66	0.28	0.55	1.43	0.27	0.41	1.27	0.27
70	1.15	1.93	0.30	0.89	1.61	0.27	0.66	1.36	0.26
85	1.70	2.23	0.33	1.31	1.82	0.29	0.97	1.49	0.26
100	2.35	2.55	0.36	1.81	2.05	0.31	1.35	1.64	0.28
115				2.39	2.29	0.34	1.78	1.80	0.29
130				3.06	2.53	0.37	2.28	1.97	0.31
145							2.83	2.15	0.33
160							3.45	2.34	0.35

（2）S11-100～160 系列配变运行时的有功损耗率曲线图（见图 3-1）

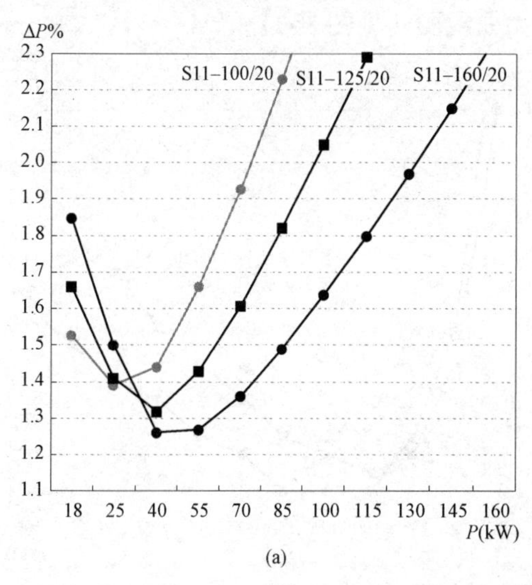

(a)

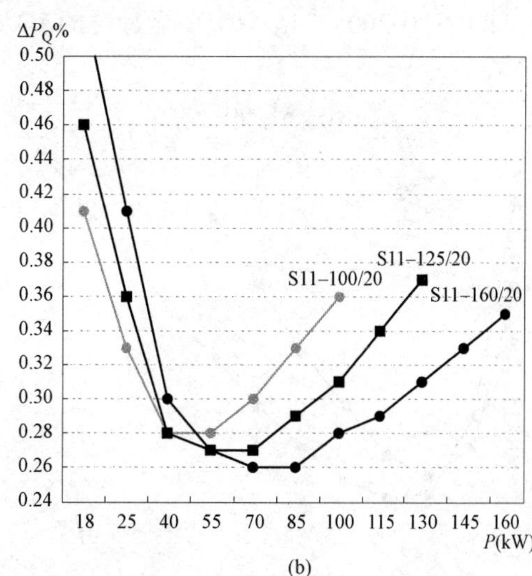

(b)

图 3-1　S11-100～160 型配变运行时的有功损耗率曲线

（a）配变有功损耗率曲线；（b）无功消耗引起的电网有功损耗率曲线

【节能策略】 图中，配变负载大于 32kW 后，容量 160kVA 或 125kVA 配变运行损耗率低。配变负载大于 55kW 后，容量 160kVA 配变运行时，其无功消耗引起电网的有功损耗率最小。

2. S11-200～315 型配变的损耗

（1）S11-200～315 型配变运行时的损耗（见表 3-2）

表 3-2　　S11-200～315 型配变运行时的损耗表

输送功率 P（kW）	S11-200			S11-250			S11-315		
	P_0/P_k 0.34/3.00；I_0%/1.30			P_0/P_k 0.40/3.52；I_0%/1.20			P_0/P_k 0.48/4.21；I_0%/1.10		
	负载损耗（kW）	ΔP%（%）	ΔP_Q%（%）	负载损耗（kW）	ΔP%（%）	ΔP_Q%（%）	负载损耗（kW）	ΔP%（%）	ΔP_Q%（%）
35	0.09	1.44	0.39	0.07	1.56	0.44	0.05	1.77	0.49
50	0.25	1.19	0.28	0.19	1.18	0.30	0.14	1.25	0.32
75	0.57	1.22	0.25	0.43	1.11	0.25	0.32	1.07	0.26
100	1.02	1.36	0.25	0.76	1.16	0.24	0.58	1.06	0.23
125	1.59	1.55	0.27	1.20	1.28	0.25	0.90	1.10	0.23
150	2.29	1.75	0.29	1.72	1.41	0.26	1.30	1.18	0.23
175	3.12	1.98	0.32	2.34	1.57	0.28	1.76	1.28	0.25
200	4.07	2.21	0.35	3.06	1.73	0.30	2.30	1.39	0.26
225				3.87	1.90	0.32	2.92	1.51	0.28
250				4.78	2.07	0.35	3.60	1.63	0.29
275							4.36	1.76	0.31
300							5.19	1.89	0.33

（2）S11-200～315 型配变运行时的有功损耗率曲线图（见图 3-2）

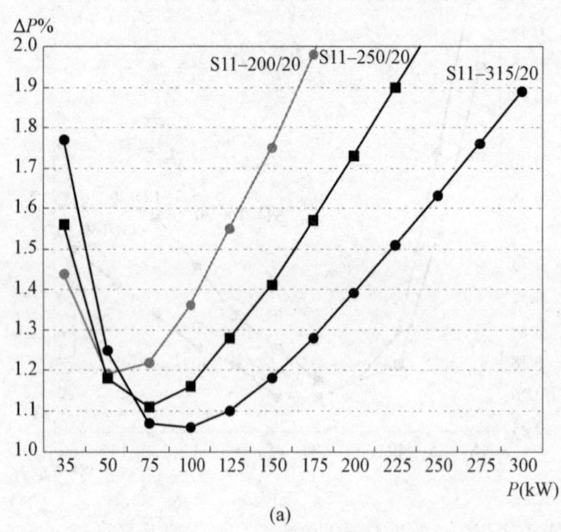

(a)

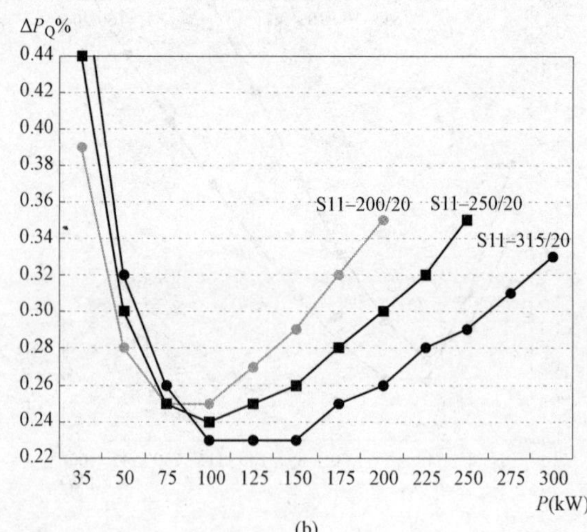

(b)

图 3-2　S11-200～315 型配变运行时的有功损耗率曲线

（a）配变有功损耗率曲线；（b）无功消耗引起的电网有功损耗率曲线

【节能策略】图中，配变负载大于 65kW 后，容量 315kVA 或 250kVA 配变运行损耗率低。配变负载大于 95kW 后，容量 315kVA 配变运行时，其无功消耗引起电网的有功损耗率最小。

3. S11-400～630 型配变的损耗

（1）S11-400～630 型配变运行时的损耗（见表 3-3）

表 3–3　　　　　　　　　　**S11–400～630 型配变运行时的损耗表**

输送功率 P（kW）	S11–400			S11–500			S11–630		
	P_0/P_k 0.57/4.97；I_0%/1.00			P_0/P_k 0.68/5.94；I_0%/1.00			P_0/P_k 0.81/6.82；I_0%/0.90		
	负载损耗（kW）	ΔP%（%）	ΔP_Q%（%）	负载损耗（kW）	ΔP%（%）	ΔP_Q%（%）	负载损耗（kW）	ΔP%（%）	ΔP_Q%（%）
60	0.14	1.18	0.31	0.10	1.31	0.37	0.08	1.48	0.41
100	0.38	0.95	0.23	0.29	0.97	0.25	0.21	1.02	0.27
150	0.85	0.95	0.21	0.65	0.89	0.21	0.47	0.85	0.22
200	1.51	1.04	0.21	1.16	0.92	0.21	0.84	0.82	0.21
250	2.37	1.17	0.23	1.81	1.00	0.21	1.31	0.85	0.21
300	3.41	1.33	0.25	2.61	1.10	0.23	1.88	0.90	0.21
350	4.64	1.49	0.28	3.55	1.21	0.24	2.57	0.96	0.23
400	6.06	1.66	0.31	4.63	1.33	0.26	3.35	1.04	0.24
450				5.86	1.45	0.29	4.24	1.12	0.26
500				7.24	1.58	0.31	5.24	1.21	0.28
550							6.34	1.30	0.30
600							7.54	1.39	0.32

（2）S11–400～630 型配变运行时的有功损耗率曲线图（见图 3–3）

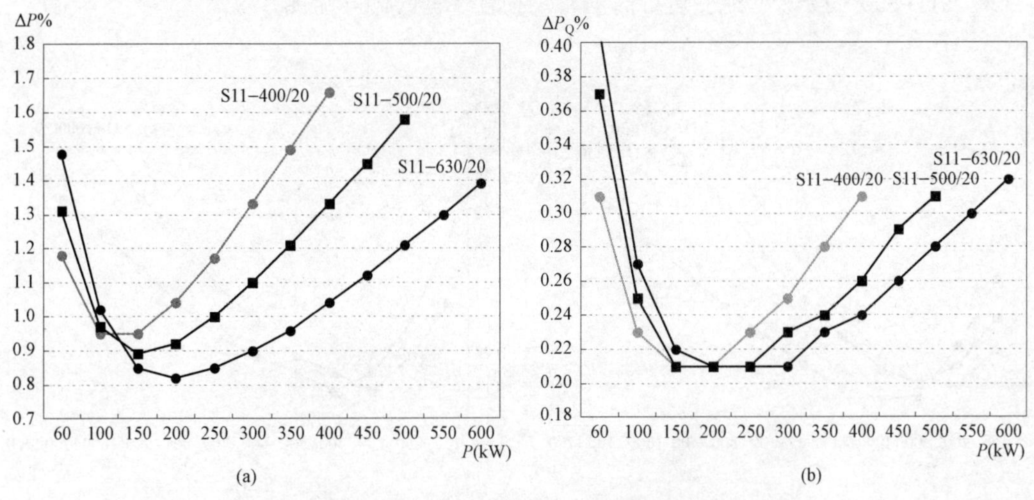

图 3–3　S11–400～630 型配变运行时的有功损耗率曲线

（a）配变有功损耗率曲线；（b）无功消耗引起的电网有功损耗率曲线

【节能策略】 图中，配变负载大于 130kW 后，容量 630kVA 或 500kVA 配变运行损耗率低。配变负载大于 200kW 后，容量 630kVA 配变运行，其无功消耗引起电网的有功损耗率最小。

4. S11–800～1250 型配变的损耗

（1）S11–800～1250 型配变运行时的损耗（见表 3–4）

表 3-4　S11-800～1250 型配变运行时的损耗表

输送功率 P（kW）	S11-800 P_0/P_k 0.98/8.25；$I_0\%$/0.80			S11-1000 P_0/P_k 1.15/11.33；$I_0\%$/0.70			S11-1250 P_0/P_k 1.38/13.20；$I_0\%$/0.70		
	负载损耗（kW）	$\Delta P\%$（%）	$\Delta P_Q\%$（%）	负载损耗（kW）	$\Delta P\%$（%）	$\Delta P_Q\%$（%）	负载损耗（kW）	$\Delta P\%$（%）	$\Delta P_Q\%$（%）
150	0.35	0.89	0.23	0.31	0.97	0.23	0.23	1.07	0.27
200	0.63	0.80	0.20	0.55	0.85	0.20	0.41	0.90	0.22
300	1.41	0.80	0.20	1.24	0.80	0.18	0.93	0.77	0.19
400	2.51	0.87	0.21	2.21	0.84	0.19	1.65	0.76	0.18
500	3.93	0.98	0.23	3.45	0.92	0.20	2.57	0.79	0.19
600	5.66	1.11	0.26	4.97	1.02	0.22	3.71	0.85	0.20
700	7.70	1.24	0.29	6.77	1.13	0.24	5.05	0.92	0.21
800	10.06	1.38	0.32	8.84	1.25	0.27	6.59	1.00	0.23
900				11.19	1.37	0.29	8.34	1.08	0.25
1000				13.81	1.50	0.32	10.30	1.17	0.27
1100							12.46	1.26	0.29
1200							14.83	1.35	0.31

（2）S11-800～1250 型配变运行时的有功损耗率曲线图（见图 3-4）

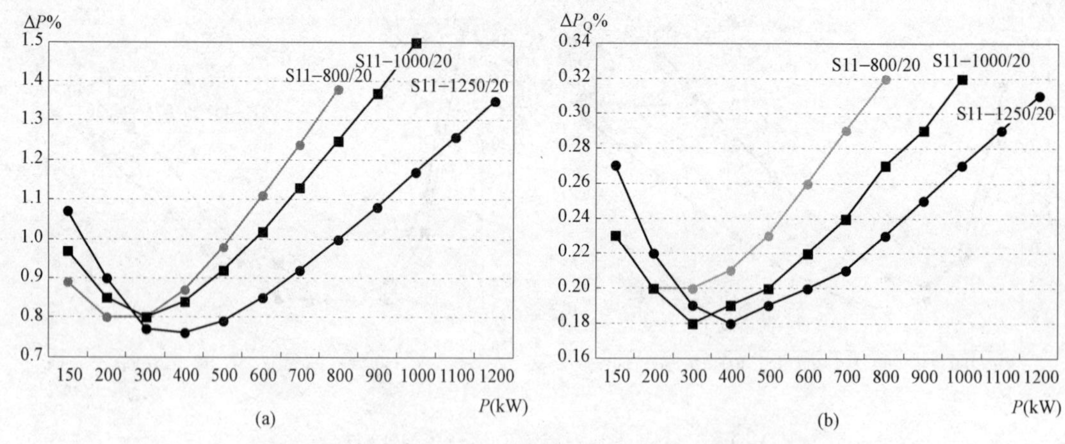

图 3-4　S11-800～1250 型配变运行时的有功损耗率曲线

（a）配变有功损耗率曲线；（b）无功消耗引起的电网有功损耗率曲线

【节能策略】图中，配变负载大于 300kW 后，容量 1600kVA 或 1250kVA 配变运行损耗率低。配变负载大于 350kW 后，容量越大，配变无功消耗引起电网的有功损耗率越小。

5. S11-1600～2500 型配变的损耗

（1）S11-1600～2500 型配变运行时的损耗（见表 3-5）

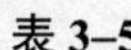

表 3-5　**S11-1600～2500** 型配变运行时的损耗表

输送功率 P（kW）	S11-1600			S11-2000			S11-2500		
	P_0/P_k 1.66/15.95；I_0%/0.60			P_0/P_k 1.95/19.14；I_0%/0.60			P_0/P_k 2.34/22.22；I_0%/0.50		
	负载损耗（kW）	ΔP%（%）	ΔP_Q%（%）	负载损耗（kW）	ΔP%（%）	ΔP_Q%（%）	负载损耗（kW）	ΔP%（%）	ΔP_Q%（%）
250	0.47	0.85	0.20	0.36	0.93	0.23	0.27	1.04	0.23
400	1.22	0.72	0.17	0.93	0.72	0.18	0.69	0.76	0.17
600	2.73	0.73	0.17	2.10	0.67	0.17	1.56	0.65	0.15
800	4.86	0.82	0.19	3.73	0.71	0.18	2.77	0.64	0.16
1000	7.59	0.93	0.22	5.83	0.78	0.19	4.33	0.67	0.17
1200	10.94	1.05	0.25	8.40	0.86	0.22	6.24	0.71	0.18
1400	14.88	1.18	0.28	11.43	0.96	0.24	8.49	0.77	0.20
1600	19.44	1.32	0.32	14.93	1.06	0.26	11.09	0.84	0.22
1800				18.90	1.16	0.29	14.04	0.91	0.24
2000				23.33	1.26	0.32	17.33	0.98	0.26
2200							20.97	1.06	0.28
2400							24.96	1.14	0.30

（2）S11-1600～2500 型配变运行时的有功损耗率曲线图（见图 3-5）

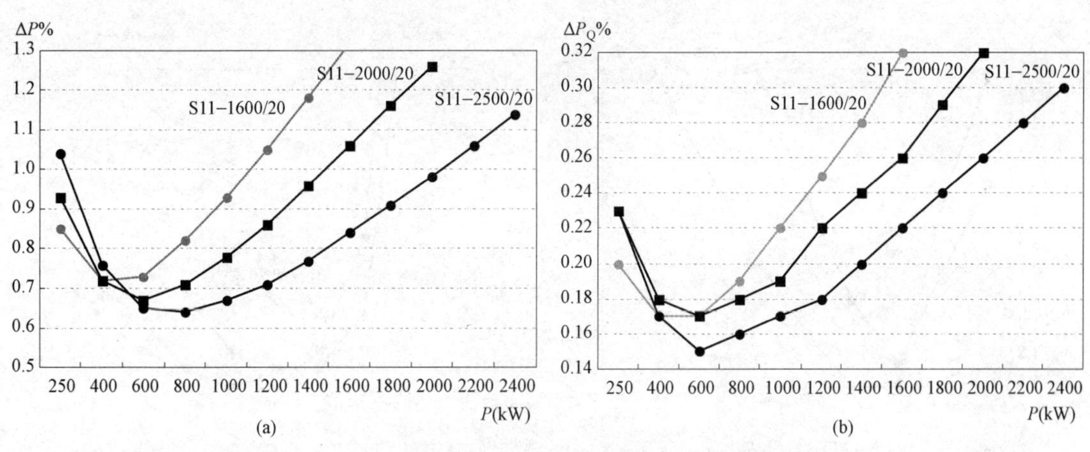

图 3-5　S11-1600～2500 型配变运行时的有功损耗率曲线

（a）配变有功损耗率曲线；（b）无功消耗引起的电网有功损耗率曲线

【节能策略】 图中，配变负载大于 500kW 后，容量 2500kVA 或 2000kVA 配变运行时的损耗率低。配变负载大于 550kW 后，容量越大，配变无功消耗引起电网的有功损耗率越小。

3.2.2　D11 系列单相油浸式配变的损耗

本节配变图表的计算参数（S_r、P_0、P_k、I_0%、U_k%）来源于《20kV 油浸式配电变压器技术参数和要求》（GB/T 25289—2010）表 1，适用于 Ii0 联结组配变。

1. D11–20～40 型配变的损耗

（1）D11–20～40 型配变运行时的损耗（见表 3–6）

表 3–6　　D11–20～40 型配变运行时的损耗表

输送功率 P（kW）	D11–20			D11–30			D11–40		
	P_0/P_k 0.065/0.405；I_0%/1.80			P_0/P_k 0.08/0.585；I_0%/1.70			P_0/P_k 0.10/0.735；I_0%/1.60		
	负载损耗（kW）	ΔP%（%）	ΔP_Q%（%）	负载损耗（kW）	ΔP%（%）	ΔP_Q%（%）	负载损耗（kW）	ΔP%（%）	ΔP_Q%（%）
3	0.02	2.23	0.40	0.02	2.39	0.54	0.01	2.77	0.66
5	0.04	2.05	0.34	0.02	2.09	0.44	0.02	2.34	0.54
10	0.15	2.15	0.25	0.10	1.77	0.27	0.07	1.69	0.31
15	0.34	2.68	0.25	0.22	1.99	0.24	0.15	1.69	0.25
20	0.60	3.33	0.28	0.39	2.34	0.24	0.27	1.87	0.23
25				0.61	2.75	0.25	0.43	2.11	0.23
30				0.87	3.18	0.28	0.62	2.39	0.24
35							0.84	2.68	0.25
40							1.10	2.99	0.27

（2）D11–20～40 型配变运行时的有功损耗率曲线图（见图 3–6）

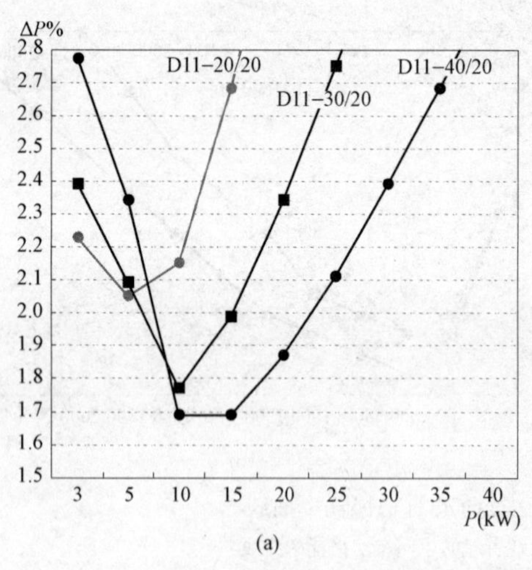

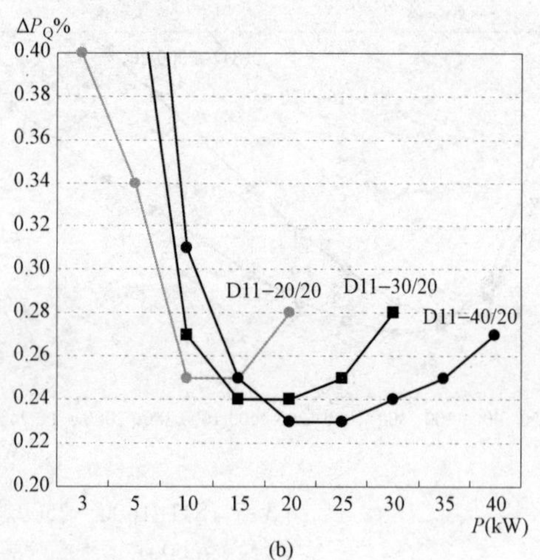

图 3–6　D11–20～40 型配变运行时的有功损耗率曲线

（a）配变有功损耗率曲线；（b）无功消耗引起的电网有功损耗率曲线

【节能策略】图中，配变负载大于 8kW 后，容量 40kVA 或 30kVA 配变运行损耗率低。配变负载大于 18kW 后，容量 40kVA 配变运行时，其无功消耗引起电网的有功损耗率最小。

2. D11–50～80 型配变的损耗

（1）D11–50～80 型配变运行时的损耗（见表 3–7）

表 3-7　**D11-50～80 型配变运行时的损耗表**

输送功率 P（kW）	D11-50			D11-63			D11-80		
	P_0/P_k 0.12/0.90；I_0%/1.50			P_0/P_k 0.15/1.07；I_0%/1.40			P_0/P_k 0.16/1.325；I_0%/1.40		
	负载损耗（kW）	ΔP%（%）	ΔP_Q%（%）	负载损耗（kW）	ΔP%（%）	ΔP_Q%（%）	负载损耗（kW）	ΔP%（%）	ΔP_Q%（%）
5	0.03	2.09	0.41	0.02	2.42	0.47	0.02	2.50	0.58
10	0.05	1.73	0.34	0.04	1.90	0.39	0.03	1.91	0.47
20	0.21	1.67	0.23	0.16	1.55	0.24	0.12	1.42	0.28
30	0.48	2.00	0.22	0.36	1.70	0.22	0.28	1.46	0.23
40	0.85	2.43	0.24	0.64	1.97	0.22	0.49	1.63	0.22
50	1.33	2.91	0.27	1.00	2.30	0.24	0.77	1.86	0.22
60				1.44	2.65	0.26	1.11	2.11	0.23
70							1.51	2.38	0.25
80							1.97	2.66	0.26

（2）D11-50～80 型配变运行时的有功损耗率曲线图（见图 3-7）

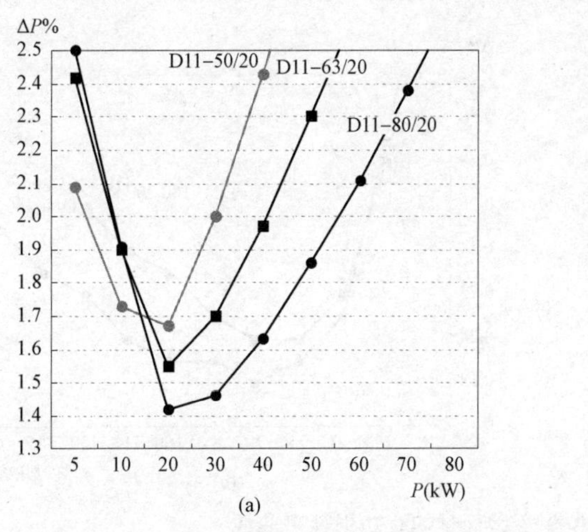

(a)

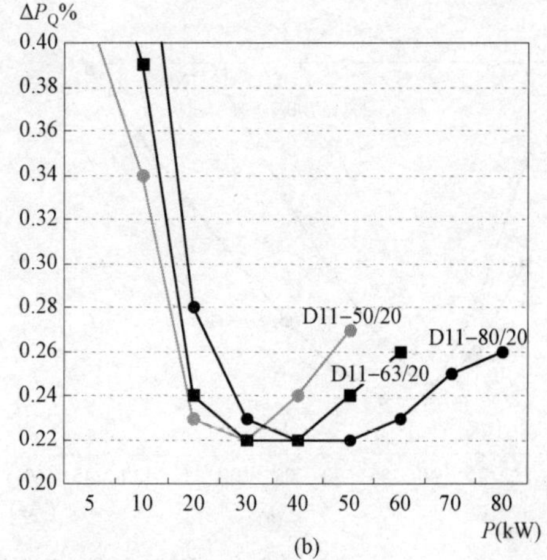

(b)

图 3-7　D11-50～80 型配变运行时的有功损耗率曲线

（a）配变有功损耗率曲线；（b）无功消耗引起的电网有功损耗率曲线

【节能策略】 图中，配变负载大于 18kW 后，容量 80kVA 或 63kVA 配变运行损耗率低。配变负载大于 38kW 后，容量 80kVA 或 63kVA 配变运行时，其无功消耗引起电网的有功损耗率小。

3. D11-100～160 型配变的损耗

（1）D11-100～160 型配变运行时的损耗（见表 3-8）

表 3-8　　D11-100～160 型配变运行时的损耗表

输送功率 P（kW）	D11-100			D11-125			D11-160		
	P_0/P_k 0.19/1.56；I_0%/1.30			P_0/P_k 0.23/1.84；I_0%/1.20			P_0/P_k 0.29/2.24；I_0%/1.00		
	负载损耗（kW）	ΔP%（%）	ΔP_Q%（%）	负载损耗（kW）	ΔP%（%）	ΔP_Q%（%）	负载损耗（kW）	ΔP%（%）	ΔP_Q%（%）
18	0.07	1.47	0.33	0.06	1.59	0.36	0.04	1.84	0.38
25	0.14	1.34	0.26	0.11	1.36	0.28	0.08	1.48	0.29
40	0.37	1.40	0.21	0.28	1.27	0.22	0.21	1.24	0.21
55	0.70	1.62	0.21	0.53	1.38	0.20	0.39	1.24	0.19
70	1.13	1.89	0.22	0.85	1.55	0.20	0.64	1.32	0.18
85	1.67	2.19	0.24	1.26	1.75	0.21	0.94	1.44	0.19
100	2.31	2.50	0.26	1.74	1.97	0.23	1.30	1.59	0.19
115				2.31	2.21	0.24	1.71	1.74	0.20
130				2.95	2.44	0.26	2.19	1.91	0.22
145							2.73	2.08	0.23
160							3.32	2.26	0.25

（2）D11-100～160 型配变运行时的有功损耗率曲线图（见图 3-8）

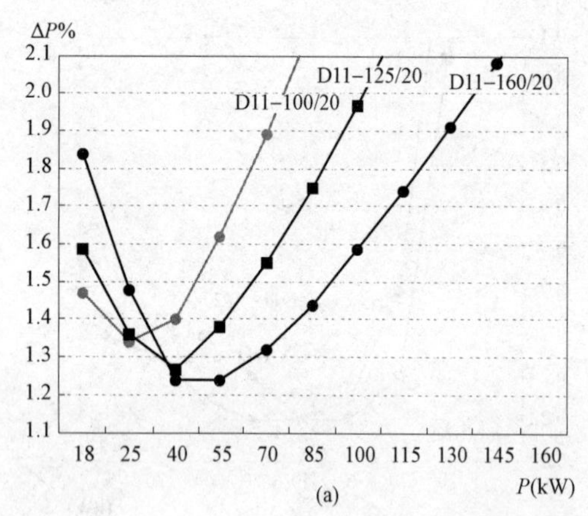

(a)

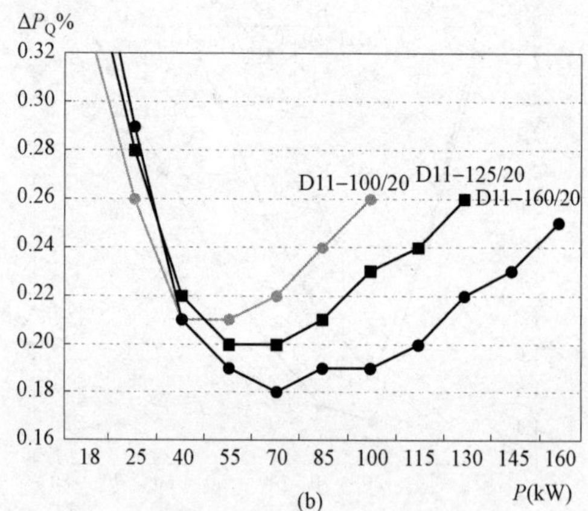

(b)

图 3-8　D11-100～160 型配变运行时的有功损耗率曲线

（a）配变有功损耗率曲线；（b）无功消耗引起的电网有功损耗率曲线

【节能策略】图中，配变负载大于 40kW 后，容量 160kVA 或 125kVA 配变运行时损耗率低。配变负载大于 50kW 后，容量 160kVA 或 125kVA 配变运行时，其无功消耗引起电网的有功损耗率小。

3.2.3　SH15 系列油浸式非晶合金配变的损耗

本节配变图表的计算参数（S_r、P_0、P_k、I_0%、U_k%）来源于《油浸式非晶合金铁心配电变压器技术参数和要求》（GB/T 25446—2010）表 4，适用于 Dyn11。

1. SH15–100～160 型配变的损耗

（1）SH15–100～160 型配变运行时的损耗（见表 3–9）

表 3–9　　SH15–100～160 型配变运行时的损耗表

输送功率 P（kW）	SH15–100			SH15–125			SH15–160		
	P_0/P_k 0.09/1.73；I_0%/0.90			P_0/P_k 0.10/2.08；I_0%/0.80			P_0/P_k 0.12/2.54；I_0%/0.60		
	负载损耗（kW）	ΔP%（%）	ΔP_Q%（%）	负载损耗（kW）	ΔP%（%）	ΔP_Q%（%）	负载损耗（kW）	ΔP%（%）	ΔP_Q%（%）
15	0.08	0.92	0.25	0.06	0.88	0.27	0.04	0.91	0.25
25	0.15	0.95	0.22	0.11	0.85	0.22	0.08	0.82	0.20
40	0.38	1.16	0.21	0.29	0.97	0.20	0.22	0.84	0.17
55	0.71	1.46	0.23	0.55	1.18	0.20	0.41	0.96	0.17
70	1.15	1.77	0.26	0.89	1.41	0.22	0.66	1.11	0.19
85	1.70	2.10	0.30	1.31	1.65	0.25	0.97	1.29	0.20
100	2.35	2.44	0.33	1.81	1.91	0.28	1.35	1.47	0.23
115				2.39	2.17	0.31	1.78	1.65	0.25
130				3.06	2.43	0.34	2.28	1.84	0.27
145							2.83	2.04	0.30
160							3.45	2.23	0.32

（2）SH15–100～160 型配变运行时的有功损耗率曲线图（见图 3–9）

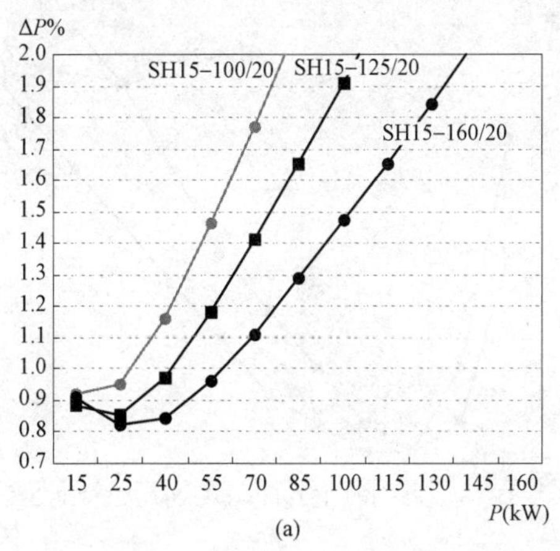

(a)

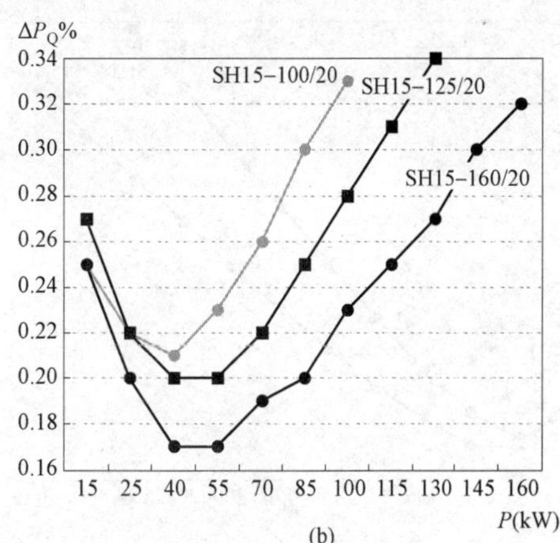

(b)

图 3–9　SH15–100～160 型配变运行时的有功损耗率曲线

（a）配变有功损耗率曲线；（b）无功消耗引起的电网有功损耗率曲线

【节能策略】 图中，配变负载大于 20kW 后，容量 160kVA 或 125kVA 配变运行损耗率低。配变负载大于 25kW 后，容量 160kVA 或 125kVA 配变运行，其无功消耗引起电网的有功损耗率小。

2. SH15–200～315 型配变的损耗

（1）SH15–200～315 型配变运行时的损耗（见表 3–10）

表 3–10　　SH15–200～315 型配变运行时的损耗表

输送功率 P（kW）	SH15–200			SH15–250			SH15–315		
	P_0/P_k 0.15/3.00；I_0%/0.60			P_0/P_k 0.17/3.52；I_0%/0.60			P_0/P_k 0.20/4.21；I_0%/0.50		
	负载损耗（kW）	ΔP%（%）	ΔP_Q%（%）	负载损耗（kW）	ΔP%（%）	ΔP_Q%（%）	负载损耗（kW）	ΔP%（%）	ΔP_Q%（%）
35	0.09	0.81	0.20	0.07	0.80	0.24	0.05	0.84	0.28
50	0.25	0.81	0.17	0.19	0.72	0.18	0.14	0.69	0.20
75	0.57	0.96	0.18	0.43	0.80	0.17	0.32	0.70	0.17
100	1.02	1.17	0.20	0.76	0.93	0.18	0.58	0.78	0.17
125	1.59	1.39	0.23	1.20	1.09	0.20	0.90	0.88	0.18
150	2.29	1.63	0.26	1.72	1.26	0.22	1.30	1.00	0.19
175	3.12	1.87	0.29	2.34	1.44	0.24	1.76	1.12	0.21
200	4.07	2.11	0.32	3.06	1.61	0.27	2.30	1.25	0.23
225				3.87	1.80	0.30	2.92	1.39	0.25
250				4.78	1.98	0.32	3.60	1.52	0.27
275							4.36	1.66	0.29
300							5.19	1.80	0.31

（2）SH15–200～315 型配变运行时的有功损耗率曲线图（见图 3–10）

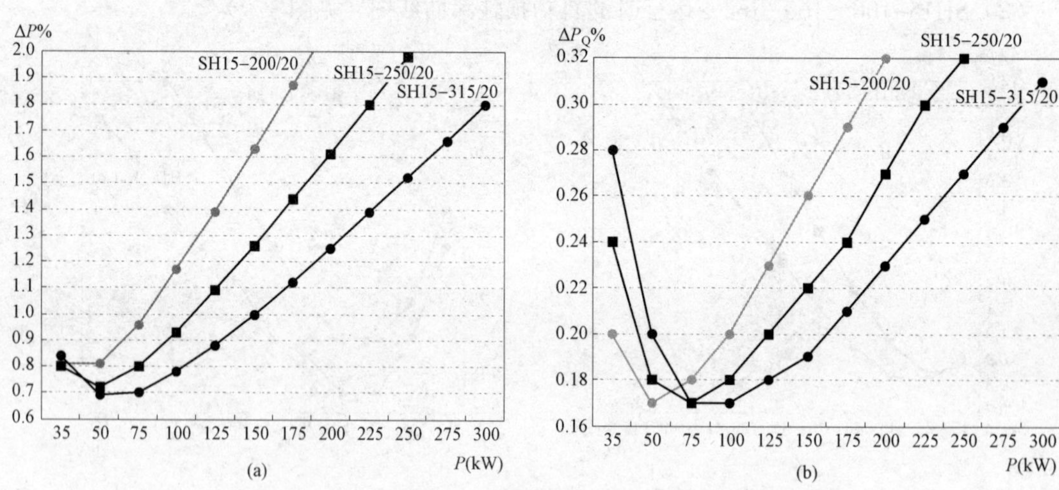

图 3–10　SH15–200～315 型配变运行时的有功损耗率曲线

（a）配变有功损耗率曲线；（b）无功消耗引起的电网有功损耗率曲线

【节能策略】图中，配变负载区间大于 50kW 后，容量 315kVA 或 250kVA 配变运行损耗率低。配变负载大于 75kW 后，容量 315kVA 配变运行时，其无功消耗引起电网的有功损耗率更小。

3. SH15–400～630 型配变的损耗

（1）SH15–400～630 型配变运行时的损耗（见表 3–11）

表 3-11　　SH15-400～630 型配变运行时的损耗表

输送功率 P（kW）	SH15-400			SH15-500			SH15-630		
	P_0/P_k 0.24/4.97；I_0%/0.50			P_0/P_k 0.29/5.94；I_0%/0.50			P_0/P_k 0.37/6.82；I_0%/0.30		
	负载损耗（kW）	ΔP%（%）	ΔP_Q%（%）	负载损耗（kW）	ΔP%（%）	ΔP_Q%（%）	负载损耗（kW）	ΔP%（%）	ΔP_Q%（%）
60	0.14	0.63	0.17	0.10	0.66	0.20	0.08	0.74	0.15
100	0.38	0.62	0.15	0.29	0.58	0.15	0.21	0.58	0.12
150	0.85	0.73	0.15	0.65	0.63	0.15	0.47	0.56	0.12
200	1.51	0.88	0.17	1.16	0.72	0.16	0.84	0.60	0.13
250	2.37	1.04	0.20	1.81	0.84	0.17	1.31	0.67	0.15
300	3.41	1.22	0.23	2.61	0.97	0.19	1.88	0.75	0.16
350	4.64	1.39	0.26	3.55	1.10	0.22	2.57	0.84	0.18
400	6.06	1.57	0.29	4.63	1.23	0.24	3.35	0.93	0.20
450				5.86	1.37	0.26	4.24	1.02	0.23
500				7.24	1.51	0.29	5.24	1.12	0.25
550							6.34	1.22	0.27
600							7.54	1.32	0.29

（2）SH15-400～630 型配变运行时的有功损耗率曲线图（见图 3-11）

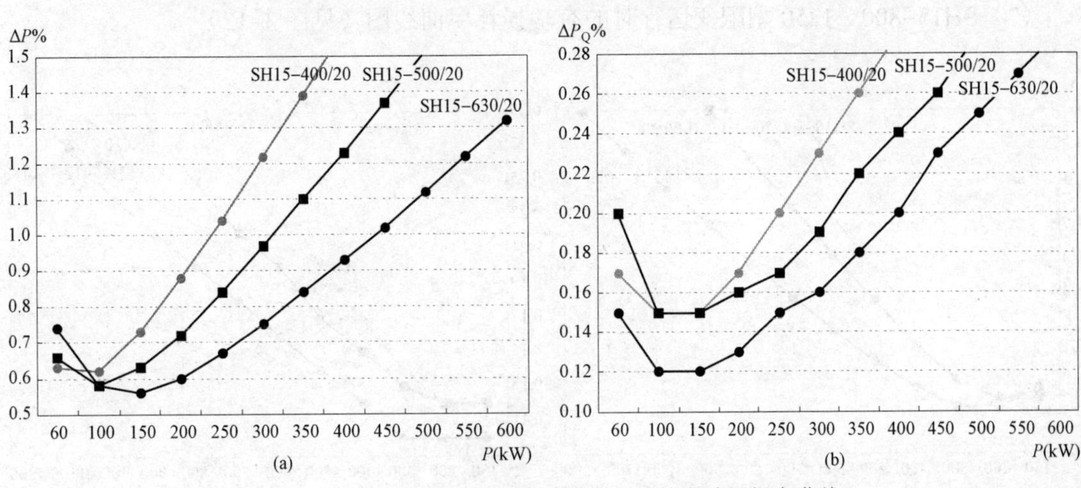

图 3-11　SH15-400～630 型配变运行时的有功损耗率曲线

（a）配变有功损耗率曲线；（b）无功消耗引起的电网有功损耗率曲线

【节能策略】图中，配变负载大于 100kW 后，容量 630kVA 或 500kVA 配变运行损耗率低。配变负载大于 60kW 后，容量 630kVA 配变运行时，其无功消耗引起电网的有功损耗率总是最小。

4. SH15-800～1250 型配变的损耗

（1）SH15-800～1250 型配变运行时的损耗（见表 3-12）

表 3-12　　SH15-800～1250 型配变运行时的损耗表

输送功率 P（kW）	SH15-800 P_0/P_k 0.45/8.25；I_0%/0.30			SH15-1000 P_0/P_k 0.53/11.33；I_0%/0.30			SH15-1250 P_0/P_k 0.62/13.20；I_0%/0.20		
	负载损耗（kW）	ΔP%（%）	ΔP_Q%（%）	负载损耗（kW）	ΔP%（%）	ΔP_Q%（%）	负载损耗（kW）	ΔP%（%）	ΔP_Q%（%）
150	0.35	0.54	0.12	0.31	0.56	0.12	0.23	0.57	0.10
200	0.63	0.54	0.12	0.55	0.54	0.12	0.41	0.52	0.10
300	1.41	0.62	0.14	1.24	0.59	0.13	0.93	0.52	0.10
400	2.51	0.74	0.17	2.21	0.68	0.15	1.65	0.57	0.12
500	3.93	0.88	0.20	3.45	0.80	0.17	2.57	0.64	0.14
600	5.66	1.02	0.24	4.97	0.92	0.20	3.71	0.72	0.16
700	7.70	1.16	0.27	6.77	1.04	0.22	5.05	0.81	0.18
800	10.06	1.31	0.30	8.84	1.17	0.25	6.59	0.90	0.20
900				11.19	1.30	0.28	8.34	1.00	0.22
1000				13.81	1.43	0.30	10.30	1.09	0.24
1100							12.46	1.19	0.27
1200							14.83	1.29	0.29

（2）SH15-800～1250 型配变运行时的有功损耗率曲线图（见图 3-12）

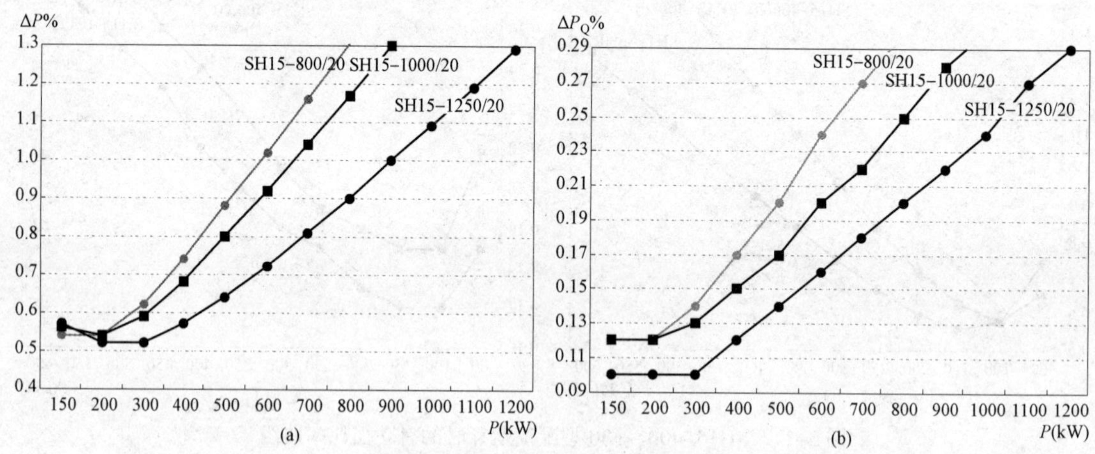

图 3-12　SH15-800～1250 型配变运行时的有功损耗率曲线

（a）配变有功损耗率曲线；（b）无功消耗引起的电网有功损耗率曲线

【节能策略】图中，配变负载大于 200kW 后，容量 1250kVA 或 1000kVA 配变运行损耗率低。大容量 1250kVA 配变运行时，其无功消耗引起电网的有功损耗率最低。

5. SH15-1600～2500 型配变的损耗

（1）SH15-1600～2500 型配变运行时的损耗（见表 3-13）

表 3-13　　**SH15-1600～2500 型配变运行时的损耗表**

输送功率 P（kW）	SH15-1600			SH15-2000			SH15-2500		
	P_0/P_k 0.75/15.95；I_0%/0.20			P_0/P_k 0.90/19.14；I_0%/0.20			P_0/P_k 1.08/22.22；I_0%/0.20		
	负载损耗（kW）	ΔP%（%）	ΔP_Q%（%）	负载损耗（kW）	ΔP%（%）	ΔP_Q%（%）	负载损耗（kW）	ΔP%（%）	ΔP_Q%（%）
250	0.47	0.49	0.10	0.36	0.51	0.10	0.27	0.54	0.11
400	1.22	0.49	0.11	0.93	0.46	0.10	0.69	0.44	0.10
600	2.73	0.58	0.13	2.10	0.50	0.11	1.56	0.44	0.10
800	4.86	0.70	0.16	3.73	0.58	0.14	2.77	0.48	0.12
1000	7.59	0.83	0.20	5.83	0.67	0.16	4.33	0.54	0.14
1200	10.94	0.97	0.23	8.40	0.77	0.19	6.24	0.61	0.16
1400	14.88	1.12	0.27	11.43	0.88	0.22	8.49	0.68	0.18
1600	19.44	1.26	0.30	14.93	0.99	0.24	11.09	0.76	0.20
1800				18.90	1.10	0.27	14.04	0.84	0.22
2000				23.33	1.21	0.30	17.33	0.92	0.24
2200							20.97	1.00	0.27
2400							24.96	1.08	0.29

（2）SH15-1600～2500 型配变运行时的有功损耗率曲线图（见图 3-13）

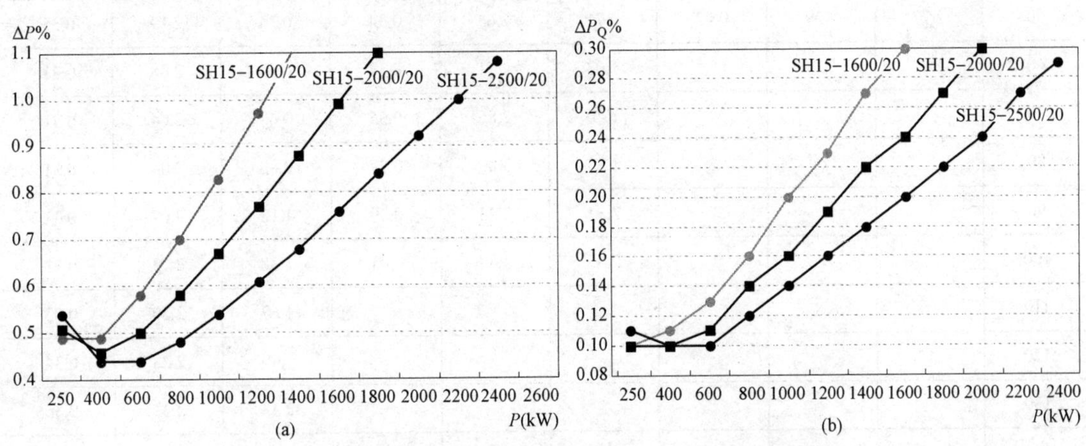

图 3-13　SH15-1600～2500 型配变运行时的有功损耗率曲线

（a）配变有功损耗率曲线；（b）无功消耗引起的电网有功损耗率曲线

【节能策略】 图中，配变负载大于 400kW 后，容量越大的配变运行，其损耗率越低；其配变无功消耗引起电网的有功损耗率也越低。

3.3　20kV 干式配变的运行损耗与节能

3.3.1　SC9 系列干式配变的损耗

本节配变图表的计算参数（S_r、P_0、P_k、I_0%、U_k%）来源于《干式电力变压器技术参数和要求》（GB/T 10228—2008）表 4，适用于 Dyn11 或 Yyn0，以 SC 型绝缘系统温度 F（120℃）级参数为例计算，绝缘 B、H 级可参考借鉴。

1. SC9-50～160 型配变的损耗

（1）SC9-50～160 型配变运行时的损耗（见表 3-14）

表 3-14　　SC9-50～160 型配变运行时的损耗表

输送功率 P（kW）	SC9-50 P_0/P_k 0.38/1.30；I_0%/2.40			SC9-100 P_0/P_k 0.60/2.10；I_0%/2.20			SC9-160 P_0/P_k 0.75/2.60；I_0%/1.80		
	负载损耗（kW）	ΔP%（%）	ΔP_Q%（%）	负载损耗（kW）	ΔP%（%）	ΔP_Q%（%）	负载损耗（kW）	ΔP%（%）	ΔP_Q%（%）
10	0.07	4.51	0.55	0.03	6.29	0.91	0.01	7.64	1.17
20	0.28	3.31	0.37	0.11	3.57	0.51	0.06	4.03	0.62
30	0.64	3.39	0.36	0.26	2.86	0.39	0.12	2.91	0.45
40	1.13	3.77	0.38	0.46	2.64	0.35	0.22	2.43	0.37
50	1.77	4.29	0.42	0.71	2.63	0.34	0.34	2.19	0.33
60				1.03	2.71	0.34	0.50	2.08	0.31
70				1.40	2.85	0.35	0.68	2.04	0.31
80				1.83	3.03	0.37	0.88	2.04	0.31
90				2.31	3.23	0.39	1.12	2.07	0.31
100				2.85	3.45	0.41	1.38	2.13	0.32
110							1.67	2.20	0.33
120							1.99	2.28	0.34
130							2.33	2.37	0.35
140							2.70	2.47	0.37
150							3.10	2.57	0.38
160							3.53	2.68	0.40

（2）SC9-50～160 型配变运行时的有功损耗率曲线图（见图 3-14）

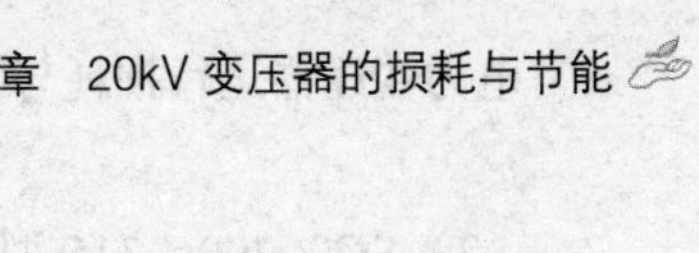

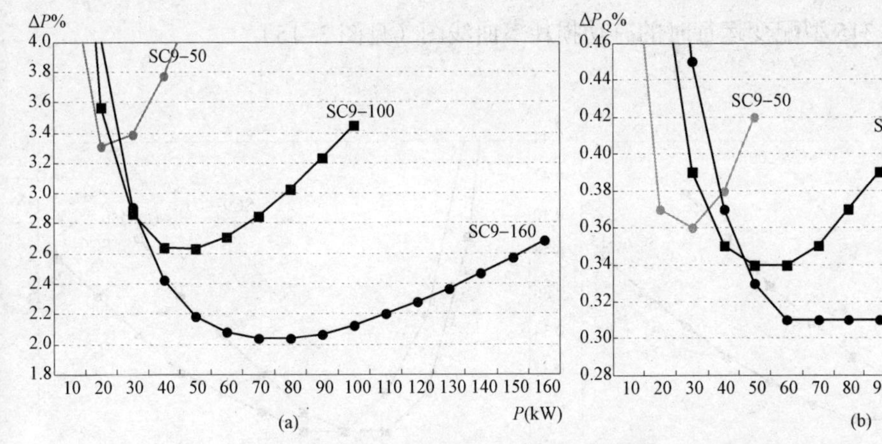

图 3-14　SC9-50～160 型配变运行时的有功损耗率曲线

（a）配变有功损耗率曲线；（b）无功消耗引起的电网有功损耗率曲线

【节能策略】 图中，配变负载区间大于 30kW 后，大容量 160kVA 或 125kVA 配变运行损耗率低。配变负载大于 50kW 后，容量 160kVA 配变运行时，其无功消耗引起电网的有功损耗率更小。

2. SC9-200～315 型配变的损耗

（1）SC9-200～315 型配变运行时的损耗（见表 3-15）

表 3-15　**SC9-200～315 型配变运行时的损耗表**

输送功率 P（kW）	SC9-200			SC9-250			SC9-315		
	P_0/P_k 0.82/3.10；I_0%/1.80			P_0/P_k 0.94/3.60；I_0%/1.60			P_0/P_k 1.08/4.30；I_0%/1.60		
	负载损耗（kW）	ΔP%（%）	ΔP_Q%（%）	负载损耗（kW）	ΔP%（%）	ΔP_Q%（%）	负载损耗（kW）	ΔP%（%）	ΔP_Q%（%）
30	0.09	3.05	0.53	0.07	3.37	0.57	0.05	3.78	0.70
50	0.26	2.17	0.37	0.20	2.27	0.39	0.15	2.45	0.45
75	0.59	1.88	0.31	0.44	1.84	0.31	0.33	1.88	0.35
100	1.05	1.87	0.31	0.78	1.72	0.29	0.59	1.67	0.31
125	1.64	1.97	0.32	1.22	1.73	0.29	0.92	1.60	0.29
150	2.37	2.13	0.34	1.76	1.80	0.30	1.32	1.60	0.29
175	3.22	2.31	0.37	2.40	1.91	0.32	1.80	1.65	0.30
200	4.21	2.51	0.40	3.13	2.03	0.34	2.35	1.72	0.31
225				3.96	2.18	0.36	2.98	1.80	0.32
250				4.89	2.33	0.39	3.68	1.90	0.34
275							4.45	2.01	0.36
300							5.30	2.13	0.38

（2）SC9-200～315 型配变运行时的有功损耗率曲线图（见图 3-15）

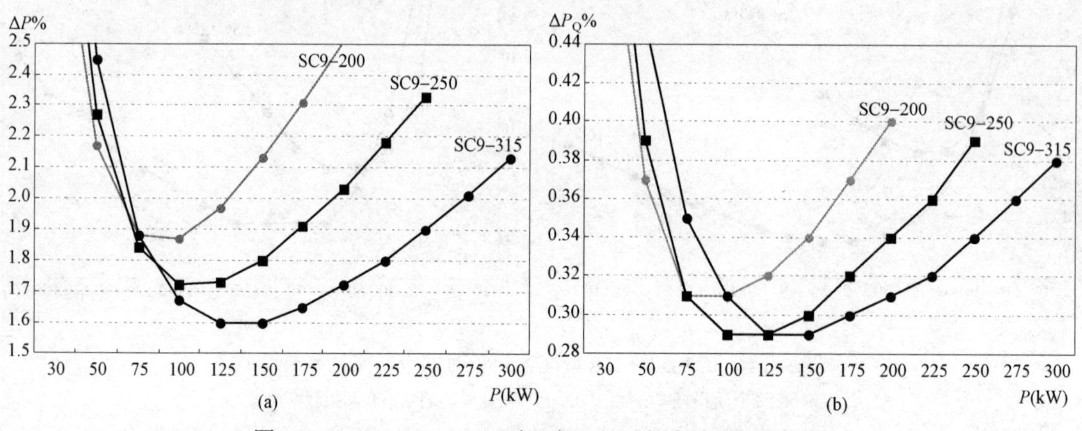

图 3-15　SC9-200～315 型配变运行时的有功损耗率曲线

（a）配变有功损耗率曲线；（b）无功消耗引起的电网有功损耗率曲线

【节能策略】图中，配变负载大于 75kW 后，容量 315kVA 或 250kVA 配变运行损耗率低。配变负载大于 125kW 后，容量 315kVA 配变运行时，其无功消耗引起电网的有功损耗率最小。

3. SC9-400～630 型配变的损耗

（1）SC9-400～630 型配变运行时的损耗（见表 3-16）

表 3-16　　SC9-400～630 型配变运行时的损耗表

输送功率 P（kW）	SC9-400			SC9-500			SC9-630		
	P_0/P_k 1.28/5.10；I_0%/1.40			P_0/P_k 1.50/6.10；I_0%/1.40			P_0/P_k 1.70/7.20；I_0%/1.20		
	负载损耗（kW）	ΔP%（%）	ΔP_Q%（%）	负载损耗（kW）	ΔP%（%）	ΔP_Q%（%）	负载损耗（kW）	ΔP%（%）	ΔP_Q%（%）
60	0.14	2.37	0.42	0.11	2.68	0.50	0.08	2.97	0.53
100	0.39	1.67	0.30	0.30	1.80	0.34	0.22	1.92	0.35
150	0.87	1.44	0.26	0.67	1.45	0.27	0.50	1.46	0.27
200	1.55	1.42	0.26	1.19	1.34	0.26	0.88	1.29	0.24
250	2.43	1.48	0.27	1.86	1.34	0.26	1.38	1.23	0.24
300	3.50	1.59	0.29	2.68	1.39	0.27	1.99	1.23	0.24
350	4.76	1.73	0.32	3.64	1.47	0.28	2.71	1.26	0.25
400	6.22	1.87	0.35	4.76	1.56	0.30	3.54	1.31	0.26
450				6.02	1.67	0.33	4.48	1.37	0.28
500				7.43	1.79	0.35	5.53	1.45	0.29
550							6.69	1.53	0.31
600							7.96	1.61	0.33

（2）SC9–400～630 型配变运行时的有功损耗率曲线图（见图 3–16）

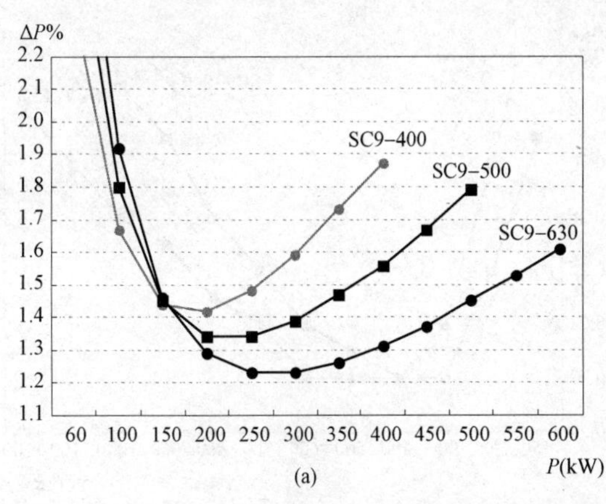

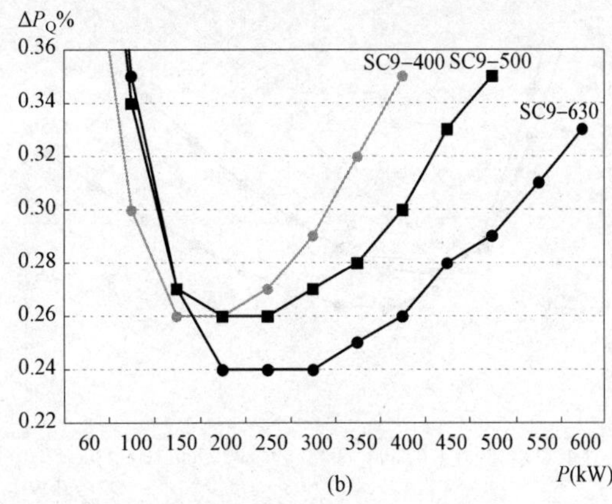

图 3–16　SC9–400～630 型配变运行时的有功损耗率曲线

【节能策略】图中，配变负载大于 200kW 后，容量 630kVA 或 500kVA 配变运行损耗率低。配变负载大于 180kW 后，容量 630kVA 配变运行时，其无功消耗引起电网的有功损耗率最小。

4. SC9–800～1250 型配变的损耗

（1）SC9–800～12500 型配变运行时的损耗（见表 3–17）

表 3–17　　SC9–800～1250 型配变运行时的损耗表

输送功率 P（kW）	SC9–800			SC9–1000			SC9–1250		
	P_0/P_k 1.95/8.70；I_0%/1.20			P_0/P_k 2.30/10.30；I_0%/1.0			P_0/P_k 2.65/12.15；I_0%/1.0		
	负载损耗（kW）	ΔP%（%）	ΔP_Q%（%）	负载损耗（kW）	ΔP%（%）	ΔP_Q%（%）	负载损耗（kW）	ΔP%（%）	ΔP_Q%（%）
150	0.37	1.55	0.31	0.28	1.72	0.31	0.21	1.91	0.37
200	0.66	1.31	0.27	0.50	1.40	0.26	0.38	1.51	0.30
300	1.49	1.15	0.24	1.13	1.14	0.22	0.85	1.17	0.24
400	2.65	1.15	0.24	2.01	1.08	0.22	1.52	1.04	0.22
500	4.14	1.22	0.26	3.14	1.09	0.23	2.37	1.00	0.22
600	5.96	1.32	0.28	4.52	1.14	0.24	3.41	1.01	0.22
700	8.12	1.44	0.31	6.15	1.21	0.26	4.64	1.04	0.24
800	10.60	1.57	0.34	8.03	1.29	0.28	6.07	1.09	0.25
900				10.17	1.39	0.31	7.68	1.15	0.27
1000				12.55	1.49	0.33	9.48	1.21	0.28
1100							11.47	1.28	0.30
1200							13.65	1.36	0.32

（2）SC9-800～1250 型配变运行时的有功损耗率曲线图（见图 3-17）

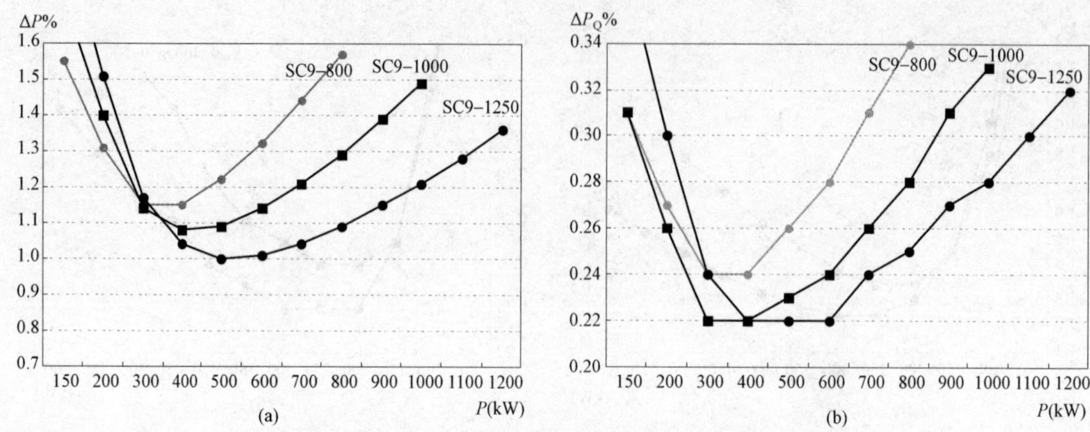

图 3-17　SC9-800～1250 型配变运行时的有功损耗率曲线

（a）配变有功损耗率曲线；（b）无功消耗引起的电网有功损耗率曲线

【节能策略】图中，配变负载大于 350kW 后，容量 1600kVA 或 1250kVA 配变损耗率低。配变负载大于 400kW 后，容量越大，配变运行时，其无功消耗引起电网的有功损耗率越小。

5. SC9-1600～2500 型配变的损耗

（1）SC9-1600～2500 型配变运行时的损耗（见表 3-18）

表 3-18　　SC9-1600～2500 型配变运行时的损耗表

输送功率 P（kW）	SC9-1600			SC9-2000			SC9-2500		
	P_0/P_k 3.10/14.60；I_0%/1.00			P_0/P_k 3.60/17.25；I_0%/0.80			P_0/P_k 4.30/20.40；I_0%/0.80		
	负载损耗（kW）	ΔP%（%）	ΔP_Q%（%）	负载损耗（kW）	ΔP%（%）	ΔP_Q%（%）	负载损耗（kW）	ΔP%（%）	ΔP_Q%（%）
250	0.43	1.41	0.30	0.33	1.57	0.29	0.25	1.82	0.35
400	1.11	1.05	0.23	0.84	1.11	0.22	0.64	1.23	0.25
600	2.50	0.93	0.22	1.89	0.92	0.19	1.43	0.96	0.20
800	4.45	0.94	0.23	3.36	0.87	0.20	2.55	0.86	0.19
1000	6.95	1.01	0.25	5.26	0.89	0.21	3.98	0.83	0.20
1200	10.01	1.09	0.27	7.57	0.93	0.23	5.73	0.84	0.21
1400	13.62	1.19	0.30	10.30	0.99	0.25	7.80	0.86	0.22
1600	17.80	1.31	0.33	13.46	1.07	0.27	10.18	0.91	0.24
1800				17.03	1.15	0.30	12.89	0.95	0.26
2000				21.02	1.23	0.32	15.91	1.01	0.27
2200							19.25	1.07	0.29
2400							22.91	1.13	0.31

（2）SC9-1600～2500 型配变运行时的有功损耗率曲线图（见图 3-18）

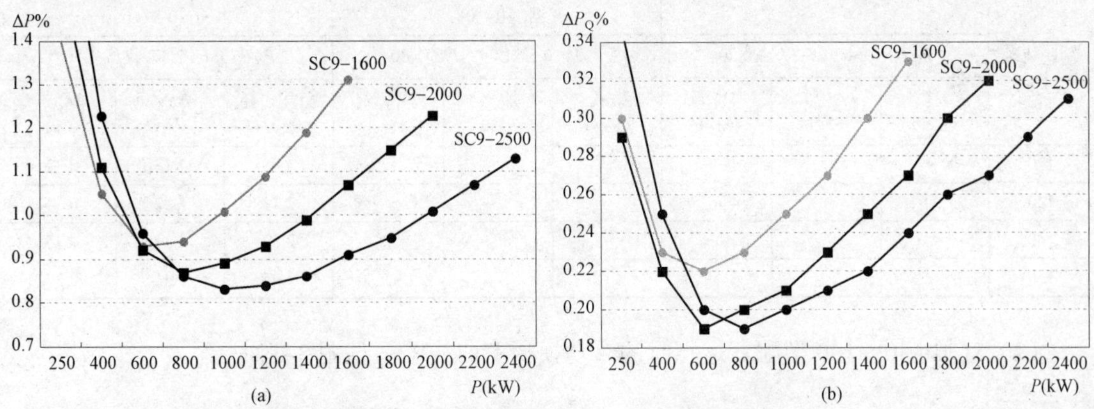

图 3-18　SC9-1600～2500 型配变运行时的有功损耗率曲线

（a）配变有功损耗率曲线；（b）无功消耗引起的电网有功损耗率曲线

【节能策略】 图中，配变负载大于 800kW 后，容量 2500kVA 或 2000kVA 配变运行损耗率低。配变负载大于 800kW 后，容量越大，配变运行时，其无功消耗引起电网的有功损耗率越小。

3.3.2　SC10 系列干式配变的损耗

本节配变图表的计算参数（S_r、P_0、P_k、$I_0\%$、$U_k\%$）来源于《干式电力变压器技术参数和要求》（GB/T 10228—2015）表 4，适用于 Dyn11 或 Yyn0，以 SC 型绝缘系统温度 F（120℃）级参数为例计算，绝缘 B、H 级可参考借鉴。

1. SC10-50～160 型配变的损耗

（1）SC10-50～160 型配变运行时的损耗（见表 3-19）

表 3-19　　SC10-50～160 型配变运行时的损耗表

输送功率 P（kW）	SC10-50			SC10-100			SC10-160		
	P_0/P_k 0.34/1.23；$I_0\%$/2.00			P_0/P_k 0.54/1.99；$I_0\%$/1.80			P_0/P_k 0.62/2.47；$I_0\%$/1.50		
	负载损耗（kW）	$\Delta P\%$（%）	$\Delta P_Q\%$（%）	负载损耗（kW）	$\Delta P\%$（%）	$\Delta P_Q\%$（%）	负载损耗（kW）	$\Delta P\%$（%）	$\Delta P_Q\%$（%）
10	0.07	4.07	0.47	0.03	5.67	0.75	0.01	6.83	0.98
20	0.27	3.04	0.33	0.11	3.24	0.43	0.05	3.61	0.52
30	0.60	3.14	0.33	0.24	2.61	0.34	0.12	2.63	0.38
40	1.07	3.52	0.36	0.43	2.43	0.31	0.21	2.20	0.32
50	1.67	4.02	0.41	0.68	2.43	0.31	0.33	2.00	0.29
60				0.97	2.52	0.32	0.47	1.90	0.28
70				1.32	2.66	0.33	0.64	1.87	0.28
80				1.73	2.84	0.35	0.84	1.89	0.28
90				2.19	3.03	0.37	1.06	1.92	0.29
100				2.70	3.24	0.40	1.31	1.98	0.30
110							1.59	2.05	0.31

续表

输送功率 P（kW）	SC10–50			SC10–100			SC10–160		
	P_0/P_k 0.34/1.23；I_0%/2.00			P_0/P_k 0.54/1.99；I_0%/1.80			P_0/P_k 0.62/2.47；I_0%/1.50		
	负载损耗（kW）	ΔP%（%）	ΔP_Q%（%）	负载损耗（kW）	ΔP%（%）	ΔP_Q%（%）	负载损耗（kW）	ΔP%（%）	ΔP_Q%（%）
120							1.89	2.13	0.32
130							2.21	2.22	0.34
140							2.57	2.31	0.35
150							2.95	2.41	0.37

（2）SC10–50～160 型配变运行时的有功损耗率曲线图（见图 3–19）

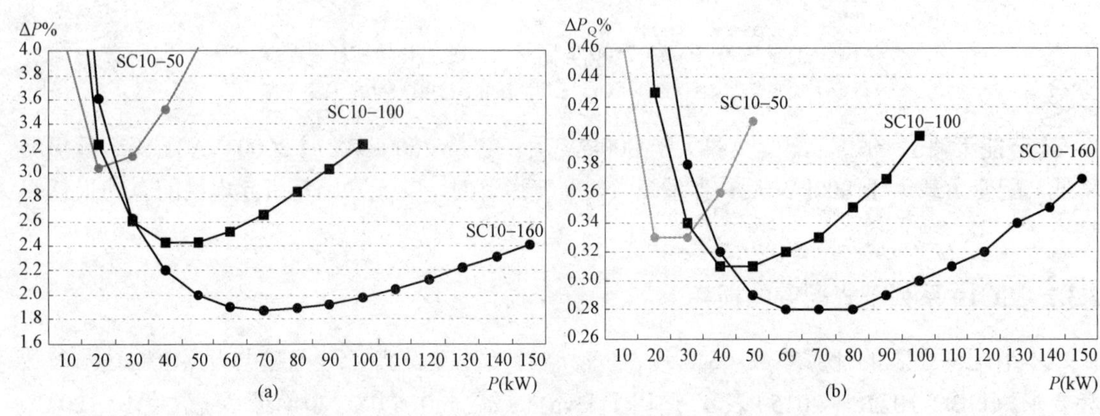

图 3–19　SC10–50～160 型配变运行时的有功损耗率曲线

（a）配变有功损耗率曲线；（b）无功消耗引起的电网有功损耗率曲线

【节能策略】 图中，配变负载大于 30kW 后，容量 160kVA 或 100kVA 配变运行损耗率低。配变负载大于 45kW 后，容量 160kVA 配变运行时，其无功消耗引起电网的有功损耗率最小。

2. SC10–200～315 型配变的损耗

（1）SC10–200～315 型配变运行时的损耗（见表 3–20）

表 3–20　　SC10–200～315 型配变运行时的损耗表

输送功率 P（kW）	SC10–200			SC10–250			SC10–315		
	P_0/P_k 0.73/2.94；I_0%/1.50			P_0/P_k 0.84/3.42；I_0%/1.30			P_0/P_k 0.97/4.08；I_0%/1.30		
	负载损耗（kW）	ΔP%（%）	ΔP_Q%（%）	负载损耗（kW）	ΔP%（%）	ΔP_Q%（%）	负载损耗（kW）	ΔP%（%）	ΔP_Q%（%）
30	0.09	2.73	0.45	0.07	3.02	0.47	0.05	3.40	0.58
50	0.25	1.96	0.32	0.19	2.05	0.33	0.14	2.22	0.38
75	0.56	1.72	0.28	0.42	1.68	0.27	0.31	1.71	0.30
100	1.00	1.73	0.28	0.74	1.58	0.26	0.56	1.53	0.27
125	1.56	1.83	0.30	1.16	1.60	0.27	0.87	1.47	0.26
150	2.25	1.98	0.32	1.67	1.67	0.28	1.26	1.48	0.26
175	3.06	2.16	0.35	2.28	1.78	0.30	1.71	1.53	0.27

续表

输送功率 P（kW）	SC10-200			SC10-250			SC10-315		
	P_0/P_k 0.73/2.94；I_0%/1.50			P_0/P_k 0.84/3.42；I_0%/1.30			P_0/P_k 0.97/4.08；I_0%/1.30		
	负载损耗（kW）	ΔP%（%）	ΔP_Q%（%）	负载损耗（kW）	ΔP%（%）	ΔP_Q%（%）	负载损耗（kW）	ΔP%（%）	ΔP_Q%（%）
200	3.99	2.36	0.39	2.97	1.91	0.33	2.23	1.60	0.29
225				3.76	2.05	0.35	2.83	1.69	0.31
250				4.64	2.19	0.38	3.49	1.78	0.32
275							4.22	1.89	0.34
300							5.03	2.00	0.37

（2）SC10-200～315 型配变运行时的有功损耗率曲线图（见图 3-20）

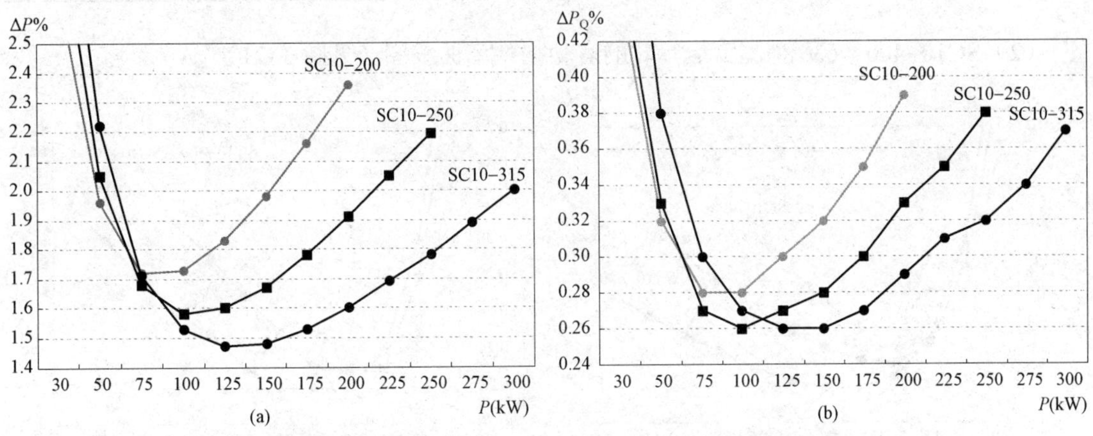

图 3-20　SC10-200～315 型配变运行时的有功损耗率曲线

（a）配变有功损耗率曲线；（b）无功消耗引起的电网有功损耗率曲线

【节能策略】图中，配变负载大于 85kW 后，容量 315kVA 配变运行损耗率低。配变负载大于 110kW 后，容量 315kVA 配变运行时，其无功消耗引起电网的有功损耗率最小。

3. SC10-400～630 型配变的损耗

（1）SC10-400～630 型配变运行时的损耗（见表 3-21）

表 3-21　　SC10-400～630 型配变运行时的损耗表

输送功率 P（kW）	SC10-400			SC10-500			SC10-630		
	P_0/P_k 1.15/4.84；I_0%/1.10			P_0/P_k 1.35/5.79；I_0%/1.10			P_0/P_k 1.53/6.84；I_0%/1.00		
	负载损耗（kW）	ΔP%（%）	ΔP_Q%（%）	负载损耗（kW）	ΔP%（%）	ΔP_Q%（%）	负载损耗（kW）	ΔP%（%）	ΔP_Q%（%）
60	0.13	2.14	0.34	0.10	2.42	0.40	0.08	2.68	0.45
100	0.37	1.52	0.25	0.28	1.63	0.28	0.21	1.74	0.30
150	0.83	1.32	0.23	0.64	1.32	0.23	0.47	1.34	0.24
200	1.47	1.31	0.23	1.13	1.24	0.23	0.84	1.19	0.22
250	2.30	1.38	0.25	1.76	1.25	0.23	1.31	1.14	0.22

续表

输送功率 P（kW）	SC10-400			SC10-500			SC10-630		
	P_0/P_k 1.15/4.84；I_0%/1.10			P_0/P_k 1.35/5.79；I_0%/1.10			P_0/P_k 1.53/6.84；I_0%/1.00		
	负载损耗（kW）	ΔP%（%）	ΔP_Q%（%）	负载损耗（kW）	ΔP%（%）	ΔP_Q%（%）	负载损耗（kW）	ΔP%（%）	ΔP_Q%（%）
300	3.32	1.49	0.28	2.54	1.30	0.25	1.89	1.14	0.22
350	4.52	1.62	0.31	3.46	1.37	0.27	2.57	1.17	0.23
400	5.90	1.76	0.34	4.52	1.47	0.29	3.36	1.22	0.25
450				5.72	1.57	0.31	4.25	1.29	0.26
500				7.06	1.68	0.34	5.25	1.36	0.28
550							6.35	1.43	0.30
600							7.56	1.52	0.32

（2）SC10-400～630 型配变运行时的有功损耗率曲线图（见图 3-21）

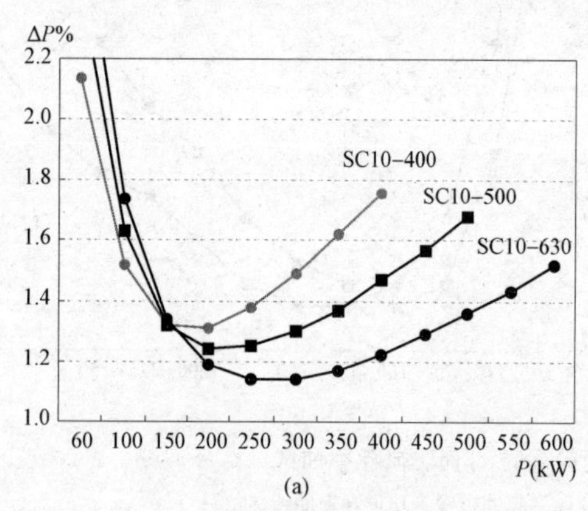

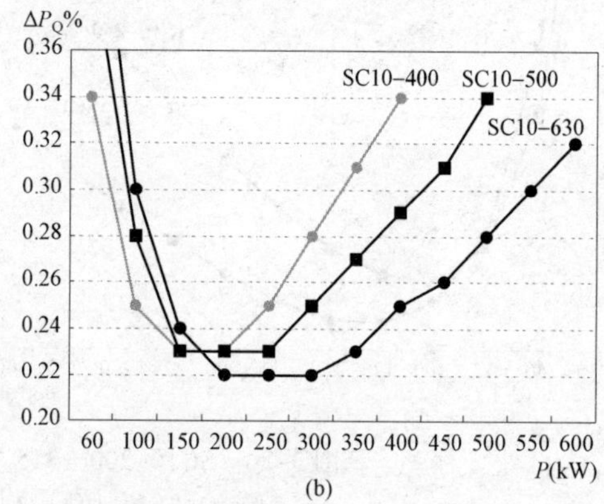

图 3-21　SC10-400～630 型配变运行时的有功损耗率曲线

（a）配变有功损耗率曲线；（b）无功消耗引起的电网有功损耗率曲线

【节能策略】图中，配变负载大于 150kW 时，容量 630kVA 或 500kVA 配变运行损耗率低。配变负载大于 180kW 后，容量 630kVA 配变运行时，其无功消耗引起电网的有功损耗率最小。

4. SC10-800～1250 型配变的损耗

（1）SC10-800～1250 型配变运行时的损耗（见表 3-22）

表 3-22　　SC10-800～1250 型配变运行时的损耗表

输送功率 P（kW）	SC10-800			SC10-1000			SC10-1250		
	P_0/P_k 1.75/8.26；I_0%/1.00			P_0/P_k 2.07/9.78；I_0%/0.85			P_0/P_k 2.38/11.50；I_0%/0.85		
	负载损耗（kW）	ΔP%（%）	ΔP_Q%（%）	负载损耗（kW）	ΔP%（%）	ΔP_Q%（%）	负载损耗（kW）	ΔP%（%）	ΔP_Q%（%）
150	0.35	1.40	0.27	0.27	1.56	0.27	0.20	1.72	0.32
200	0.63	1.19	0.23	0.48	1.27	0.23	0.36	1.37	0.26

续表

输送功率 P（kW）	SC10-800			SC10-1000			SC10-1250		
	P_0/P_k 1.75/8.26；I_0%/1.00			P_0/P_k 2.07/9.78；I_0%/0.85			P_0/P_k 2.38/11.50；I_0%/0.85		
	负载损耗（kW）	ΔP%（%）	ΔP_Q%（%）	负载损耗（kW）	ΔP%（%）	ΔP_Q%（%）	负载损耗（kW）	ΔP%（%）	ΔP_Q%（%）
300	1.42	1.06	0.22	1.07	1.05	0.20	0.81	1.06	0.21
400	2.52	1.07	0.23	1.91	0.99	0.20	1.44	0.95	0.20
500	3.93	1.14	0.25	2.98	1.01	0.21	2.24	0.92	0.20
600	5.66	1.24	0.27	4.29	1.06	0.23	3.23	0.93	0.21
700	7.71	1.35	0.30	5.84	1.13	0.25	4.40	0.97	0.22
800	10.07	1.48	0.33	7.63	1.21	0.28	5.74	1.02	0.24
900				9.66	1.30	0.30	7.27	1.07	0.26
1000				11.92	1.40	0.33	8.97	1.14	0.28
1100							10.85	1.20	0.30
1200							12.92	1.27	0.32

（2）SC10-800～1250 型配变运行时的有功损耗率曲线图（见图 3-22）

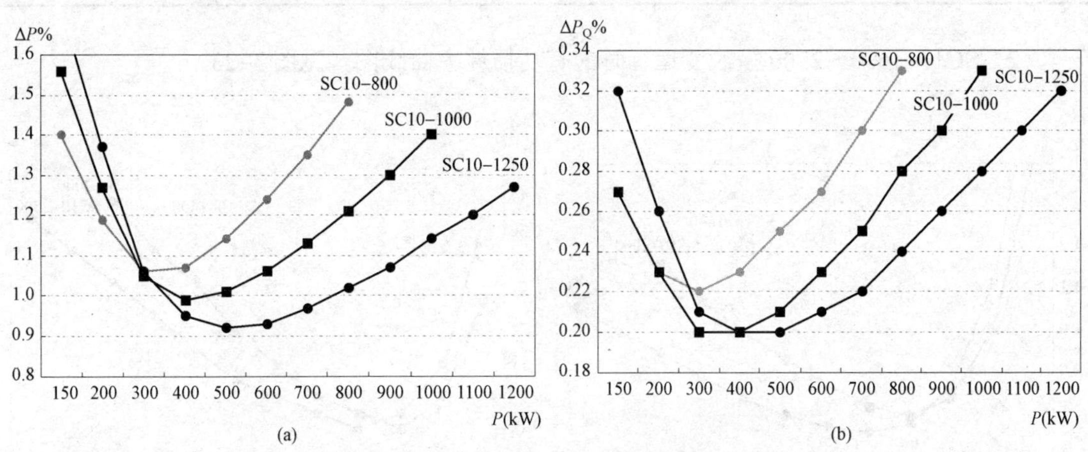

图 3-22　SC10-800～1250 型配变运行时的有功损耗率曲线

（a）配变有功损耗率曲线；（b）无功消耗引起的电网有功损耗率曲线

【节能策略】图中，配变负载大于 300kW 后，选用容量 1600kVA 或 1250kVA 配变运行损耗率低。配变负载大于 400kW 后，容量越大，配变运行时无功消耗引起电网的有功损耗率越小。

5. SC10-1600～2500 型配变的损耗

（1）SC10-1600～2500 型配变运行时的损耗（见表 3-23）

表 3-23　　SC10-1600～2500 型配变运行时的损耗表

输送功率 P（kW）	SC10-1600			SC10-2000			SC10-2500		
	P_0/P_k 2.79/13.80；I_0%/0.85			P_0/P_k 3.24/16.30；I_0%/0.70			P_0/P_k 3.87/19.30；I_0%/0.70		
	负载损耗（kW）	ΔP%（%）	ΔP_Q%（%）	负载损耗（kW）	ΔP%（%）	ΔP_Q%（%）	负载损耗（kW）	ΔP%（%）	ΔP_Q%（%）
250	0.41	1.28	0.26	0.31	1.42	0.26	0.24	1.64	0.31
400	1.05	0.96	0.21	0.79	1.01	0.20	0.60	1.12	0.22
600	2.37	0.86	0.20	1.79	0.84	0.18	1.35	0.87	0.19
800	4.20	0.87	0.21	3.18	0.80	0.19	2.41	0.78	0.18
1000	6.57	0.94	0.24	4.97	0.82	0.20	3.76	0.76	0.19
1200	9.46	1.02	0.26	7.15	0.87	0.22	5.42	0.77	0.20
1400	12.88	1.12	0.29	9.73	0.93	0.24	7.38	0.80	0.21
1600	16.82	1.23	0.33	12.71	1.00	0.27	9.64	0.84	0.23
1800				16.09	1.07	0.29	12.19	0.89	0.25
2000				19.87	1.16	0.32	15.06	0.95	0.27
2200							18.22	1.00	0.29
2400							21.68	1.06	0.31

（2）SC10-1600～2500 型配变运行时的有功损耗率曲线图（见图 3-23）

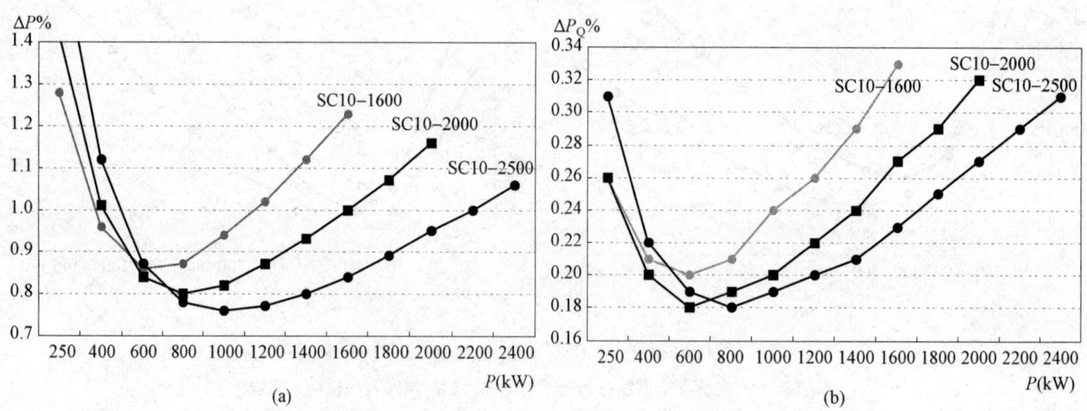

图 3-23　SC10-1600～2500 型配变运行时的有功损耗率曲线

（a）配变有功损耗率曲线；（b）无功消耗引起的电网有功损耗率曲线

【节能策略】图中，配变负载大于 700kW 后，容量 2500kVA 或 2000kVA 配变运行损耗率低。配变负载大于 700kW 后，容量越大，配变运行时，其无功消耗引起电网的有功损耗率越小。

3.4　20kV 配变的损耗特点与节能措施

3.4.1　油浸式配变的损耗特点与节能措施

1. S11 系列油浸式配变的损耗特点

（1）S11 系列油浸式配变最佳负载及其对应损耗率，典型负载下系数的损耗率与最大铜铁损比情况见表 3–24。

表 3–24　　S11 系列油浸式配变最佳负载与最大铜铁损比

额定容量（kVA）	最佳负载系数β_j	最佳负载功率（kW）	最佳负载损耗率（%）	典型负载系数下的损耗率（%）			最大铜铁损比
				β=0.7	β=1	β=0.10	
30	0.36	10	2.04	2.50	3.18	3.98	7.59
50	0.34	15	1.69	2.14	2.76	3.14	8.55
63	0.34	19	1.57	2.01	2.59	2.88	8.80
80	0.34	24	1.48	1.90	2.45	2.72	8.80
100	0.32	29	1.37	1.80	2.34	2.43	9.52
125	0.32	36	1.32	1.73	2.25	2.34	9.53
160	0.32	46	1.25	1.65	2.14	2.21	9.63
200	0.32	58	1.18	1.55	2.02	2.07	9.71
250	0.32	72	1.11	1.46	1.90	1.95	9.68
315	0.32	91	1.05	1.39	1.80	1.86	9.65
400	0.32	123	0.93	1.22	1.59	1.64	9.59
500	0.32	153	0.89	1.17	1.52	1.57	9.61
630	0.33	197	0.82	1.07	1.39	1.48	9.26
800	0.33	250	0.78	1.02	1.32	1.41	9.26
1000	0.30	289	0.80	1.09	1.43	1.34	10.84
1250	0.31	366	0.75	1.02	1.34	1.28	10.52
1600	0.31	468	0.71	0.96	1.26	1.21	10.57
2000	0.30	578	0.67	0.92	1.21	1.14	10.80
2500	0.31	735	0.64	0.86	1.13	1.09	10.45

表中可见，S11 系列油浸式配变最佳负载系数为 0.30～0.36，最佳负载损耗率范围为 0.64%～2.04%，配变容量越大，损耗率越低；当负载系数小于 0.10 时，变压器将处于轻载高损状态，对应损耗率范围为 1.09%～3.98%；配变额定负载状况下的损耗率范围为 1.13%～3.18%；其最大铜铁损比数值范围为 7.59～10.84。

（2）S11 系列油浸式配变无功消耗引起电网的有功损耗率特点

S11 系列油浸式配变在典型负载系数情况下无功消耗引起电网的有功损耗率见表 3–25。

表 3–25　　S11 系列油浸式配变典型负载系数下无功消耗引起电网的有功损耗率

额定容量（kVA）	空载电流 I_0（%）	短路阻抗 U_k（%）	典型负载系数下无功消耗引起电网的有功损耗率（%）			
			β=0.7	β=1	β_j	β=0.5
30	2.10	5.50	0.32	0.36	0.35	0.32
50	2.00	5.50	0.32	0.36	0.35	0.31
63	1.90	5.50	0.31	0.35	0.34	0.30
80	1.80	5.50	0.30	0.35	0.33	0.29
100	1.60	5.50	0.29	0.34	0.31	0.28
125	1.50	5.50	0.28	0.34	0.29	0.27
160	1.40	5.50	0.28	0.33	0.28	0.26
200	1.30	5.50	0.27	0.33	0.27	0.25
250	1.20	5.50	0.26	0.32	0.25	0.24
315	1.10	5.50	0.26	0.32	0.24	0.23
400	1.00	5.50	0.24	0.30	0.21	0.21
500	1.00	5.50	0.24	0.30	0.21	0.21
630	0.90	6.00	0.25	0.32	0.21	0.21
800	0.80	6.00	0.24	0.31	0.19	0.21
1000	0.70	6.00	0.24	0.31	0.18	0.20
1250	0.70	6.00	0.24	0.31	0.18	0.20
1600	0.60	6.00	0.23	0.30	0.17	0.19
2000	0.60	6.00	0.23	0.30	0.17	0.19
2500	0.50	6.00	0.22	0.30	0.15	0.18

表中可见，S11 系列油浸式配变典型负载系数下无功消耗引起电网的有功损耗率范围为 0.15%～0.36，负载系数越接近 0.50 或最佳负载系数时，损耗率越低。

2. D11 系列单相油浸式配变损耗特点

（1）D11 系列油浸式配变有功损耗率特点

D11 系列油浸式配变最佳负载及其对应损耗率，典型负载下的损耗率与最大铜铁损比情况见表 3–26。

表 3–26　　D11 系列油浸式配变最佳负载与最大铜铁损比

额定容量（kVA）	最佳负载系数 β_j	最佳负载功率（kW）	最佳负载损耗率（%）	典型负载系数下的损耗率（%）			最大铜铁损比
				β=0.70	β=1.0	β=0.12	
5	0.43	2	3.10	3.47	4.27	5.99	5.40
10	0.39	4	2.56	3.00	3.77	4.56	6.53
16	0.36	5	2.10	2.56	3.26	3.53	7.53
20	0.37	7	1.97	2.41	3.06	3.33	7.48
30	0.34	9	1.76	2.24	2.90	2.78	8.78
40	0.34	12	1.65	2.11	2.73	2.61	8.82

续表

额定容量（kVA）	最佳负载系数β_j	最佳负载功率（kW）	最佳负载损耗率（%）	典型负载系数下的损耗率（%）			最大铜铁损比
				β=0.70	β=1.0	β=0.12	
50	0.33	15	1.60	2.06	2.67	2.51	9.00
63	0.34	19	1.52	1.95	2.52	2.40	8.86
80	0.32	23	1.40	1.86	2.43	2.12	9.94
100	0.32	29	1.33	1.76	2.29	2.01	9.85
125	0.32	36	1.27	1.67	2.17	1.94	9.60
160	0.33	47	1.22	1.59	2.06	1.90	9.25

表中可见，D11 系列配变最佳负载系数为 0.32～0.43，最佳负载损耗率范围为 1.22%～3.10%，配变容量越大，损耗率越低；当负载系数小于 0.12 时，单相配变将处于轻载高损状态，对应损耗率范围为 1.90%～5.99%；配变额定负载状况下的损耗率范围为 2.06%～4.27%；该类型配变最大铜铁损比范围为 5.40～9.94。

（2）D11 系列油浸式配变无功消耗引起电网的有功损耗率特点

D11 系列单相配变典型负载系数下无功消耗引起电网的有功损耗率见表 3–27。

表 3–27　D11 系列单相配变典型负载系数下无功消耗引起电网的有功损耗率

额定容量（kVA）	空载电流 I_0（%）	短路阻抗 U_k（%）	典型负载系数下无功消耗引起电网的有功损耗率（%）			
			β=0.7	β=1	β_j	β=0.5
5	2.2	3.5	0.27	0.28	0.31	0.29
10	2	3.5	0.26	0.28	0.30	0.27
16	1.9	3.5	0.25	0.27	0.30	0.26
20	1.8	3.5	0.24	0.27	0.29	0.25
30	1.70	3.5	0.24	0.26	0.29	0.24
40	1.60	3.5	0.23	0.26	0.27	0.24
50	1.50	3.5	0.23	0.25	0.26	0.23
63	1.40	3.5	0.22	0.25	0.25	0.22
80	1.40	3.5	0.22	0.25	0.26	0.22
100	1.30	3.5	0.21	0.24	0.24	0.21
125	1.20	3.5	0.21	0.24	0.23	0.20
160	1.00	3.5	0.19	0.23	0.20	0.18

表中可见，D11 系列配变典型负载系数下无功消耗引起电网的有功损耗率范围为 0.18%～0.28%，并且负载系数大于 0.5 后随着负载系数的增大，其损耗率数值也越大。

3. SH15 系列油浸式配变损耗特点

（1）SH15 系列油浸式配变有功损耗特点

SH15 系列油浸式配变最佳负载及其对应损耗率，典型负载下的损耗率与最大铜铁损比情况见表 3–28。

表 3–28　　SH15 系列油浸式配变最佳负载与最大铜铁损比

额定容量（kVA）	最佳负载系数β_j	最佳负载功率（kW）	最佳负载损耗率（%）	典型负载系数下的损耗率（%）			最大铜铁损比
				β=0.7	β=1	β=0.045	
30	0.23	6	1.29	2.18	2.96	3.42	18.98
50	0.22	10	1.10	1.90	2.59	2.83	20.20
63	0.22	13	1.03	1.79	2.44	2.65	20.31
80	0.22	16	0.96	1.69	2.30	2.41	21.12
100	0.22	20	0.92	1.62	2.21	2.32	21.14
125	0.21	24	0.85	1.55	2.12	2.07	22.88
160	0.21	30	0.80	1.48	2.02	1.94	23.28
200	0.21	38	0.77	1.40	1.91	1.87	22.76
250	0.21	46	0.71	1.31	1.79	1.71	23.47
315	0.21	59	0.68	1.24	1.70	1.64	23.16
400	0.21	80	0.60	1.10	1.50	1.47	22.78
500	0.21	100	0.58	1.05	1.44	1.42	22.53
630	0.22	133	0.56	0.97	1.32	1.43	20.28
800	0.22	169	0.53	0.92	1.25	1.37	20.17
1000	0.21	196	0.54	1.00	1.37	1.30	23.52
1250	0.21	245	0.51	0.93	1.27	1.22	23.42
1600	0.21	314	0.48	0.88	1.20	1.15	23.39
2000	0.21	393	0.46	0.84	1.16	1.10	23.39
2500	0.21	499	0.43	0.79	1.07	1.06	22.63

表中可见，SH15 系列油浸式配变最佳负载系数为 0.21～0.23，最佳损耗率范围为 0.43%～1.29%，配变容量越大，损耗率越低；当负载系数小于 0.045 时，变压器将处于轻载高损状态，对应损耗率范围为 1.06%～3.42%；配变额定负载状况下的损耗率范围为 1.07%～2.96%；由于该类型配变空载损耗值大幅下降，因此其最大铜铁损比数值大，其范围为 18.98～23.52。

（2）SH15 系列油浸式配变无功消耗引起电网的有功损耗率特点

SH15 系列油浸式配变在典型负载系数情况下无功消耗引起电网的有功损耗率见表 3–29。

表 3–29　　SH15 系列油浸式配变典型负载系数下无功消耗引起电网的有功损耗率

额定容量（kVA）	空载电流 I_0（%）	短路阻抗 U_k（%）	典型负载系数下无功消耗引起电网的有功损耗率（%）			
			β=0.7	β=1	β_j	β=0.5
30	1.50	5.50	0.28	0.34	0.35	0.27
50	1.20	5.50	0.26	0.32	0.30	0.24
63	1.10	5.50	0.26	0.32	0.28	0.23
80	1.00	5.50	0.25	0.31	0.26	0.22
100	0.90	5.50	0.25	0.31	0.24	0.21

续表

额定容量（kVA）	空载电流 I_0（%）	短路阻抗 U_k（%）	典型负载系数下无功消耗引起电网的有功损耗率（%）			
			β=0.7	β=1	β_j	β=0.5
125	0.80	5.50	0.24	0.30	0.23	0.21
160	0.60	5.50	0.23	0.30	0.18	0.19
200	0.60	5.50	0.23	0.30	0.18	0.19
250	0.60	5.50	0.23	0.30	0.18	0.19
315	0.50	5.50	0.22	0.29	0.16	0.18
400	0.50	5.50	0.21	0.28	0.15	0.17
500	0.50	5.50	0.21	0.28	0.15	0.17
630	0.30	6.00	0.21	0.29	0.12	0.16
800	0.30	6.00	0.21	0.29	0.12	0.16
1000	0.30	6.00	0.21	0.29	0.12	0.16
1250	0.20	6.00	0.21	0.29	0.10	0.16
1600	0.20	6.00	0.21	0.29	0.10	0.16
2000	0.20	6.00	0.21	0.29	0.10	0.16
2500	0.20	6.00	0.21	0.29	0.10	0.16

表中可见，SH15 系列油浸式配变典型负载系数下无功消耗引起电网的有功损耗率范围为 0.10%～0.34%，负载越高，损耗率越大。

4. 油浸式配变节能措施

（1）控制配变运行负载，使配变趋于最佳负载系数运行可以大幅度降低损耗率。

对于 S11 系列配变，配变平均负载系数约为 0.32，与配变 0.70 负载系数状态相比，可以降低的损耗率范围为 0.22%～0.46%；与配变额定负载相比，可以降低的损耗率范围为 0.49%～1.14%。对于 D11 系列配变，保持配变平均负载系数约为 0.35，与配变 0.70 负载系数状态相比，可以降低的损耗率范围为 0.37%～0.49%；与配变额定负载相比，可以降低的损耗率范围为 0.84%～1.21%。对于 SH15 系列配变，保持配变平均负载系数约为 0.21，与配变 0.70 负载系数状态相比，可以降低的损耗率范围为 0.35%～0.89%；与配变额定负载相比，可以降低的损耗率范围为 0.64%～1.67%。

（2）严格控制过载、重载或轻载运行，可实现配变高效节能。

通过调配不同容量变压器，使得配变运行在合理的负载区间，S11 系列最优负载系数区间为 0.10～0.50；D11 系列最优负载系数区间为 0.12～0.50；DH15 系列最优负载系数区间为 0.04～0.50。

（3）配变节能改造。淘汰 S10 系列及以下配变，采用 SH15 系列非晶合金配变替代，可以大幅度降低变压器运行损耗，实现节能运行，并取得很好的经济效益。

（4）当配电室有多台配变运行时，根据实际负荷范围，优先投运技术参数优、负载系数佳的变压器，可实现配变高效节能运行。

3.4.2 干式配变的损耗特点与节能措施

1. SC9 系列干式配变损耗特点

（1）SC9 系列干式配变有功损耗特点

SC9 系列干式配变最佳负载及其对应损耗率，典型负载下的损耗率与最大铜铁损比情况见表 3–30。

表 3–30　SC9 系列干式配变最佳负载与最大铜铁损比

额定容量（kVA）	最佳负载系数β_j	最佳负载功率（kW）	最佳负载损耗率（%）	典型负载系数下的损耗率（%）			最大铜铁损比
				β=0.7	β=1	β=0.24	
50	0.52	23	3.28	3.43	4.02	4.28	3.76
100	0.51	46	2.62	2.75	3.23	3.39	3.85
160	0.54	77	2.04	2.13	2.51	2.65	3.49
200	0.53	95	1.86	1.98	2.35	2.35	3.63
250	0.52	118	1.72	1.83	2.18	2.16	3.67
315	0.52	147	1.60	1.71	2.05	1.99	3.70
400	0.52	196	1.53	1.60	1.87	1.76	3.74
500	0.50	239	1.42	1.50	1.77	1.65	3.95
630	0.50	297	1.31	1.39	1.65	1.50	4.06
800	0.49	373	1.23	1.31	1.56	1.37	4.16
1000	0.45	428	1.07	1.18	1.43	1.30	4.93
1250	0.45	529	1.00	1.11	1.35	1.20	5.04
1600	0.44	668	0.93	1.03	1.26	1.10	5.18
2000	0.44	828	0.87	0.97	1.19	1.03	5.27
2500	0.44	1040	0.83	0.92	1.13	0.98	5.22

表中可见，SC9 系列干式配变最佳负载系数为 0.44～0.53，最佳损耗率范围为 0.83%～3.28%，配变容量越大，损耗率越低；当负载系数小于 0.24 时，干式配变将处于轻载高损状态，对应损耗率范围为 0.98%～4.28%；配变额定负载状况下的损耗率范围为 1.13%～4.02%；由于该类型配变空载损耗（铁损）较高，因此其最大铜铁损比数值较小，其范围为 3.76～5.27。

（2）SC9 系列干式配变典型负载系数下无功消耗引起电网的有功损耗率特点

SC9 系列干式配变典型负载系数下无功消耗引起电网的有功损耗率见表 3–31。

表 3–31　SC9 系列干式配变典型负载系数下无功消耗引起电网的有功损耗率

额定容量（kVA）	空载电流I_0（%）	短路阻抗U_k（%）	典型负载系数下无功消耗引起电网的有功损耗率（%）			
			β=0.7	β=1	β_j	β=0.5
50	2.40	6.00	0.36	0.40	0.36	0.36
100	2.20	6.00	0.35	0.39	0.34	0.34
160	1.80	6.00	0.32	0.37	0.31	0.31

续表

额定容量（kVA）	空载电流 I_0（%）	短路阻抗 U_k（%）	典型负载系数下无功消耗引起电网的有功损耗率（%）			
			β=0.7	β=1	β_j	β=0.5
200	1.80	6.00	0.32	0.37	0.31	0.31
250	1.60	6.00	0.31	0.36	0.29	0.29
315	1.60	6.00	0.31	0.36	0.29	0.29
400	1.40	6.00	0.28	0.34	0.26	0.26
500	1.40	6.00	0.28	0.34	0.26	0.26
630	1.20	6.00	0.27	0.33	0.24	0.24
800	1.20	6.00	0.27	0.33	0.24	0.24
1000	1.00	6.00	0.25	0.32	0.22	0.22
1250	1.00	6.00	0.25	0.32	0.22	0.22
1600	1.00	6.00	0.25	0.32	0.22	0.22
2000	0.80	6.00	0.24	0.31	0.20	0.21
2500	0.80	6.00	0.24	0.31	0.20	0.21

表中可见，SC9 系列干式配变典型负载系数下无功消耗引起电网的有功损耗率范围为 0.20%～0.40%；负载系数越接近经济负载系数时，损耗率越低。

2. SC10 系列干式配变损耗特点

（1）SC10 系列干式配变有功损耗特点

SC10 系列干式配变最佳负载及其对应损耗率，典型负载下的损耗率与最大铜铁损比情况见表 3–32。

表 3–32　SC10 系列干式配变最佳负载与最大铜铁损比

额定容量（kVA）	最佳负载系数 β_j	最佳负载功率（kW）	最佳负载损耗率（%）	典型负载系数下的损耗率（%）			最大铜铁损比
				β=0.7	β=1	β=0.23	
50	0.50	23	3.01	3.18	3.76	3.98	3.98
100	0.50	45	2.42	2.56	3.03	3.17	4.05
160	0.52	75	1.88	1.99	2.35	2.46	3.72
200	0.51	92	1.71	1.84	2.20	2.18	3.85
250	0.51	114	1.58	1.70	2.05	2.01	3.88
315	0.51	144	1.48	1.60	1.93	1.85	3.90
400	0.50	191	1.41	1.49	1.76	1.73	3.94
500	0.49	233	1.31	1.40	1.66	1.63	4.16
630	0.48	289	1.21	1.30	1.55	1.40	4.30
800	0.48	363	1.14	1.23	1.47	1.28	4.39
1000	0.44	417	0.99	1.10	1.35	1.21	5.20
1250	0.43	515	0.92	1.03	1.27	1.12	5.32
1600	0.43	652	0.86	0.96	1.18	1.03	5.44
2000	0.43	808	0.80	0.90	1.11	0.96	5.53
2500	0.43	1014	0.76	0.86	1.06	0.91	5.49

表中可见，SC10 系列干式配变最佳负载系数为 0.43～0.52，最佳损耗率范围为 0.76%～3.01%，配变容量越大，损耗率越低；当负载系数小于 0.23 时，变压器将处于轻载高损状态，对应损耗率范围为 0.91%～3.98%；配变额定负载状况下的损耗率范围为 1.06%～3.03%；由于该类型配变额定负载损耗值（铜损）比干式小，因此其最大铜铁损比数值变小，其范围为 3.72～5.53。

（2）SC10 系列干式配变无功消耗引起电网的有功损耗率特点

SC10 系列干式配变典型负载系数下无功消耗引起电网的有功损耗率见表 3–33。

表 3–33　SC10 系列干式配变典型负载系数下无功消耗引起电网的有功损耗率

额定容量（kVA）	空载电流 I_0（%）	短路阻抗 U_k（%）	典型负载系数下无功消耗引起电网的有功损耗率（%）			
			β=0.7	β=1	β_j	β=0.5
50	2.00	6.00	0.33	0.38	0.32	0.32
100	1.80	6.00	0.32	0.37	0.31	0.31
160	1.50	6.00	0.30	0.36	0.28	0.28
200	1.50	6.00	0.30	0.36	0.28	0.28
250	1.30	6.00	0.29	0.35	0.26	0.26
315	1.30	6.00	0.29	0.35	0.26	0.26
400	1.10	6.00	0.26	0.32	0.23	0.23
500	1.10	6.00	0.26	0.32	0.23	0.23
630	1.00	6.00	0.25	0.32	0.22	0.22
800	1.00	6.00	0.25	0.32	0.22	0.22
1000	0.85	6.00	0.25	0.31	0.20	0.21
1250	0.85	6.00	0.25	0.31	0.20	0.21
1600	0.85	6.00	0.25	0.31	0.20	0.21
2000	0.70	6.00	0.24	0.31	0.19	0.20
2500	0.70	6.00	0.24	0.31	0.19	0.20

表中可见，SC10 系列干式配变典型负载系数下无功消耗引起电网的有功损耗率范围为 0.19%～0.38，负载系数越接近经济负载系数，损耗率越低。

3. 干式配变节能措施

（1）控制配变运行负载，使配变趋于最佳负载系数运行可以大幅度降低损耗率。

对于 SC9 系列配变，配变最佳负载系数约为 0.49，与配变 0.70 负载系数状态相比，可以降低的损耗率范围为 0.10%～0.15%；与配变额定负载相比，可以降低的损耗率范围为 0.30%～0.75。对于 SC10 型配变，保持配变最佳负载系数约为 0.47，与配变 0.70 负载系数状态相比，可以降低的损耗率范围为 0.10%～0.17%；与配变额定负载相比，可以降低的损耗率范围为 0.29%～0.75%。

（2）严格控制过载、重载或轻载运行，可实现配变高效节能。

通过调配不同容量变压器，使得配变运行在合理的负载区间。由于干式配变的空载损耗比油浸式配变高，因此其最优负载系数也高，其中，SC9 系列最优负载系数区间为 0.44～0.52，

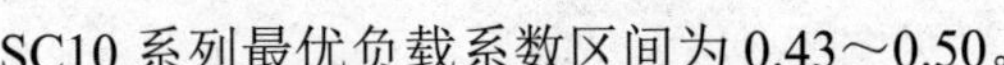

SC10 系列最优负载系数区间为 0.43～0.50。

（3）配变节能改造。淘汰 SC9 系列及以下高损干式配变，采用 SC10 系列或 SH15 系列非晶合金配变替代，可以大幅度降低变压器运行损耗，实现节能运行，并取得很好的经济效益。

（4）当配电室有多台配变运行时，根据实际负荷范围，优先投运技术参数优、负载系数佳的变压器，可实现配变高效节能运行。

（5）条件许可时，选用油浸式节能配变替代干式配变。

3.4.3　20kV 不同型号的配变损耗对比分析

不同的运行负载区间，配置或运行不同型号、容量的变压器，其运行后的节能效果差别很大。下面针对 20kV 常见型号、容量的配变在 50～150kW、100～300kW、200～600kW 不同负载区间运行时所产生的损耗率进行对比分析。其他负载区间可参考借鉴下面的对比分析，进行多台配变配置应用。

1. 负载 50～150kW 运行时的损耗对比

（1）负载 50～150kW 运行时的损耗率对比表

50～150kW 的负载，如果配置 200kVA 容量配变，其运行区间按照《电力变压器经济运行》（GB/T 13462—2008），正好处于最佳经济运行区间。下面选用 S11、SC11、SH15 系列 400kVA 配变运行，考察其运行损耗率情况。20kV 不同型号配变运行时随负载变化的损耗率规律数据见表 3-34。

表 3-34　　20kV 不同型号配变损耗率对比表

输送功率 P（kW）	S11–200 P_0/P_k 0.34/3		S11–400 P_0/P_k 0.57/4.97		SH15–400 P_0/P_k 0.24/4.97		SC10–400 P_0/P_k 1.15/4.84	
	负载损耗（kW）	损耗率（%）	负载损耗（kW）	损耗率（%）	负载损耗（kW）	损耗率（%）	负载损耗（kW）	损耗率（%）
30	0.09	1.44	0.03	2.01	0.03	0.91	0.03	3.94
50	**0.25**	**1.19**	**0.09**	**1.33**	**0.09**	**0.67**	**0.09**	**2.48**
75	**0.57**	**1.22**	**0.21**	**1.04**	**0.21**	**0.60**	**0.21**	**1.81**
100	**1.02**	**1.36**	**0.38**	**0.95**	**0.38**	**0.62**	**0.37**	**1.52**
125	**1.59**	**1.55**	**0.59**	**0.93**	**0.59**	**0.67**	**0.58**	**1.38**
150	**2.29**	**1.75**	**0.85**	**0.95**	**0.85**	**0.73**	**0.83**	**1.32**
175	3.12	1.98	1.16	0.99	1.16	0.80	1.13	1.30
200	4.07	2.21	1.51	1.04	1.51	0.88	1.47	1.31
225			1.92	1.11	1.92	0.96	1.87	1.34
250			2.37	1.17	2.37	1.04	2.30	1.38
275			2.86	1.25	2.86	1.13	2.79	1.43
300			3.41	1.33	3.41	1.22	3.32	1.49
325			4.00	1.41	4.00	1.30	3.89	1.55
350			4.64	1.49	4.64	1.39	4.52	1.62
375			5.32	1.57	5.32	1.48	5.18	1.69
400			6.06	1.66	6.06	1.57	5.90	1.76

（2）负载 50～150kW 运行时的损耗率对比图（见图 3–24）

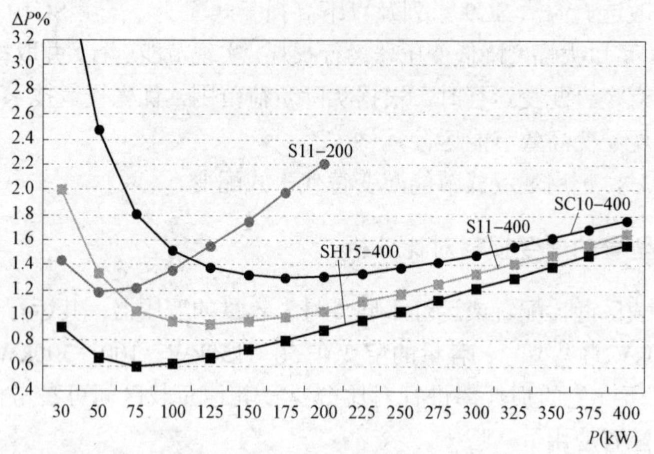

图 3–24　不同型号容量配变运行时的损耗率对比图

图中，50～150kW 的负载，容量 200kVA 配变运行，按照国标规定其运行区间正是处于最佳经济运行区间（负载系数≤0.75 时，下同），其损耗率范围为 1.19%～1.75%，最佳负载损耗率为 1.19%。如果是 SC10–400 配变运行，其损耗率范围为 2.48%～1.32%，最佳负载损耗率为 1.32%；如果是 S11–400 配变运行，其损耗率范围为 1.33%～0.95%，最佳负载损耗率为 0.93%；如果是 SH15–400 运行，其损耗率范围为 0.67%～0.73%，最佳负载损耗率为 0.60%。

由上述图表可见，对于 50～150kW 的负载区间，要实现节能可采取如下措施：

1）用 S11–400 配变替代 S11–200 配变，可以实现损耗率降低 0.17%～0.81%。

2）用 SH15–400 配变替代 S11–200 配变，可以实现损耗率降低 0.52%～1.03%。

3）建议尽可能不使用干式配变，SC10–400 干式配变损耗率明显较高，小负荷状态运行，比 S11–200 配变运行损耗率高出 1.3%。

2. 负载 100～300kW 运行时的损耗对比

（1）负载 100～300kW 运行时的损耗率对比表

100～300kW 的负载，如果配置 400kVA 容量配变，其运行区间按照《电力变压器经济运行》（GB/T 13462—2008），正好处于最佳经济运行区间。下面选用 S11、SC11、SH15 系列 800kVA 配变运行，考察其运行损耗率情况。20kV 不同型号配变运行时随负载变化的损耗率规律数据见表 3–35。

表 3–35　**20kV 不同型号配变损耗率对比表**

输送功率 P（kW）	S11–400		S11–800		SH15–800		SC10–800	
	P_0/P_k 0.57/4.97		P_0/P_k 0.98/8.25		P_0/P_k 0.45/8.25		P_0/P_k 1.75/8.26	
	负载损耗（kW）	损耗率（%）	负载损耗（kW）	损耗率（%）	负载损耗（kW）	损耗率（%）	负载损耗（kW）	损耗率（%）
60	0.14	1.18	0.06	1.73	0.06	0.84	0.06	3.01
100	0.38	0.95	0.16	1.14	0.16	0.61	0.16	1.91
150	0.85	0.95	0.35	0.89	0.35	0.54	0.35	1.40

续表

输送功率 P（kW）	S11-400		S11-800		SH15-800		SC10-800	
	P_0/P_k 0.57/4.97		P_0/P_k 0.98/8.25		P_0/P_k 0.45/8.25		P_0/P_k 1.75/8.26	
	负载损耗（kW）	损耗率（%）	负载损耗（kW）	损耗率（%）	负载损耗（kW）	损耗率（%）	负载损耗（kW）	损耗率（%）
200	1.51	1.04	0.63	0.80	0.63	0.54	0.63	1.19
250	2.37	1.17	0.98	0.78	0.98	0.57	0.98	1.09
300	3.41	1.33	1.41	0.80	1.41	0.62	1.42	1.06
350	4.64	1.49	1.92	0.83	1.92	0.68	1.93	1.05
400	6.06	1.66	2.51	0.87	2.51	0.74	2.52	1.07
450			3.18	0.92	3.18	0.81	3.19	1.10
500			3.93	0.98	3.93	0.88	3.93	1.14
550			4.75	1.04	4.75	0.95	4.76	1.18
600			5.66	1.11	5.66	1.02	5.66	1.24
650			6.64	1.17	6.64	1.09	6.65	1.29
700			7.70	1.24	7.70	1.16	7.71	1.35
750			8.84	1.31	8.84	1.24	8.85	1.41
800			10.06	1.38	10.06	1.31	10.07	1.48

（2）负载 100～300kW 运行时的损耗率对比图（见图 3-25）

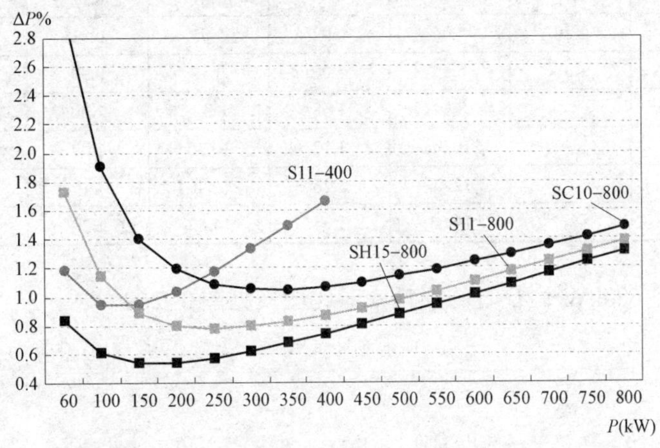

图 3-25　不同型号容量配变运行时的损耗率对比图

图中，100～300kW 的负载，容量 400kVA 配变运行，按照国标规定其运行区间正是处于最佳经济运行区间，其损耗率范围为 1.18%～1.66%，最佳负载损耗率为 0.95%。如果是 SC10-800 配变运行，其损耗率范围为 3.01%～1.48%，最佳负载损耗率为 1.05%；如果是 S11-800 配变运行，其损耗率范围为 1.73%～1.38%，最佳负载损耗率为 0.78%；如果是 SH15-800 运行，其损耗率范围为 0.84%～1.31%，最佳负载损耗率为 0.54%。

由上述图表可见，对于 100～300kW 的负载区间，要实现节能可采取如下措施：

1）用 S11-800 配变替代 S11-400 配变，可以实现损耗率降低 0.06%～0.53%。

2）用 SH15–800 配变替代 S11–400 配变，可以实现损耗率降低 0.34%～0.70%。

3）建议尽可能不使用干式配变，SC10–800 干式配变损耗率明显较高，小负荷状态运行，比 S11–400 配变运行损耗率高出 0.96%。

3. 负载 200～600kW 运行时的损耗对比

（1）负载 200～600kW 运行时的损耗率对比表

200～600kW 的负载，如果配置 800kVA 容量配变，其运行区间按照《电力变压器经济运行》（GB/T 13462—2008），正好处于最佳经济运行区间。下面选用 S11、SC11、SH15 系列 1250kVA 配变运行，考察其运行损耗率情况。20kV 不同型号配变运行时随负载变化的损耗率规律数据见表 3–36。

表 3–36　**20kV 不同型号配变损耗率对比表**

输送功率 P（kW）	S11–800		S11–1250		SH15–1250		SC10–1250	
	P_0/P_k 0.98/8.25		P_0/P_k 1.38/13.2		P_0/P_k 0.62/13.2		P_0/P_k 2.38/11.5	
	负载损耗（kW）	损耗率（%）	负载损耗（kW）	损耗率（%）	负载损耗（kW）	损耗率（%）	负载损耗（kW）	损耗率（%）
150	0.35	0.89	0.23	1.07	0.23	0.57	0.20	1.72
200	0.63	0.80	0.41	0.90	0.41	0.52	0.36	1.37
300	1.41	0.80	0.93	0.77	0.93	0.52	0.81	1.06
400	2.51	0.87	1.65	0.76	1.65	0.57	1.44	0.95
500	3.93	0.98	2.57	0.79	2.57	0.64	2.24	0.92
600	5.66	1.11	3.71	0.85	3.71	0.72	3.23	0.93
700	7.70	1.24	5.05	0.92	5.05	0.81	4.40	0.97
800	10.06	1.38	6.59	1.00	6.59	0.90	5.74	1.02
900			8.34	1.08	8.34	1.00	7.27	1.07
1000			10.30	1.17	10.30	1.09	8.97	1.14
1100			12.46	1.26	12.46	1.19	10.85	1.20
1200			14.83	1.35	14.83	1.29	12.92	1.27

（2）负载 200～600kW 运行时的损耗率对比图（见图 3–26）

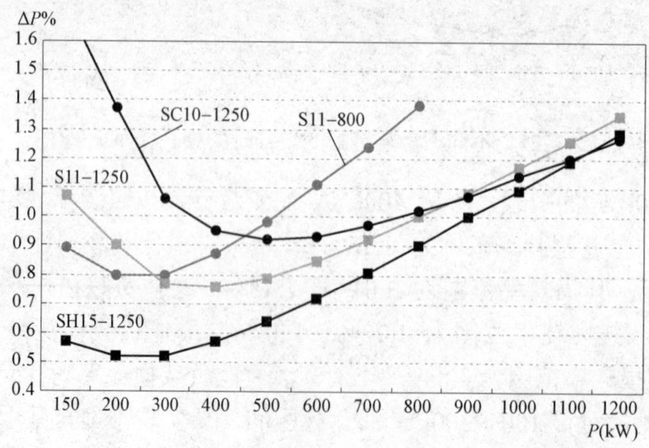

图 3–26　不同型号容量配变运行时的损耗率对比图

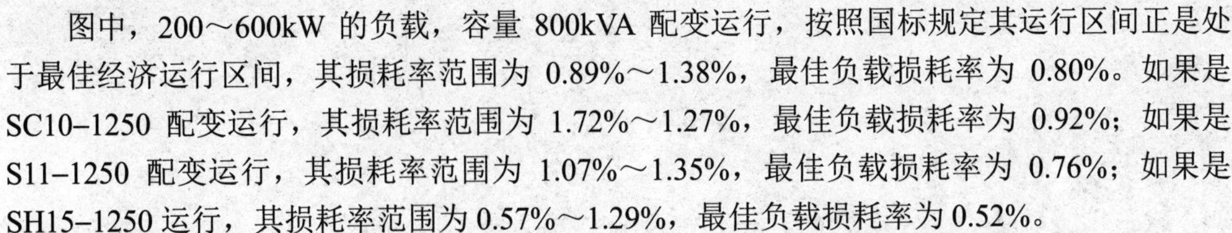

图中，200～600kW 的负载，容量 800kVA 配变运行，按照国标规定其运行区间正是处于最佳经济运行区间，其损耗率范围为 0.89%～1.38%，最佳负载损耗率为 0.80%。如果是SC10–1250 配变运行，其损耗率范围为 1.72%～1.27%，最佳负载损耗率为 0.92%；如果是S11–1250 配变运行，其损耗率范围为 1.07%～1.35%，最佳负载损耗率为 0.76%；如果是SH15–1250 运行，其损耗率范围为 0.57%～1.29%，最佳负载损耗率为 0.52%。

由上述图表可见，对于 200～600kW 的负载区间，要实现节能可采取如下措施：

1）用 S11–1250 配变替代 S11–800 配变，可以实现损耗率最大降低 0.26%。注意：当负荷区间在 200～280kW 时，S11–800 配变运行损耗率低；当负荷大于 280kW 后，S11–1250 配变运行损耗率低。

2）用 SH15–1250 配变替代 S11–800 配变，可以实现损耗率降低 0.29%～0.38%。

3）建议谨慎选用干式配变，当负荷小于 460kW 时，SC10–1250 干式配变损耗率明显较高，最小负荷状态运行，比 S11–800 配变运行损耗率高出 0.57%。当负荷大于 460kW 时，SC10–1250 干式配变运行比 S11–800 配变运行具有节能优势，但其节能效果比 S11–1250 配变稍差。

35kV 变压器的运行损耗与节能

35kV 变压器有 35kV 变压 10kV 型，也有 35kV 变压 0.4kV 终端型，均是双绕组电力变压器，分为无励磁调压和有载调压两种类型。本章节给出了 35kV 油浸式变压器运行时的损耗规律图表、损耗特点与节能措施。

4.1 35kV 变压器运行损耗典型计算的规定

4.1.1 变压器运行损耗计算及其参数确定

35kV 变压器属于双绕组变压器，其运行时的有功功率损耗算式同式（2–1）和式（2–2），其运行时无功功率消耗引起电网有功功率损耗的算式同式（2–3）和式（2–4）。计算参数来源及相关系数确定如下。

（1）变压器技术参数选取

S9 系列变压器技术参数来源于《油浸式电力变压器技术参数和要求》（GB/T 6451—2008），S11 系列变压器技术参数来源于《油浸式电力变压器技术参数和要求》（GB/T 6451—2015）。变压器的空载损耗、额定负载损耗均为变压器主分接时的功率损耗值。

（2）负载波动损耗系数的规定

根据城网、农网公用变电站 35kV 主变压器负载波动经验数据，取 35kV 变压器一次侧负载波动损耗系数 K_{T1} 为 1.05。

（3）变压器一次侧功率因数的规定

根据相关国标要求，对于 35kV 变电站主变压器，其一次侧功率因数 $\cos\varphi$ 取 0.95。实际应用时，可根据运行时的平均功率因数参考表 2–1 修正变压器的损耗率。

4.1.2 变压器运行损耗查看说明

（1）本章节变压器运行损耗图表适用范围

1）S9、SZ9，S11、SZ11 系列油浸式变压器。

2）电压组合：高压 35kV、低压 0.4kV（称为配电变压器）；高压 35kV、低压 10（6）kV（称为电力变压器，简称变压器）。

3）高压分接范围：35±5%；35±2×2.5%（容量 8000kVA 及以上）。

4）联结组标号：Dyn11、Yyn0；Yd11、YNd11（容量 8000kVA 及以上）。

（2）本章节变压器运行损耗图表可查看内容

1）变压器的空载损耗 P_0、额定负载损耗 P_k 标准值，单位为 kW。

2）变压器运行时的有功功率损耗 ΔP 及有功损耗率 $\Delta P\%$。

3）变压器运行时的无功消耗引起电网的有功损耗 ΔP_Q 及有功损耗率 $\Delta P_Q\%$。

（3）本章节变压器损耗图表的特点

1）按照国标容量系列，以常用变压器容量为例，把相邻三个或四个额定容量变压器运行损耗特性编制为一套表图，方便对比分析、缩减篇幅。

2）以变压器输入功率的变化为变量，以相应有功功率损耗、有功功率损耗率为关注内容制作损耗表格，以便开展损耗（或损耗率）查询与对比分析。

3）以变压器运行时的输入有功功率 P 为横坐标，以有功功率损耗率 $\Delta P\%$ 为纵坐标制作有功损耗率曲线图，以变压器无功消耗引起电网的有功功率损耗率 $\Delta P_Q\%$ 为纵坐标制作变压器无功消耗引起电网的有功损耗率曲线图。

4.2　S9 系列 35kV 变压器的损耗

4.2.1　S9 系列 35kV 无励磁调压变压器的损耗

本节变压器图表的计算参数（S_r、P_0、P_k、$I_0\%$、$U_k\%$）来源于《油浸式电力变压器技术参数和要求》（GB/T 6451—2008）表 4、表 5，适用于 Dyn11、Yyn0；Yd11、YNd11（容量 8000kVA 及以上）联结组变压器。S9 系列变压器高压为 35～38.5kV，高压分接范围±5%、±2×2.5%；低压侧电压有 0.4、6.3、6.6、10.5、11kV 等。

1. S9-500～800 型配变

（1）S9-500～800 型配变运行时的损耗（见表 4-1）

表 4-1　　35kV S9-500～800 型配电变压器运行时的损耗

输送功率 P（kW）	S9-500			S9-630			S9-800		
	P_0/P_k 0.86/7.28　$I_0\%$/1.20			P_0/P_k 1.04/8.28；$I_0\%$/1.10			P_0/P_k 1.23/9.9；$I_0\%$/1.00		
	负载损耗（kW）	$\Delta P\%$（%）	$\Delta P_Q\%$（%）	负载损耗（kW）	$\Delta P\%$（%）	$\Delta P_Q\%$（%）	负载损耗（kW）	$\Delta P\%$（%）	$\Delta P_Q\%$（%）
50	0.08	1.89	0.51	0.06	2.20	0.58	0.04	2.55	0.66
100	0.34	1.20	0.30	0.24	1.28	0.33	0.18	1.41	0.36
150	0.76	1.08	0.25	0.55	1.06	0.26	0.40	1.09	0.27
200	1.36	1.11	0.24	0.97	1.01	0.23	0.72	0.97	0.24

续表

输送功率 P（kW）	S9-500			S9-630			S9-800		
	P_0/P_k 0.86/7.28　I_0%/1.20			P_0/P_k 1.04/8.28；I_0%/1.10			P_0/P_k 1.23/9.9；I_0%/1.00		
	负载损耗（kW）	ΔP%（%）	ΔP_Q%（%）	负载损耗（kW）	ΔP%（%）	ΔP_Q%（%）	负载损耗（kW）	ΔP%（%）	ΔP_Q%（%）
250	2.12	1.19	0.25	1.52	1.02	0.23	1.12	0.94	0.22
300	3.05	1.30	0.26	2.18	1.07	0.24	1.62	0.95	0.22
350	4.15	1.43	0.28	2.97	1.15	0.25	2.20	0.98	0.22
400	5.42	1.57	0.30	3.88	1.23	0.26	2.88	1.03	0.23
450	6.86	1.72	0.33	4.91	1.32	0.28	3.64	1.08	0.24
500	8.47	1.87	0.35	6.07	1.42	0.30	4.50	1.15	0.25
550				7.34	1.52	0.31	5.44	1.21	0.27
600				8.74	1.63	0.33	6.48	1.28	0.28
650							7.60	1.36	0.30
700							8.82	1.44	0.31
750							10.12	1.51	0.33
800							11.52	1.59	0.34

（2）S9-500～800 配变运行时的有功损耗率曲线图（见图 4-1）

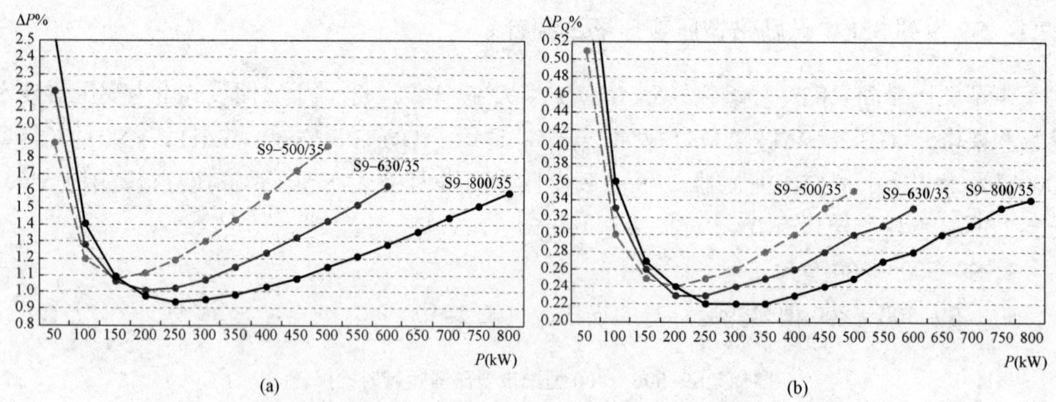

图 4-1　S9-500～800 配电变压器运行时的有功损耗率曲线

（a）变压器有功损耗率曲线；（b）无功消耗引起的电网有功损耗率曲线

【节能策略】 图中，变压器负载大于 180kW 后，容量 800kVA 或 630kVA 变压器运行损耗率低。变压器负载大于 200kW 后，容量 800kVA 变压器运行时，其无功消耗引起电网的有功损耗率最小。

2. S9-1000～1600 配变

（1）S9-1000～1600 配变运行时的损耗（见表 4-2）

表 4–2　　**35kV S9–1000～1600** 配变运行时的损耗

输送功率 P（MW）	S9–1000			S9–1250			S9–1600		
	P_0/P_k 1.44/12.15　I_0%/1.00			P_0/P_k 1.76/14.67；I_0%/0.90			P_0/P_k 2.12/17.55；I_0%/0.80		
	负载损耗（kW）	ΔP%（%）	ΔP_Q%（%）	负载损耗（kW）	ΔP%（%）	ΔP_Q%（%）	负载损耗（kW）	ΔP%（%）	ΔP_Q%（%）
0.1	0.14	1.58	0.43	0.11	1.87	0.47	0.08	2.20	0.53
0.2	0.57	1.00	0.26	0.44	1.10	0.27	0.32	1.22	0.29
0.3	1.27	0.90	0.22	0.98	0.91	0.22	0.72	0.95	0.23
0.4	2.26	0.93	0.22	1.75	0.88	0.21	1.28	0.85	0.20
0.5	3.53	0.99	0.23	2.73	0.90	0.21	1.99	0.82	0.20
0.6	5.09	1.09	0.25	3.93	0.95	0.22	2.87	0.83	0.20
0.7	6.93	1.20	0.27	5.35	1.02	0.23	3.91	0.86	0.21
0.8	9.05	1.31	0.29	6.99	1.09	0.25	5.10	0.90	0.22
0.9	11.45	1.43	0.32	8.85	1.18	0.27	6.46	0.95	0.23
1	14.14	1.56	0.34	10.92	1.27	0.29	7.98	1.01	0.24
1.1				13.22	1.36	0.31	9.65	1.07	0.25
1.2				15.73	1.46	0.33	11.49	1.13	0.27
1.3							13.48	1.20	0.29
1.4							15.63	1.27	0.30
1.5							17.95	1.34	0.32
1.6							20.42	1.41	0.33

（2）S9–1000～1600 配电变压器运行时的有功损耗率曲线图（见图 4–2）

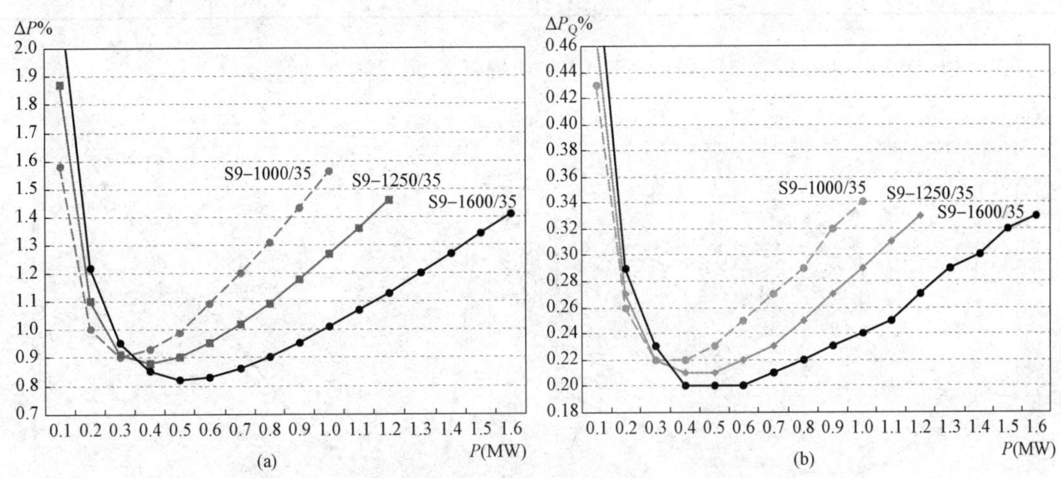

图 4–2　S9–1000～1600 配电变压器运行时的有功损耗率曲线

（a）变压器有功损耗率曲线；（b）无功消耗引起的电网有功损耗率曲线

【节能策略】图中，变压器负载大于 350kW 后，容量 1600kVA 或 1250kVA 变压器运行损耗率低。变压器负载大于 300kW 后，容量 1600kVA 变压器运行时，其无功消耗引起电网的有功损耗率最小。

3. S9–5000～8000 型变压器

（1）S9–5000～8000 型变压器运行时的损耗（见表 4–3）

表 4–3　　35kV S9–5000～8000 型变压器运行时的损耗

输送功率 P（MW）	S9–5000			S9–6300			S9–8000		
	P_0/P_k 5.4/33.03　I_0%/0.48			P_0/P_k 6.56/36.；I_0%/0.48			P_0/P_k 9/40.5；I_0%/0.42		
	负载损耗（kW）	ΔP%（%）	ΔP_Q%（%）	负载损耗（kW）	ΔP%（%）	ΔP_Q%（%）	负载损耗（kW）	ΔP%（%）	ΔP_Q%（%）
0.5	0.38	1.16	0.22	0.27	1.37	0.27	0.18	1.84	0.29
1.0	1.54	0.69	0.16	1.08	0.76	0.17	0.74	0.97	0.18
1.5	3.46	0.59	0.16	2.43	0.60	0.16	1.66	0.71	0.16
2.0	6.15	0.58	0.18	4.33	0.54	0.16	2.94	0.60	0.15
2.5	9.61	0.60	0.20	6.76	0.53	0.18	4.60	0.54	0.16
3.0	13.83	0.64	0.23	9.73	0.54	0.20	6.63	0.52	0.18
3.5	18.83	0.69	0.26	13.25	0.57	0.22	9.02	0.51	0.19
4	24.59	0.75	0.28	17.31	0.60	0.24	11.78	0.52	0.21
4.5	31.13	0.81	0.31	21.90	0.63	0.26	14.91	0.53	0.23
5.0	38.43	0.88	0.34	27.04	0.67	0.28	18.41	0.55	0.25
5.5				32.72	0.71	0.31	22.27	0.57	0.26
6.0				38.94	0.76	0.33	26.50	0.59	0.28
6.5							31.11	0.62	0.30
7.0							36.08	0.64	0.32
7.5							41.41	0.67	0.35
8.0							47.12	0.70	0.37

（2）S9–5000～8000 型变压器运行时的有功损耗率曲线图（见图 4–3）

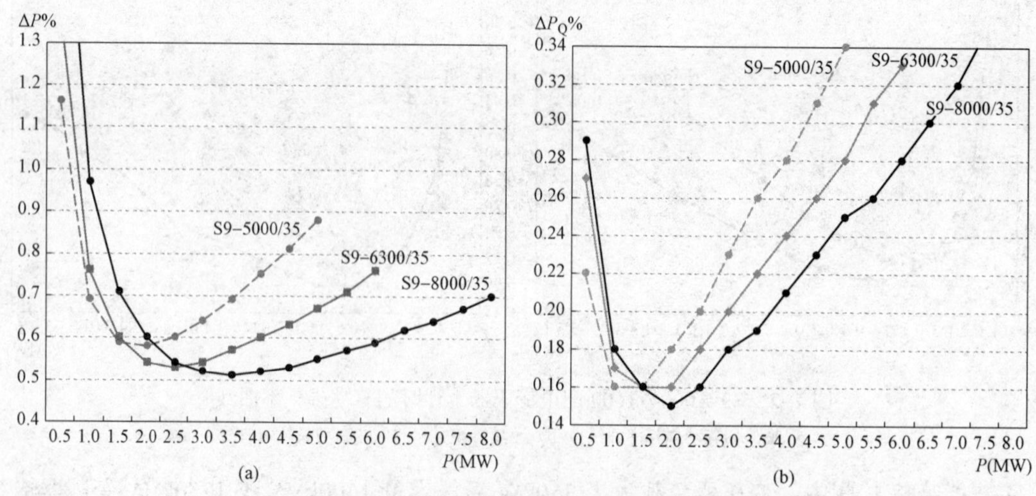

图 4–3　S9–5000～8000 型变压器运行时的有功损耗率曲线

（a）变压器有功损耗率曲线；（b）无功消耗引起的电网有功损耗率曲线

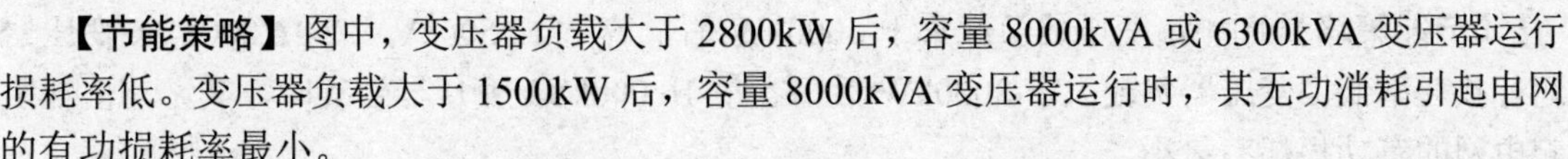

【节能策略】图中，变压器负载大于 2800kW 后，容量 8000kVA 或 6300kVA 变压器运行损耗率低。变压器负载大于 1500kW 后，容量 8000kVA 变压器运行时，其无功消耗引起电网的有功损耗率最小。

4. S9–10000～16000 型变压器

（1）S9–10000～16000 型变压器运行时的损耗（见表 4–4）

表 4–4　　35kV S9–10000～16000 型变压器运行时的损耗表

输送功率 P（MW）	S9–10000			S9–12500			S9–16000		
	P_0/P_k 10.88/47.7　I_0%/0.42			P_0/P_k 12.6/56.7.；I_0%/0.42			P_0/P_k 15.2/69.3；I_0%/0.42		
	负载损耗（kW）	ΔP%（%）	ΔP_Q%（%）	负载损耗（kW）	ΔP%（%）	ΔP_Q%（%）	负载损耗（kW）	ΔP%（%）	ΔP_Q%（%）
1	0.55	1.14	0.20	0.42	1.30	0.24	0.31	1.55	0.28
2	2.22	0.65	0.15	1.69	0.71	0.16	1.26	0.82	0.17
3	4.99	0.53	0.16	3.80	0.55	0.16	2.83	0.60	0.16
4	8.88	0.49	0.18	6.75	0.48	0.17	5.04	0.51	0.16
5	13.87	0.50	0.21	10.55	0.46	0.19	7.87	0.46	0.17
6	19.98	0.51	0.24	15.20	0.46	0.21	11.34	0.44	0.18
7	27.19	0.54	0.27	20.69	0.48	0.24	15.43	0.44	0.20
8	35.52	0.58	0.30	27.02	0.50	0.26	20.16	0.44	0.22
9	44.95	0.62	0.33	34.20	0.52	0.29	25.51	0.45	0.24
10	55.50	0.66	0.37	42.22	0.55	0.32	31.49	0.47	0.26
11				51.08	0.58	0.35	38.11	0.48	0.28
12				60.79	0.61	0.37	45.35	0.50	0.30
13							53.23	0.53	0.32
14							61.73	0.55	0.34
15							70.86	0.57	0.37
16							80.63	0.60	0.38

（2）S9–10000～16000 型变压器运行时的有功损耗率曲线图（见图 4–4）

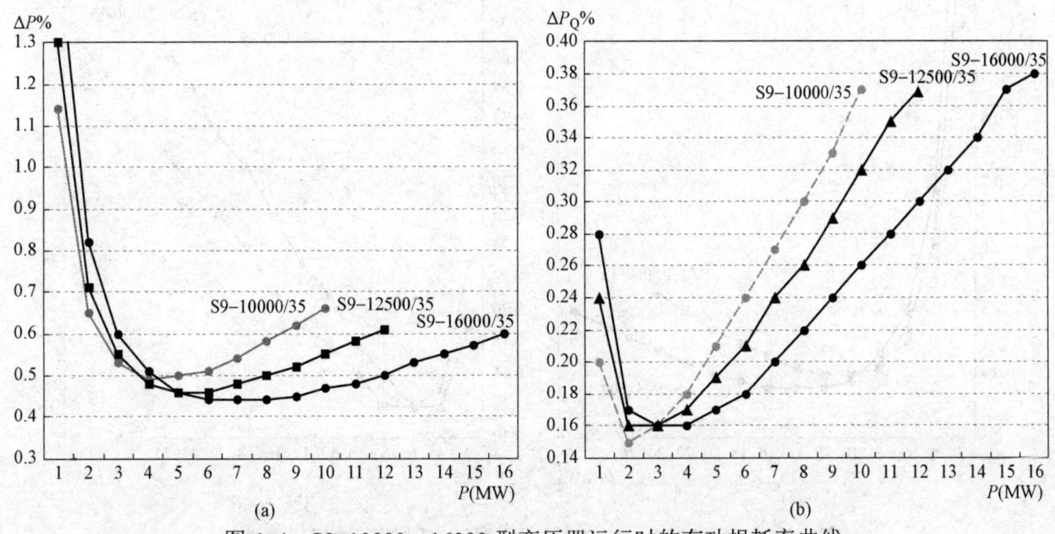

图 4–4　S9–10000～16000 型变压器运行时的有功损耗率曲线

（a）变压器有功损耗率曲线；（b）无功消耗引起的电网有功损耗率曲线

【节能策略】图中，变压器负载大于 5000kW 后，容量 12 500kVA 或 16 000kVA 变压器运行损耗率低。变压器负载大于 3000kW 后，容量 16 000kVA 变压器运行时，其无功消耗引起电网的有功损耗率最小。

5. SZ9-20000～31500 型变压器

（1）SZ9-20000～31500 型变压器运行时的损耗（见表 4-5）

表 4-5　　35kV SZ9-20000～31500 型变压器运行时的损耗表

输送功率 P（MW）	SZ9-20000			SZ9-25000			SZ9-31500		
	P_0/P_k 18/83.7　I_0%/0.40			P_0/P_k 21.28/99；I_0%/0.32			P_0/P_k 25.28/118.8；I_0%/0.32		
	负载损耗（kW）	ΔP%（%）	ΔP_Q%（%）	负载损耗（kW）	ΔP%（%）	ΔP_Q%（%）	负载损耗（kW）	ΔP%（%）	ΔP_Q%（%）
2	0.97	0.95	0.20	0.74	1.10	0.19	0.56	1.29	0.23
4	3.90	0.55	0.15	2.95	0.61	0.14	2.23	0.69	0.15
6	8.76	0.45	0.17	6.63	0.47	0.14	5.01	0.50	0.14
8	15.58	0.42	0.19	11.79	0.41	0.16	8.91	0.43	0.14
10	24.34	0.42	0.22	18.43	0.40	0.18	13.93	0.39	0.16
12	35.06	0.44	0.25	26.54	0.40	0.21	20.06	0.38	0.18
14	47.72	0.47	0.28	36.12	0.41	0.23	27.30	0.38	0.19
16	62.32	0.50	0.32	47.18	0.43	0.26	35.66	0.38	0.21
18	78.88	0.54	0.35	59.71	0.45	0.29	45.13	0.39	0.24
20	97.38	0.58	0.39	73.72	0.47	0.31	55.72	0.40	0.26
22				89.20	0.50	0.34	67.42	0.42	0.28
24				106.15	0.53	0.37	80.23	0.44	0.30
26							94.16	0.46	0.32
28							109.21	0.48	0.35
30							125.37	0.50	0.37

（2）SZ9-10000～16000 型变压器运行时的有功损耗率曲线图（见图 4-5）

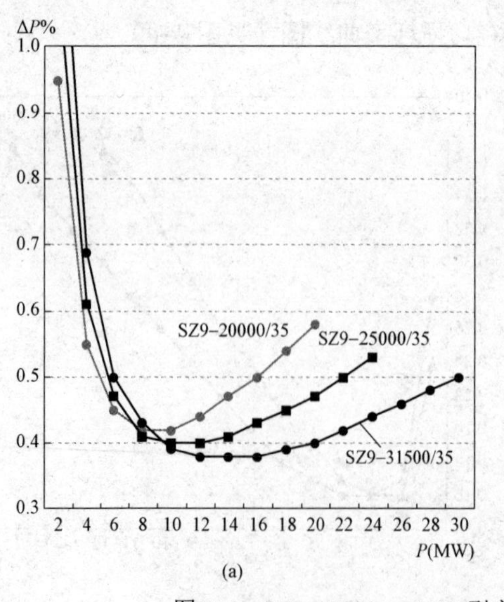

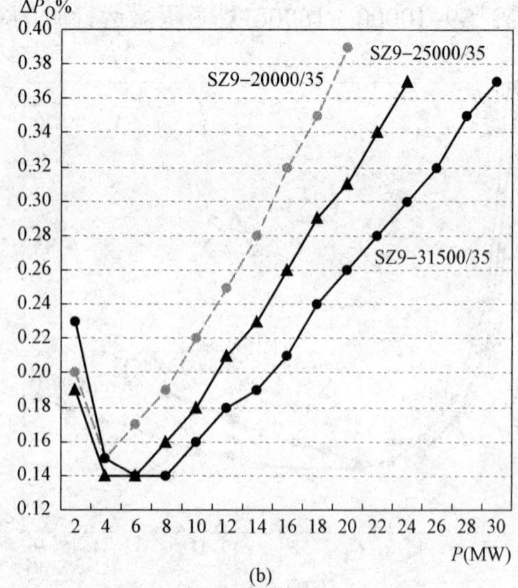

图 4-5　SZ9-10000～16000 型变压器运行时的有功损耗率曲线

（a）变压器有功损耗率曲线；（b）无功消耗引起的电网有功损耗率曲线

【节能策略】图中，变压器负载大于 9000kW 后，容量 25 000kVA 或 31 500kVA 变压器运行损耗率低。变压器负载大于 6000kW 后，容量 31 500kVA 变压器运行时，其无功消耗引起电网的有功损耗率最小。

4.2.2　SZ9 系列 35kV 有载调压变压器的损耗

本节变压器图表的计算参数（S_r、P_0、P_k、I_0%、U_k%）来源于《油浸式电力变压器技术参数和要求》（GB/T 6451—2008）表 6，适用于 Yd11、YNd11（容量 8000kVA 及以上）联结组变压器。SZ9 型变压器高压为 35～38.5kV，高压分接范围为±3×2.5%；低压侧电压有 6.3、6.6、10.5、11kV。

1. SZ9-5000～8000 型变压器

（1）SZ9-5000～8000 型变压器运行时的损耗（见表 4-6）

表 4-6　　35kV SZ9-5000～8000 型变压器运行时的损耗表

输送功率 P（MW）	SZ9-5000			SZ9-6300			SZ9-8000		
	P_0/P_k 5.8/36　I_0%/0.68			P_0/P_k 7.04/38.7；I_0%/0.68			P_0/P_k 9.84/42.75；I_0%/0.70		
	负载损耗（kW）	ΔP%（%）	ΔP_Q%（%）	负载损耗（kW）	ΔP%（%）	ΔP_Q%（%）	负载损耗（kW）	ΔP%（%）	ΔP_Q%（%）
0.5	0.42	1.24	0.22	0.28	1.46	0.27	0.19	2.01	0.29
1.0	1.68	0.75	0.16	1.13	0.82	0.17	0.78	1.06	0.18
1.5	3.77	0.64	0.16	2.55	0.64	0.16	1.75	0.77	0.16
2.0	6.70	0.63	0.18	4.54	0.58	0.16	3.11	0.65	0.15
2.5	10.47	0.65	0.20	7.09	0.57	0.18	4.86	0.59	0.16
3.0	15.08	0.70	0.23	10.21	0.57	0.20	6.99	0.56	0.18
3.5	20.52	0.75	0.26	13.90	0.60	0.22	9.52	0.55	0.19
4.0	26.81	0.82	0.28	18.15	0.63	0.24	12.43	0.56	0.21
4.5	33.93	0.88	0.31	22.97	0.67	0.26	15.74	0.57	0.23
5.0	41.88	0.95	0.34	28.36	0.71	0.28	19.43	0.59	0.25
5.5				34.32	0.75	0.31	23.51	0.61	0.26
6.0				40.84	0.80	0.33	27.98	0.63	0.28
6.5							32.83	0.66	0.30
7.0							38.08	0.68	0.32
7.5							43.71	0.71	0.35
8.0							49.74	0.74	0.37

（2）SZ9-5000～8000 型变压器运行时的有功损耗率曲线图（见图 4-6）

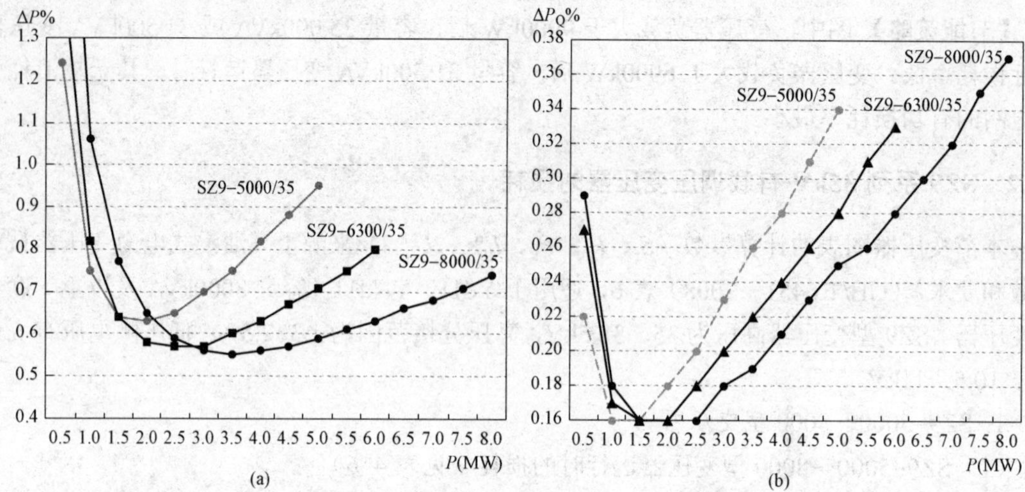

图 4–6　SZ9–5000～8000 型变压器运行时的有功损耗率曲线

（a）变压器有功损耗率曲线；（b）无功消耗引起的电网有功损耗率曲线

【节能策略】图中，变压器负载大于 3000kW 后，容量 8000kVA 或 6300kVA 变压器运行损耗率低。变压器负载大于 1800kW 后，容量 8000kVA 变压器运行时，其无功消耗引起电网的有功损耗率最小。

2. SZ9–10000～20000 型变压器

（1）SZ9–10000～20000 型变压器运行时的损耗（见表 4–7）

表 4–7　　35kV SZ9–10000～20000 型变压器运行时的损耗表

输送功率 P（MW）	SZ9–10000			SZ9–12500			SZ9–16000			SZ9–20000		
	P_0/P_k 11.6/50.58 I_0%/0.6			P_0/P_k 13.68/59.85 I_0%/0.56			P_0/P_k 16.46/74.02 I_0%/0.54			P_0/P_k 19.46/87.14 I_0%/0.54		
	负载损耗（kW）	ΔP%（%）	ΔP_Q%（%）	负载损耗（kW）	ΔP%（%）	ΔP_Q%（%）	负载损耗（kW）	ΔP%（%）	ΔP_Q%（%）	负载损耗（kW）	ΔP%（%）	ΔP_Q%（%）
1	0.59	1.22	0.27	0.45	1.41	0.31	0.34	1.68	0.37	0.25	1.97	0.45
2	2.35	0.70	0.19	1.78	0.77	0.20	1.35	0.89	0.22	1.01	1.02	0.25
3	5.30	0.56	0.18	4.01	0.59	0.18	3.03	0.65	0.19	2.28	0.72	0.20
4	9.42	0.53	0.20	7.13	0.52	0.19	5.38	0.55	0.18	4.06	0.59	0.18
5	14.71	0.53	0.22	11.14	0.50	0.20	8.41	0.50	0.19	6.34	0.52	0.18
6	21.18	0.55	0.25	16.04	0.50	0.23	12.11	0.48	0.20	9.12	0.48	0.18
7	28.83	0.58	0.28	21.84	0.51	0.25	16.48	0.47	0.21	12.42	0.46	0.19
8	37.66	0.62	0.31	28.52	0.53	0.27	21.53	0.47	0.23	16.22	0.45	0.20
9	47.67	0.66	0.34	36.10	0.55	0.30	27.25	0.49	0.25	20.53	0.44	0.22
10	58.85	0.70	0.37	44.56	0.58	0.33	33.64	0.50	0.27	25.35	0.45	0.23
11				53.92	0.61	0.35	40.70	0.52	0.29	30.67	0.46	0.24
12				64.17	0.65	0.38	48.44	0.54	0.31	36.50	0.47	0.26

续表

输送功率 P（MW）	SZ9-10000			SZ9-12500			SZ9-16000			SZ9-20000		
	P_0/P_k 11.6/50.58 I_0%/0.6			P_0/P_k 13.68/59.85 I_0%/0.56			P_0/P_k 16.46/74.02 I_0%/0.54			P_0/P_k 19.46/87.14 I_0%/0.54		
	负载损耗（kW）	ΔP%（%）	ΔP_Q%（%）	负载损耗（kW）	ΔP%（%）	ΔP_Q%（%）	负载损耗（kW）	ΔP%（%）	ΔP_Q%（%）	负载损耗（kW）	ΔP%（%）	ΔP_Q%（%）
13							56.85	0.56	0.33	42.83	0.48	0.28
14							65.93	0.59	0.35	49.68	0.49	0.29
15							75.69	0.61	0.37	57.03	0.51	0.31
16							86.12	0.64	0.39	64.88	0.53	0.32
17										73.25	0.55	0.34
18										82.12	0.56	0.36
19										91.50	0.58	0.38

（2）SZ9-10000～20000 型变压器运行时的有功损耗率曲线图（见图 4-7）

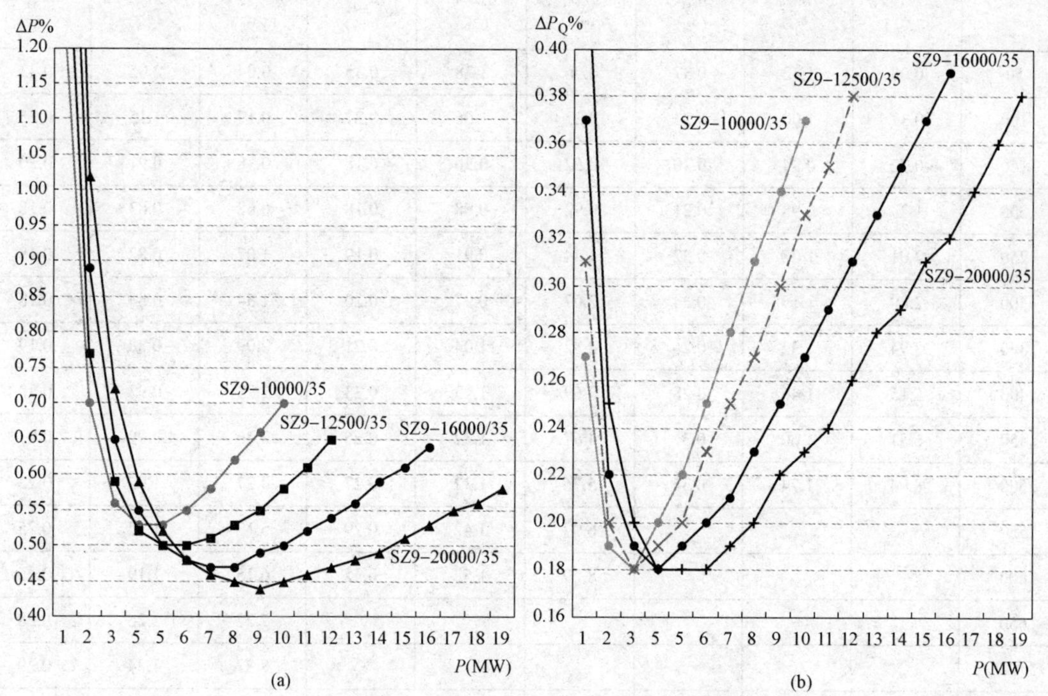

图 4-7　SZ9-5000～8000 型变压器运行时的有功损耗率曲线

（a）变压器有功损耗率曲线；（b）无功消耗引起的电网有功损耗率曲线

【节能策略】图中，变压器负载大于 6000kW 后，容量 20 000kVA 或 16 000kVA 变压器运行损耗率低。变压器负载大于 4500kW 后，容量 20 000kVA 变压器运行时，其无功消耗引起电网的有功损耗率最小。

4.3 S11 系列 35kV 变压器的损耗

4.3.1 S11 系列 35kV 无励磁调压变压器的损耗

本节变压器图表的计算参数（S_r、P_0、P_k、I_0%、U_k%）来源于《油浸式电力变压器技术参数和要求》（GB/T 6451—2015）表 4、表 5，适用于 Dyn11、Yyn0，Yd11、YNd11（容量 8000kVA 及以上）联结组变压器。S11 型变压器高压为 35、38.5kV，高压分接范围±5%、±2×2.5%；低压侧电压有 0.4、6.6、10.5kV 等。

1. S11–500～800 型配电变压器

（1）S11–500～800 型配电变压器运行时的损耗（见表 4–8）

表 4–8　35kV S11–500～800 型配电变压器运行时的损耗

输送功率 P（kW）	S11–500			S11–630			S11–800		
	P_0/P_k 0.68/6.91　I_0%/0.85			P_0/P_k 0.83/7.86；I_0%/0.65			P_0/P_k 0.98/9.4；I_0%/0.65		
	负载损耗（kW）	ΔP%（%）	ΔP_Q%（%）	负载损耗（kW）	ΔP%（%）	ΔP_Q%（%）	负载损耗（kW）	ΔP%（%）	ΔP_Q%（%）
50	0.08	1.52	0.37	0.06	1.78	0.35	0.04	2.05	0.43
100	0.32	1.00	0.23	0.23	1.06	0.21	0.17	1.15	0.25
150	0.72	0.94	0.20	0.52	0.90	0.18	0.38	0.91	0.20
200	1.29	0.98	0.21	0.92	0.88	0.18	0.68	0.83	0.18
250	2.01	1.08	0.22	1.44	0.91	0.19	1.07	0.82	0.18
300	2.89	1.19	0.24	2.07	0.97	0.20	1.54	0.84	0.18
350	3.94	1.32	0.26	2.82	1.04	0.21	2.09	0.88	0.19
400	5.15	1.46	0.28	3.69	1.13	0.23	2.73	0.93	0.20
450	6.51	1.60	0.31	4.67	1.22	0.25	3.46	0.99	0.22
500	8.04	1.74	0.34	5.76	1.32	0.27	4.27	1.05	0.23
550				6.97	1.42	0.29	5.17	1.12	0.25
600				8.29	1.52	0.32	6.15	1.19	0.26
650							7.22	1.26	0.28
700							8.37	1.34	0.29
750							9.61	1.41	0.31
800							10.94	1.49	0.33

（2）S11–500～800 型配电变压器运行时的有功损耗率曲线图（见图 4–8）

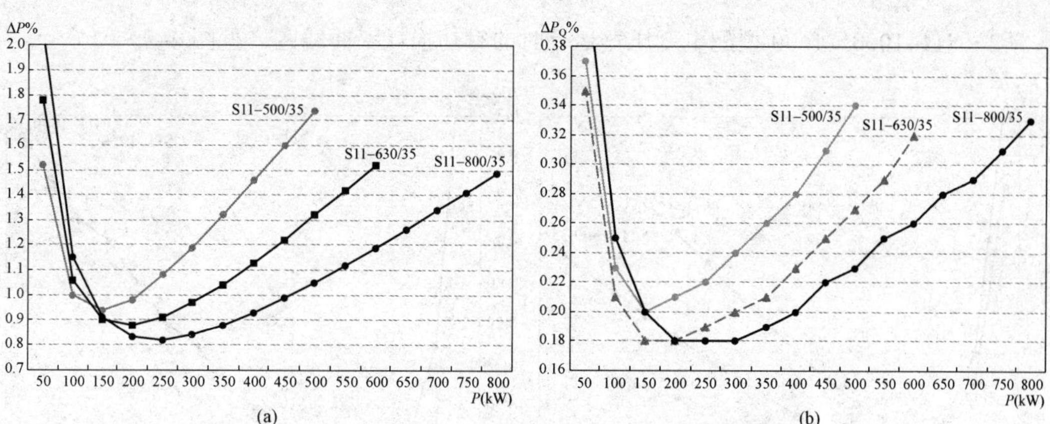

图 4-8　S11-500～800 型变压器运行时的有功损耗率曲线

（a）配电变压器有功损耗率曲线；（b）无功消耗引起的电网有功损耗率曲线

【节能策略】 图中，配电变压器负载大于 150kW 后，容量 800kVA 或 630kVA 变压器运行损耗率低。配电变压器负载大于 150kW 后，容量 800kVA 变压器运行时，其无功消耗引起电网的有功损耗率最小。

2. S11-1000～1600 型配电变压器

（1）S11-1000～1600 型配电变压器运行时的损耗（见表 4-9）

表 4-9　35kV S11-1000～1600 型配电变压器运行时的损耗

输送功率 P（MW）	S11-1000			S11-1250			S11-1600		
	P_0/P_k 1.15/11.5　I_0%/0.65			P_0/P_k 1.4/13.9；I_0%/0.60			P_0/P_k 1.69/16.6；I_0%/0.60		
	负载损耗（kW）	ΔP%（%）	ΔP_Q%（%）	负载损耗（kW）	ΔP%（%）	ΔP_Q%（%）	负载损耗（kW）	ΔP%（%）	ΔP_Q%（%）
0.1	0.13	1.28	0.29	0.10	1.50	0.32	0.08	1.77	0.40
0.2	0.54	0.84	0.19	0.41	0.91	0.20	0.30	1.00	0.23
0.3	1.20	0.78	0.18	0.93	0.78	0.17	0.68	0.79	0.18
0.4	2.14	0.82	0.19	1.66	0.76	0.17	1.21	0.72	0.17
0.5	3.34	0.90	0.20	2.59	0.80	0.18	1.89	0.72	0.17
0.6	4.82	0.99	0.22	3.73	0.85	0.20	2.72	0.73	0.18
0.7	6.56	1.10	0.25	5.07	0.92	0.21	3.70	0.77	0.19
0.8	8.56	1.21	0.27	6.62	1.00	0.23	4.83	0.81	0.20
0.9	10.84	1.33	0.30	8.38	1.09	0.25	6.11	0.87	0.21
1.0	13.38	1.45	0.33	10.35	1.17	0.27	7.54	0.92	0.23
1.1				12.52	1.27	0.29	9.13	0.98	0.24
1.2				14.90	1.36	0.32	10.86	1.05	0.26
1.3							12.75	1.11	0.28
1.4							14.79	1.18	0.29
1.5							16.97	1.24	0.31
1.6							19.31	1.31	0.33

（2）S11-1000～1600 型配电变压器运行时的有功损耗率曲线图（见图 4-9）

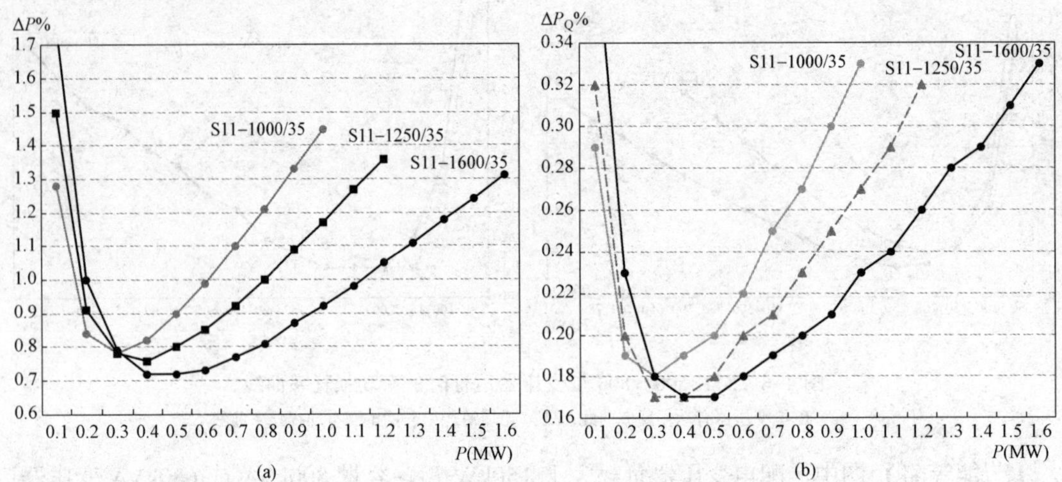

图 4-9 S11-1000～1600 型配电变压器运行时的有功损耗率曲线

（a）配电变压器有功损耗率曲线；（b）无功消耗引起的电网有功损耗率曲线

【节能策略】图中，配电变压器负载大于 350kW 后，容量 1600kVA 或 1250kVA 变压器运行损耗率低。配电变压器负载大于 400kW 后，容量 1600kVA 变压器运行时，其无功消耗引起电网的有功损耗率最小。

3. S11-5000～8000 型变压器

（1）S11-5000～8000 型变压器运行时的损耗（见表 4-10）

表 4-10　　35kV S11-5000～8000 型变压器运行时的损耗

输送功率 P（MW）	S11-5000			S11-6300			S11-8000		
	P_0/P_k 4.32/31.3　I_0%/0.45			P_0/P_k 5.24/35；I_0%/0.45			P_0/P_k 7.2/38.4；I_0%/0.35		
	负载损耗（kW）	ΔP%（%）	ΔP_Q%（%）	负载损耗（kW）	ΔP%（%）	ΔP_Q%（%）	负载损耗（kW）	ΔP%（%）	ΔP_Q%（%）
0.5	0.36	0.94	0.21	0.26	1.10	0.25	0.17	1.47	0.25
1.0	1.46	0.58	0.16	1.03	0.63	0.17	0.70	0.79	0.16
1.5	3.28	0.51	0.16	2.31	0.50	0.15	1.57	0.58	0.14
2.0	5.83	0.51	0.18	4.10	0.47	0.16	2.79	0.50	0.15
2.5	9.10	0.54	0.20	6.41	0.47	0.17	4.36	0.46	0.16
3.0	13.11	0.58	0.23	9.23	0.48	0.19	6.28	0.45	0.18
3.5	17.84	0.63	0.25	12.57	0.51	0.21	8.55	0.45	0.19
4.0	23.31	0.69	0.28	16.42	0.54	0.24	11.17	0.46	0.21
4.5	29.50	0.75	0.31	20.78	0.58	0.26	14.14	0.47	0.23
5.0	36.42	0.81	0.34	25.65	0.62	0.28	17.45	0.49	0.26
5.5				31.04	0.66	0.31	21.12	0.51	0.28
6.0				36.93	0.70	0.33	25.13	0.54	0.30
6.5							29.49	0.56	0.32

续表

输送功率 P（MW）	S11-5000			S11-6300			S11-8000		
	P_0/P_k 4.32/31.3　I_0%/0.45			P_0/P_k 5.24/35；I_0%/0.45			P_0/P_k 7.2/38.4；I_0%/0.35		
	负载损耗（kW）	ΔP%（%）	ΔP_Q%（%）	负载损耗（kW）	ΔP%（%）	ΔP_Q%（%）	负载损耗（kW）	ΔP%（%）	ΔP_Q%（%）
7.0							34.20	0.59	0.34
7.5							39.27	0.62	0.36
8.0							44.68	0.65	0.38

（2）S11-5000～8000 型变压器运行时的有功损耗率曲线图（见图 4-10）

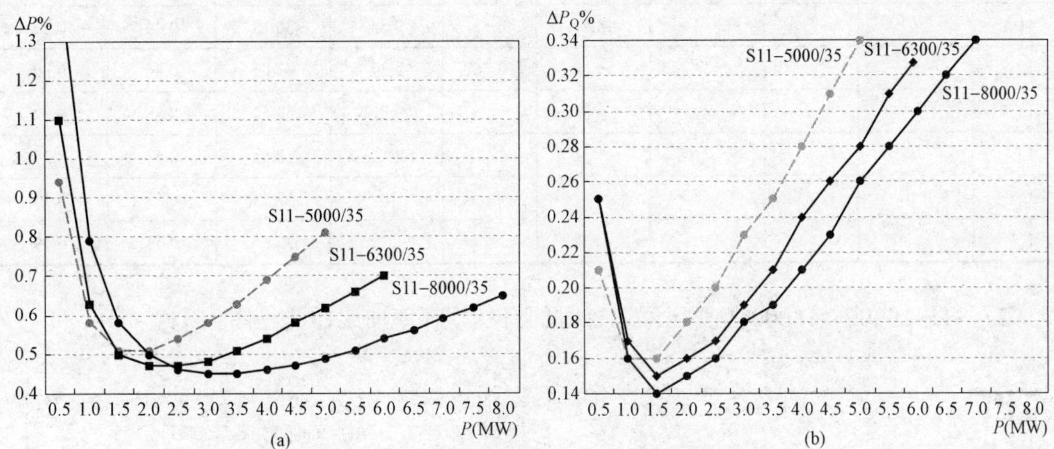

图 4-10　S11-5000～8000 型变压器运行时的有功损耗率曲线

（a）变压器有功损耗率曲线；（b）无功消耗引起的电网有功损耗率曲线

【节能策略】图中，变压器负载大于 2500kW 后，容量 8000kVA 或 6300kVA 变压器运行损耗率低。变压器负载大于 1000kW 后，容量 8000kVA 变压器运行时，其无功消耗引起电网的有功损耗率最小。

4. S11-10000～16000 型变压器

（1）S11-10000～16000 型变压器运行时的损耗（见表 4-11）

表 4-11　　35kV S11-10000～16000 型变压器运行时的损耗表

输送功率 P（MW）	S11-10000			S11-12500			S11-16000		
	P_0/P_k 8.7/45.3　I_0%/0.35			P_0/P_k 10.0/53.8；I_0%/0.30			P_0/P_k 12.1/65.8；I_0%/0.30		
	负载损耗（kW）	ΔP%（%）	ΔP_Q%（%）	负载损耗（kW）	ΔP%（%）	ΔP_Q%（%）	负载损耗（kW）	ΔP%（%）	ΔP_Q%（%）
1	0.53	0.92	0.18	0.40	1.04	0.18	0.30	1.24	0.22
2	2.11	0.54	0.14	1.60	0.58	0.13	1.20	0.66	0.14
3	4.74	0.45	0.16	3.61	0.45	0.14	2.69	0.49	0.13
4	8.43	0.43	0.18	6.41	0.41	0.16	4.78	0.42	0.14
5	13.18	0.44	0.21	10.01	0.40	0.18	7.48	0.39	0.15

续表

输送功率 P（MW）	S11-10000			S11-12500			S11-16000		
	P_0/P_k 8.7/45.3 I_0%/0.35			P_0/P_k 10.0/53.8；I_0%/0.30			P_0/P_k 12.1/65.8；I_0%/0.30		
	负载损耗（kW）	ΔP%（%）	ΔP_Q%（%）	负载损耗（kW）	ΔP%（%）	ΔP_Q%（%）	负载损耗（kW）	ΔP%（%）	ΔP_Q%（%）
6	18.97	0.46	0.25	14.42	0.41	0.20	10.77	0.38	0.17
7	25.82	0.49	0.28	19.63	0.42	0.23	14.65	0.38	0.19
8	33.73	0.53	0.32	25.64	0.45	0.26	19.14	0.39	0.21
9	42.69	0.57	0.35	32.45	0.47	0.28	24.22	0.40	0.23
10	52.70	0.61	0.39	40.06	0.50	0.31	29.90	0.42	0.25
11				48.47	0.53	0.34	36.18	0.44	0.27
12				57.69	0.56	0.37	43.06	0.46	0.30
13							50.54	0.48	0.32
14							58.61	0.51	0.34
15							67.28	0.53	0.36
16							76.55	0.55	0.39

（2）S11-10000～16000 型变压器运行时的有功损耗率曲线图（见图 4-11）

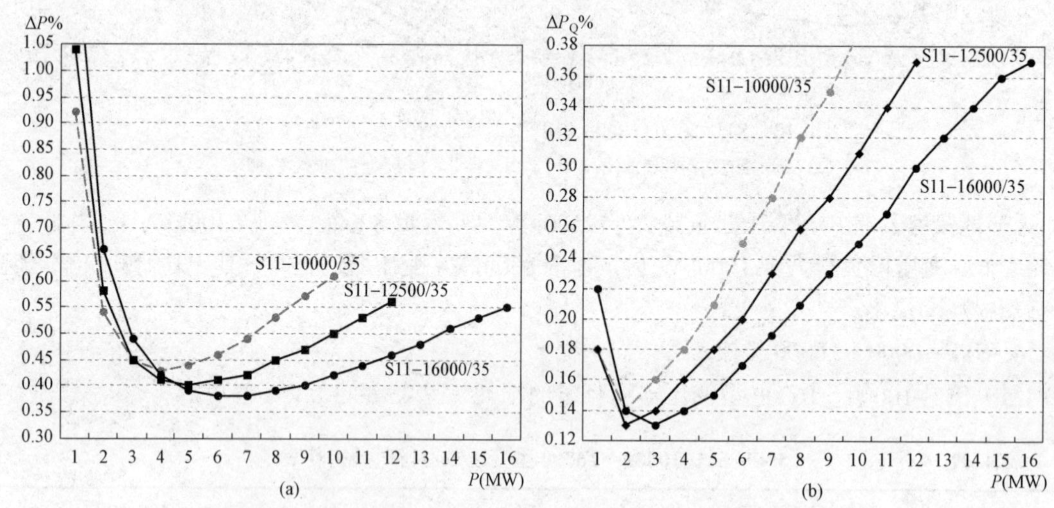

图 4-11 S11-10000～16000 型变压器运行时的有功损耗率曲线

（a）变压器有功损耗率曲线；（b）无功消耗引起的电网有功损耗率曲线

【节能策略】 图中，变压器负载大于 4000kW 后，容量 12 500kVA 或 16 000kVA 变压器运行损耗率低。变压器负载大于 2500kW 后，容量 16 000kVA 变压器运行时，其无功消耗引起电网的有功损耗率最小。

5. S11-20000～31500 型变压器

（1）S11-20000～31500 型变压器运行时的损耗（见表 4-12）

表 4-12　　35kV S11-20000～31500 型变压器运行时的损耗表

输送功率 P（MW）	S11-20000			S11-25000			S11-31500		
	P_0/P_k 14.4/79.5　I_0%/0.30			P_0/P_k 17/94；I_0%/0.25			P_0/P_k 20.2/112；I_0%/0.25		
	负载损耗（kW）	ΔP%（%）	ΔP_Q%（%）	负载损耗（kW）	ΔP%（%）	ΔP_Q%（%）	负载损耗（kW）	ΔP%（%）	ΔP_Q%（%）
2	0.92	0.77	0.19	0.70	0.88	0.19	0.53	1.04	0.23
4	3.70	0.45	0.14	2.80	0.49	0.13	2.10	0.56	0.15
6	8.32	0.38	0.14	6.30	0.39	0.13	4.73	0.42	0.14
8	14.80	0.36	0.16	11.20	0.35	0.15	8.40	0.36	0.15
10	23.12	0.38	0.19	17.50	0.34	0.18	13.13	0.33	0.17
12	33.30	0.40	0.23	25.20	0.35	0.21	18.91	0.33	0.19
14	45.32	0.43	0.26	34.30	0.37	0.24	25.74	0.33	0.22
16	59.20	0.46	0.30	44.80	0.39	0.27	33.62	0.34	0.24
18	74.92	0.50	0.33	56.69	0.41	0.30	42.55	0.35	0.27
20	92.49	0.53	0.37	69.99	0.43	0.33	52.53	0.36	0.30
22				84.69	0.46	0.36	63.56	0.38	0.33
24				100.79	0.49	0.40	75.64	0.40	0.35
26						0.43	88.77	0.42	0.38
28							102.96	0.44	0.41
30							118.19	0.46	0.44

（2）S11-20000～31500 型变压器运行时的有功损耗率曲线图（见图 4-12）

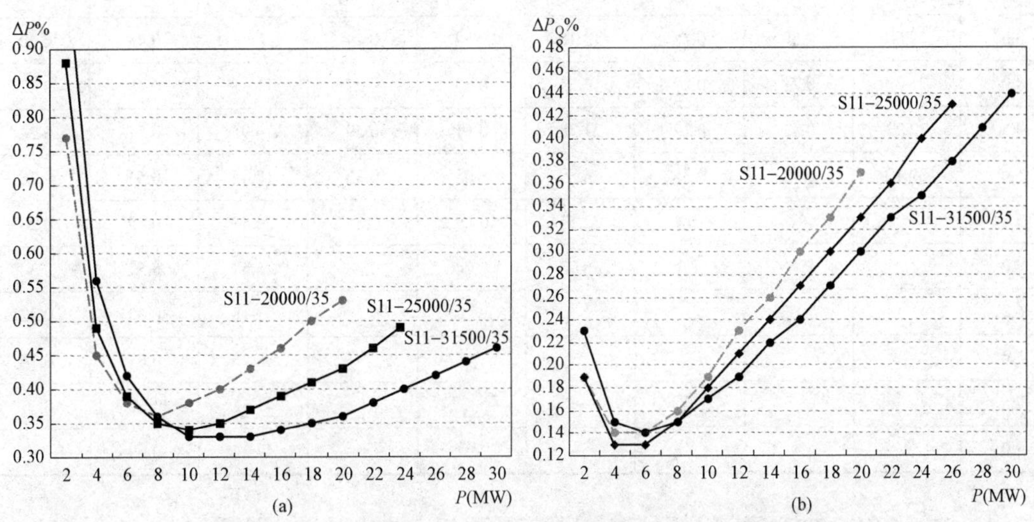

图 4-12　S11-20000～31500 型变压器运行时的有功损耗率曲线

（a）变压器有功损耗率曲线；（b）无功消耗引起的电网有功损耗率曲线

【节能策略】图中，变压器负载大于 8000kW 后，容量 25 000kVA 或 31 500kVA 变压器运行损耗率低。变压器负载大于 5000kW 后，容量 31 500kVA 变压器运行时，其无功消耗引起电网的有功损耗率最小。

4.3.2 SZ11 系列 35kV 有载调压变压器的损耗

本节变压器图表的计算参数（S_r、P_0、P_k、I_0%、U_k%）来源于《油浸式电力变压器技术参数和要求》（GB/T 6451—2015）表 6，适用于 Yd11、YNd11（容量 8000kVA 及以上）联结组变压器。SZ11 型变压器高压为 35～38.5kV，高压分接范围±3×2.5%；低压侧电压有 6.3、6.6、10.5kV。

1. SZ11–5000～8000 型变压器

（1）SZ11–5000～8000 型变压器运行时的损耗（见表 4–13）

表 4–13　35kV SZ11–5000～8000 型变压器运行时的损耗表

输送功率 P（MW）	SZ11–5000			SZ11–6300			SZ11–8000		
	P_0/P_k 4.64/34.2　I_0%/0.50			P_0/P_k 5.63/36.7；I_0%/0.50			P_0/P_k 7.87/40.6；I_0%/0.40		
	负载损耗（kW）	ΔP%（%）	ΔP_Q%（%）	负载损耗（kW）	ΔP%（%）	ΔP_Q%（%）	负载损耗（kW）	ΔP%（%）	ΔP_Q%（%）
0.5	0.40	1.01	0.23	0.27	1.18	0.28	0.18	1.61	0.28
1.0	1.59	0.62	0.17	1.08	0.67	0.19	0.74	0.86	0.17
1.5	3.58	0.55	0.16	2.42	0.54	0.17	1.66	0.64	0.16
2.0	6.37	0.55	0.18	4.30	0.50	0.18	2.95	0.54	0.16
2.5	9.95	0.58	0.20	6.72	0.49	0.20	4.61	0.50	0.17
3.0	14.32	0.63	0.23	9.68	0.51	0.22	6.64	0.48	0.18
3.5	19.50	0.69	0.26	13.18	0.54	0.24	9.04	0.48	0.20
4.0	25.47	0.75	0.29	17.21	0.57	0.27	11.81	0.49	0.22
4.5	32.23	0.82	0.32	21.78	0.61	0.29	14.95	0.51	0.24
5.0	39.79	0.89	0.35	26.89	0.65	0.32	18.45	0.53	0.26
5.5				32.54	0.69	0.35	22.33	0.55	0.28
6.0				38.73	0.74	0.38	26.57	0.57	0.30
6.5							31.18	0.60	0.32
7.0							36.16	0.63	0.34
7.5							41.52	0.66	0.37
8.0							47.24	0.69	0.39

（2）S11–5000～8000 型变压器运行时的有功损耗率曲线图（见图 4–13）

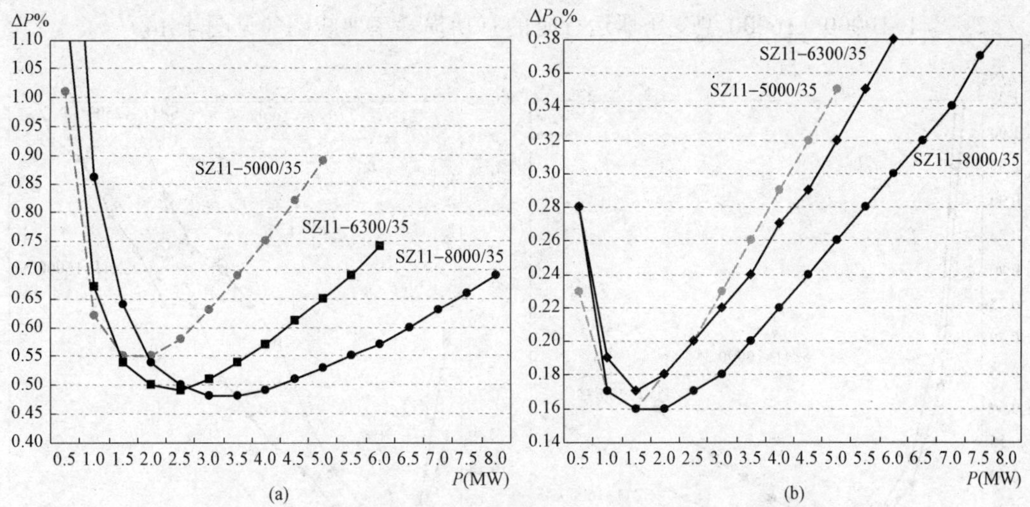

图 4–13　S11–5000～8000 型变压器运行时的有功损耗率曲线

（a）变压器有功损耗率曲线；（b）无功消耗引起的电网有功损耗率曲线

【节能策略】 图中，变压器负载大于 2500kW 后，容量 8000kVA 或 6300kVA 变压器运行损耗率低。变压器负载大于 1300kW 后，容量 8000kVA 变压器运行时，其无功消耗引起电网的有功损耗率最小。

2. SZ11–10000～16000 型变压器

（1）SZ11–10000～16000 型变压器运行时的损耗（见表 4–14）

表 4–14　　35kV SZ11–10000～16000 型变压器运行时的损耗表

输送功率 P（MW）	SZ11–10000			SZ11–12500			SZ11–16000		
	P_0/P_k 9.28/48　I_0%/0.4			P_0/P_k 10.9/56.8　I_0%/0.35			P_0/P_k 13.1/70.3　I_0%/0.35		
	负载损耗（kW）	$ΔP$%（%）	$ΔP_Q$%（%）	负载损耗（kW）	$ΔP$%（%）	$ΔP_Q$%（%）	负载损耗（kW）	$ΔP$%（%）	$ΔP_Q$%（%）
1	0.56	0.98	0.20	0.42	1.13	0.20	0.32	1.34	0.25
2	2.23	0.58	0.15	1.69	0.63	0.15	1.28	0.72	0.16
3	5.03	0.48	0.17	3.81	0.49	0.15	2.88	0.53	0.14
4	8.94	0.46	0.19	6.77	0.44	0.16	5.11	0.46	0.15
5	13.96	0.46	0.22	10.57	0.43	0.18	7.99	0.42	0.16
6	20.10	0.49	0.25	15.23	0.44	0.21	11.50	0.41	0.18
7	27.36	0.52	0.30	20.72	0.45	0.25	15.66	0.41	0.19
8	35.74	0.56	0.32	27.07	0.47	0.27	20.45	0.42	0.21
9	45.23	0.61	0.35	34.26	0.50	0.29	25.88	0.43	0.23
10	55.84	0.65	0.40	42.29	0.53	0.30	31.95	0.45	0.27
11				51.17	0.56	0.33	38.66	0.47	0.27
12				60.90	0.60	0.37	46.01	0.49	0.30
13							53.99	0.52	0.32
14							62.62	0.54	0.35
15							71.89	0.57	0.36
16							81.79	0.59	0.40

（2）S11–10000～16000 型变压器运行时的有功损耗率曲线图（见图 4–14）

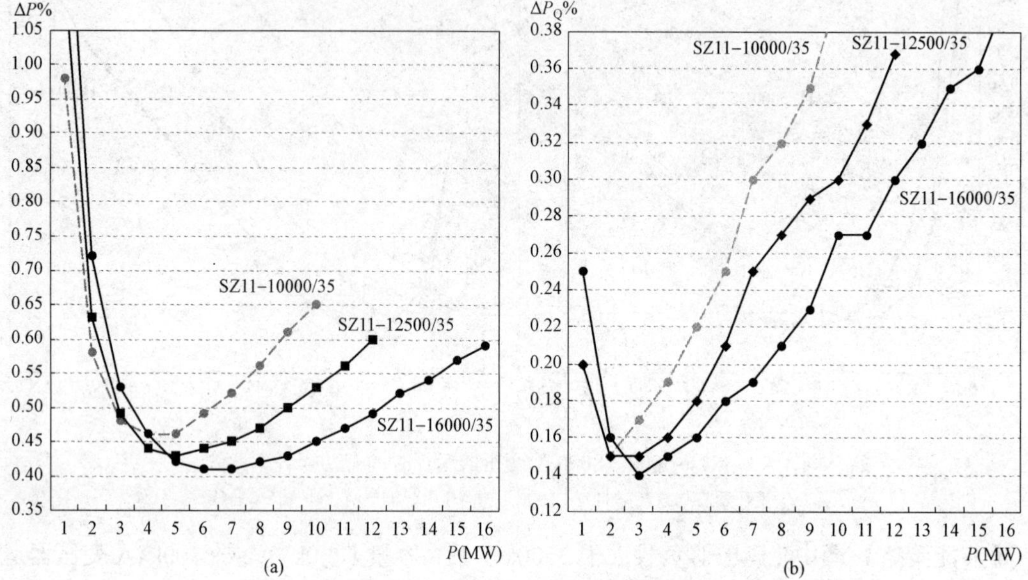

图 4–14　S11–10000～16000 型变压器运行时的有功损耗率曲线

（a）变压器有功损耗率曲线；（b）无功消耗引起的电网有功损耗率曲线

【节能策略】图中，变压器负载大于 5000kW 后，容量 16 000kVA 或 12 500kVA 变压器运行损耗率低。变压器负载大于 3000kW 后，容量 16 000kVA 变压器运行时，其无功消耗引起电网的有功损耗率最小。

3. SZ11–20000～31500 型变压器

（1）SZ11–20000～31500 型变压器运行时的损耗（见表 4–15）

表 4–15　　35kV SZ11–20000～31500 型变压器运行时的损耗表

输送功率 P（MW）	SZ11–20000			SZ11–25000			SZ11–31500		
	P_0/P_k 15.5/82.7 I_0%/0.35			P_0/P_k 18.3/97.8 I_0%/0.30			P_0/P_k 21.8/116 I_0%/0.30		
	负载损耗（kW）	ΔP%（%）	ΔP_Q%（%）	负载损耗（kW）	ΔP%（%）	ΔP_Q%（%）	负载损耗（kW）	ΔP%（%）	ΔP_Q%（%）
2	0.96	0.82	0.18	0.73	0.95	0.18	0.54	1.12	0.22
4	3.85	0.48	0.14	2.91	0.53	0.14	2.18	0.60	0.15
6	8.66	0.40	0.16	6.55	0.41	0.15	4.90	0.44	0.15
8	15.39	0.39	0.18	11.65	0.37	0.17	8.70	0.38	0.17
10	24.05	0.40	0.21	18.21	0.37	0.20	13.60	0.35	0.19
12	34.64	0.42	0.25	26.22	0.37	0.23	19.59	0.34	0.21
14	47.15	0.45	0.28	35.68	0.39	0.26	26.66	0.35	0.23
16	61.58	0.48	0.32	46.61	0.41	0.29	34.82	0.35	0.26
18	77.94	0.52	0.35	58.99	0.43	0.32	44.07	0.37	0.29
20	96.22	0.56	0.39	72.82	0.46	0.35	54.41	0.38	0.31
22				88.11	0.48	0.38	65.83	0.40	0.34

续表

输送功率 P（MW）	SZ11–20000			SZ11–25000			SZ11–31500		
	P_0/P_k 15.5/82.7　I_0%/0.35			P_0/P_k 18.3/97.8　I_0%/0.30			P_0/P_k 21.8/116　I_0%/0.30		
	负载损耗（kW）	ΔP%（%）	ΔP_Q%（%）	负载损耗（kW）	ΔP%（%）	ΔP_Q%（%）	负载损耗（kW）	ΔP%（%）	ΔP_Q%（%）
24				104.86	0.51	0.41	78.34	0.42	0.37
26							91.94	0.44	0.40
28							106.63	0.46	0.43
30							122.41	0.48	0.46

（2）S11–20000～31500 型变压器运行时的有功损耗率曲线图（见图 4–15）

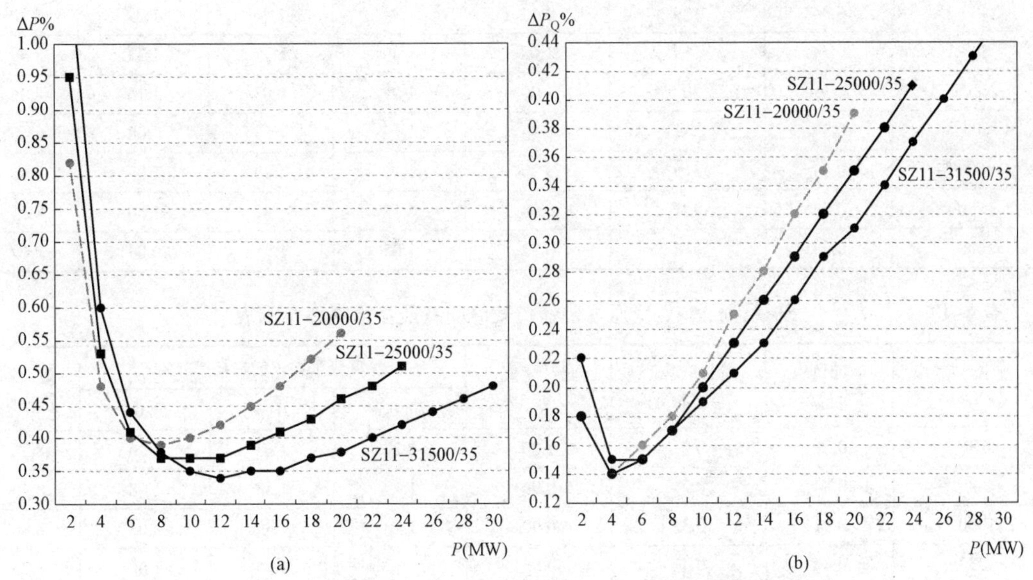

图 4–15　S11–20000～31500 型变压器运行时的有功损耗率曲线

（a）变压器有功损耗率曲线；（b）无功消耗引起的电网有功损耗率曲线

【节能策略】 图中，变压器负载大于 8000kW 后，容量 31 500kVA 或 25 000kVA 变压器运行损耗率低。变压器负载大于 6000kW 后，容量 31 500kVA 变压器运行时，其无功消耗引起电网的有功损耗率最小。

4.4　35kV 变压器的节能措施

4.4.1　S9 系列变压器节能措施

（1）合理调控变压器运行负荷，使变压器运行在最佳经济运行区，可以实现节能运行。

对于 S9 系列 35kV 不同型号、不同容量的变压器，其最佳负载功率、最佳损耗率范围、额定负载下的最大铜铁损比（动态情况下变压器额定负载损耗与空载损耗的比值，下同）等数据，参见表 4-16～表 4-18。

表 4-16　　S9 系列 35kV 配电变压器最佳负载区间及最佳损耗率范围表

额定容量（kVA）	最佳负载系数β_j	最佳负载功率（kW）	最佳负载损耗率（%）	典型负载系数下的损耗率（%）			最大铜铁损比
				β=0.7	β=1	β=0.2	
50	0.40	19	2.23	2.60	3.25	2.77	6.35
100	0.36	34	1.69	2.08	2.65	1.99	7.68
125	0.36	43	1.59	1.96	2.50	1.87	7.72
160	0.34	52	1.39	1.77	2.29	1.59	8.66
200	0.34	65	1.32	1.68	2.16	1.52	8.55
250	0.34	81	1.26	1.59	2.05	1.44	8.56
315	0.34	102	1.20	1.52	1.96	1.37	8.62
400	0.34	129	1.13	1.44	1.86	1.29	8.70
500	0.34	159	1.08	1.39	1.79	1.23	8.89
630	0.35	207	1.00	1.27	1.63	1.16	8.36
800	0.34	261	0.94	1.19	1.53	1.08	8.45
1000	0.34	319	0.90	1.16	1.49	1.03	8.86
1250	0.34	401	0.88	1.12	1.45	1.00	8.75
1600	0.34	516	0.82	1.05	1.35	0.94	8.69

表 4-17　　S9 系列 35kV 变压器最佳负载区间及最佳损耗率范围表

额定容量（kVA）	最佳负载系数β_j	最佳负载功率（MW）	最佳负载损耗率（%）	典型负载系数下的损耗率（%）			最大铜铁损比
				β=0.7	β=1	β=0.2	
630	0.35	0.21	1.00	1.27	1.63	1.16	8.36
800	0.34	0.26	0.94	1.19	1.53	1.08	8.45
1000	0.34	0.32	0.90	1.16	1.49	1.03	8.86
1250	0.34	0.40	0.88	1.12	1.45	1.00	8.75
1600	0.34	0.52	0.82	1.05	1.35	0.94	8.69
2000	0.37	0.70	0.78	0.95	1.21	0.93	7.47
2500	0.38	0.91	0.70	0.83	1.05	0.86	6.79
3150	0.39	1.15	0.66	0.78	0.98	0.81	6.71
4000	0.39	1.47	0.62	0.73	0.91	0.75	6.69
5000	0.39	1.87	0.58	0.67	0.84	0.71	6.42
6300	0.41	2.46	0.53	0.61	0.76	0.68	5.91
8000	0.46	3.50	0.51	0.56	0.68	0.70	4.73
10 000	0.47	4.43	0.49	0.53	0.64	0.68	4.60
12 500	0.45	5.33	0.45	0.50	0.60	0.61	4.96
16 000	0.46	6.95	0.44	0.48	0.58	0.60	4.79
20 000	0.45	8.60	0.42	0.46	0.56	0.57	4.88
25 000	0.45	10.75	0.40	0.43	0.53	0.54	4.88
31 500	0.45	13.47	0.38	0.41	0.50	0.51	4.93

表 4–18　　SZ9 系列 35kV 变压器最佳负载区间及最佳损耗率范围表

额定容量（kVA）	最佳负载系数β_j	最佳负载功率（MW）	最佳负载损耗率（%）	典型负载系数下的损耗率（%）			最大铜铁损比
				β=0.7	β=1	β=0.2	
2000	0.37	0.70	0.82	1.00	1.27	0.98	7.38
2500	0.39	0.92	0.74	0.88	1.10	0.91	6.71
3150	0.38	1.15	0.70	0.83	1.05	0.86	6.76
4000	0.39	1.47	0.66	0.78	0.98	0.81	6.66
5000	0.39	1.86	0.62	0.73	0.92	0.77	6.52
6300	0.42	2.49	0.57	0.64	0.80	0.72	5.77
8000	0.47	3.56	0.55	0.60	0.72	0.77	4.56
10 000	0.47	4.44	0.52	0.57	0.68	0.72	4.58
12 500	0.47	5.54	0.49	0.54	0.64	0.68	4.59
16 000	0.46	7.00	0.47	0.51	0.62	0.64	4.72
20 000	0.46	8.76	0.44	0.48	0.58	0.61	4.70

上述表中可见，对于相对固定的负载区间，与有载调压方式相比，选用无励磁调压变压器损耗率低，运行节能性好；在相同的负载区间内，选择容量较大的同类型变压器，其运行损耗率低，节能性好。

（2）合理调控变压器的运行负载，不仅有利于降低变压器自身的有功损耗，而且有助于降低变压器无功消耗所引起电网的有功损耗率。

S9 系列 35kV 变压器不同负载系数下的无功消耗引起电网的有功损耗率情况见表 4–19～表 4–21。

表 4–19　S9 系列 35kV 配电变压器不同负载系数下无功消耗引起电网的有功损耗率表

额定容量（kVA）	空载电流 I_0（%）	短路阻抗 U_k（%）	典型负载系数下无功消耗引起电网的有功损耗率（%）			
			β=0.7	β=1	β_j	β=0.5
50	2.00	6.50	0.32	0.37	0.33	0.31
100	1.80	6.50	0.31	0.36	0.31	0.30
125	1.70	6.50	0.30	0.36	0.30	0.29
160	1.60	6.50	0.30	0.35	0.30	0.28
200	1.50	6.50	0.29	0.35	0.28	0.27
250、315	1.40	6.50	0.29	0.35	0.27	0.26
400	1.30	6.50	0.28	0.34	0.26	0.25
500	1.20	6.50	0.27	0.34	0.25	0.24
630	1.10	6.50	0.27	0.33	0.23	0.24
800、1000	1.00	6.50	0.26	0.33	0.22	0.23
1250	0.90	6.50	0.26	0.33	0.21	0.22
1600	0.80	6.50	0.25	0.32	0.20	0.21

表 4–20　S9 系列 35kV 变压器不同负载系数下无功消耗引起电网的有功损耗率表

额定容量（kVA）	空载电流 I_0（%）	短路阻抗 U_k（%）	典型负载系数下无功消耗引起电网的有功损耗率（%）			
			β=0.7	β=1	β_j	β=0.5
630	1.10	6.50	0.27	0.33	0.23	0.24
800、1000	1.00	6.50	0.26	0.33	0.22	0.23
1250	0.90	6.50	0.26	0.33	0.21	0.22
1600	0.80	6.50	0.25	0.32	0.20	0.21
2000	0.70	6.50	0.24	0.32	0.19	0.20
2500	0.60	6.50	0.24	0.31	0.18	0.19
3150、4000	0.56	7.00	0.25	0.33	0.18	0.20
5000	0.48	7.00	0.25	0.33	0.17	0.20
6300	0.48	7.50	0.26	0.35	0.19	0.21
8000、10 000	0.42	7.50	0.26	0.35	0.19	0.20
12 500～20 000	0.40	8.00	0.27	0.37	0.20	0.21
25 000、31 500	0.32	8.00	0.27	0.37	0.19	0.20

表 4–21　SZ9 系列 35kV 变压器不同负载系数下无功消耗引起电网的有功损耗率表

额定容量（kVA）	空载电流 I_0（%）	短路阻抗 U_k（%）	典型负载系数下无功消耗引起电网的有功损耗率（%）			
			β=0.7	β=1	β_j	β=0.5
2000、2500	0.80	6.5	0.25	0.32	0.20	0.21
3150、4000	0.72	7.0	0.26	0.34	0.20	0.22
5000	0.68	7.0	0.26	0.34	0.19	0.21
6300	0.68	7.5	0.27	0.36	0.21	0.22
8000、10 000	0.60	7.5	0.27	0.36	0.21	0.22
12 500	0.56	8.0	0.28	0.38	0.22	0.22
16 000、20 000	0.54	8.0	0.28	0.38	0.21	0.22

从上述表格可以看出，无论哪种类型变压器，控制变压器负载系数均可以大幅度降低变压器无功消耗引起电网的有功损耗率。负载系数为 0.5 及以下时，变压器无功消耗引起电网的有功损耗率较低，负载系数为 0.7 时的损耗率比负载系数为 0.50 时的损耗率平均高出约 0.05%，负载系数为 1.0 时的损耗率比负载系数为 0.50 时的损耗率平均高出约 0.10%。因此，对于 35kV 变电站的降损节能，由于变电站输送电量的基数非常大，损耗率每降低 0.1%，将会给用电单位带来巨大的经济效益。

（3）当变电站有多台变压器运行时，根据变压器的技术参数及负荷情况，优先投运技术参数优、容量较大的变压器，使其运行于变压器最佳经济运行区，可以实现节能运行。

从 4.2.1～4.2.2 中的表、图可见，同样的负载区间，当选用的变压器容量使得其负载系数区间处于 0.25～0.75 时，变压器运行损耗率低、经济性好。因此，合理调配 35kV 变电站不同主变压器的负载，严格控制变压器负载系数小于 0.20 运行，严格控制变压器重载运行，均可以实现变压器经济节能。

（4）变压器的节能改造。由于 S11 型变压器空载损耗比 S9 型下降了 20%，负载损耗比 S9 型下降了 5%，因此对于运行时间超过 15 年的 S9 型变压器，建议采用 S11 型及以上系列变压器替代，可以大幅度降低变压器运行损耗，实现节能运行。

目前不少单位还在运行着 S7 型电力变压器，按照我国最新的变压器能效等级规定，该类型变压器早属于高能耗变压器，因此，建议根据单位情况尽早进行节能改造，早改造、早受益，为国家节能减排、降低能耗做贡献。

4.4.2　S11 系列变压器节能措施

（1）合理调控变压器运行负荷，使变压器运行在最佳经济运行区，可以实现节能运行。

对于 S11 系列 35kV 不同型号、不同容量的变压器，其最佳运行负载区间、最佳损耗率范围、额定负载下的最大铜铁损比等数据情况见表 4–22～表 4–24。

表 4–22　　S11 系列 35kV 配电变压器最佳负载区间及最佳损耗率范围表

额定容量（kVA）	最佳负载系数β_j	最佳负载功率（kW）	最佳负载损耗率（%）	典型负载系数下的损耗率（%）			最大铜铁损比
				β=0.7	β=1	β=0.14	
50	0.36	17	1.89	2.34	2.99	2.78	7.88
100	0.33	31	1.47	1.90	2.46	2.04	9.18
125	0.33	39	1.38	1.79	2.32	1.92	9.22
160	0.31	47	1.20	1.63	2.13	1.59	10.58
200	0.31	59	1.15	1.54	2.01	1.54	10.25
250	0.31	74	1.08	1.46	1.91	1.45	10.37
315	0.31	93	1.03	1.40	1.83	1.38	10.39
400	0.31	118	0.98	1.33	1.74	1.31	10.39
500	0.31	145	0.94	1.27	1.67	1.24	10.67
630	0.32	190	0.87	1.16	1.52	1.18	9.94
800	0.32	239	0.82	1.09	1.43	1.10	10.07
1000	0.31	293	0.78	1.06	1.39	1.04	10.50
1250	0.31	368	0.76	1.03	1.35	1.01	10.43
1600	0.31	473	0.71	0.96	1.26	0.95	10.31
2000	0.31	589	0.68	0.91	1.19	0.90	10.39
2500	0.31	739	0.64	0.86	1.13	0.85	10.32

表 4–23　　S11 系列 35kV 变压器最佳负载区间及最佳损耗率范围表

额定容量（kVA）	最佳负载系数β_j	最佳负载功率（MW）	最佳负载损耗率（%）	典型负载系数下的损耗率（%）			最大铜铁损比
				β=0.7	β=1	β=0.14	
630	0.32	0.19	0.87	1.16	1.52	1.18	9.94
800	0.32	0.24	0.82	1.09	1.43	1.10	10.07
1000	0.31	0.29	0.78	1.06	1.39	1.04	10.50

续表

额定容量（kVA）	最佳负载系数β_j	最佳负载功率（MW）	最佳负载损耗率（%）	典型负载系数下的损耗率（%）			最大铜铁损比
				β=0.7	β=1	β=0.14	
1250	0.31	0.37	0.76	1.03	1.35	1.01	10.43
1600	0.31	0.47	0.71	0.96	1.26	0.95	10.31
2000	0.34	0.64	0.68	0.87	1.13	0.96	8.85
2500	0.35	0.84	0.61	0.76	0.97	0.89	8.04
3150	0.35	1.06	0.57	0.71	0.91	0.84	7.94
4000	0.35	1.35	0.54	0.66	0.85	0.78	7.94
5000	0.36	1.72	0.50	0.61	0.78	0.75	7.61
6300	0.38	2.26	0.46	0.55	0.70	0.71	7.01
8000	0.42	3.22	0.45	0.50	0.62	0.75	5.56
10 000	0.43	4.06	0.43	0.48	0.59	0.72	5.47
12 500	0.42	5.00	0.40	0.45	0.56	0.67	5.65
16 000	0.42	6.36	0.38	0.43	0.53	0.63	5.71
20 000	0.41	7.81	0.36	0.41	0.51	0.59	5.92
25 000	0.42	9.86	0.34	0.39	0.49	0.57	5.81
31 500	0.41	12.40	0.33	0.37	0.46	0.54	5.82

表 4–24　SZ11 系列 35kV 变压器最佳负载区间及最佳损耗率范围表

额定容量（kVA）	最佳负载系数β_j	最佳负载功率（MW）	最佳负载损耗率（%）	典型负载系数下的损耗率（%）			最大铜铁损比
				β=0.7	β=1	β=0.14	
2000	0.34	0.64	0.72	0.92	1.18	1.01	8.77
2500	0.35	0.84	0.65	0.80	1.03	0.95	7.95
3150	0.35	1.06	0.61	0.76	0.97	0.89	8.03
4000	0.36	1.35	0.57	0.71	0.91	0.84	7.90
5000	0.36	1.71	0.54	0.67	0.85	0.80	7.74
6300	0.38	2.29	0.49	0.59	0.74	0.76	6.84
8000	0.43	3.27	0.48	0.54	0.66	0.82	5.42
10 000	0.43	4.08	0.46	0.51	0.63	0.77	5.43
12 500	0.43	5.08	0.43	0.48	0.59	0.73	5.47
16 000	0.42	6.40	0.41	0.46	0.57	0.68	5.63
20 000	0.42	8.03	0.39	0.44	0.54	0.65	5.60
25 000	0.42	10.03	0.37	0.41	0.51	0.61	5.61
31 500	0.42	12.66	0.34	0.39	0.48	0.58	5.59

表中可见，对于相对固定的负载区间，与有载调压方式相比，选用无励磁调压变压器损耗率低，运行节能性好；在相同的负载区间正常运行负载范围内，选择容量较大的同类型变压器，其运行损耗率低，节能性好。

（2）合理调控变压器的运行负载，不仅有利于降低变压器自身的有功损耗，而且有助于

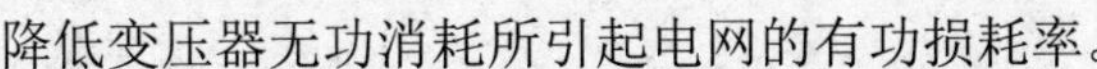

降低变压器无功消耗所引起电网的有功损耗率。

S11 系列 35kV 变压器不同负载系数下的无功消耗引起电网的有功损耗率见表 4–25～表 4–27。

表 4–25　S11 系列 35kV 配电变压器不同负载系数下无功消耗引起电网的有功损耗率表

额定容量（kVA）	空载电流 I_0（%）	短路阻抗 U_k（%）	典型负载系数下无功消耗引起电网的有功损耗率（%）			
			β=0.7	β=1	β_j	β=0.5
50	1.30	6.50	0.28	0.34	0.26	0.25
100、125	1.10	6.50	0.27	0.33	0.24	0.24
160	1.00	6.50	0.26	0.33	0.23	0.23
200	1.00	6.50	0.26	0.33	0.22	0.23
250、315	0.95	6.50	0.26	0.33	0.22	0.22
400、500	0.85	6.50	0.25	0.32	0.20	0.22
630、800、1000	0.65	6.50	0.24	0.31	0.18	0.20
1250、1600	0.60	6.50	0.24	0.31	0.17	0.19
2000	0.55	7.50	0.27	0.35	0.18	0.21
2500	0.55	8.50	0.30	0.40	0.19	0.23

表 4–26　S11 系列 35kV 变压器不同负载系数下无功消耗引起电网的有功损耗率表

额定容量（kVA）	空载电流 I_0（%）	短路阻抗 U_k（%）	典型负载系数下无功消耗引起电网的有功损耗率（%）			
			β=0.7	β=1	β_j	β=0.5
630、800、1000	0.65	6.50	0.24	0.31	0.18	0.20
1250	0.55	6.50	0.23	0.31	0.16	0.19
1600、2000、2500	0.45	6.50	0.23	0.31	0.15	0.18
3150、4000、5000	0.45	7.00	0.24	0.33	0.16	0.19
6300	0.45	8.00	0.27	0.37	0.18	0.21
8000	0.35	8.00	0.27	0.37	0.18	0.21
10 000	0.35	8.00	0.27	0.37	0.19	0.21
12 500、16 000、20 000	0.30	8.00	0.27	0.37	0.18	0.20
25 000、31 500	0.25	10.00	0.32	0.45	0.21	0.24

表 4–27　SZ11 系列 35kV 变压器不同负载系数下无功消耗引起电网的有功损耗率表

额定容量（kVA）	空载电流 I_0（%）	短路阻抗 U_k（%）	典型负载系数下无功消耗引起电网的有功损耗率（%）			
			β=0.7	β=1	β_j	β=0.5
2000、2500	0.5	6.5	0.23	0.31	0.16	0.19
3150、4000、5000	0.5	7.0	0.25	0.33	0.17	0.20
6300	0.5	8.0	0.28	0.37	0.19	0.22
8000、10 000	0.4	8.0	0.27	0.37	0.19	0.21

续表

额定容量（kVA）	空载电流 I_0（%）	短路阻抗 U_k（%）	典型负载系数下无功消耗引起电网的有功损耗率（%）			
			β=0.7	β=1	β_j	β=0.5
12 500	0.35	8.0	0.27	0.37	0.19	0.21
16 000、20 000	0.35	8.0	0.27	0.37	0.18	0.21
25 000、31 500	0.3	10	0.33	0.45	0.22	0.25

从上表可以看出，无论哪种类型变压器，控制变压器负载系数均可以大幅度降低变压器无功消耗引起电网的有功损耗率。负载系数为 0.5 时，变压器无功消耗引起电网的有功损耗率较低，负载系数为 0.7 时的损耗率比负载系数为 0.50 时的损耗率平均高出约 0.06%，负载系数为 1.0 时的损耗率比负载系数为 0.50 时的损耗率平均高出约 0.16%。由于 35kV 变电站输送电量的基数非常大，因此，损耗率每降低 0.1%，将会给用电单位带来巨大的经济效益。

（3）当变电站有多台变压器运行时，根据变压器的技术参数及负荷情况，优先投运技术参数优、容量较大的变压器，使其运行于变压器最佳经济运行区，可以实现节能运行。

从 4.3.1 和 4.3.2 中的表、图可见，同样的负载区间，当选用的变压器容量使得其负载系数区间达到 0.20～0.70 时，变压器运行损耗率低、经济性好。因此，合理调配 35kV 变电站不同主变的负载，严格控制变压器负载系数小于 0.14 运行，严格控制变压器重载运行，均可以实现变压器经济节能。

（4）推广应用 S11 节能型变压器，同时合理调控变压器运行负载，会给用电单位带来巨大的节能效果和经济效益，举例说明如下。

某单位 35kV 变电站运行一台 SFZ7–10000/35 型变压器，其空载损耗为 14.5kW，额定负载损耗为 56.2kW，该变压器年度最小负荷为 3900kW，最大负荷为 8600kW，平均负荷为 6300kW，变压器负荷波动损耗系数取 1.05，变压器一次侧功率因数为 0.95，变压器分接开关处于中间档位。下面分别选择 SFZ9、SFZ10、SFZ11 系列容量为 16 000kVA 的变压器，来对比分析选用 S11 系列变压器的节能性与经济性。

1）不同型号变压器运行时的损耗率对比表（见表 4–28）

表 4–28　　不同型号变压器运行时的损耗率对比表

输送功率 P（MW）	SZ7–10000 负载系数 β	SZ7–10000 P_0/P_k 14.5/56.2		SZ9–16000 负载系数 β	SZ9–16000 P_0/P_k 16.46/74.02		SZ10–16000 P_0/P_k 14.81/74		SZ11–16000 P_0/P_k 13.1/70.3	
		负载损耗（kW）	损耗率（%）		负载损耗（kW）	损耗率（%）	负载损耗（kW）	损耗率（%）	负载损耗（kW）	损耗率（%）
1	0.11	0.65	1.52	0.07	0.34	1.68	0.34	1.51	0.32	1.34
2	0.21	2.62	0.86	0.13	1.35	0.89	1.35	0.81	1.28	0.72
3	0.32	5.88	0.68	0.20	3.03	0.65	3.03	0.59	2.88	0.53
4	0.42	10.46	0.62	0.26	5.38	0.55	5.38	0.50	5.11	0.46
5	0.53	16.35	0.62	0.33	8.41	0.50	8.41	0.46	7.99	0.42
6	0.63	23.54	0.63	0.39	12.11	0.48	12.11	0.45	11.50	0.41
7	0.74	32.04	0.66	0.46	16.48	0.47	16.48	0.45	15.66	0.41
8	0.84	41.85	0.70	0.53	21.53	0.47	21.52	0.45	20.45	0.42

续表

输送功率 P（MW）	SZ7–10000 负载系数 β	SZ7–10000 P_0/P_k 14.5/56.2		SZ9–16000 负载系数 β	SZ9–16000 P_0/P_k 16.46/74.02		SZ10–16000 P_0/P_k 14.81/74		SZ11–16000 P_0/P_k 13.1/70.3	
		负载损耗（kW）	损耗率（%）		负载损耗（kW）	损耗率（%）	负载损耗（kW）	损耗率（%）	负载损耗（kW）	损耗率（%）
9	0.95	52.96	0.75	0.59	27.25	0.49	27.24	0.47	25.88	0.43
10	1.05	65.39	0.80	0.66	33.64	0.50	33.63	0.48	31.95	0.45
11				0.72	40.70	0.52	40.69	0.50	38.66	0.47
12				0.79	48.44	0.54	48.43	0.53	46.01	0.49
13				0.86	56.85	0.56	56.84	0.55	53.99	0.52
14				0.92	65.93	0.59	65.92	0.58	62.62	0.54
15				0.99	75.69	0.61	75.67	0.60	71.89	0.57

2）不同型号变压器运行时的损耗率对比图（见图 4–16）

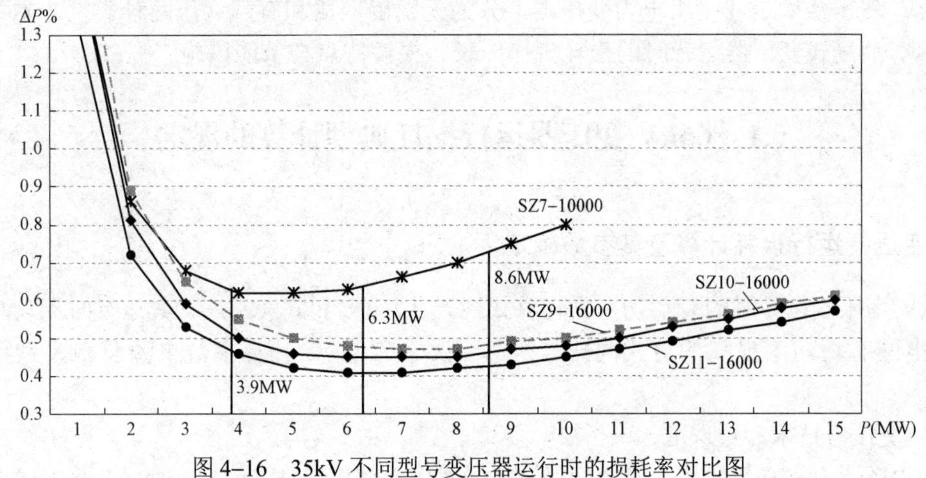

图 4–16　35kV 不同型号变压器运行时的损耗率对比图

图中，横坐标表示变压器一次侧输送的有功功率，纵坐标表示变压器运行时的有功损耗率。

由上述表图可见，当变压器在最小负荷 3900kW 运行时，SFZ7、SFZ9、SFZ10、SFZ11 系列变压器的运行损耗率分别为 0.63%、0.55%、0.51%、0.46%；当变压器在平均负荷 6300kW 运行时，SFZ7、SFZ9、SFZ10、SFZ11 系列变压器的损耗率分别为 0.64%、0.47%、0.45%、0.41%；当变压器运行在最大负荷 8600kW 时，SFZ7、SFZ9、SFZ10、SFZ11 系列变压器的损耗率分别为 0.73%、0.48%、0.46%、0.43%。

如果该变压器年运行时间 8000h，按照平均运行负荷计算，该变压器年供电量为 5040 万 kWh，选用 SFZ11–16000/35 变压器运行损耗率能够降低 0.23%，每年节电量为 11.74 万 kWh。该案例中，选用 SFZ11–16000 节能型变压器时的有功损耗率下降最大，节能效果也最好；若再考虑变压器运行时无功消耗对电网的有功损耗率影响，该选择方案的节能性和经济性将会更大。

目前一些单位还在运行着 S7 系列电力变压器，按照我国最新的变压器能效等级规定，该类型变压器属于高能耗变压器，从上述案例计算可见，优选节能变压器替代高耗能变压器有巨大的节能潜力。

66kV 变压器的运行损耗与节能

66kV 变压器均是双绕组电力变压器，分为无励磁调压和有载调压两种类型。本章节给出了 66kV 油浸式变压器运行时的损耗规律图表、损耗特点与节能措施。

5.1 66kV 变压器运行损耗典型计算的规定

5.1.1 变压器运行损耗计算及其参数确定

66kV 变压器运行时的有功功率损耗算式同式（2–1）和式（2–2），其运行时无功功率消耗引起电网有功功率损耗的算式同式（2–3）和式（2–4）。计算参数来源及相关系数确定如下。

（1）变压器技术参数选取

S9、S11 系列变压器技术参数来源于《油浸式电力变压器技术参数和要求》（GB/T 6451—2008）表 8 和表 9。变压器的空载损耗、额定负载损耗均为变压器主分接时的损耗值。

（2）负载波动损耗系数的规定

根据城网、农网公用变电站 66kV 主变压器负载波动经验数据，取 66kV 变压器一次侧负载波动损耗系数 K_{T1} 为 1.05。

（3）变压器一次侧功率因数的规定

根据相关国标要求，对于 66kV 变电站主变压器，其一次侧功率因数 $\cos\varphi$ 取 0.95。实际应用时，可根据运行时的平均功率因数参考表 2–1 修正变压器的损耗率。

5.1.2 变压器运行损耗查看说明

（1）本章节变压器运行损耗图表适用范围

1）S9、SZ9，S11、SZ11 系列油浸式变压器。

2）电压组合：高压 63、66、69kV，低压 6.3、6.6、10.5kV（称为电力变压器，简称变压器）。

3）高压分接范围：容量 5000kVA 及以下时，66（63、69）±5%；容量 6300kVA 及以上时 66±2×2.5%（无励磁调压）；容量 6300kVA 及以上时 66±8×1.25%（有载调压）。

4）联结组标号：Yd11（容量 2500kVA 及以下）、YNd11（容量 3150kVA 及以上）。

（2）本章节变压器运行损耗图表可查看内容

1）变压器的空载损耗 P_0、额定负载损耗 P_k 标准值，单位为 kW。

2）变压器运行时的有功功率损耗 ΔP 及有功损耗率 $\Delta P\%$。

3）变压器运行时的无功消耗引起电网的有功损耗 ΔP_Q 及有功损耗率 $\Delta P_Q\%$。

（3）本章节变压器损耗图表的特点

1）按照国标容量系列，以常用变压器容量为例，把相邻三个或四个额定容量变压器运行损耗特性编制为一套表图，方便对比分析、缩减篇幅。

2）以变压器输入功率的变化为变量，以相应有功功率损耗、有功功率损耗率为关注内容制作损耗表格，以便开展损耗（或损耗率）查询与对比分析。

3）以变压器运行时的输入有功功率（P）为横坐标，以有功功率损耗率（$\Delta P\%$）为纵坐标制作有功损耗率曲线图，以变压器无功消耗引起电网的有功功率损耗率（$\Delta P_Q\%$）为纵坐标制作变压器无功消耗引起电网的有功损耗率曲线图。

5.2　66kV 变压器的损耗

5.2.1　S9 系列 66kV 无励磁调压变压器的损耗

本节变压器图表的计算参数（S_r、P_0、P_k、$I_0\%$、$U_k\%$）来源于《油浸式电力变压器技术参数和要求》（GB/T 6451—2008）表 8 和表 9。其中，66kV 有载调压变压器技术参数为表 9，除了空载损耗 P_0 比表 8（无励磁调压变压器）略大一点外，其他参数均相同，因此，其损耗特点和规律可参考本节的图表使用。

1. S9–5000～8000 型变压器

（1）S9–5000～8000 型变压器运行时的损耗（见表 5–1）

表 5–1　　66kV S9–5000～8000 型变压器运行时的损耗

输送功率 P（MW）	S9–5000			S9–6300			S9–8000		
	P_0/P_k 7.2/32.4　$I_0\%$/0.85			P_0/P_k 9.2/36.0；$I_0\%$/0.75			P_0/P_k 11.2/42.7；$I_0\%$/0.75		
	负载损耗（kW）	$\Delta P\%$（%）	$\Delta P_Q\%$（%）	负载损耗（kW）	$\Delta P\%$（%）	$\Delta P_Q\%$（%）	负载损耗（kW）	$\Delta P\%$（%）	$\Delta P_Q\%$（%）
0.5	0.38	1.52	0.38	0.26	1.89	0.41	0.18	1.84	0.51
1	1.51	0.87	0.25	1.06	1.03	0.26	0.74	0.97	0.29
1.5	3.39	0.71	0.24	2.37	0.77	0.23	1.66	0.71	0.24
2	6.03	0.66	0.25	4.22	0.67	0.23	2.94	0.60	0.22
2.5	9.42	0.66	0.28	6.60	0.63	0.24	4.60	0.54	0.23
3	13.57	0.69	0.31	9.50	0.62	0.26	6.63	0.52	0.24
3.5	18.47	0.73	0.34	12.93	0.63	0.29	9.02	0.51	0.25

续表

输送功率 P（MW）	S9–5000			S9–6300			S9–8000		
	P_0/P_k 7.2/32.4 I_0%/0.85			P_0/P_k 9.2/36.0；I_0%/0.75			P_0/P_k 11.2/42.7；I_0%/0.75		
	负载损耗（kW）	ΔP%（%）	ΔP_Q%（%）	负载损耗（kW）	ΔP%（%）	ΔP_Q%（%）	负载损耗（kW）	ΔP%（%）	ΔP_Q%（%）
4	24.12	0.78	0.38	16.88	0.65	0.31	11.78	0.52	0.27
4.5	30.53	0.84	0.41	21.37	0.68	0.34	14.91	0.53	0.29
5	37.70	0.90	0.45	26.38	0.71	0.37	18.41	0.55	0.31
5.5				31.92	0.75	0.40	22.27	0.57	0.33
6				37.99	0.79	0.43	26.50	0.59	0.35
6.5							31.11	0.62	0.38
7							36.08	0.64	0.40
7.5							41.41	0.67	0.42
8							47.12	0.70	0.45

（2）S9–5000～8000 型变压器运行时的有功损耗率曲线图（见图 5–1）

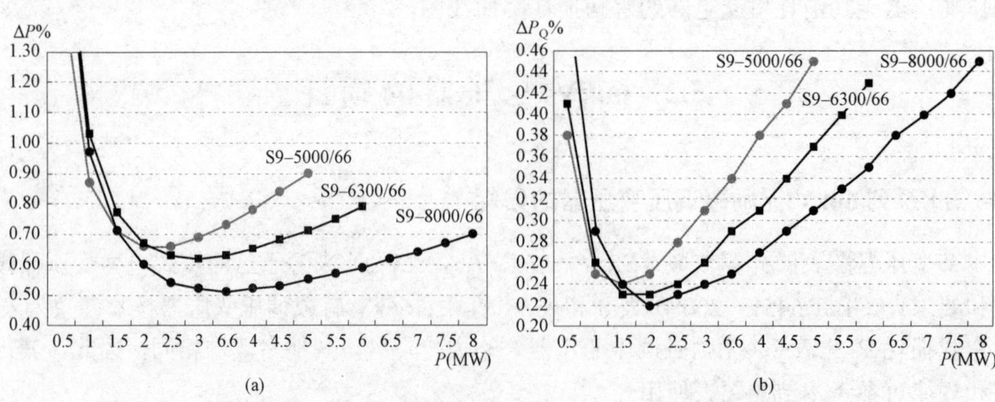

图 5–1 S9–5000～8000 型变压器运行时的有功损耗率曲线

（a）变压器有功损耗率曲线；（b）无功消耗引起的电网有功损耗率曲线

【节能策略】 图中，变压器负载大于 2300kW 后，容量 8000kVA 或 6300kVA 变压器运行损耗率低。变压器负载大于 2000kW 后，容量 8000kVA 变压器运行时，其无功消耗引起电网的有功损耗率最小。

2. S9–10000～16000 型变压器

（1）S9–10000～16000 型变压器运行时的损耗（见表 5–2）

表 5–2　　66kV S9–10000～16000 型变压器运行时的损耗表

输送功率 P（MW）	S9–10000			S9–12500			S9–16000		
	P_0/P_k 13.2/50.4 I_0%/0.70			P_0/P_k 15.6/59.8；I_0%/0.70			P_0/P_k 18.8/73.5；I_0%/0.65		
	负载损耗（kW）	ΔP%（%）	ΔP_Q%（%）	负载损耗（kW）	ΔP%（%）	ΔP_Q%（%）	负载损耗（kW）	ΔP%（%）	ΔP_Q%（%）
1	0.59	1.38	0.32	0.45	1.60	0.38	0.33	1.91	0.44
2	2.35	0.78	0.22	1.78	0.87	0.24	1.34	1.01	0.26

续表

输送功率 P（MW）	S9-10000			S9-12500			S9-16000		
	P_0/P_k 13.2/50.4　I_0%/0.70			P_0/P_k 15.6/59.8；I_0%/0.70			P_0/P_k 18.8/73.5；I_0%/0.65		
	负载损耗（kW）	ΔP%（%）	ΔP_Q%（%）	负载损耗（kW）	ΔP%（%）	ΔP_Q%（%）	负载损耗（kW）	ΔP%（%）	ΔP_Q%（%）
3	5.28	0.62	0.22	4.01	0.65	0.22	3.01	0.73	0.22
4	9.38	0.56	0.24	7.12	0.57	0.22	5.34	0.60	0.21
5	14.66	0.56	0.27	11.13	0.53	0.24	8.35	0.54	0.21
6	21.11	0.57	0.30	16.03	0.53	0.26	12.03	0.51	0.23
7	28.73	0.60	0.33	21.82	0.53	0.28	16.37	0.50	0.24
8	37.53	0.63	0.37	28.50	0.55	0.31	21.38	0.50	0.26
9	47.50	0.67	0.41	36.07	0.57	0.34	27.06	0.51	0.28
10	58.64	0.72	0.45	44.53	0.60	0.37	33.40	0.52	0.30
11				53.88	0.63	0.40	40.42	0.54	0.33
12				64.12	0.66	0.43	48.10	0.56	0.35
13							56.45	0.58	0.37
14							65.47	0.60	0.40
15							75.16	0.63	0.42
16							85.51	0.65	0.44

（2）S9-10000～16000 型变压器运行时的有功损耗率曲线图（见图 5-2）

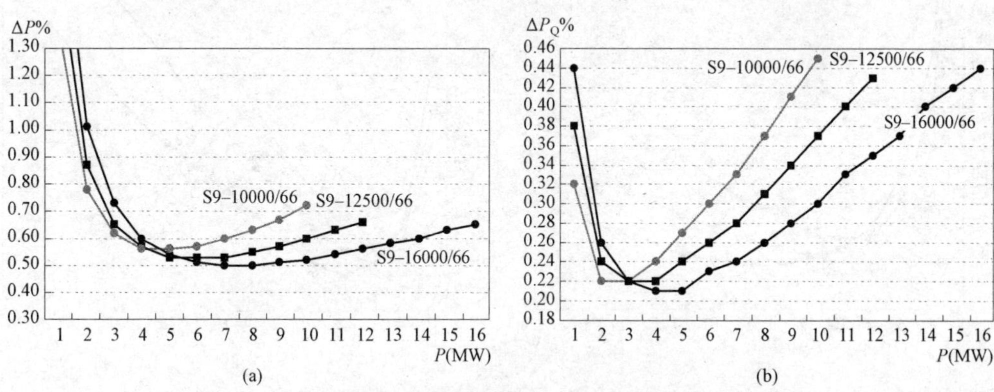

图 5-2　S9-10000～16000 型变压器运行时的有功损耗率曲线

（a）变压器有功损耗率曲线；（b）无功消耗引起的电网有功损耗率曲线

【节能策略】图中，变压器负载大于 5000kW 后，容量 12 500kVA 或 16 000kVA 变压器运行损耗率低。变压器负载大于 3000kW 后，容量 16 000kVA 变压器运行时，其无功消耗引起电网的有功损耗率最小。

3. S9-20000～31500 型变压器

（1）S9-20000～31500 型变压器运行时的损耗（见表 5-3）

表 5–3　　66kV S9–20000～31500 型变压器运行时的损耗表

输送功率 P（MW）	S9–20000			S9–25000			S9–31500		
	P_0/P_k 22.0/89.1　I_0%/0.65			P_0/P_k 26.0/105.3；I_0%/0.60			P_0/P_k 30.8/126.9；I_0%/0.55		
	负载损耗（kW）	ΔP%（%）	ΔP_Q%（%）	负载损耗（kW）	ΔP%（%）	ΔP_Q%（%）	负载损耗（kW）	ΔP%（%）	ΔP_Q%（%）
2	1.04	1.15	0.30	0.78	1.34	0.33	0.60	1.57	0.37
4	4.15	0.65	0.21	3.14	0.73	0.22	2.38	0.83	0.23
6	9.33	0.52	0.21	7.06	0.55	0.20	5.36	0.60	0.20
8	16.59	0.48	0.23	12.54	0.48	0.21	9.52	0.50	0.19
10	25.92	0.48	0.26	19.60	0.46	0.23	14.88	0.46	0.20
12	37.32	0.49	0.29	28.23	0.45	0.25	21.43	0.44	0.22
14	50.79	0.52	0.33	38.42	0.46	0.28	29.16	0.43	0.24
16	66.34	0.55	0.37	50.18	0.48	0.31	38.09	0.43	0.26
18	83.97	0.59	0.41	63.51	0.50	0.33	48.21	0.44	0.28
20	103.66	0.63	0.44	78.41	0.52	0.37	59.52	0.45	0.30
22				94.87	0.55	0.40	72.02	0.47	0.32
24				112.90	0.58	0.43	85.70	0.49	0.35
26							100.58	0.51	0.37
28							116.65	0.53	0.40
30							133.91	0.55	0.42

（2）S9–20000～31500 型变压器运行时的有功损耗率曲线图（见图 5–3）

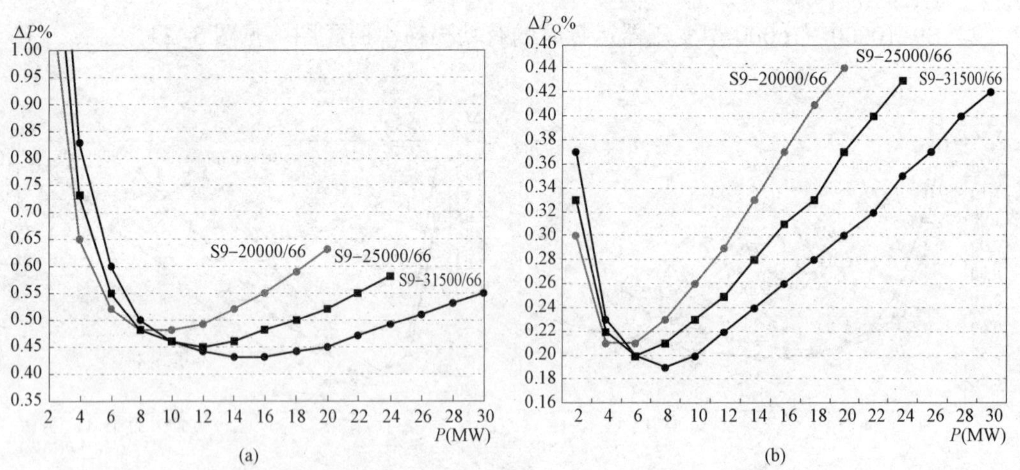

图 5–3　S9–20000～31500 型变压器运行时的有功损耗率曲线

（a）变压器有功损耗率曲线；（b）无功消耗引起的电网有功损耗率曲线

【节能策略】图中，变压器负载大于 10 000kW 后，容量 25 000kVA 或 31 500kVA 变压器运行损耗率低。变压器负载大于 6000kW 后，容量 31 500kVA 变压器运行时，其无功消耗引起电网的有功损耗率最小。

4. S9–40000～63000 型变压器

（1）S9–40000～63000 型变压器运行时的损耗（见表 5–4）

表 5-4　　66kV S9-40000～63000 型变压器运行时的损耗表

输送功率 P（MW）	S9-40000			S9-50000			S9-63000		
	P_0/P_k 36.8/148.9　I_0%/0.55			P_0/P_k 44.0/184.5；I_0%/0.50			P_0/P_k 52.0/222.3；I_0%/0.45		
	负载损耗（kW）	ΔP%（%）	ΔP_Q%（%）	负载损耗（kW）	ΔP%（%）	ΔP_Q%（%）	负载损耗（kW）	ΔP%（%）	ΔP_Q%（%）
4	1.73	0.96	0.26	1.37	1.13	0.28	1.04	1.33	0.31
8	6.93	0.55	0.19	5.50	0.62	0.19	4.17	0.70	0.19
12	15.59	0.44	0.20	12.36	0.47	0.18	9.38	0.51	0.17
16	27.72	0.40	0.22	21.98	0.41	0.20	16.68	0.43	0.18
20	43.31	0.40	0.25	34.34	0.39	0.22	26.07	0.39	0.19
24	62.36	0.41	0.29	49.46	0.39	0.24	37.53	0.37	0.21
28	84.89	0.43	0.32	67.32	0.40	0.27	51.09	0.37	0.23
32	110.87	0.46	0.36	87.92	0.41	0.30	66.73	0.37	0.25
36	140.32	0.49	0.40	111.28	0.43	0.33	84.45	0.38	0.27
40	173.24	0.53	0.44	137.38	0.45	0.36	104.26	0.39	0.29
44				166.23	0.48	0.39	126.16	0.40	0.32
48				197.82	0.50	0.42	150.14	0.42	0.34
52							176.20	0.44	0.37
56							204.35	0.46	0.39
60							234.59	0.48	0.42

（2）S9-40000～63000 型变压器运行时的有功损耗率曲线图（见图 5-4）

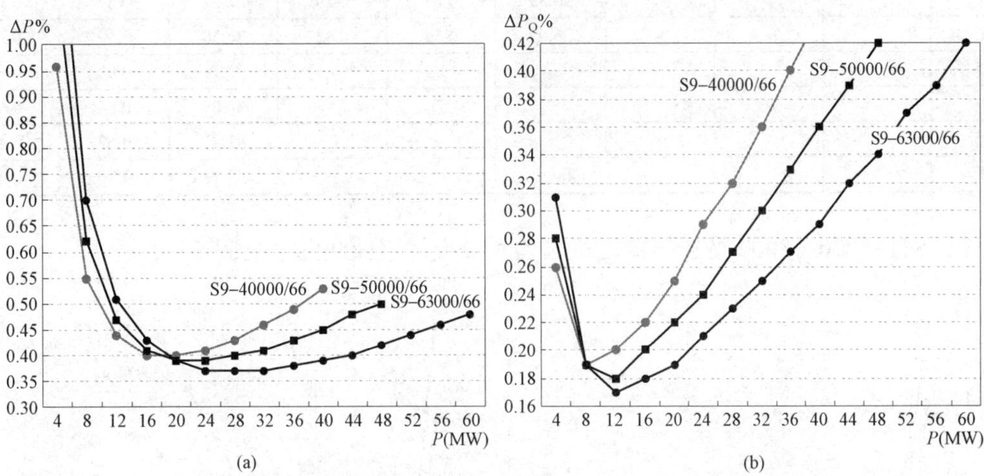

图 5-4　S9-40000～63000 型变压器运行时的有功损耗率曲线

（a）变压器有功损耗率曲线；（b）无功消耗引起的电网有功损耗率曲线

【节能策略】图中，变压器负载大于 20 000kW 后，容量 50 000kVA 或 63 000kVA 变压器运行损耗率低。变压器负载大于 5000kW 后，容量 63 000kVA 变压器运行时，其无功消耗引起电网的有功损耗率最小。

5.2.2　S11 系列 66kV 无励磁调压变压器的损耗

本节变压器图表的计算参数（S_r、P_0、P_k、I_0%、U_k%）来源于《油浸式电力变压器技术参数和要求》（GB/T 6451—2015）表 8 和表 9。其中，66kV 有载调压变压器技术参数为表 9，除了空载损耗 P_0 比表 8（无励磁调压变压器）略大一点外，其他参数均相同，因此，其损耗特点和规律可参考本节的图表使用。

1. S11–5000～8000 型变压器

（1）S11–5000～8000 型变压器运行时的损耗（见表 5–5）

表 5–5　　66kV S11–5000～8000 型变压器运行时的损耗

输送功率 P（MW）	S11–5000			S11–6300			S11–8000		
	P_0/P_k 5.7/30.7 I_0%/0.68			P_0/P_k 7.3/34.2；I_0%/0.60			P_0/P_k 8.9/40.5；I_0%/0.60		
	负载损耗（kW）	ΔP%（%）	ΔP_Q%（%）	负载损耗（kW）	ΔP%（%）	ΔP_Q%（%）	负载损耗（kW）	ΔP%（%）	ΔP_Q%（%）
0.5	0.36	1.21	0.31	0.25	1.51	0.34	0.18	1.82	0.41
1	1.43	0.71	0.21	1.00	0.83	0.22	0.74	0.96	0.24
1.5	3.21	0.59	0.20	2.26	0.64	0.20	1.66	0.70	0.21
2	5.71	0.57	0.22	4.01	0.57	0.21	2.94	0.59	0.20
2.5	8.93	0.59	0.24	6.27	0.54	0.23	4.60	0.54	0.21
3	12.86	0.62	0.27	9.02	0.54	0.25	6.63	0.52	0.22
3.5	17.50	0.66	0.30	12.28	0.56	0.28	9.02	0.51	0.24
4	22.86	0.71	0.33	16.04	0.58	0.30	11.78	0.52	0.26
4.5	28.93	0.77	0.37	20.30	0.61	0.33	14.91	0.53	0.28
5	35.72	0.83	0.40	25.06	0.65	0.36	18.41	0.55	0.30
5.5				30.33	0.68	0.39	22.27	0.57	0.32
6				36.09	0.72	0.42	26.50	0.59	0.35
6.5							31.11	0.62	0.37
7							36.08	0.64	0.40
7.5							41.41	0.67	0.42
8							47.12	0.70	0.45

（2）S11–5000～8000 型变压器运行时的有功损耗率曲线图（见图 5–5）

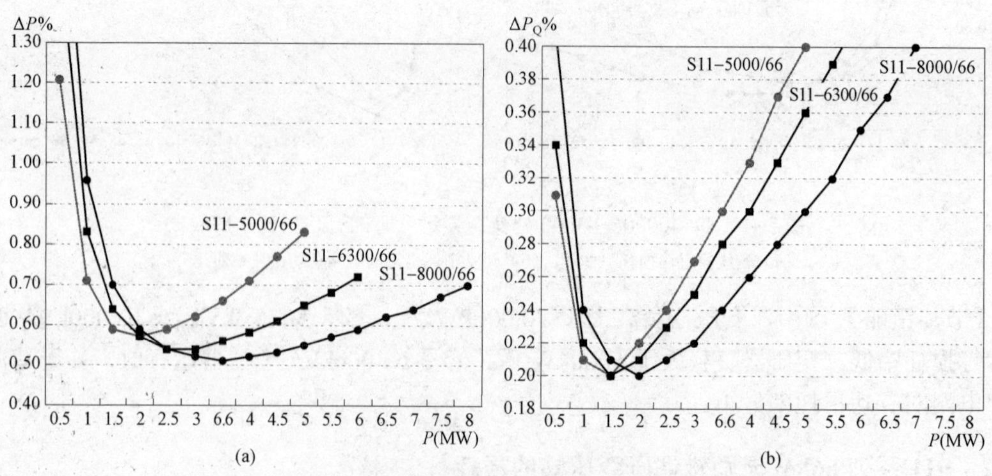

图 5–5　S11–5000～8000 型变压器运行时的有功损耗率曲线

（a）变压器有功损耗率曲线；（b）无功消耗引起的电网有功损耗率曲线

【节能策略】图中，变压器负载大于 2300kW 后，容量 8000kVA 或 6300kVA 变压器运行损耗率低。变压器负载大于 1800kW 后，容量 8000kVA 变压器运行时，其无功消耗引起电网的有功损耗率最小。

2. S11–10000～16000 型变压器

（1）S11–10000～16000 型变压器运行时的损耗（见表 5–6）

表 5–6　　66kV S11–10000～16000 型变压器运行时的损耗表

输送功率 P（MW）	S11–10000			S11–12500			S11–16000		
	P_0/P_k 10.5/47.8　I_0%/0.56			P_0/P_k 12.4/56.8；I_0%/0.56			P_0/P_k 15.0/69.8；I_0%/0.52		
	负载损耗（kW）	ΔP%（%）	ΔP_Q%（%）	负载损耗（kW）	ΔP%（%）	ΔP_Q%（%）	负载损耗（kW）	ΔP%（%）	ΔP_Q%（%）
1	0.56	1.11	0.27	0.42	1.28	0.31	0.32	1.53	0.36
2	2.22	0.64	0.20	1.69	0.70	0.21	1.27	0.81	0.22
3	5.01	0.52	0.20	3.81	0.54	0.19	2.85	0.60	0.19
4	8.90	0.48	0.22	6.77	0.48	0.20	5.08	0.50	0.19
5	13.90	0.49	0.25	10.57	0.46	0.22	7.93	0.46	0.20
6	20.02	0.51	0.29	15.23	0.46	0.25	11.42	0.44	0.21
7	27.25	0.54	0.33	20.72	0.47	0.27	15.54	0.44	0.23
8	35.59	0.58	0.36	27.07	0.49	0.30	20.30	0.44	0.25
9	45.05	0.62	0.40	34.26	0.52	0.33	25.69	0.45	0.27
10	55.61	0.66	0.44	42.29	0.55	0.36	31.72	0.47	0.30
11				51.17	0.58	0.39	38.38	0.49	0.32
12				60.90	0.61	0.43	45.68	0.51	0.34
13							53.61	0.53	0.37
14							62.17	0.55	0.39
15							71.37	0.58	0.41
16							81.21	0.60	0.44

（2）S11–10000～16000 型变压器运行时的有功损耗率曲线图（见图 5–6）

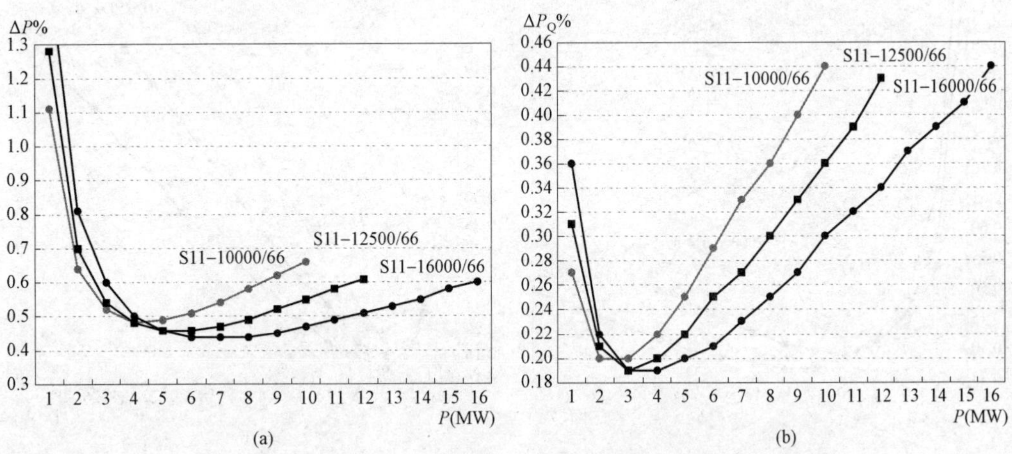

图 5–6　S11–10000～16000 型变压器运行时的有功损耗率曲线

（a）变压器有功损耗率曲线；（b）无功消耗引起的电网有功损耗率曲线

【节能策略】图中，变压器负载大于 5000kW 后，容量 12 500kVA 或 16 000kVA 变压器运行损耗率低。变压器负载大于 3000kW 后，容量 16 000kVA 变压器运行时，其无功消耗引起电网的有功损耗率最小。

3. S11-20000～31500 型变压器

（1）S11-20000～31500 型变压器运行时的损耗（见表 5-7）

表 5-7　　66kV S11-20000～31500 型变压器运行时的损耗表

输送功率 P（MW）	S11-20000			S11-25000			S11-31500		
	P_0/P_k 17.6/84.6 I_0%/0.52			P_0/P_k 20.8/100.0；I_0%/0.48			P_0/P_k 24.6/120；I_0%/0.44		
	负载损耗（kW）	ΔP%（%）	ΔP_Q%（%）	负载损耗（kW）	ΔP%（%）	ΔP_Q%（%）	负载损耗（kW）	ΔP%（%）	ΔP_Q%（%）
2	0.98	0.93	0.25	0.74	1.08	0.27	0.56	1.26	0.30
4	3.94	0.54	0.19	2.98	0.59	0.19	2.25	0.67	0.19
6	8.86	0.44	0.19	6.70	0.46	0.18	5.07	0.49	0.17
8	15.75	0.42	0.22	11.91	0.41	0.19	9.00	0.42	0.18
10	24.61	0.42	0.25	18.61	0.39	0.22	14.07	0.39	0.19
12	35.43	0.44	0.29	26.81	0.40	0.24	20.26	0.37	0.21
14	48.23	0.47	0.32	36.49	0.41	0.27	27.58	0.37	0.23
16	62.99	0.50	0.36	47.65	0.43	0.30	36.02	0.38	0.25
18	79.73	0.54	0.40	60.31	0.45	0.33	45.59	0.39	0.27
20	98.43	0.58	0.44	74.46	0.48	0.36	56.28	0.40	0.29
22				90.10	0.50	0.39	68.10	0.42	0.32
24				107.22	0.53	0.42	81.04	0.44	0.34
26							95.11	0.46	0.37
28							110.31	0.48	0.39
30							126.63	0.50	0.42

（2）S11-20000～31500 型变压器运行时的有功损耗率曲线图（见图 5-7）

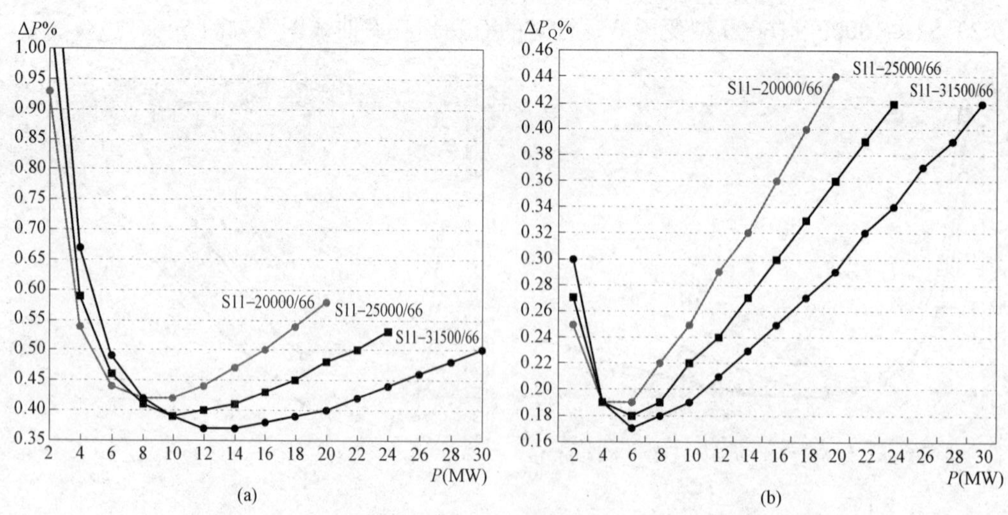

图 5-7　S11-20000～31500 型变压器运行时的有功损耗率曲线

（a）变压器有功损耗率曲线；（b）无功消耗引起的电网有功损耗率曲线

【节能策略】图中，变压器负载大于 8000kW 后，容量 25 000kVA 或 31 500kVA 变压器运行损耗率低。变压器负载大于 5000kW 后，容量 31 500kVA 变压器运行时，其无功消耗引起电网的有功损耗率最小。

4. S11-40000～63000 型变压器

（1）S11-40000～63000 型变压器运行时的损耗（见表 5-8）

表 5-8　**66kV S11-40000～63000 型变压器运行时的损耗表**

输送功率 P（MW）	S11-40000			S11-50000			S11-63000		
	P_0/P_k 29.4/141　I_0%/0.44			P_0/P_k 35.20/167；I_0%/0.40			P_0/P_k 41.6/198；I_0%/0.36		
	负载损耗（kW）	ΔP%（%）	ΔP_Q%（%）	负载损耗（kW）	ΔP%（%）	ΔP_Q%（%）	负载损耗（kW）	ΔP%（%）	ΔP_Q%（%）
4	1.64	0.78	0.22	1.24	0.91	0.23	0.93	1.06	0.25
8	6.56	0.45	0.17	4.97	0.50	0.17	3.71	0.57	0.17
12	14.76	0.37	0.18	11.19	0.39	0.17	8.36	0.42	0.16
16	26.25	0.35	0.21	19.90	0.34	0.18	14.86	0.35	0.16
20	41.01	0.35	0.24	31.09	0.33	0.21	23.22	0.32	0.18
24	59.06	0.37	0.28	44.77	0.33	0.23	33.43	0.31	0.20
28	80.38	0.39	0.32	60.93	0.34	0.26	45.50	0.31	0.22
32	104.99	0.42	0.36	79.58	0.36	0.29	59.43	0.32	0.24
36	132.88	0.45	0.40	100.72	0.38	0.32	75.22	0.32	0.26
40	164.04	0.48	0.44	124.35	0.40	0.36	92.86	0.34	0.29
44				150.46	0.42	0.39	112.37	0.35	0.31
48				179.06	0.45	0.42	133.72	0.37	0.34
52							156.94	0.38	0.36
56							182.01	0.40	0.39
60							208.94	0.42	0.41

（2）S11-40000～63000 型变压器运行时的有功损耗率曲线图（见图 5-8）

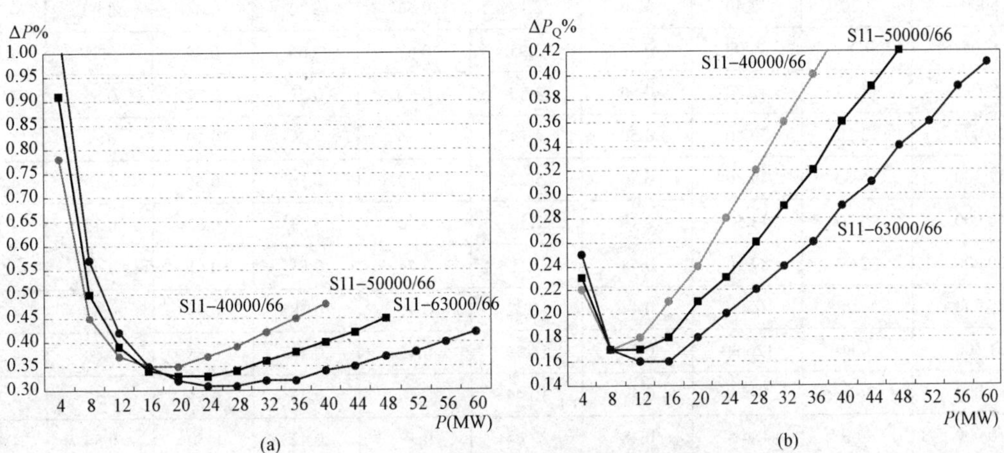

图 5-8　S11-40000～63000 型变压器运行时的有功损耗率曲线

（a）变压器有功损耗率曲线；（b）无功消耗引起的电网有功损耗率曲线

【节能策略】图中，变压器负载大于 18 000kW 后，容量 50 000kVA 或 63 000kVA 变压器运行损耗率低。变压器负载大于 8000kW 后，容量 63 000kVA 变压器运行时，其无功消耗引起电网的有功损耗率最小。

5.3 66kV 变压器的节能措施

5.3.1 S9 系列变压器节能措施

（1）合理调控变压器运行负荷，使变压器运行在最佳经济运行区，可以实现节能运行。

对于 S9 系列 66kV 不同容量的变压器，其最佳负载功率、最佳负载损耗率、典型负载系数下的损耗率、最大铜铁损比（动态情况下变压器额定负载损耗与空载损耗的比值，下同）等数据，参见表 5–9 和表 5–10。

表 5–9　S9 系列 66kV 变压器最佳负载及最佳损耗率范围表

额定容量（kVA）	空载损耗 P_0（kW）	负载损耗 P_k（kW）	最佳负载系数 β_j	最佳负载功率（MW）	最佳负载损耗率（%）	典型负载系数下的损耗率（%）			最大铜铁损比
						β=0.7	β=1	β=0.2	
630	1.60	7.50	0.45	0.27	1.19	1.30	1.58	1.60	4.92
800	1.90	9.00	0.45	0.34	1.12	1.23	1.49	1.50	4.97
1000	2.20	10.40	0.45	0.43	1.03	1.14	1.38	1.39	4.96
1250	2.60	12.60	0.44	0.53	0.99	1.09	1.33	1.32	5.09
1600	3.10	14.80	0.45	0.68	0.91	1.01	1.23	1.22	5.01
2000	3.60	17.50	0.44	0.84	0.86	0.95	1.16	1.14	5.10
2500	4.30	20.70	0.44	1.06	0.81	0.90	1.10	1.09	5.05
3150	5.10	24.30	0.45	1.34	0.76	0.84	1.02	1.02	5.00
4000	6.00	28.80	0.45	1.69	0.71	0.78	0.95	0.95	5.04
5000	7.20	32.40	0.46	2.19	0.66	0.72	0.87	0.90	4.73
6300	9.20	36.00	0.49	2.95	0.62	0.66	0.79	0.89	4.11
8000	11.20	42.70	0.50	3.80	0.59	0.62	0.74	0.85	4.00
10 000	13.20	50.40	0.50	4.74	0.56	0.59	0.70	0.81	4.01
12 500	15.60	59.80	0.50	5.92	0.53	0.56	0.66	0.76	4.03
16 000	18.80	73.50	0.49	7.50	0.50	0.53	0.63	0.72	4.11
20 000	22.00	89.10	0.48	9.21	0.48	0.51	0.61	0.68	4.25
25 000	26.00	105.30	0.48	11.52	0.45	0.48	0.58	0.64	4.25
31 500	30.80	126.90	0.48	14.39	0.43	0.46	0.55	0.60	4.33
40 000	36.8	148.9	0.49	18.44	0.40	0.43	0.51	0.57	4.25
50 000	44.0	184.5	0.48	22.64	0.39	0.42	0.50	0.54	4.40
63 000	52.0	222.3	0.47	28.25	0.37	0.40	0.48	0.51	4.49

表 5-10　　SZ9 系列 66kV 变压器最佳负载及最佳损耗率范围表

额定容量（kVA）	空载损耗 P_0（kW）	负载损耗 P_k（kW）	最佳负载系数 β_j	最佳负载功率（MW）	最佳负载损耗率（%）	典型负载系数下的损耗率（%）			最大铜铁损比
						β=0.7	β=1	β=0.25	
6300	10	36	0.51	3.08	0.65	0.68	0.80	0.83	3.78
8000	12.00	42.7	0.52	3.93	0.61	0.64	0.75	0.78	3.74
10 000	14.2	50.4	0.52	4.92	0.58	0.60	0.71	0.74	3.73
12 500	16.8	59.8	0.52	6.14	0.55	0.57	0.67	0.70	3.74
16 000	20.20	73.50	0.51	7.78	0.52	0.55	0.64	0.66	3.82
20 000	24	89.1	0.51	9.62	0.50	0.53	0.62	0.63	3.90
25 000	28.4	105.3	0.51	12.04	0.47	0.50	0.59	0.59	3.89
31 500	33.7	126.9	0.50	15.05	0.45	0.47	0.56	0.56	3.95
40 000	40.3	148.9	0.51	19.29	0.42	0.44	0.52	0.53	3.88
50 000	47.6	184.5	0.50	23.55	0.40	0.43	0.51	0.50	4.07
63 000	56.2	222.3	0.49	29.37	0.38	0.41	0.48	0.47	4.15

上述表中可见，对于相同的负载区间内，选择容量较大的同类型变压器，其运行损耗率低，节能性好；相同条件下，有载调压变压器损耗率比无励磁电压变压器损耗率略高。

（2）合理调控变压器的运行负载，不仅有利于降低变压器自身的有功损耗，而且有助于降低变压器无功消耗所引起电网的有功损耗率。

S9 系列 66kV 变压器不同负载系数下的无功消耗引起电网的有功损耗率见表 5-11。

表 5-11　　S9 系列 66kV 变压器不同负载系数下无功消耗引起电网的有功损耗率表

额定容量（kVA）	空载电流 I_0（%）	短路阻抗 U_k（%）	典型负载系数下无功消耗引起电网的有功损耗率（%）			
			β=0.7	β=1	β_j	β=0.5
630	1.40	8.00	0.33	0.41	0.29	0.29
800	1.35	8.00	0.33	0.41	0.29	0.29
1000	1.30	8.00	0.33	0.41	0.28	0.29
1250	1.30	8.00	0.33	0.41	0.28	0.29
1600	1.25	8.00	0.32	0.41	0.28	0.28
2000	1.20	8.00	0.32	0.40	0.27	0.28
2500	1.10	8.00	0.31	0.40	0.26	0.27
3150	1.05	8.00	0.31	0.40	0.26	0.27
4000	1.00	8.00	0.31	0.40	0.25	0.26
5000	0.85	8.00	0.30	0.39	0.24	0.25
6300	0.75	9.00	0.32	0.43	0.26	0.26
8000	0.75	9.00	0.32	0.43	0.26	0.26
10 000	0.70	9.00	0.32	0.43	0.26	0.26
12 500	0.70	9.00	0.32	0.43	0.26	0.26
16 000	0.65	9.00	0.32	0.43	0.25	0.25

续表

额定容量（kVA）	空载电流 I_0（%）	短路阻抗 U_k（%）	典型负载系数下无功消耗引起电网的有功损耗率（%）			
			β=0.7	β=1	β_j	β=0.5
20 000	0.65	9.00	0.32	0.43	0.25	0.25
25 000	0.60	9.00	0.31	0.42	0.25	0.25
31 500	0.55	9.00	0.31	0.42	0.24	0.25
40 000	0.55	9.00	0.31	0.42	0.24	0.25
50 000	0.5	9.00	0.31	0.42	0.23	0.24
63 000	0.45	9.00	0.31	0.42	0.23	0.24

表 5–12　SZ9 系列 66kV 变压器不同负载系数下无功消耗引起电网的有功损耗率表

额定容量（kVA）	空载电流 I_0（%）	短路阻抗 U_k（%）	典型负载系数下无功消耗引起电网的有功损耗率（%）			
			β=0.7	β=1	β_j	β=0.5
6300	0.75	9.0	0.32	0.43	0.27	0.26
8000	0.75	9.0	0.32	0.43	0.27	0.26
10 000	0.7	9.0	0.32	0.43	0.26	0.26
12 500	0.7	9.0	0.32	0.43	0.26	0.26
16 000	0.65	9.0	0.32	0.43	0.26	0.25
20 000	0.65	9.0	0.32	0.43	0.26	0.25
25 000	0.6	9.0	0.31	0.42	0.25	0.25
31 500	0.55	9.0	0.31	0.42	0.25	0.25
40 000	0.55	9.0	0.31	0.42	0.25	0.25
50 000	0.5	9.0	0.31	0.42	0.24	0.24
63 000	0.45	9.0	0.31	0.42	0.23	0.24

从上述表格可以看出，控制变压器负载系数均可以大幅度降低变压器无功消耗引起电网的有功损耗率。负载系数为 0.5 及以下时，变压器无功消耗引起电网的有功损耗率较低，负载系数大于 0.7 后的损耗率越来越高。

（3）当变电站有多台变压器运行时，根据变压器的技术参数及负荷情况，优先投运技术参数优、容量较大的变压器，使其运行于变压器最佳经济运行区，可以实现节能运行。

从 5.2.1 节中的表、图可见，同样的负载区间，当选用的变压器容量使得其负载系数区间处于 0.25～0.75 时，变压器运行损耗率低、经济性好。因此，合理调配 66kV 变电站不同主变压器的负载，严格控制负载系数小于 0.20 的变压器轻载运行，严格控制变压器重载运行，均可以实现变压器经济节能。

（4）变压器的节能改造。由于 S11 系列变压器空载损耗比 S9 系列平均下降了 20%，负载损耗比 S9 系列平均下降了 5%，因此对于运行时间超过 15 年的 S9 系列变压器，建议采用 S11 系列及以上系列变压器替代，可以大幅度降低变压器运行损耗，实现节能运行。

对于运行着 S7 系列电力变压器，按照我国最新的变压器能效等级规定，该类型变压器已经属于高能耗变压器，因此，建议根据单位情况尽早进行节能改造，早改造、早受益。

5.3.2　S11 系列变压器节能措施

（1）合理调控变压器运行负荷，使变压器运行在最佳经济运行区，可以实现节能运行。

对于 S11 系列 66kV 不同型号、不同容量的变压器，其最佳运行负载区间、最佳损耗率范围、额定负载下的最大铜铁损比等数据情况见表 5–13 和表 5–14。

表 5–13　　S11 系列 66kV 变压器最佳负载区间及最佳损耗率范围表

额定容量（kVA）	空载损耗 P_0（kW）	负载损耗 P_k（kW）	最佳负载系数 β_j	最佳负载功率（MW）	最佳负载损耗率（%）	典型负载系数下的损耗率（%）			最大铜铁损比
						β=0.7	β=1	β=0.14	
630	1.20	7.10	0.40	0.24	1.00	1.16	1.45	1.61	6.21
800	1.50	8.50	0.41	0.31	0.96	1.10	1.37	1.57	5.95
1000	1.70	9.80	0.41	0.39	0.88	1.01	1.26	1.43	6.05
1250	2.00	11.90	0.40	0.48	0.84	0.98	1.22	1.35	6.25
1600	2.40	14.00	0.40	0.61	0.78	0.90	1.13	1.26	6.13
2000	2.80	16.60	0.40	0.76	0.74	0.85	1.06	1.18	6.23
2500	3.40	19.60	0.41	0.97	0.70	0.81	1.01	1.14	6.05
3150	4.80	23.00	0.45	1.33	0.72	0.79	0.97	1.26	5.03
4000	4.80	27.30	0.41	1.55	0.62	0.71	0.88	1.01	5.97
5000	5.70	30.70	0.42	2.00	0.57	0.65	0.80	0.95	5.66
6300	7.30	34.20	0.45	2.70	0.54	0.59	0.72	0.96	4.92
8000	8.90	40.50	0.46	3.48	0.51	0.56	0.68	0.91	4.78
10 000	10.50	47.80	0.46	4.35	0.48	0.53	0.64	0.86	4.78
12 500	12.40	56.80	0.46	5.41	0.46	0.50	0.61	0.82	4.81
16 000	15.00	69.80	0.45	6.88	0.44	0.48	0.58	0.77	4.89
20 000	17.60	84.60	0.45	8.46	0.42	0.46	0.56	0.73	5.05
25 000	20.80	100.00	0.45	10.57	0.39	0.43	0.53	0.69	5.05
31 500	24.60	120.00	0.44	13.22	0.37	0.41	0.50	0.65	5.12
40 000	39.4	141	0.52	19.60	0.40	0.42	0.49	0.80	3.76
50 000	35.2	167	0.45	21.28	0.33	0.36	0.44	0.58	4.98
63 000	41.6	198	0.45	26.77	0.31	0.34	0.42	0.55	5.00

表 5–14　　SZ11 系列 66kV 变压器最佳负载区间及最佳损耗率范围表

额定容量（kVA）	空载损耗 P_0（kW）	负载损耗 P_k（kW）	最佳负载系数 β_j	最佳负载功率（MW）	最佳负载损耗率（%）	典型负载系数下的损耗率（%）			最大铜铁损比
						β=0.7	β=1	β=0.14	
6300	8	34.2	0.47	2.82	0.57	0.61	0.73	1.04	4.49
8000	9.60	40.5	0.48	3.61	0.53	0.57	0.69	0.98	4.43
10 000	11.3	47.8	0.47	4.51	0.50	0.54	0.65	0.92	4.44
12 500	13.1	56.8	0.47	5.57	0.47	0.51	0.61	0.86	4.55
16 000	16.10	69.80	0.47	7.12	0.45	0.49	0.59	0.82	4.55

续表

额定容量（kVA）	空载损耗 P_0（kW）	负载损耗 P_k（kW）	最佳负载系数β_j	最佳负载功率（MW）	最佳负载损耗率（%）	典型负载系数下的损耗率（%）			最大铜铁损比
						β=0.7	β=1	β=0.14	
20 000	19.2	81.6	0.47	8.99	0.43	0.46	0.55	0.78	4.46
25 000	22.7	100	0.46	11.04	0.41	0.45	0.54	0.74	4.63
31 500	26.9	120	0.46	13.83	0.39	0.42	0.51	0.70	4.68
40 000	32.2	141	0.47	17.72	0.36	0.39	0.47	0.66	4.60
50 000	38	167	0.47	22.11	0.34	0.37	0.45	0.62	4.61
63 000	41.9	198	0.45	26.87	0.31	0.34	0.42	0.55	4.96

表中可见，对于相对固定的负载区间，与有载调压方式相比，选用无励磁调压变压器损耗率较低，运行节能性好；在相同的负载区间正常运行负载范围内，选择容量较大的同类型变压器，其运行损耗率低，节能性好。

（2）合理调控变压器的运行负载，不仅有利于降低变压器自身的有功损耗，而且有助于降低变压器无功消耗所引起电网的有功损耗率。

S11 系列 66kV 变压器不同负载系数下的无功消耗引起电网的有功损耗率见表 5-15。

表 5-15　S11 系列 66kV 变压器不同负载系数下无功消耗引起电网的有功损耗率表

额定容量（kVA）	空载电流 I_0（%）	短路阻抗 U_k（%）	典型负载系数下无功消耗引起电网的有功损耗率（%）			
			β=0.7	β=1	β_j	β=0.5
630	1.10	8.00	0.31	0.40	0.26	0.27
800	1.00	8.00	0.31	0.40	0.25	0.26
1000	1.00	8.00	0.31	0.40	0.25	0.26
1250	1.00	8.00	0.31	0.40	0.25	0.26
1600	1.00	8.00	0.31	0.40	0.25	0.26
2000	0.96	8.00	0.31	0.39	0.24	0.26
2500	0.88	8.00	0.30	0.39	0.23	0.25
3150	0.84	8.00	0.30	0.39	0.24	0.25
4000	0.80	8.00	0.30	0.39	0.23	0.24
5000	0.68	8.00	0.29	0.38	0.22	0.23
6300	0.60	9.00	0.31	0.42	0.24	0.25
8000	0.60	9.00	0.31	0.42	0.24	0.25
10 000	0.56	9.00	0.31	0.42	0.23	0.25
12 500	0.56	9.00	0.31	0.42	0.23	0.25
16 000	0.52	9.00	0.31	0.42	0.23	0.24
20 000	0.52	9.00	0.31	0.42	0.23	0.24
25 000	0.48	9.00	0.31	0.42	0.22	0.24
31 500	0.44	9.00	0.30	0.42	0.22	0.24
40 000	0.44	9.00	0.30	0.42	0.24	0.24
50 000	0.4	9.00	0.30	0.41	0.22	0.23
63 000	0.36	9.00	0.30	0.41	0.21	0.23

表 5–16　**SZ11 系列 66kV 变压器不同负载系数下无功消耗引起电网的有功损耗率表**

额定容量（kVA）	空载电流 I_0（%）	短路阻抗 U_k（%）	典型负载系数下无功消耗引起电网的有功损耗率（%）			
			β=0.7	β=1	β_j	β=0.5
6300	0.6	10.0	0.35	0.47	0.26	0.27
8000	0.6	10.0	0.35	0.47	0.26	0.27
10 000	0.56	10.0	0.34	0.47	0.26	0.27
12 500	0.56	10.0	0.34	0.47	0.26	0.27
16 000	0.52	10.0	0.34	0.46	0.25	0.26
20 000	0.52	10.0	0.34	0.46	0.26	0.26
25 000	0.48	10.0	0.34	0.46	0.25	0.26
31 500	0.44	10.0	0.34	0.46	0.24	0.26
40 000	0.44	10.0	0.34	0.46	0.25	0.26
50 000	0.4	11.0	0.36	0.50	0.26	0.28
63 000	0.36	11.0	0.36	0.50	0.25	0.27

从上表可以看出，无论哪种类型变压器，控制变压器负载系数均可以大幅度降低变压器无功消耗引起电网的有功损耗率。负载系数小于 0.5、大于最佳负载系数时，变压器无功消耗引起电网的有功损耗率较低。

（3）当变电站有多台变压器运行时，根据变压器的技术参数及负荷情况，优先投运技术参数优、容量较大的变压器，使其运行于变压器最佳经济运行区，可以实现节能运行。

从 5.2.2 节中的表、图可见，同样的负载区间，当选用的变压器容量使得其负载系数区间达到 0.20～0.70 时，变压器运行损耗率低、经济性好。因此，合理调配 66kV 变电站不同主变压器的负载，严格控制变压器负载系数小于 0.14 运行，严格控制变压器重载运行，均可以实现变压器经济节能。

（4）推广应用 S11 节能型变压器，同时合理调控变压器运行负载，会给用电单位带来巨大的节能效果和经济效益，举例说明如下。

某单位 66kV 变电站运行一台 SFZ_7—20000/66 型变压器，其空载损耗为 30kW，额定负载损耗为 99kW，该变压器年度最小负荷为 8100kW，最大负荷为 19 200kW，平均负荷为 15 600kW，变压器负荷波动损耗系数取 1.05，变压器一次侧功率因数取 0.95，变压器分接开关处于中间档位。下面分别选择 SFZ9、SFZ10、SFZ11 型容量为 31 500kVA 的变压器，来比较分析 S11 型变压器的节能性与经济性。

1）不同型号变压器运行时的损耗率对比表（见表 5–17）

表 5–17　**66kV 不同型号变压器运行时的损耗率对比表**

输送功率 P（MW）	SFZ7–20000		SFZ9–31500		SFZ10–31500		SFZ11–31500	
	P_0/P_k 30/99		P_0/P_k 33.7/126.9		P_0/P_k 30.3/126.9		P_0/P_k 26.9/120	
	负载损耗（kW）	损耗率（%）	负载损耗（kW）	损耗率（%）	负载损耗（kW）	损耗率（%）	负载损耗（kW）	损耗率（%）
2	1.15	1.56	0.60	1.71	0.60	1.54	0.56	1.37
4	4.61	0.87	2.38	0.90	2.38	0.82	2.25	0.73

续表

输送功率 P（MW）	SFZ7–20000		SFZ9–31500		SFZ10–31500		SFZ11–31500	
	P_0/P_k 30/99		P_0/P_k 33.7/126.9		P_0/P_k 30.3/126.9		P_0/P_k 26.9/120	
	负载损耗（kW）	损耗率（%）	负载损耗（kW）	损耗率（%）	负载损耗（kW）	损耗率（%）	负载损耗（kW）	损耗率（%）
6	10.37	0.67	5.36	0.65	5.36	0.59	5.07	0.53
8	18.43	0.61	9.52	0.54	9.52	0.50	9.00	0.45
10	28.80	0.59	14.88	0.49	14.88	0.45	14.07	0.41
12	41.46	0.60	21.43	0.46	21.43	0.43	20.26	0.39
14	56.44	0.62	29.16	0.45	29.16	0.42	27.58	0.39
16	73.72	0.65	38.09	0.45	38.09	0.43	36.02	0.39
18	93.30	0.68	48.21	0.46	48.21	0.44	45.59	0.40
20	115.18	0.73	59.52	0.47	59.52	0.45	56.28	0.42
22			72.02	0.48	72.02	0.47	68.10	0.43
24			85.70	0.50	85.70	0.48	81.04	0.45
26			100.58	0.52	100.58	0.50	95.11	0.47
28			116.65	0.54	116.65	0.52	110.31	0.49
30			133.91	0.56	133.91	0.55	126.63	0.51

2）不同型号变压器运行时的损耗率对比图（见图 5–9）

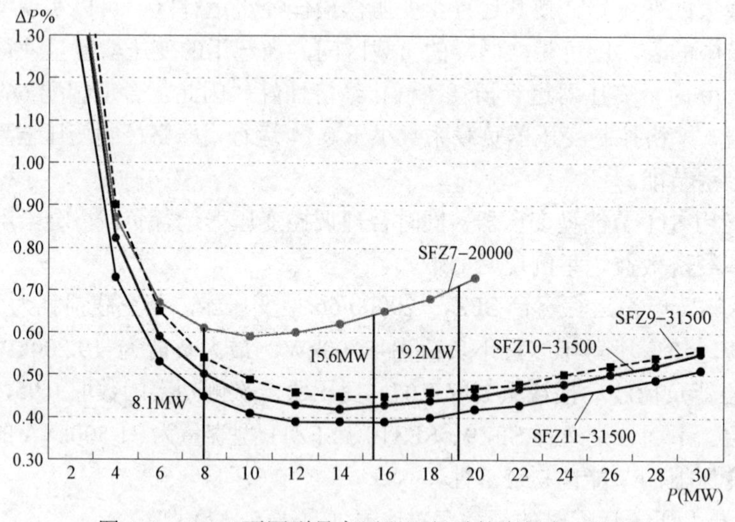

图 5–9　66kV 不同型号变压器运行时的损耗率对比图

图中，横坐标表示变压器一次侧输送的有功功率（MW），纵坐标表示变压器运行时的有功损耗率。

由上述表图可见，当变压器在最小负荷 8100kW 运行时，SFZ7、SFZ9、SFZ10、SFZ11 系列变压器的运行损耗率分别为 0.60%、0.54%、0.49%、0.45%；当变压器在平均负荷 15 600kW 运行时，SFZ7、SFZ9、SFZ10、SFZ11 系列变压器的损耗率分别为 0.64%、0.45%、0.43%、0.39%；当变压器运行在最大负荷 19 200kW 时，SFZ7、SFZ9、SFZ10、SFZ11 系列变压器的损耗率分别为 0.71%、0.46%、0.44%、0.41%。

如果该变压器年运行时间为 8000h，按照平均运行负荷计算，该变压器年供电量为 12 480 万 kWh，选用 SFZ11–31500/66 型变压器运行损耗率能够降低 0.25%，每年节电量为 31.2 万 kWh。该案例中，选用 SFZ11–31500 型节能型变压器时的有功损耗率下降最大，节能效果也最好；若再考虑变压器运行时无功消耗对电网的有功损耗率影响，该选择方案的节能性和经济性将会更大。

110kV 变压器的损耗与节能

110kV 电力变压器运行于 110kV 变电站，分为无励磁调压和有载调压、双绕组和三绕组等类型，本章节重点研究有载调压变压器的运行损耗，无励磁调压变压器的运行损耗与之相比略小。

6.1 110kV 变压器损耗的计算依据

110kV 双绕组变压器的损耗计算式同式（2–1）和式（2–2）。三绕组变压器运行时有功损耗、有功损耗率的典型计算以及无功消耗引起的电网有功损耗计算分述如下。

6.1.1 三绕组变压器有功损耗的计算

（1）三绕组变压器运行时的有功功率损耗计算

根据《电力变压器经济运行》（GB/T 13462—2008）及相关材料，三绕组变压器运行时的有功功率损耗ΔP（kW）的基础理论算式为

$$\left.\begin{aligned}
\Delta P &= P_0 + \Delta P_1 + \Delta P_2 + \Delta P_3 \\
\Delta P &= P_0 + K_{T1}\beta_1^2 P_{k1} + K_{T2}\beta_2^2 P_{k2} + K_{T3}\beta_3^2 P_{k3} \\
\Delta P &= P_0 + K_{T1}\left(\frac{S_1}{S_{1r}}\right)^2 P_{k1} + K_{T2}\left(\frac{S_2}{S_{2r}}\right)^2 P_{k2} + K_{T3}\left(\frac{S_3}{S_{3r}}\right)^2 P_{k3}
\end{aligned}\right\} \tag{6–1}$$

式中 P_0，ΔP_1，ΔP_2，ΔP_3——分别为变压器的空载损耗、变压器一次、二次、三次绕组的负载损耗，kW；

K_{T1}，K_{T2}，K_{T3}——分别为变压器一次、二次、三次侧的负载波动损耗系数；

β_1，β_2，β_3——分别为变压器一次、二次、三次绕组的平均负载系数；

P_{k1}，P_{k2}，P_{k3}——分别为变压器一次、二次、三次绕组的额定负载损耗（各个绕组额定容量下的短路损耗），kW；

S_{1r}，S_{2r}，S_{3r}——分别为变压器一次、二次、三次侧绕组的额定容量，kVA；

S_1，S_2，S_3——分别为变压器一次、二次、三次绕组的负载视在功率，kVA。

上述算式中，有功功率损耗ΔP 是负载功率的多元函数，即$\Delta P=f$（S_1、S_2、S_3）。式中 S_1 又是 S_2 与 S_3 的函数，即 $S_1=S_2+S_3$。

（2）三绕组变压器运行时有功功率损耗的工程计算

在工程计算中，令三绕组变压器二次绕组的负载分配系数为 C_2，三次绕组的负载分配系数为 C_3，则

$$\left.\begin{aligned} C_2 &= \frac{S_2}{S_2+S_3}=\frac{S_2}{S_1} \\ C_3 &= \frac{S_3}{S_2+S_3}=\frac{S_3}{S_1} \\ C_2 &+ C_3 = 1 \end{aligned}\right\} \tag{6-2}$$

式中　C_2——变压器二次侧负载分配系数，$C_2=S_2/S_1=\beta_2/\beta_1$；

C_3——变压器三次侧负载分配系数，$C_3=S_3/S_1=\beta_3/\beta_1$。

将算式（6–2）代入式（6–1）的第三式中，可以得出三绕组变压器运行时的有功功率损耗ΔP（kW）的工程算式为

$$\Delta P = P_0 + S_1^2\left(K_{\mathrm{T1}}\frac{P_{\mathrm{k1}}}{S_{\mathrm{1r}}^2}+K_{\mathrm{T2}}C_2^2\frac{P_{\mathrm{k2}}}{S_{\mathrm{2r}}^2}+K_{\mathrm{T3}}C_3^2\frac{P_{\mathrm{k3}}}{S_{\mathrm{3r}}^2}\right) \tag{6-3}$$

（3）三侧绕组额定容量相等的变压器运行时的有功功率损耗的工程计算

若变压器的三侧绕组额定容量相等（即 $S_{1r}=S_{2r}=S_{3r}$），一次、二次、三次侧的负载波动损耗系数近似相等（即 $K_{T1}\approx K_{T2}\approx K_{T3}$），则变压器的有功功率损耗（$\Delta P$）的工程算式（6–3）可写为

$$\Delta P = P_0 + K_{\mathrm{T1}}\beta_1^2(P_{\mathrm{k1}}+C_2^2P_{\mathrm{k2}}+C_3^2P_{\mathrm{k3}}) \tag{6-4}$$

此时，三绕组变压器运行时的有功功率损耗率$\Delta P\%$的工程算式为

$$\Delta P\% = \frac{P_0 + K_{\mathrm{T1}}\beta_1^2(P_{\mathrm{k1}}+C_2^2P_{\mathrm{k2}}+C_3^2P_{\mathrm{k3}})}{\beta_1 S_{\mathrm{1r}}\cos\varphi_1}\times 100\% \tag{6-5}$$

式中　$\Delta P\%$——三绕组变压器运行时的有功功率损耗率（简称有功损耗率，下同），%；

$\cos\varphi_1$——三绕组变压器运行时一次侧的功率因数。

（4）三侧绕组额定容量相等的变压器最佳经济负载系数

三侧绕组额定容量相等的变压器最佳经济负载系数β_{JP1}工程算式为

$$\beta_{\mathrm{JP1}} = \sqrt{\frac{P_0}{K_{\mathrm{T1}}(P_{\mathrm{k1}}+C_2^2P_{\mathrm{k2}}+(1-C_2)^2P_{\mathrm{k3}})}} \tag{6-6}$$

式中　β_{JP1}——三侧绕组额定容量相等的变压器最佳经济负载系数；

6.1.2　三绕组变压器有功损耗典型计算的规定

根据《油浸式电力变压器技术参数和要求》（GB/T 6451—2015），对于常用的 110kV 电力变压器，其高、中、低压侧绕组容量分配通常为（100/100/100）%，因此 110kV 电力变压

器有功损耗典型计算可采用式（6–4）～式（6–6）。

（1）负载波动损耗系数的规定

根据城网、农网公用变电站110kV主变压器负载波动经验数据，取110kV变压器一次侧负载波动损耗系数K_{T1}为1.05。

（2）变压器一次侧功率因数的规定

根据相关国标要求，对于110kV变电站主变压器，其一次侧功率因数$\cos\varphi_1$取0.95。

（3）不同绕组的额定负载损耗值的确定

三绕组变压器的额定负载损耗值有三个：P_{k12}，P_{k13}，P_{k23}。当变压器的二次负载侧在短路状态下，使该绕组达到额定电流时，在一次绕组和二次绕组所产生的总功率损耗即为额定负载损耗P_{k12}；当变压器的三次侧负载在短路状态下，使该绕组达到额定电流时，在一次绕组和三次绕组所产生的总功率损耗即为额定负载损耗P_{k13}；在两个负载侧中，当变压器负载侧（二次侧或三次侧）在短路状态下使额定容量小的绕组（三次侧或二次侧）达到额定电流时，在二次绕组和三次绕组所产生的总的功率损耗即为额定负载损耗P_{k23}。

在变压器国标或变压器铭牌参数中，三绕组变压器的负载损耗值通常给出一个值。对于110kV变压器，该值代表了主变压器高压侧对低压（H.V.—L.V.，一次侧对三次侧）的数据P_{k13}，即代表了变压器高—中（H.V.—M.V.）、高—低（H.V.—L.V.）、中—低（M.V.—L.V.）三个试验值中的最大值。为了方便典型计算，根据经验数据统计结果，对于P_{k12}、P_{k23}设定如下：

1）对于31 500kVA及以下变压器，令$P_{k12}=0.97\times P_{k13}$，$P_{k23}=0.80\times P_{k13}$；

2）对于40 000kVA及以上变压器，令$P_{k12}=0.88\times P_{k13}$，$P_{k23}=0.72\times P_{k13}$。

（4）三个绕组额定容量相等的变压器的各绕组短路损耗计算

1）对于31 500kVA及以下容量变压器

$$\left.\begin{aligned}P_{k1}&=(P_{k12}+P_{k13}-P_{k23})/2=(0.97P_{k13}+P_{k13}-0.80P_{k13})/2=0.585P_{k13}\\P_{k2}&=(P_{k12}+P_{k23}-P_{k13})/2=(0.97P_{k13}+0.80P_{k13}-P_{k13})/2=0.385P_{k13}\\P_{k3}&=(P_{k13}+P_{k23}-P_{k12})/2=(P_{k13}+0.80P_{k13}-0.97P_{k13})/2=0.415P_{k13}\end{aligned}\right\}\tag{6–7}$$

式中　P_{k12}，P_{k13}，P_{k23}——分别为变压器一次、二次、三次侧绕组的短路损耗，kW。

2）对于40 000kVA及以上容量变压器

$$\left.\begin{aligned}P_{k1}&=(P_{k12}+P_{k13}-P_{k23})/2=(0.88P_{k13}+P_{k13}-0.72P_{k13})/2=0.58P_{k13}\\P_{k2}&=(P_{k12}+P_{k23}-P_{k13})/2=(0.88P_{k13}+0.72P_{k13}-P_{k13})/2=0.30P_{k13}\\P_{k3}&=(P_{k13}+P_{k23}-P_{k12})/2=(P_{k13}+0.72P_{k13}-0.88P_{k13})/2=0.42P_{k13}\end{aligned}\right\}\tag{6–8}$$

6.1.3　三绕组变压器有功损耗典型计算案例

某110kV变电站主变压器规格型号为SSZ10–40000/110，其空载损耗为38.6kW，负载损耗为179.28kW，变压器一次侧负载波动损耗系数K_{T1}为1.05，变压器一次侧功率因数$\cos\varphi_1$取0.95，变压器二次侧负载分配系数C_2分别取0.5、0.75、0.9，根据式（6–4）、式（6–5）和式（6–8），该变压器运行时的损耗、损耗率及铜铁损比计算结果如下。

（1）110kV SSZ10–40000 型变压器的损耗与铜铁损比特性（见表 6–1）

表 6–1　　110kV SSZ10–40000 型变压器的损耗与铜铁损比特性表

输送功率 P（MW）	负载系数（β）	空载损耗 P_0（kW）	负载损耗 P_k（kW）			损耗率（%）			铜铁损比 $\Delta P_{cu}/\Delta P_{Fe}$		
			C_2=0.5	C_2=0.75	C_2=0.9	C_2=0.5	C_2=0.75	C_2=0.9	C_2=0.5	C_2=0.75	C_2=0.9
2	0.05	38.6	0.40	0.40	0.43	1.95	1.95	1.95	0.01	0.01	0.01
4	0.11	38.6	1.59	1.62	1.73	1.00	1.01	1.01	0.04	0.04	0.04
6	0.16	38.6	3.57	3.64	3.88	0.70	0.70	0.71	0.09	0.09	0.10
8	0.21	38.6	6.34	6.47	6.90	0.56	0.56	0.57	0.16	0.17	0.18
10	0.26	38.6	9.91	10.10	10.78	0.49	0.49	0.49	0.26	0.26	0.28
12	0.32	38.6	14.27	14.55	15.53	0.44	0.44	0.45	0.37	0.38	0.40
14	0.37	38.6	19.42	19.80	21.14	0.41	0.42	0.43	0.50	0.51	0.55
16	0.42	38.6	25.36	25.86	27.61	0.40	0.40	0.41	0.66	0.67	0.72
18	0.47	38.6	32.10	32.73	34.94	0.39	0.40	0.41	0.83	0.85	0.91
20	0.53	38.6	39.63	40.41	43.13	0.39	0.40	0.41	1.03	1.05	1.12
22	0.58	38.6	47.95	48.90	52.19	0.39	0.40	0.41	1.24	1.27	1.35
24	0.63	38.6	57.07	58.19	62.11	0.40	0.40	0.42	1.48	1.51	1.61
26	0.68	38.6	66.98	68.30	72.90	0.41	0.41	0.43	1.74	1.77	1.89
28	0.74	38.6	77.68	79.21	84.54	0.42	0.42	0.44	2.01	2.05	2.19
30	0.79	38.6	89.17	90.93	97.05	0.43	0.43	0.45	2.31	2.36	2.51
32	0.84	38.6	101.45	103.46	110.42	0.44	0.44	0.47	2.63	2.68	2.86
34	0.89	38.6	114.53	116.79	124.66	0.45	0.46	0.48	2.97	3.03	3.23
36	0.95	38.6	128.40	130.94	139.76	0.46	0.47	0.50	3.33	3.39	3.62
38	1.00	38.6	143.07	145.89	155.72	0.48	0.49	0.51	3.71	3.78	4.03
40	1.05	38.6	158.52	161.65	172.54	0.49	0.50	0.53	4.11	4.19	4.47

注：由于三绕组变压器运行时中压、低压负荷分配不同，其对应的负载损耗及其铜铁损比也不同，因此，表格中二次侧分配系数 C_2 分别选取了 0.5、0.75 和 0.90，以便分别计算和比较这些状态下，变压器损耗及其铜铁损比随着负荷变化而变化的规律。

（2）110kV SSZ10–40000 型变压器的损耗与铜铁损比曲线图（见图 6–1）

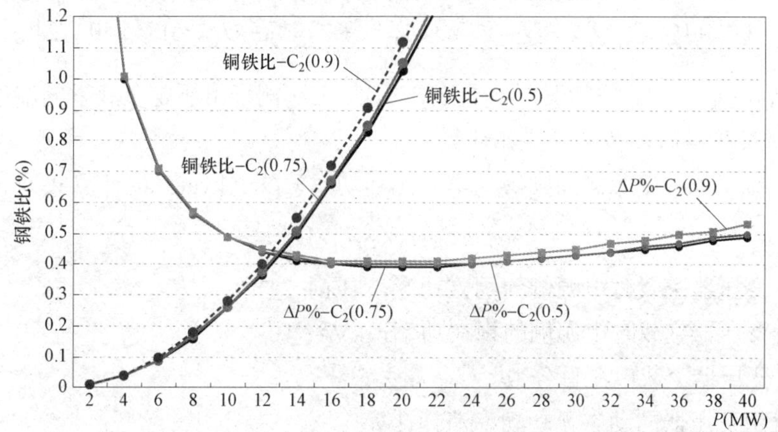

图 6–1　110kV SSZ10–40000 型变压器的损耗与铜铁损比特性曲线图

图中，横坐标表示变压器一次侧输送有功功率，纵坐标分别表示变压器的有功损耗率百分数、铜铁损比数值。其中，铜铁损比曲线自上而下分别表示了三绕组变压器二次侧分配系数 C_2 为 0.90、0.75 和 0.50 时的铜铁损比随着负载变化而变化的趋势；变压器有功损耗率曲线自上而下分别表示了三绕组变压器中压分配系数 C_2 为 0.90、0.75 和 0.50 时的损耗率随着负载变化而变化的规律。

从以上图、表可见，三绕组变压器中、低压负载分配系数对其损耗率、铜铁损比的影响均较小，因此在下面研究内容的图表中，对于三绕组变压器的中压侧负载分配系数 C_2 均取中间值 0.75。

6.1.4 三绕组变压器无功消耗引起的受电网有功损耗计算

1. 额定负载漏磁功率

由于三绕组变压器铭牌给定的变压器的三个短路阻抗 $U_{k12}\%$、$U_{k13}\%$、$U_{k23}\%$值都是折算到一次绕组额定容量时的值，因此，对于三个绕组容量不等和三个绕组容量相等的变压器，三个额定负载漏磁功率 Q_{k12}、Q_{k13}、Q_{k23} 的计算式是相同的。其计算式为：

$$\left.\begin{aligned} Q_{k12} &\approx U_{k12}\%S_{1r}\times10^{-2} \\ Q_{k13} &\approx U_{k13}\%S_{1r}\times10^{-2} \\ Q_{k23} &\approx U_{k23}\%S_{1r}\times10^{-2} \end{aligned}\right\} \tag{6-9}$$

式中 Q_{k12}、Q_{k13}、Q_{k23}——分别为变压器的三个额定负载漏磁功率，kvar；

$U_{k12}\%$、$U_{k13}\%$、$U_{k23}\%$——分别为变压器的三个短路阻抗百分数；

S_{1r}——三绕组变压器的一次侧额定容量，kVA。

当三绕组变压器的三个绕组容量相等时，各个绕组的额定负载状态下的漏磁功率 Q_{k1}、Q_{k2}、Q_{k3} 计算式为

$$\left.\begin{aligned} Q_{k1} &= (Q_{k12}+Q_{k13}-Q_{k23})/2 = (U_{k12}\%+U_{k13}\%-U_{k23}\%)S_{1r}\times10^{-2}/2 \\ Q_{k2} &= (Q_{k12}+Q_{k23}-Q_{k13})/2 = (U_{k12}\%+U_{k23}\%-U_{k13}\%)S_{1r}\times10^{-2}/2 \\ Q_{k3} &= (Q_{k13}+Q_{k23}-Q_{k12})/2 = (U_{k13}\%+U_{k23}\%-U_{k12}\%)S_{1r}\times10^{-2}/2 \end{aligned}\right\} \tag{6-10}$$

式中 Q_{k1}, Q_{k2}, Q_{k3}——分别为变压器一次、二次、三次侧绕组额定负载下的漏磁功率，kvar。

2. 三绕组变压器的无功功率消耗计算

（1）变压器空载时电源侧的励磁功率（无功功率）Q_0（kvar）的计算式为

$$Q_0\approx S_0=I_0\%\times S_{1r}\times10^{-2} \tag{6-11}$$

式中 Q_0——变压器空载时电源侧的励磁功率，kvar；

S_0——变压器空载时电源侧的视在功率，kVA；

$I_0\%$——变压器空载电流百分数。

（2）三绕组变压器的动态无功功率消耗计算

三绕组变压器的动态无功功率消耗 ΔQ（kvar）计算式为

$$\Delta Q = Q_0 + K_{\mathrm{T1}}\beta_1^2(Q_{\mathrm{k1}} + C_2^2 Q_{\mathrm{k2}} + C_3^2 Q_{\mathrm{k3}}) \tag{6–12}$$

（3）三绕组变压器无功消耗率的计算

三绕组变压器运行时的无功功率损耗率$\Delta Q\%$的工程算式为

$$\Delta Q\% = \frac{Q_0 + K_{\mathrm{T1}}\beta_1^2(Q_{\mathrm{k1}} + C_2^2 Q_{\mathrm{k2}} + C_3^2 Q_{\mathrm{k3}})}{\beta_1 S_{\mathrm{1r}} \cos\varphi_1} \times 100\% \tag{6–13}$$

式中　$\Delta Q\%$——三绕组变压器运行时的无功功率损耗率，%。

（4）三绕组变压器无功消耗率的简化计算

设负载波动损耗系数K_{T1}为1.05，功率因数$\cos\varphi_1$为0.95，中压侧负载分配系数C_2为0.75，将式（6–10）、式（6–11）代入式（6–13）后，可得出如下三绕组变压器无功消耗率的简化算式

$$\Delta Q\% = \frac{2I_0\% + 1.05\beta_1^2(1.5U_{\mathrm{k12}}\% + 0.5U_{\mathrm{k13}}\% - 0.375U_{\mathrm{k23}}\%)}{190\beta_1} \times 100\% \tag{6–14}$$

3. 三绕组变压器无功消耗引起的受电网有功损耗率计算

三绕组变压器无功消耗引起的受电网有功损耗率计算式为

$$\Delta P_{\mathrm{Q}}\% = K_{\mathrm{Q}}\Delta Q\% \tag{6–15}$$

式中　$\Delta P_{\mathrm{Q}}\%$——三绕组变压器运行时无功功率消耗引起的受电网有功损耗率，%；

　　K_{Q}——三绕组变压器的无功经济当量，kW/kvar。

6.2　SZ9系列110kV变压器的损耗与节能

SZ9系列110kV变压器损耗计算的技术参数，依据《油浸式电力变压器技术参数和要求》（GB/T 6451—2008）表13和表14；双绕组变压器的损耗计算依据式（2–1）和式（2–2），双绕组变压器无功消耗引起的受电网有功损耗计算依据式（2–3）和式（2–4），三绕组变压器的损耗计算依据式（6–4）～式（6–8），三绕组变压器无功消耗引起的受电网有功损耗计算依据式（6–14）和式（6–15），相关系数的选取均遵循相关计算约定。无励磁调压变压器的空载损耗、空载励磁电流比有载调压变压器略小，其相应的损耗率也略小。

6.2.1　SZ9系列双绕组有载调压变压器的损耗

1. SZ9–10000～16000型变压器

（1）SZ9–10000～16000型变压器运行时的损耗（见表6–2）

表 6-2　110kV SZ9-10000～16000 型变压器运行时的损耗表

输送功率 P（MW）	SZ9-10000			SZ9-12500			SZ9-16000		
	P_0/P_k 14.2/53　I_0%/0.74			P_0/P_k 16.8/63；I_0%/0.74			P_0/P_k 20.2/77；I_0%/0.69		
	负载损耗（kW）	ΔP%（%）	ΔP_Q%（%）	负载损耗（kW）	ΔP%（%）	ΔP_Q%（%）	负载损耗（kW）	ΔP%（%）	ΔP_Q%（%）
1	0.62	1.48	0.34	0.47	1.73	0.40	0.35	2.05	0.47
2	2.47	0.83	0.23	1.88	0.93	0.25	1.40	1.08	0.27
3	5.55	0.66	0.22	4.22	0.70	0.22	3.15	0.78	0.23
4	9.87	0.60	0.24	7.51	0.61	0.23	5.60	0.64	0.22
5	15.42	0.59	0.27	11.73	0.57	0.24	8.75	0.58	0.22
6	22.20	0.61	0.30	16.89	0.56	0.26	12.60	0.55	0.23
7	30.21	0.63	0.34	22.99	0.57	0.29	17.15	0.53	0.25
8	39.46	0.67	0.37	30.02	0.59	0.31	22.40	0.53	0.26
9	49.95	0.71	0.41	38.00	0.61	0.34	28.35	0.54	0.28
10	61.66	0.76	0.45	46.91	0.64	0.37	34.99	0.55	0.31
11				56.76	0.67	0.40	42.34	0.57	0.33
12				67.55	0.70	0.43	50.39	0.59	0.35
13							59.14	0.61	0.37
14							68.59	0.63	0.40
15							78.74	0.66	0.42
16							89.58	0.69	0.45

（2）SZ9-10000～16000 型变压器运行时的有功损耗率曲线图（见图 6-2）

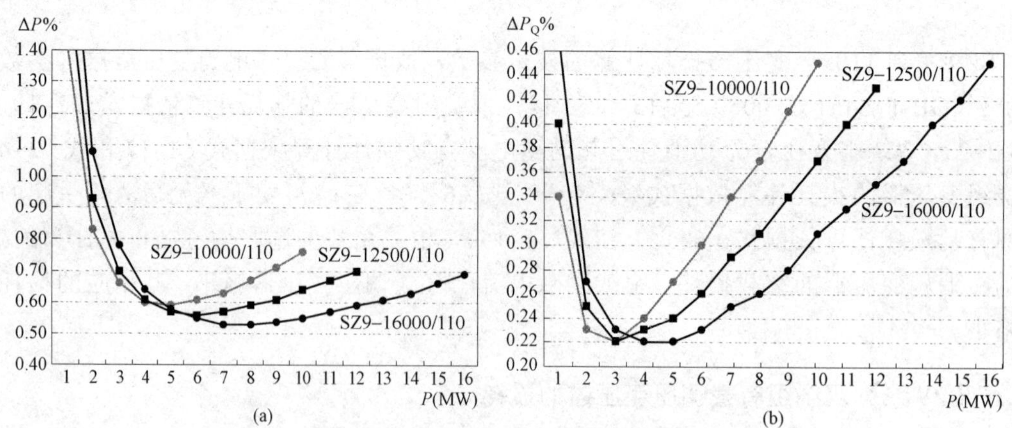

图 6-2　SZ9-10000～16000 型变压器运行时的有功损耗率曲线

（a）变压器有功损耗率曲线；（b）无功消耗引起的电网有功损耗率曲线

【节能策略】图中，变压器负载大于 5000kW 后，容量 12 500kVA 或 16 000kVA 变压器运行损耗率低。变压器负载大于 3000kW 后，容量 16 000kVA 变压器运行时，其无功消耗引起电网的有功损耗率最小。

2. SZ9–20000～31500 型变压器

（1）SZ9–20000～31500 型变压器运行时的损耗（见表 6–3）

表 6–3　　110kV SZ9–20000～31500 型变压器运行时的损耗表

输送功率 P（MW）	SZ9–20000			SZ9–25000			SZ9–31500		
	P_0/P_k　24.0/93.0　I_0%/0.69			P_0/P_k　28.4/110.0；I_0%/0.64			P_0/P_k　33.8/133.0；I_0%/0.64		
	负载损耗（kW）	ΔP%（%）	ΔP_Q%（%）	负载损耗（kW）	ΔP%（%）	ΔP_Q%（%）	负载损耗（kW）	ΔP%（%）	ΔP_Q%（%）
2	1.08	1.25	0.32	0.82	1.46	0.36	0.62	1.72	0.43
4	4.33	0.71	0.24	3.28	0.79	0.24	2.50	0.91	0.26
6	9.74	0.56	0.24	7.37	0.60	0.22	5.61	0.66	0.23
8	17.31	0.52	0.26	13.10	0.52	0.24	9.98	0.55	0.22
10	27.05	0.51	0.30	20.48	0.49	0.26	15.59	0.49	0.24
12	38.95	0.52	0.34	29.49	0.48	0.29	22.46	0.47	0.25
14	53.02	0.55	0.38	40.13	0.49	0.32	30.57	0.46	0.27
16	69.25	0.58	0.43	52.42	0.51	0.35	39.92	0.46	0.30
18	87.64	0.62	0.47	66.34	0.53	0.39	50.53	0.47	0.32
20	108.20	0.66	0.52	81.91	0.55	0.42	62.38	0.48	0.35
22				99.11	0.58	0.46	75.48	0.50	0.38
24				117.94	0.61	0.50	89.82	0.52	0.41
26							105.42	0.54	0.43
28							122.26	0.56	0.46
30							140.35	0.58	0.49

（2）SZ9–20000～31500 型变压器运行时的有功损耗率曲线图（见图 6–3）

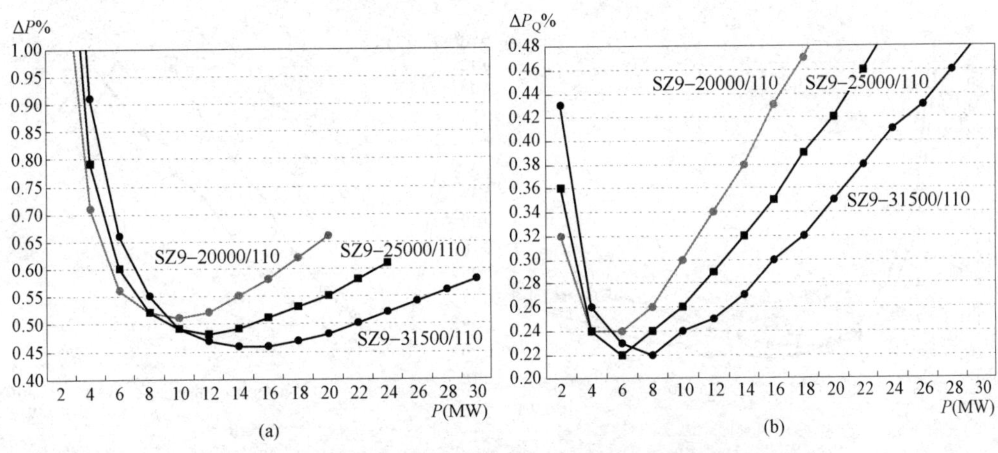

图 6–3　SZ9–20000～31500 型变压器运行时的有功损耗率曲线

（a）变压器有功损耗率曲线；（b）无功消耗引起的电网有功损耗率曲线

【节能策略】图中，变压器负载大于 10 000kW 后，容量 25 000kVA 或 31 500kVA 变压器运行损耗率低。变压器负载大于 6000kW 后，容量 31 500kVA 变压器运行时，其无功消耗引起电网的有功损耗率最小。

3. SZ9-40000～63000 型变压器

（1）SZ9-40000～63000 型变压器运行时的损耗（见表 6-4）

表 6-4　　110kV SZ9-40000～63000 型变压器运行时的损耗表

输送功率 P（MW）	SZ9-40000			SZ9-50000			SZ9-63000		
	P_0/P_k　40.4/156.0　I_0%/0.58			P_0/P_k　47.8/194.0；I_0%/0.58			P_0/P_k　56.8/234.0；I_0%/0.52		
	负载损耗（kW）	ΔP%（%）	ΔP_Q%（%）	负载损耗（kW）	ΔP%（%）	ΔP_Q%（%）	负载损耗（kW）	ΔP%（%）	ΔP_Q%（%）
4	1.81	1.06	0.28	1.44	1.23	0.33	1.10	1.45	0.36
8	7.26	0.60	0.21	5.78	0.67	0.22	4.39	0.76	0.23
12	16.33	0.47	0.22	13.00	0.51	0.21	9.88	0.56	0.20
16	29.04	0.43	0.25	23.11	0.44	0.23	17.56	0.46	0.21
20	45.37	0.43	0.29	36.11	0.42	0.25	27.44	0.42	0.22
24	65.34	0.44	0.33	52.00	0.42	0.28	39.51	0.40	0.24
28	88.93	0.46	0.38	70.78	0.42	0.32	53.78	0.39	0.26
32	116.16	0.49	0.42	92.45	0.44	0.35	70.24	0.40	0.29
36	147.01	0.52	0.47	117.01	0.46	0.38	88.90	0.40	0.32
40	181.50	0.55	0.51	144.45	0.48	0.42	109.75	0.42	0.34
44				174.79	0.51	0.46	132.80	0.43	0.37
48				208.01	0.53	0.49	158.04	0.45	0.40
52							185.47	0.47	0.43
56							215.11	0.49	0.46
60							246.93	0.51	0.49

（2）SZ9-40000～63000 型变压器运行时的有功损耗率曲线图（见图 6-4）

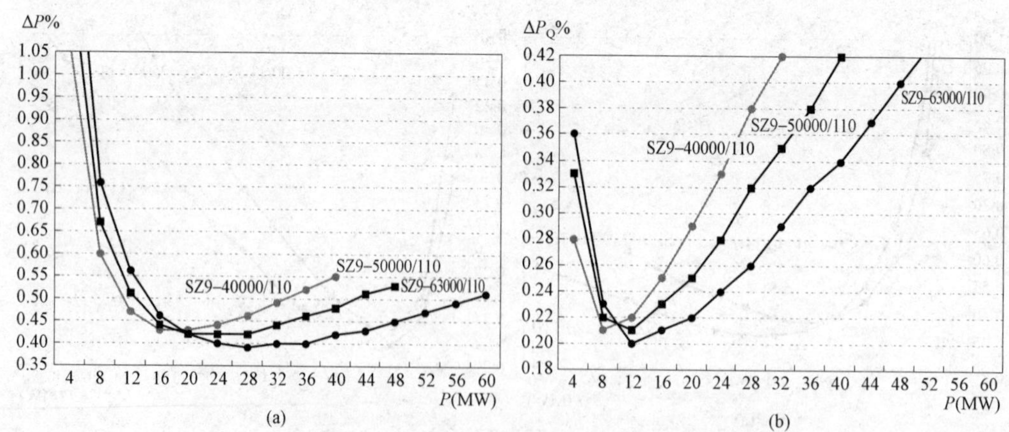

图 6-4　SZ9-40000～63000 型变压器运行时的有功损耗率曲线

（a）变压器有功损耗率曲线；（b）无功消耗引起的电网有功损耗率曲线

【节能策略】图中，变压器负载大于 20 000kW 后，容量 50 000kVA 或 63 000kVA 变压器运行损耗率低。变压器负载大于 10 000kW 后，容量 63 000kVA 变压器运行时，其无功消耗引起电网的有功损耗率最小。

6.2.2　SSZ9 系列三绕组有载调压变压器的损耗

1. SSZ9-10000～16000 型变压器

（1）SSZ9-10000～16000 型变压器运行时的损耗（见表 6-5）

表 6-5　　110kV SSZ9-10000～16000 型变压器运行时的损耗表

输送功率 P（MW）	SSZ9-10000			SSZ9-12500			SSZ9-16000		
	P_0/P_k　17.1/66.0　I_0%/0.89			P_0/P_k　20.2/78.0；I_0%/0.89			P_0/P_k　24.2/95.0；I_0%/0.84		
	负载损耗（kW）	ΔP%（%）	$ΔP_Q$%（%）	负载损耗（kW）	ΔP%（%）	$ΔP_Q$%（%）	负载损耗（kW）	ΔP%（%）	$ΔP_Q$%（%）
1	0.64	1.77	0.41	0.48	2.07	0.49	0.36	2.46	0.57
2	2.54	0.98	0.28	1.92	1.11	0.31	1.43	1.28	0.33
3	5.72	0.76	0.27	4.33	0.82	0.27	3.22	0.91	0.28
4	10.17	0.68	0.30	7.69	0.70	0.28	5.72	0.75	0.26
5	15.89	0.66	0.33	12.02	0.64	0.30	8.93	0.66	0.27
6	22.87	0.67	0.37	17.30	0.63	0.32	12.86	0.62	0.28
7	31.14	0.69	0.41	23.55	0.62	0.35	17.51	0.60	0.30
8	40.67	0.72	0.46	30.76	0.64	0.39	22.87	0.59	0.33
9	51.47	0.76	0.51	38.93	0.66	0.42	28.94	0.59	0.35
10				48.06	0.68	0.46	35.73	0.60	0.38
11				58.15	0.71	0.50	43.23	0.61	0.41
12				69.21	0.75	0.54	51.45	0.63	0.43
13							60.38	0.65	0.46
14							70.02	0.67	0.49
15							80.39	0.70	0.52

（2）SSZ9-10000～16000 型变压器运行时的有功损耗率曲线图（见图 6-5）

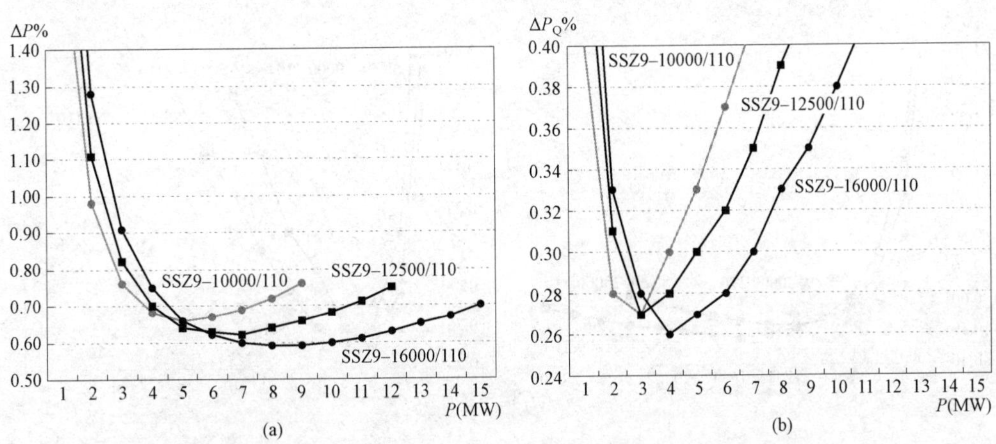

图 6-5　SSZ9-10000～16000 型变压器运行时的有功损耗率曲线

（a）变压器有功损耗率曲线；（b）无功消耗引起的电网有功损耗率曲线

【节能策略】图中，变压器负载大于 5000kW 后，容量 12 500kVA 或 16 000kVA 变压器运行损耗率低。变压器负载大于 3000kW 后，容量 16 000kVA 变压器运行时，其无功消耗引起电网的有功损耗率最小。

2. SSZ9-20000～31500 型变压器

（1）SSZ9-20000～31500 型变压器运行时的损耗（见表 6-6）

表 6-6　110kVSSZ9-20000～31500 型变压器运行时的损耗表

输送功率 P（MW）	SSZ9-20000			SSZ9-25000			SSZ9-31500		
	P_0/P_k 28.6/112.0 I_0%/0.84			P_0/P_k 33.8/133.0；I_0%/0.78			P_0/P_k 40.2/157.0；I_0%/0.78		
	负载损耗（kW）	ΔP%（%）	ΔP_Q%（%）	负载损耗（kW）	ΔP%（%）	ΔP_Q%（%）	负载损耗（kW）	ΔP%（%）	ΔP_Q%（%）
2	1.08	1.48	0.39	0.82	1.73	0.43	0.61	2.04	0.52
4	4.31	0.82	0.27	3.28	0.93	0.28	2.44	1.07	0.31
6	9.70	0.64	0.27	7.38	0.69	0.25	5.48	0.76	0.26
8	17.25	0.57	0.29	13.11	0.59	0.26	9.75	0.62	0.25
10	26.96	0.56	0.33	20.49	0.54	0.29	15.23	0.55	0.26
12	38.82	0.56	0.37	29.50	0.53	0.31	21.94	0.52	0.28
14	52.84	0.58	0.41	40.15	0.53	0.35	29.86	0.50	0.30
16	69.01	0.61	0.46	52.45	0.54	0.38	39.00	0.49	0.33
18	87.34	0.64	0.50	66.38	0.56	0.42	49.36	0.50	0.35
20				81.95	0.58	0.45	60.93	0.51	0.38
22				99.16	0.60	0.49	73.73	0.52	0.41
24				118.01	0.63	0.53	87.74	0.53	0.44
26							102.98	0.55	0.47
28							119.43	0.57	0.50
30							137.10	0.59	0.53

（2）SSZ9-20000～31500 型变压器运行时的有功损耗率曲线图（见图 6-6）

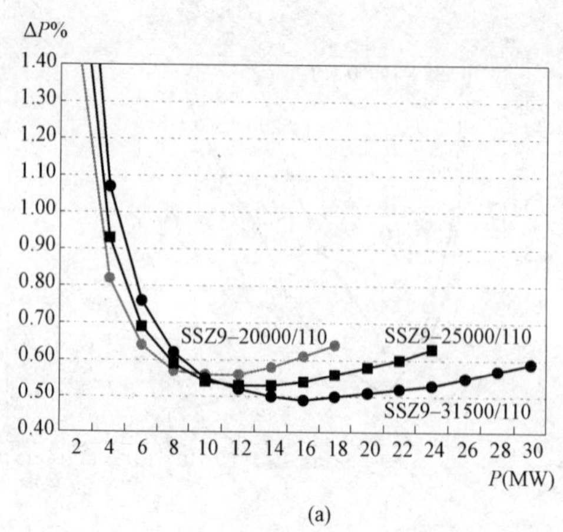

(a)

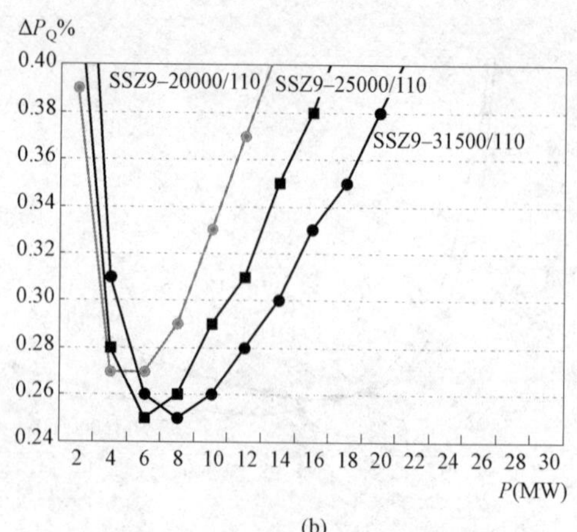

(b)

图 6-6　SSZ9-20000～31500 型变压器运行时的有功损耗率曲线

（a）变压器有功损耗率曲线；（b）无功消耗引起的电网有功损耗率曲线

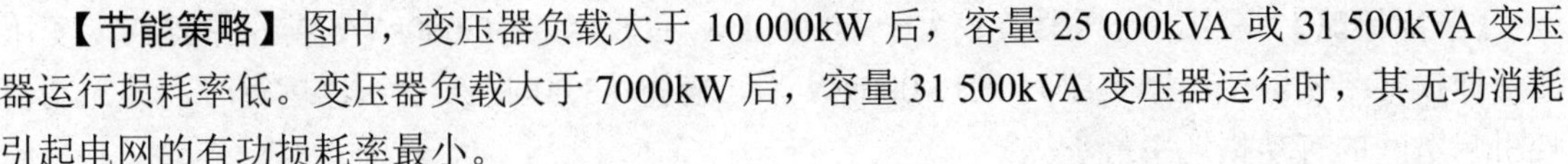

【节能策略】图中，变压器负载大于 10 000kW 后，容量 25 000kVA 或 31 500kVA 变压器运行损耗率低。变压器负载大于 7000kW 后，容量 31 500kVA 变压器运行时，其无功消耗引起电网的有功损耗率最小。

3. SSZ9-40000～63000 型变压器

（1）SSZ9-40000～63000 型变压器运行时的损耗（见表 6-7）

表 6-7 110kVSSZ9-40000～63000 型变压器运行时的损耗表

输送功率 P（MW）	SSZ9-40000			SSZ9-50000			SSZ9-63000		
	P_0/P_k 48.2/189.0 I_0%/0.73			P_0/P_k 56.9/225.0；I_0%/073			P_0/P_k 67.7/270.0；I_0%/0.67		
	负载损耗（kW）	ΔP%（%）	ΔP_Q%（%）	负载损耗（kW）	ΔP%（%）	ΔP_Q%（%）	负载损耗（kW）	ΔP%（%）	ΔP_Q%（%）
4	1.70	1.25	0.34	1.30	1.45	0.41	0.98	1.72	0.46
8	6.82	0.69	0.25	5.19	0.78	0.27	3.93	0.90	0.28
12	15.34	0.53	0.25	11.69	0.57	0.25	8.83	0.64	0.24
16	27.27	0.47	0.28	20.77	0.49	0.26	15.70	0.52	0.24
20	42.60	0.45	0.32	32.46	0.45	0.28	24.54	0.46	0.25
24	61.35	0.46	0.36	46.74	0.43	0.31	35.33	0.43	0.27
28	83.50	0.47	0.41	63.62	0.43	0.34	48.09	0.41	0.29
32	109.07	0.49	0.45	83.10	0.44	0.38	62.81	0.41	0.32
36	138.04	0.52	0.50	105.17	0.45	0.41	79.49	0.41	0.34
40				129.84	0.47	0.45	98.14	0.41	0.37
44				157.11	0.49	0.49	118.75	0.42	0.40
48				186.97	0.51	0.53	141.32	0.44	0.43
52							165.86	0.45	0.46
56							192.35	0.46	0.49
60							220.82	0.48	0.52

（2）SSZ9-40000～63000 型变压器运行时的有功损耗率曲线图（见图 6-7）

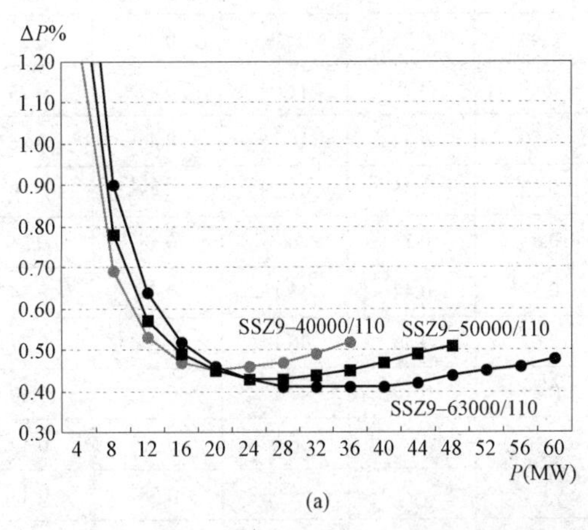

(a)

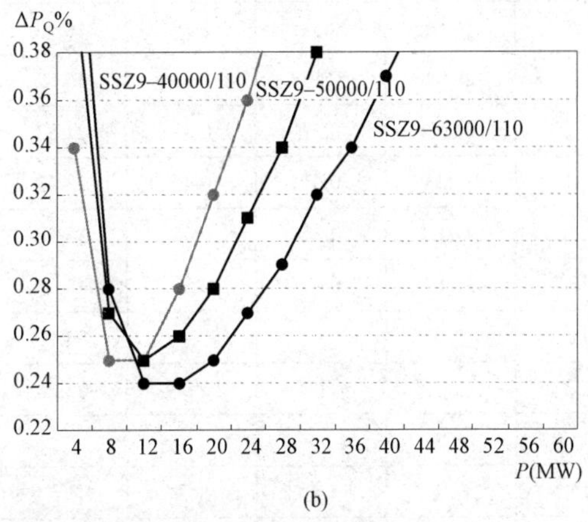

(b)

图 6-7 SSZ9-40000～63000 型变压器运行时的有功损耗率曲线

（a）变压器有功损耗率曲线；（b）无功消耗引起的电网有功损耗率曲线

【节能策略】图中，变压器负载大于 20 000kW 后，容量 50 000kVA 或 63 000kVA 变压器运行损耗率低。变压器负载大于 12 000kW 后，容量 63 000kVA 变压器运行时，其无功消耗引起电网的有功损耗率最小。

6.3 SZ11 系列 110kV 变压器的损耗与节能

SZ11 系列 110kV 变压器损耗计算的技术参数，依据《油浸式电力变压器技术参数和要求》(GB/T 6451—2015) 表 13 和表 14；双绕组变压器的损耗计算依据式 (2–1) 和式 (2–2)，双绕组变压器无功消耗引起的受电网有功损耗计算依据式 (2–3) 和式 (2–4)，三绕组变压器的损耗计算依据式 (6–4) ～式 (6–8)，三绕组变压器无功消耗引起的受电网有功损耗计算依据式 (6–14) 和式 (6–15)，相关系数的选取均遵循相关计算约定。无励磁调压变压器的空载损耗、空载励磁电流比有载调压变压器略小，其相应的损耗率也略小。

6.3.1 SZ11 系列双绕组有载调压变压器的损耗

1. SZ11–10000～16000 型变压器

(1) SZ11–10000～16000 型变压器运行时的损耗 (见表 6–8)

表 6–8　110kV SZ11–10000～16000 型变压器运行时的损耗表

输送功率 P (MW)	SZ11–10000			SZ11–12500			SZ11–16000		
	P_0/P_k 11.3/50.0 I_0%/0.59			P_0/P_k 13.4/59.0; I_0%/0.59			P_0/P_k 16.1/73.0; I_0%/0.55		
	负载损耗 (kW)	ΔP% (%)	ΔP_Q% (%)	负载损耗 (kW)	ΔP% (%)	ΔP_Q% (%)	负载损耗 (kW)	ΔP% (%)	ΔP_Q% (%)
1	0.58	1.19	0.28	0.44	1.38	0.33	0.33	1.64	0.38
2	2.33	0.68	0.22	1.76	0.76	0.23	1.33	0.87	0.24
3	5.24	0.55	0.23	3.95	0.58	0.22	2.99	0.64	0.21
4	9.31	0.52	0.25	7.03	0.51	0.23	5.31	0.54	0.21
5	14.54	0.52	0.29	10.98	0.49	0.25	8.29	0.49	0.22
6	20.94	0.54	0.33	15.82	0.49	0.28	11.94	0.47	0.24
7	28.50	0.57	0.38	21.53	0.50	0.32	16.26	0.46	0.26
8	37.23	0.61	0.42	28.12	0.52	0.35	21.23	0.47	0.29
9	47.12	0.65	0.47	35.58	0.54	0.38	26.87	0.48	0.31
10	58.17	0.69	0.51	43.93	0.57	0.42	33.18	0.49	0.34
11				53.16	0.61	0.46	40.14	0.51	0.37
12				63.26	0.64	0.49	47.77	0.53	0.40
13							56.07	0.56	0.42
14							65.03	0.58	0.45
15							74.65	0.60	0.48
16							84.93	0.63	0.51

（2）SZ11-10000～16000 型变压器运行时的有功损耗率曲线图（见图 6-8）

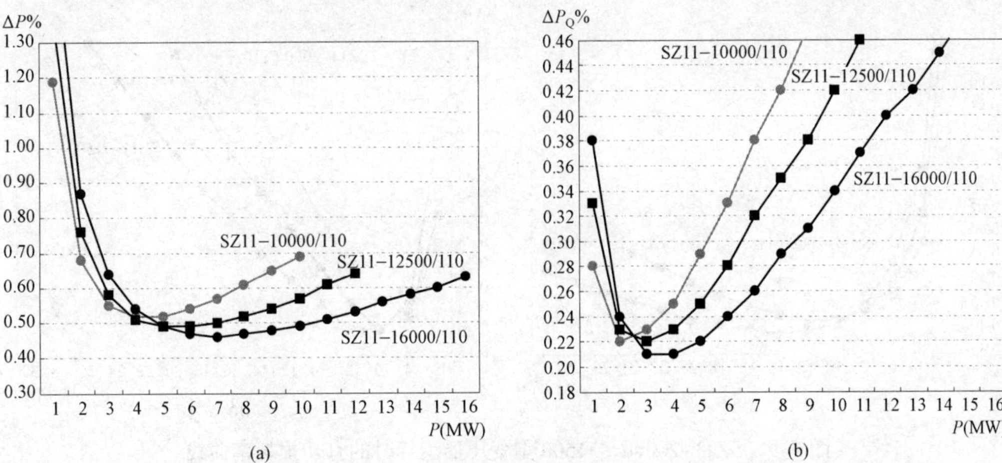

图 6-8　SZ11-10000～16000 型变压器运行时的有功损耗率曲线

（a）变压器有功损耗率曲线；（b）无功消耗引起的电网有功损耗率曲线

【节能策略】图中，变压器负载大于 5000kW 后，容量 12 500kVA 或 16 000kVA 变压器运行损耗率低。变压器负载大于 2800kW 后，容量 16 000kVA 变压器运行时，其无功消耗引起电网的有功损耗率最小。

2. SZ11—20000～31500 型变压器

（1）SZ11—20000～31500 型变压器运行时的损耗（见表 6-9）

表 6-9　　110kV SZ11-20000～31500 型变压器运行时的损耗表

输送功率 P（MW）	SZ11-20000			SZ11-25000			SZ11-31500		
	P_0/P_k　19.2/88.0　I_0%/0.55			P_0/P_k　22.7/104.0；I_0%/0.51			P_0/P_k　27.0/123.0；I_0%/0.51		
	负载损耗（kW）	ΔP%（%）	ΔP_Q%（%）	负载损耗（kW）	ΔP%（%）	ΔP_Q%（%）	负载损耗（kW）	ΔP%（%）	ΔP_Q%（%）
2	1.02	1.01	0.27	0.77	1.17	0.29	0.58	1.38	0.35
4	4.10	0.58	0.21	3.10	0.64	0.21	2.31	0.73	0.22
6	9.21	0.47	0.22	6.97	0.49	0.20	5.19	0.54	0.20
8	16.38	0.44	0.25	12.39	0.44	0.22	9.23	0.45	0.20
10	25.60	0.45	0.29	19.36	0.42	0.25	14.42	0.41	0.22
12	36.86	0.47	0.33	27.88	0.42	0.28	20.77	0.40	0.24
14	50.17	0.50	0.37	37.94	0.43	0.31	28.27	0.39	0.26
16	65.52	0.53	0.42	49.56	0.45	0.34	36.92	0.40	0.29
18	82.93	0.57	0.46	62.72	0.47	0.38	46.73	0.41	0.31
20	102.38	0.61	0.51	77.44	0.50	0.42	57.69	0.42	0.34
22				93.70	0.53	0.45	69.80	0.44	0.37
24				111.51	0.56	0.49	83.07	0.46	0.40
26							97.49	0.48	0.43
28							113.07	0.50	0.46
30							129.80	0.52	0.49

（2）SZ11—20000～31500 型变压器运行时的有功损耗率曲线图（见图 6-9）

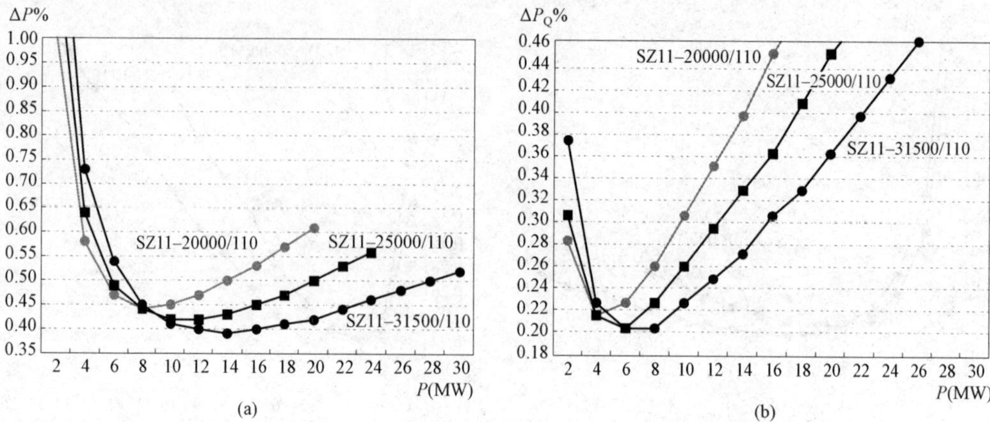

图 6-9　SZ11-20000～31500 型变压器运行时的有功损耗率曲线

（a）变压器有功损耗率曲线；（b）无功消耗引起的电网有功损耗率曲线

【节能策略】图中，变压器负载大于 8000kW 后，容量 25 000kVA 或 31 500kVA 变压器运行损耗率低。变压器负载大于 5500kW 后，容量 31 500kVA 变压器运行时，其无功消耗引起电网的有功损耗率最小。

3. SZ11-40000～63000 型变压器

（1）SZ11-40000～63000 型变压器运行时的损耗（见表 6-10）

表 6-10　　110kV SZ11-40000～63000 型变压器运行时的损耗表

输送功率 P（MW）	SZ11-40000			SZ11-50000			SZ11-63000		
	P_0/P_k　32.3/156　I_0%/0.46			P_0/P_k　38.20/194；I_0%/0.46			P_0/P_k　45.4/232；I_0%/0.42		
	负载损耗（kW）	$ΔP$%（%）	$ΔP_Q$%（%）	负载损耗（kW）	$ΔP$%（%）	$ΔP_Q$%（%）	负载损耗（kW）	$ΔP$%（%）	$ΔP_Q$%（%）
4	1.81	0.85	0.24	1.44	0.99	0.27	1.09	1.16	0.30
8	7.26	0.49	0.20	5.78	0.55	0.20	4.35	0.62	0.20
12	16.33	0.41	0.23	13.00	0.43	0.21	9.79	0.46	0.19
16	29.04	0.38	0.27	23.11	0.38	0.24	17.41	0.39	0.21
20	45.37	0.39	0.32	36.11	0.37	0.27	27.20	0.36	0.23
24	65.34	0.41	0.37	52.00	0.38	0.31	39.17	0.35	0.26
28	88.93	0.43	0.42	70.78	0.39	0.35	53.32	0.35	0.29
32	116.16	0.46	0.47	92.45	0.41	0.39	69.64	0.36	0.32
36	147.01	0.50	0.52	117.01	0.43	0.43	88.14	0.37	0.35
40	181.50	0.53	0.58	144.45	0.46	0.47	108.81	0.39	0.38
44				174.79	0.48	0.51	131.66	0.40	0.41
48				208.01	0.51	0.56	156.69	0.42	0.45
52							183.89	0.44	0.48
56							213.27	0.46	0.52
60							244.82	0.48	0.55

（2）SZ11–40000～63000 型变压器运行时的有功损耗率曲线图（见图 6–10）

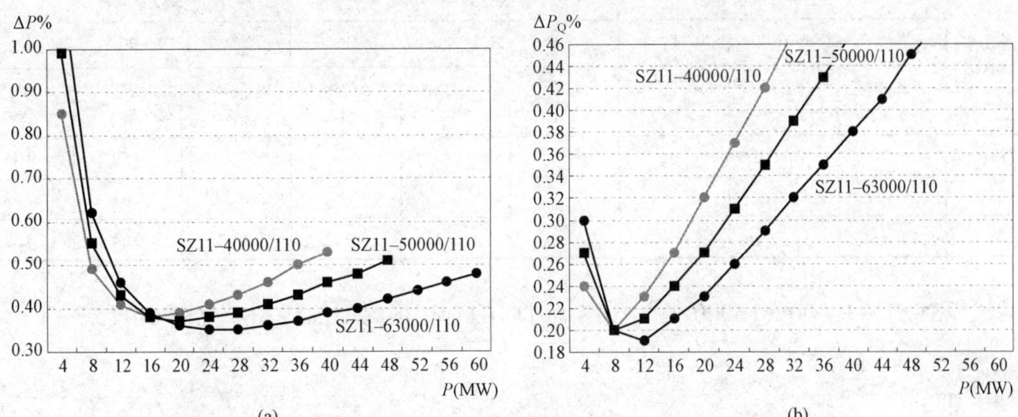

图 6–10　SZ11–40000～63000 型变压器运行时的有功损耗率曲线

（a）变压器有功损耗率曲线；（b）无功消耗引起的电网有功损耗率曲线

【节能策略】图中，变压器负载大于 18 000kW 后，容量 50 000kVA 或 63 000kVA 变压器运行损耗率低。变压器负载大于 8000kW 后，容量 63 000kVA 变压器运行时，其无功消耗引起电网的有功损耗率最小。

6.3.2　SSZ11 系列三绕组有载调压变压器的损耗

1. SSZ11–10000～16000 型变压器

（1）SSZ11–10000～16000 型变压器运行时的损耗（见表 6–11）

表 6–11　　110kV SSZ11–10000～16000 型变压器运行时的损耗表

输送功率 P（MW）	SSZ11–10000			SSZ11–12500			SSZ11–16000		
	P_0/P_k 13.6/62.0 I_0%/0.71			P_0/P_k 16.1/74.0；I_0%/0.71			P_0/P_k 19.3/90.0；I_0%/0.67		
	负载损耗（kW）	ΔP%（%）	$ΔP_Q$%（%）	负载损耗（kW）	ΔP%（%）	$ΔP_Q$%（%）	负载损耗（kW）	ΔP%（%）	$ΔP_Q$%（%）
1	0.60	1.42	0.34	0.46	1.66	0.40	0.34	1.96	0.46
2	2.39	0.80	0.25	1.82	0.90	0.26	1.35	1.03	0.28
3	5.37	0.63	0.25	4.10	0.67	0.24	3.05	0.74	0.24
4	9.55	0.58	0.28	7.30	0.58	0.25	5.42	0.62	0.24
5	14.92	0.57	0.32	11.40	0.55	0.28	8.46	0.56	0.25
6	21.49	0.58	0.36	16.41	0.54	0.31	12.18	0.52	0.27
7	29.25	0.61	0.40	22.34	0.55	0.34	16.58	0.51	0.29
8	38.20	0.65	0.45	29.18	0.57	0.38	21.66	0.51	0.31
9	48.35	0.69	0.50	36.93	0.59	0.41	27.42	0.52	0.34
10				45.60	0.62	0.45	33.85	0.53	0.37
11				55.17	0.65	0.49	40.95	0.55	0.40
12				65.66	0.68	0.53	48.74	0.57	0.43

续表

输送功率 P（MW）	SSZ11-10000			SSZ11-12500			SSZ11-16000		
	P_0/P_k 13.6/62.0 I_0%/0.71			P_0/P_k 16.1/74.0；I_0%/0.71			P_0/P_k 19.3/90.0；I_0%/0.67		
	负载损耗（kW）	ΔP%（%）	ΔP_Q%（%）	负载损耗（kW）	ΔP%（%）	ΔP_Q%（%）	负载损耗（kW）	ΔP%（%）	ΔP_Q%（%）
13							57.20	0.59	0.45
14							66.34	0.61	0.48
15							76.15	0.64	0.52

（2）SSZ11-10000～16000 型变压器运行时的有功损耗率曲线图（见图 6-11）

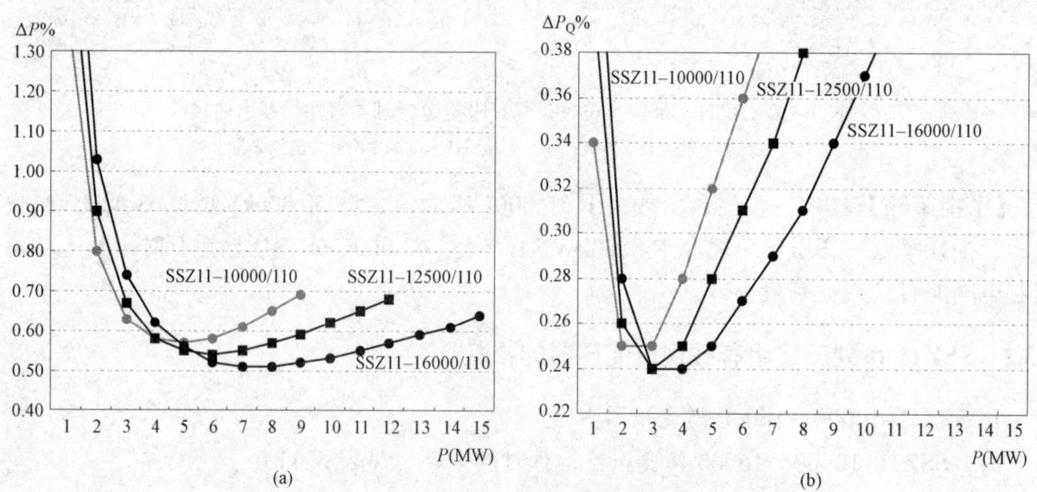

图 6-11　SSZ11-10000～16000 型变压器运行时的有功损耗率曲线

（a）变压器有功损耗率曲线；（b）无功消耗引起的电网有功损耗率曲线

【节能策略】图中，变压器负载大于 5000kW 后，容量 12 500kVA 或 16 000kVA 变压器运行损耗率低。变压器负载大于 3000kW 后，容量 16 000kVA 变压器运行时，其无功消耗引起电网的有功损耗率最小。

2. SSZ11-20000～31500 型变压器

（1）SSZ11-20000～31500 型变压器运行时的损耗（见表 6-12）

表 6-12　110kV SSZ11-20000～31500 型变压器运行时的损耗表

输送功率 P（MW）	SSZ11-20000			SSZ11-25000			SSZ11-31500		
	P_0/P_k 22.8/106.0 I_0%/0.67			P_0/P_k 27.0/126.0；I_0%/0.62			P_0/P_k 32.1/149.0；I_0%/0.62		
	负载损耗（kW）	ΔP%（%）	ΔP_Q%（%）	负载损耗（kW）	ΔP%（%）	ΔP_Q%（%）	负载损耗（kW）	ΔP%（%）	ΔP_Q%（%）
2	1.02	1.19	0.32	0.78	1.39	0.35	0.58	1.63	0.42
4	4.08	0.67	0.24	3.11	0.75	0.24	2.31	0.86	0.26
6	9.18	0.53	0.25	6.99	0.57	0.23	5.20	0.62	0.23
8	16.33	0.49	0.27	12.42	0.49	0.24	9.25	0.52	0.23

续表

输送功率 P（MW）	SSZ11–20000			SSZ11–25000			SSZ11–31500		
	P_0/P_k　22.8/106.0　I_0%/0.67			P_0/P_k　27.0/126.0；I_0%/0.62			P_0/P_k　32.1/149.0；I_0%/0.62		
	负载损耗（kW）	ΔP%（%）	ΔP_Q%（%）	负载损耗（kW）	ΔP%（%）	ΔP_Q%（%）	负载损耗（kW）	ΔP%（%）	ΔP_Q%（%）
10	25.51	0.48	0.31	19.41	0.46	0.27	14.46	0.47	0.24
12	36.74	0.50	0.36	27.95	0.46	0.30	20.82	0.44	0.26
14	50.00	0.52	0.40	38.04	0.46	0.34	28.34	0.43	0.29
16	65.31	0.55	0.45	49.69	0.48	0.37	37.01	0.43	0.31
18	82.66	0.59	0.50	62.88	0.50	0.41	46.84	0.44	0.34
20				77.64	0.52	0.45	57.83	0.45	0.37
22				93.94	0.55	0.49	69.97	0.46	0.40
24				111.80	0.58	0.52	83.27	0.48	0.43
26							97.73	0.50	0.46
28							113.34	0.52	0.49
30							130.11	0.54	0.52

（2）SSZ11–20000～31500 型变压器运行时的有功损耗率曲线图（见图 6–12）

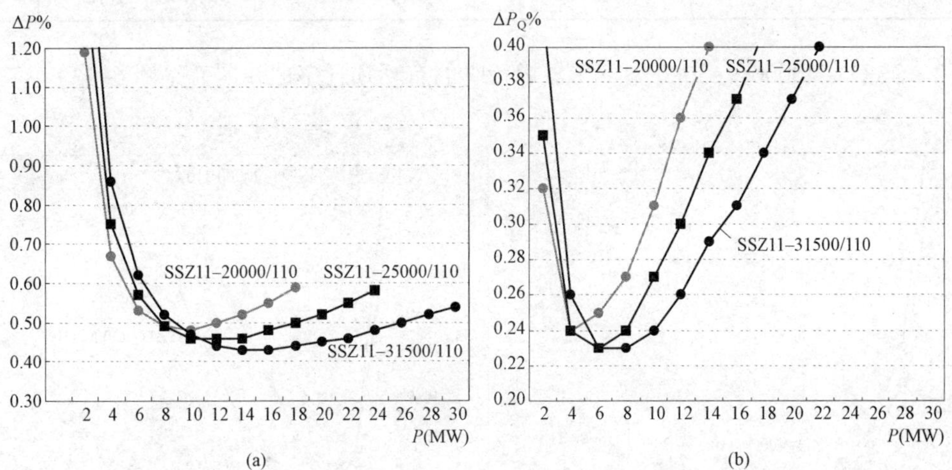

图 6–12　SSZ11–20000～31500 型变压器运行时的有功损耗率曲线

（a）变压器有功损耗率曲线；（b）无功消耗引起的电网有功损耗率曲线

【节能策略】 图中，变压器负载大于 10 000kW 后，容量 25 000kVA 或 31 500kVA 变压器运行损耗率低。变压器负载大于 7000kW 后，容量 31 500kVA 变压器运行时，其无功消耗引起电网的有功损耗率最小。

3. SSZ11–40000～63000 型变压器

（1）SSZ11–40000～63000 型变压器运行时的损耗（见表 6–13）

表 6–13　　110kV SSZ11–40000～63000 型变压器运行时的损耗表

输送功率 P（MW）	SSZ11–40000			SSZ11–50000			SSZ11–63000		
	P_0/P_k 38.5/179.0 I_0%/0.58			P_0/P_k 45.5/213.0；I_0%/0.58			P_0/P_k 54.1/256.0；I_0%/053		
	负载损耗（kW）	ΔP%（%）	ΔP_Q%（%）	负载损耗（kW）	ΔP%（%）	ΔP_Q%（%）	负载损耗（kW）	ΔP%（%）	ΔP_Q%（%）
4	1.61	1.00	0.28	1.23	1.17	0.33	0.93	1.38	0.37
8	6.46	0.56	0.22	4.92	0.63	0.23	3.72	0.72	0.23
12	14.53	0.44	0.23	11.06	0.47	0.22	8.37	0.52	0.21
16	25.82	0.40	0.27	19.67	0.41	0.24	14.89	0.43	0.22
20	40.35	0.39	0.31	30.73	0.38	0.27	23.26	0.39	0.23
24	58.10	0.40	0.35	44.25	0.37	0.30	33.50	0.36	0.25
28	79.08	0.42	0.40	60.23	0.38	0.33	45.60	0.36	0.28
32	103.29	0.44	0.44	78.67	0.39	0.37	59.55	0.36	0.31
36	130.73	0.47	0.49	99.56	0.40	0.41	75.37	0.36	0.33
40				122.91	0.42	0.44	93.05	0.37	0.36
44				148.73	0.44	0.48	112.59	0.38	0.39
48				177.00	0.46	0.52	133.99	0.39	0.42
52							157.26	0.41	0.45
56							182.38	0.42	0.49
60							209.37	0.44	0.52

（2）SSZ11–40000～63000 型变压器运行时的有功损耗率曲线图（见图 6–13）

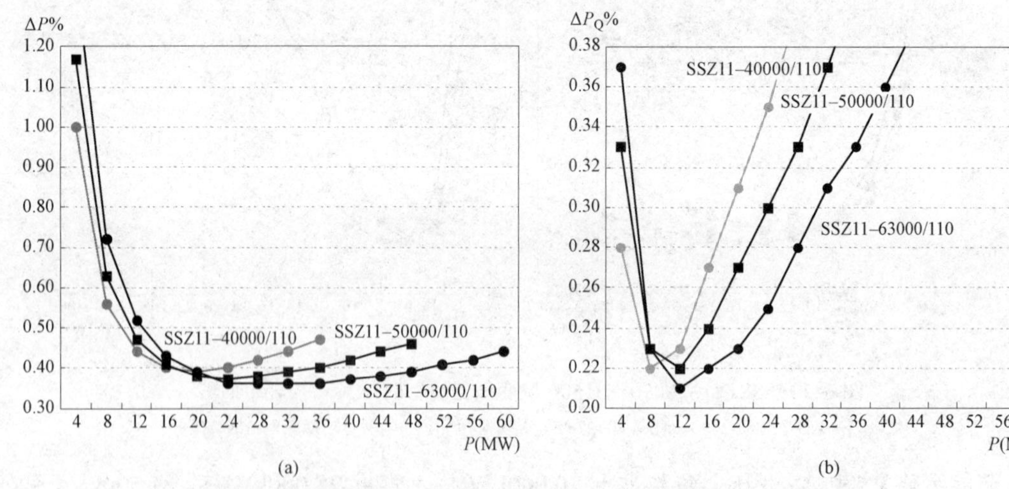

图 6–13　SSZ11–40000～63000 型变压器运行时的有功损耗率曲线

（a）变压器有功损耗率曲线；（b）无功消耗引起的电网有功损耗率曲线

【节能策略】图中，变压器负载大于 20 000kW 后，容量 50 000kVA 或 63 000kVA 变压器运行损耗率低。变压器负载大于 12 000kW 后，容量 63 000kVA 变压器运行时，其无功消耗引起电网的有功损耗率最小。

6.4　110kV 变压器的节能措施

6.4.1　SZ9 系列变压器节能措施

（1）合理调控变压器运行负荷，使变压器运行在最佳经济运行区，可以实现节能运行。

对于 SZ9 系列 110kV 不同容量的变压器，其最佳负载功率、最佳负载损耗率、典型负载系数下的损耗率、最大铜铁损比（动态情况下变压器额定负载损耗与空载损耗的比值，下同）等数据，参见表 6–14。

表 6–14　　SZ9 系列 110kV 变压器最佳负载及最佳损耗率范围表

额定容量（kVA）	空载损耗 P_0（kW）	负载损耗 P_k（kW）	最佳负载系数β_j	最佳负载功率（MW）	最佳负载损耗率（%）	典型负载系数下的损耗率（%）			最大铜铁损比
						β=0.7	β=1	β=0.25	
6300	10.0	36	0.51	3.08	0.65	0.68	0.80	0.83	3.78
8000	12.0	45	0.50	3.83	0.63	0.66	0.78	0.79	3.94
10 000	14.2	53	0.51	4.80	0.59	0.62	0.74	0.74	3.92
12 500	16.8	63	0.50	5.98	0.56	0.59	0.70	0.71	3.94
16 000	20.2	77	0.50	7.60	0.53	0.56	0.66	0.66	4.00
20 000	24.0	93	0.50	9.42	0.51	0.54	0.64	0.63	4.07
25 000	28.4	110	0.50	11.78	0.48	0.51	0.61	0.60	4.07
31 500	33.8	133	0.49	14.72	0.46	0.49	0.58	0.57	4.13
40 000	40.4	156	0.50	18.87	0.43	0.45	0.54	0.53	4.05
50 000	47.8	194	0.48	23.01	0.42	0.44	0.53	0.51	4.26
63 000	56.8	234	0.48	28.78	0.39	0.42	0.51	0.48	4.33

上述表中可见，该类变压器最佳负载系数平均为 0.5，把负荷控制在负载系数 0.25～0.70 之间，其运行损耗率低，节能性好。

（2）合理调控变压器的运行负载，不仅有利于降低变压器自身的有功损耗，而且有助于降低变压器无功消耗所引起电网的有功损耗率。

SZ9 系列 110kV 变压器不同负载系数下的无功消耗引起电网的有功损耗率情况见表 6–15。

表 6–15　　SZ9 系列 110kV 变压器不同负载系数下无功消耗引起电网的有功损耗率表

额定容量（kVA）	空载电流 I_0（%）	短路阻抗 U_k（%）	典型负载系数下无功消耗引起电网的有功损耗率（%）			
			β=0.7	β=1	β_j	β=0.5
6300	0.8	10.5	0.37	0.50	0.30	0.30
8000	0.8	10.5	0.37	0.50	0.30	0.30
10 000	0.74	10.5	0.37	0.50	0.30	0.29
12 500	0.74	10.5	0.37	0.50	0.30	0.29

续表

额定容量（kVA）	空载电流 I_0（%）	短路阻抗 U_k（%）	典型负载系数下无功消耗引起电网的有功损耗率（%）			
			β=0.7	β=1	β_j	β=0.5
16 000	0.69	10.5	0.37	0.49	0.29	0.29
20 000	0.69	10.5	0.37	0.49	0.29	0.29
25 000	0.64	10.5	0.36	0.49	0.28	0.29
31 500	0.64	10.5	0.36	0.49	0.28	0.29
40 000	0.58	10.5	0.36	0.49	0.28	0.28
50 000	0.58	10.5	0.36	0.49	0.28	0.28
63 000	0.52	10.5	0.36	0.49	0.27	0.28

从上述表格可以看出，控制变压器负载系数均可以大幅度降低变压器无功消耗引起电网的有功损耗率。负载系数为 0.5 及以下时，变压器无功消耗引起电网的有功损耗率较低，负载系数大于 0.7 后的损耗率越来越高。

（3）当变电站有多台变压器运行时，根据变压器的技术参数及负荷情况，优先投运技术参数优、容量较大的变压器，使其运行于变压器最佳经济运行区，可以实现节能运行。

从 6.2 节中的表、图可见，同样的负载区间，当选用的变压器容量使得其负载系数区间处于 0.25～0.70 时，变压器运行损耗率低、经济性好。因此，合理调配 110kV 变电站不同主变压器的负载，严格控制变压器负载系数小于 0.20 运行，严格控制变压器重载运行，均可以实现变压器经济节能。

（4）变压器的节能改造。由于 S11 系列变压器空载损耗比 S9 系列平均下降了 20%，负载损耗比 S9 系列下降了平均 5%，因此对于运行时间超过 15 年的 S9 系列变压器，建议采用 S11 系列及以上系列变压器替代，可以大幅度降低变压器运行损耗，实现节能运行。

对于运行着 S7 系列电力变压器，按照我国最新的变压器能效等级规定，该类型变压器已经属于高能耗变压器，因此，建议根据实际情况尽早进行节能改造，降本增效。

6.4.2 SZ11 系列变压器节能措施

（1）合理调控变压器运行负荷，使变压器运行在最佳经济运行区，可以实现节能运行。

对于 SZ11 系列 110kV 不同型号、不同容量的变压器，其最佳运行负载区间、最佳损耗率范围、额定负载下的最大铜铁损比等数据情况见表 6–16。

表 6–16　SZ11 系列 110kV 变压器最佳负载区间及最佳损耗率范围表

额定容量（kVA）	空载损耗 P_0（kW）	负载损耗 P_k（kW）	最佳负载系数 β_j	最佳负载功率（MW）	最佳负载损耗率（%）	典型负载系数下的损耗率（%）			最大铜铁损比
						β=0.7	β=1	β=0.20	
6300	8.0	35	0.47	2.79	0.57	0.62	0.75	0.79	4.59
8000	9.6	42	0.47	3.55	0.54	0.59	0.71	0.75	4.59
10 000	11.3	50	0.46	4.41	0.51	0.56	0.67	0.71	4.65
12 500	13.4	59	0.47	5.52	0.49	0.53	0.63	0.67	4.62

续表

额定容量（kVA）	空载损耗 P_0（kW）	负载损耗 P_k（kW）	最佳负载系数β_j	最佳负载功率（MW）	最佳负载损耗率（%）	典型负载系数下的损耗率（%）			最大铜铁损比
						β=0.7	β=1	β=0.20	
16 000	16.1	73	0.46	6.97	0.46	0.50	0.61	0.63	4.76
20 000	19.2	88	0.46	8.66	0.44	0.48	0.59	0.60	4.81
25 000	22.7	104	0.46	10.83	0.42	0.46	0.56	0.57	4.81
31 500	27.0	123	0.46	13.68	0.39	0.43	0.52	0.54	4.78
40 000	32.3	156	0.44	16.87	0.38	0.42	0.52	0.51	5.07
50 000	38.2	194	0.43	20.57	0.37	0.42	0.51	0.49	5.33
63 000	45.4	232	0.43	25.84	0.35	0.39	0.48	0.46	5.37

上述表中可见，该类变压器最佳负载系数平均为 0.45，把负荷控制在负载系数 0.20～0.70 之间，其运行损耗率低，节能性好。

（2）合理调控变压器的运行负载，不仅有利于降低变压器自身的有功损耗，而且有助于降低变压器无功消耗所引起电网的有功损耗率。

SZ11 系列 110kV 变压器不同负载系数下的无功消耗引起电网的有功损耗率见表 6–17。

表 6–17　SZ11 系列 110kV 变压器不同负载系数下无功消耗引起电网的有功损耗率表

额定容量（kVA）	空载电流 I_0（%）	短路阻抗 U_k（%）	典型负载系数下无功消耗引起电网的有功损耗率（%）			
			β=0.7	β=1	β_j	β=0.5
6300	0.64	10.5	0.36	0.49	0.27	0.29
8000	0.64	10.5	0.36	0.49	0.27	0.29
10 000	0.59	10.5	0.36	0.49	0.27	0.28
12 500	0.59	10.5	0.36	0.49	0.27	0.28
16 000	0.55	10.5	0.36	0.49	0.26	0.28
20 000	0.55	10.5	0.36	0.49	0.26	0.28
25 000	0.51	10.5	0.36	0.49	0.26	0.28
31 500	0.51	10.5	0.36	0.49	0.26	0.28
40 000	0.46	12.0	0.40	0.55	0.28	0.30
50 000	0.46	12.0	0.40	0.55	0.27	0.30
63 000	0.42	12.0	0.40	0.55	0.27	0.30

从上表可以看出，控制变压器负载系数均可以大幅度降低变压器无功消耗引起电网的有功损耗率。负载系数小于 0.5、大于最佳负载系数时，变压器无功消耗引起电网的有功损耗率较低。

（3）当变电站有多台变压器运行时，根据变压器的技术参数及负荷情况，优先投运技术参数优、容量较大的变压器，使其运行于变压器最佳经济运行区，可以实现节能运行。

从 6.3 节中的表、图可见，同样的负载区间，当选用的变压器容量使得其负载系数区间达到 0.20～0.70 时，变压器运行损耗率低、经济性好。因此，合理调配 110kV 变电站不同主变压器的负载，严格控制变压器负载系数小于 0.15 运行，严格控制变压器重载运行，均可以实现变压器经济节能。

（4）推广应用 SZ11 系列节能型变压器，同时合理调控变压器运行负载，会给用电单位带来巨大的节能效果和经济效益，举例说明如下。

某单位 110kV 变电站运行一台 SFZ7–20000/110 型变压器，其空载损耗为 30kW，额定负载损耗为 104kW，该变压器年度最小负荷为 8100kW，最大负荷为 19 200kW，平均负荷为 15 600kW，变压器负荷波动损耗系数取 1.05，变压器一次侧功率因数取 0.95，变压器分接开关处于中间档位。下面分别选择 SFZ9、SFZ10、SFZ11 型容量为 40 000kVA 的变压器，来比较分析 SZ11 型变压器的节能性与经济性。

1）不同型号变压器运行时的损耗率对比表（见表 6–18）

表 6–18　不同型号变压器运行时的损耗率对比表

输送功率 P（MW）	SFZ7–20000		SFZ9–40000		SFZ10–40000		SFZ11–40000	
	P_0/P_k　30/104		P_0/P_k　40/156		P_0/P_k　36.4/156		P_0/P_k　32.3/148	
	负载损耗（kW）	损耗率（%）	负载损耗（kW）	损耗率（%）	负载损耗（kW）	损耗率（%）	负载损耗（kW）	损耗率（%）
2	1.21	1.56	0.45	2.02	0.45	1.84	0.43	1.64
4	4.84	0.87	1.81	1.05	1.81	0.96	1.72	0.85
6	10.89	0.68	4.08	0.73	4.08	0.67	3.87	0.60
8	19.36	0.62	7.26	0.59	7.26	0.55	6.89	0.49
10	30.25	0.60	11.34	0.51	11.34	0.48	10.76	0.43
12	43.56	0.61	16.33	0.47	16.33	0.44	15.50	0.40
14	59.29	0.64	22.23	0.44	22.23	0.42	21.09	0.38
16	77.44	0.67	29.04	0.43	29.04	0.41	27.55	0.37
18	98.01	0.71	36.75	0.43	36.75	0.41	34.87	0.37
20	121.00	0.75	45.37	0.43	45.37	0.41	43.05	0.38
24			65.34	0.44	65.34	0.42	61.99	0.39
26			76.68	0.45	76.68	0.43	72.75	0.40
28			88.93	0.46	88.93	0.45	84.37	0.42
30			102.09	0.47	102.09	0.46	96.86	0.43
32			116.16	0.49	116.16	0.48	110.20	0.45
34			131.13	0.50	131.13	0.49	124.41	0.46
36			147.01	0.52	147.01	0.51	139.47	0.48
38			163.80	0.54	163.80	0.53	155.40	0.49

2）不同型号变压器运行时的损耗率对比图（见图 6–14）

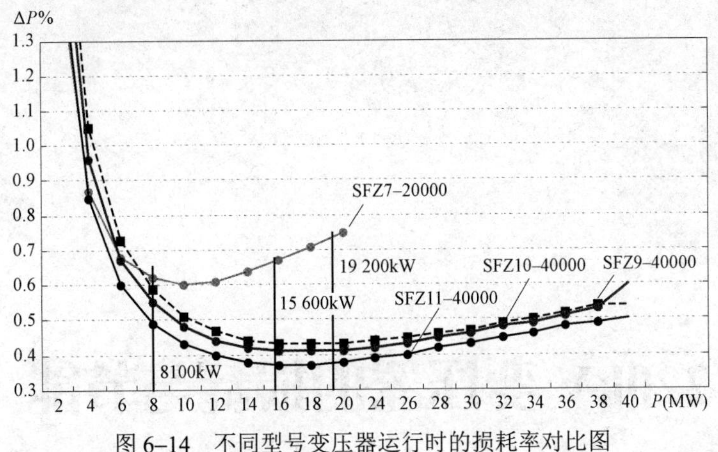

图 6–14　不同型号变压器运行时的损耗率对比图

图中，横坐标表示变压器一次侧有功输入功率（MW），纵坐标表示变压器运行时的有功损耗率。

由上述表图可见，当变压器在最小负荷 8100kW 运行时，SFZ7、SFZ9、SFZ10、SFZ11 型变压器的运行损耗率分别为 0.62%、0.59%、0.54%、0.49%；当变压器在平均负荷 15 600kW 运行时，SFZ7、SFZ9、SFZ10、SFZ11 型变压器的损耗率分别为 0.66%、0.43%、0.41%、0.37%；当变压器运行在最大负荷 19 200kW 时，SFZ7、SFZ9、SFZ10、SFZ11 型变压器的损耗率分别为 0.74%、0.43%、0.41%、0.37%。

如果该变压器年运行时间 8000h，按照平均运行负荷计算，该变压器年供电量为 12 480 万 kWh，选用 SFZ11–40000/110 变压器运行损耗率能够降低 0.29%，每年节电量为 36 万 kWh。该案例中，选用 SFZ11–40000/110 节能型变压器时的有功损耗率下降最大，节能效果最好；若再考虑变压器运行时无功消耗对电网的有功损耗率影响，该选择方案的节能性和经济性将会更大。

第7章

220kV变压器的损耗与节能

220kV电力变压器有双绕组和三绕组，均为三相电力变压器，包括普通变压器和自耦变压器。从调压类型上分为无励磁调压和有载调压，多用于输电网和城市电网的变电站中。220kV三绕组变压器的容量按照变压器的结构进行比例分配，普通三相三绕组降压结构变压器容量分配为（100/100/50）%或（100/50/100）%，普通三相三绕组升压结构变压器容量分配为（100/50/100）%；三相三绕组自耦变压器降压结构变压器容量分配为（100/100/50）%，升压结构容量分配（100/50/100）%。一般地，低压绕组可以带负荷，也可以安装一定数量的并联无功补偿装置。本章节给出了220kV变压器运行时的损耗特点、规律图表与节能措施。

7.1 220kV变压器额定损耗变化规律与节能

7.1.1 S9系列双绕组变压器

根据《油浸式电力变压器技术参数和要求》（GB/T 6451—2008）中三相双绕组无励磁调压电力变压器的技术参数，可以得出S9系列三相双绕组无励磁调压电力变压器的损耗特性（见表7–1）。

表7–1 220kV S9系列三相双绕组无励磁调压电力变压器损耗特性表

额定容量 S_r（kVA）	空载损耗 P_0（kW）	负载损耗 P_k（kW）	P_0/S_r（%）	P_k/S_r（%）	P_k/P_0
31 500	35	135	0.111	0.429	3.857
40 000	41	157	0.103	0.393	3.829
63 000	58	220	0.092	0.349	3.793
75 000	67	250	0.089	0.333	3.731
90 000	77	288	0.086	0.320	3.740
120 000	94	345	0.078	0.288	3.670
150 000	112	405	0.075	0.270	3.616
180 000	128	459	0.071	0.255	3.586

续表

额定容量 S_r（kVA）	空载损耗 P_0（kW）	负载损耗 P_k（kW）	P_0/S_r（%）	P_k/S_r（%）	P_k/P_0
240 000	160	567	0.067	0.236	3.544
300 000	189	675	0.063	0.225	3.571
360 000	217	774	0.060	0.215	3.567
370 000	221	790	0.060	0.214	3.575
400 000	234	837	0.059	0.209	3.577
420 000	242	868	0.058	0.207	3.587

【损耗规律与节能启示】

由表 7–1 可以得到 220kV 该类型变压器的损耗特性及其节能启示：

1）随着变压器额定容量的增大，其空载损耗值增大，额定负载损耗值也增大。

2）额定运行方式下（额定负载、功率因数为 1）的空载损耗率（P_0/S_r）随着额定容量的增大而变小，其变化范围为 0.111%～0.058%；负载损耗率（P_k/S_r）随着额定容量的增大而变小，其变化范围为 0.429%～0.207%。

3）额定运行方式下的额定铜铁损比（P_k/P_0）随着容量的增大而变小，其变化范围为 3.857～3.577。

4）同样的负载，选择的变压器额定容量越接近最大负载，其损耗率越高；反之，选择较大额定容量变压器，并进行损耗率比较，会有显著的降损效果。

5）对于运行中容量不同的 S9 系列变压器，也可结合其技术参数，选择铜铁损比较小的变压器运行。

7.1.2　S9 系列三绕组变压器

根据《油浸式电力变压器技术参数和要求》（GB/T 6451—2008）中的三相三绕组无励磁调压电力变压器技术参数，可以得出 SS9 系列三相三绕组无励磁调压电力变压器的损耗特性（见表 7–2）。

表 7–2　　220kVSS9 系列三相三绕组无励磁调压电力变压器的额定的损耗特性表

额定容量 S_r（kVA）	空载损耗 P_0（kW）	负载损耗 P_k（kW）	P_0/S_r（%）	P_k/S_r（%）	P_k/P_0
31 500	40	162	0.127	0.514	4.05
40 000	48	189	0.120	0.473	3.94
50 000	56	225	0.112	0.450	4.02
63 000	66	261	0.105	0.414	3.95
90 000	86	351	0.096	0.390	4.08
120 000	106	432	0.088	0.360	4.08
150 000	125	513	0.083	0.342	4.10
180 000	142	585	0.079	0.325	4.12
240 000	176	720	0.073	0.300	4.09
300 000	208	850	0.069	0.283	4.09

注：三绕组变压器的负载损耗是指最大短路损耗，它指的是两个 100%容量绕组流过额定电流、另外一个 100%或 50%容量绕组空载时的损耗值。

【损耗规律与节能启示】

由表 7–2 可以得到 220kV 该类型变压器的损耗特性及其节能启示：

1）随着变压器额定容量的增大，其空载损耗值增大，额定负载损耗值也增大；与表 7–1 双绕组变压器参数对比，相同容量的变压器其空载损耗与负载损耗均增大。

2）稳态额定工况下的空载损耗率（P_0/S_r）随着额定容量的增大而变小，其变化范围为 0.127%～0.069%；额定运行方式下的负载损耗率（P_k/S_r）随着额定容量的增大而变小，其变化范围为 0.514%～0.283%。与表 7–1 双绕组变压器损耗率对比，相同容量的变压器其空载损耗率与负载损耗率均有所增大。

3）额定运行方式下的额定铜铁损比（P_k/P_0）随着容量的增大有变大趋势，其变化范围为 3.94～4.12。

4）同样的负载，选择的变压器额定容量越接近最大负载，其损耗率越高；反之，选择较大额定容量变压器，并进行损耗率比较，会有显著的降损效果。

7.1.3 OSS9 系列三相三绕组自耦变压器

根据《油浸式电力变压器技术参数和要求》（GB/T6451—2008）中的相关技术参数，可以得出三相三绕组无励磁调压自耦电力变压器额定条件下的损耗特性（见表 7–3）。

表 7–3　220kV OSS9 系列三相三绕组无励磁调压自耦电力变压器的额定损耗特性表

额定容量（kVA）	升压组合				降压组合			
	空载损耗（kW）	负载损耗（kW）	P_0/S_r（%）	P_k/S_r（%）	空载损耗（kW）	负载损耗（kW）	P_0/S_r（%）	P_k/S_r（%）
31 500	25	117	0.079	0.371	22	99	0.070	0.314
40 000	29	144	0.073	0.360	26	121	0.065	0.303
50 000	34	170	0.068	0.340	30	144	0.060	0.288
63 000	40	201	0.063	0.319	36	171	0.057	0.271
90 000	50	276	0.056	0.307	46	234	0.051	0.260
120 000	62	340	0.052	0.283	56	288	0.047	0.240
150 000	73	405	0.049	0.270	66	342	0.044	0.228
180 000	84	463	0.047	0.257	76	387	0.042	0.215
240 000	99	595	0.041	0.248	89	504	0.037	0.210

【损耗规律与节能启示】

由表 7–3 可以得到 220kV 该类型变压器的损耗特性及其节能启示：

1）随着变压器额定容量的增大，其空载损耗值增大，额定负载损耗值也增大；与表 7–2 普通型三绕组变压器的参数对比，由于自耦变压器存在公共绕组，使空载损耗和负载损耗都有所下降，容量越大，降低越多。同一台自耦变压器，升压组合的额定空载损耗和额定负载损耗比降压组合的要大。

2）额定运行方式下的空载损耗率（P_0/S_r）随着额定容量的增大而变小，升压组合变压器空载损耗率变化范围为 0.079%～0.041%，降压组合变压器空载损耗率变化范围为

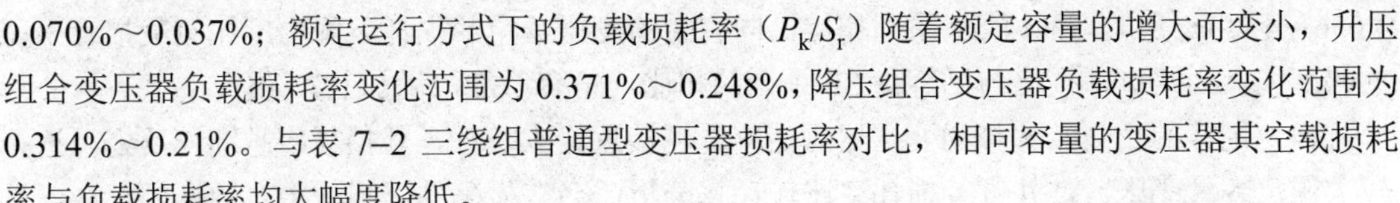

0.070%～0.037%；额定运行方式下的负载损耗率（P_k/S_r）随着额定容量的增大而变小，升压组合变压器负载损耗率变化范围为 0.371%～0.248%，降压组合变压器负载损耗率变化范围为 0.314%～0.21%。与表 7–2 三绕组普通型变压器损耗率对比，相同容量的变压器其空载损耗率与负载损耗率均大幅度降低。

3）同样的负载，选择的变压器额定容量越接近最大负载，其损耗率越高；反之，选择较大额定容量变压器，并进行损耗率比较，会有显著的降损效果。同样的负载，选择相同系列的自耦变压器降损效果会显著。

7.1.4　S11 系列双绕组变压器

根据《油浸式电力变压器技术参数和要求》（GB/T 6451—2015）中的三相双绕组无励磁调压电力变压器技术参数，可以得出三相双绕组无励磁调压电力变压器的额定损耗特性（见表 7–4）。

表 7–4　　220kV S11 系列三相双绕组无励磁调压电力变压器的额定损耗特性表

额定容量 S_r（kVA）	空载损耗 P_0（kW）	负载损耗 P_k（kW）	P_0/S_r（%）	P_k/S_r（%）	P_k/P_0
31 500	28	128	0.089	0.406	4.571
40 000	32	149	0.080	0.373	4.656
63 000	46	209	0.073	0.332	4.543
75 000	53	237	0.071	0.316	4.472
90 000	61	273	0.068	0.303	4.475
120 000	75	338	0.063	0.282	4.507
150 000	89	400	0.059	0.267	4.494
180 000	102	459	0.057	0.255	4.500
240 000	128	538	0.053	0.224	4.203
300 000	151	641	0.050	0.214	4.245
360 000	173	735	0.048	0.204	4.249
370 000	176	750	0.048	0.203	4.261
400 000	187	795	0.047	0.199	4.251
420 000	193	824	0.046	0.196	4.269

【损耗规律与节能启示】

由表 7–4 可以得到 220kV 该类型变压器的损耗特性及其节能启示：

（1）随着变压器额定容量的增大，其空载损耗值增大，额定负载损耗值也增大；与表 7–1 中 S9 系列变压器参数相比，其空载损平均降低 20%，其负载损耗平均降低 5%。

（2）额定运行方式下的空载损耗率（P_0/S_r）随着额定容量的增大而变小，其变化范围为 0.089%～0.046%，与同容量 S9 系列变压器相比下降 0.0221%～0.012%；额定运行方式下的负载损耗率（P_k/S_r）随着额定容量的增大而变小，其变化范围为 0.406%～0.196%，与同容量 S9 系列变压器相比下降 0.023%～0.011%。

（3）额定运行方式下的额定铜铁损比（P_k/P_0）随着容量的增大而变小，其变化范围为

4.656～4.251。S11 系列与 S9 系列相比，同容量的变压器空载损耗下降幅度比负载损耗下降的幅度大，因此铜铁损比与同容量 S9 系列的相比，略有增加，增加 0.7 左右。

（4）同样的负载，选择的变压器额定容量越接近最大负载，其损耗率越高；反之，选择较大额定容量变压器，并进行损耗率比较计算分析，会有显著的降损效果。同样的负载，选择 S11 替代 S9，并使运行负载与额定容量的合理匹配，降损效果很大。

（5）对于运行中的不同型号容量的变压器，应可结合其技术参数，选择节能性好、容量与负载匹配最优的变压器运行。

7.1.5 SS11 系列三绕组变压器

根据《油浸式电力变压器技术参数和要求》（GB/T 6451—2015）中的三相三绕组无励磁调压电力变压器技术参数，可以得出 SS11 系列三相三绕组无励磁调压电力变压器的额定损耗特性（见表 7–5）。

表 7–5　**220kV SS11 系列三相三绕组无励磁调压电力变压器的额定损耗特性表**

额定容量 S_r（kVA）	空载损耗 P_0（kW）	负载损耗 P_k（kW）	P_0/S_r（%）	P_k/S_r（%）
31 500	32	153	0.102	0.486
40 000	38	183	0.095	0.458
50 000	44	216	0.088	0.432
63 000	52	257	0.083	0.408
90 000	68	333	0.076	0.370
120 000	84	410	0.070	0.342
150 000	100	487	0.067	0.325
180 000	113	555	0.063	0.308
240 000	140	684	0.058	0.285
300 000	166	807	0.055	0.269

【损耗规律与节能启示】

由表 7–5 可以得到 220kV 该类型变压器的损耗特性及其节能启示：

（1）随着变压器额定容量的增大，其空载损耗值增大，额定负载损耗值也增大；与表 7–2 中 SS9 变压器参数相比，其空载损平均降低 20%，其负载损耗平均降低 5%。

（2）额定运行方式下的空载损耗率（P_0/S_r）随着额定容量的增大而变小，其变化范围为 0.102%～0.055%，与 S11 系列双绕组变压器相比损耗率高出 0.013%～0.009%，与同容量 SS9 系列相比下降 0.025%～0.014%；额定运行方式下的负载损耗率（P_k/S_r）随着额定容量的增大而变小，其变化范围为 0.486%～0.269，与 S11 系列双绕组变压器相比损耗率高出 0.08%～0.071%，与同容量 SS9 系列相比下降 0.028%～0.014%。

（3）同样的负载，选择的变压器额定容量越接近最大负载，其损耗率越高；反之，选择较大额定容量变压器，并进行损耗率比较，会有显著的降损效果。同样的负载，选择 SS11 系列替代 SS9 系列，并使运行负载与额定容量的合理匹配，降损效果很大。

（4）对于运行中的不同型号容量的变压器，应可结合其技术参数，选择节能性好、容量

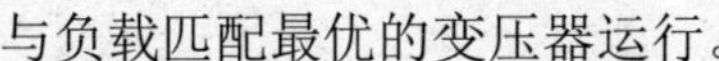

与负载匹配最优的变压器运行。

7.1.6　OSS11 系列三绕组自耦变压器

根据《油浸式电力变压器技术参数和要求》（GB/T 6451—2015）中的相关技术参数，可以得出 OSS11 系列三相三绕组无励磁调压自耦电力变压器的损耗特性（见表 7–6）。

表 7–6　　220kV OSS11 系列三相三绕组无励磁调压自耦电力变压器的损耗特性表

额定容量 S_r（kVA）	升压组合				降压组合			
	空载损耗（kW）	负载损耗（kW）	P_0/S_r（%）	P_k/S_r（%）	空载损耗（kW）	负载损耗（kW）	P_0/S_r（%）	P_k/S_r（%）
31 500	20	111	0.063	0.352	17	94	0.054	0.298
40 000	23	136	0.058	0.340	20	111	0.050	0.278
50 000	27	161	0.054	0.322	24	136	0.048	0.272
63 000	32	190	0.051	0.302	28	162	0.044	0.257
90 000	40	262	0.044	0.291	36	222	0.040	0.247
120 000	49	323	0.041	0.269	44	273	0.037	0.228
150 000	58	384	0.039	0.256	52	321	0.035	0.214
180 000	67	439	0.037	0.244	60	367	0.033	0.204
240 000	79	545	0.033	0.227	71	478	0.030	0.199

【损耗规律与节能启示】

由表 7–6 可以得到 220kV 该类型变压器的损耗特性及其节能启示：

（1）随着变压器额定容量的增大，其空载损耗值增大，额定负载损耗值也增大；与表 7–5 的 SS11 普通三绕组变压器的参数对比，由于自耦变压器存在公共绕组，使空载损耗和负载损耗有名值都下降较多，容量越大，降低越多。同一台自耦变压器，升压组合的额定空载损耗和额定负载损耗比降压组合的要大。

（2）额定运行方式下的空载损耗率（P_0/S_r）随着额定容量的增大而变小，升压组合变压器空载损耗率变化范围为 0.063%～0.033%，比 SS9 系列同容量变压器下降 0.016%～0.008%；降压组合变压器空载损耗率变化范围为 0.054%～0.03%，比 SS9 系列同容量变压器下降 0.016%～0.007%。

（3）额定容量（负载率为 1）的运行状态下的负载损耗率（P_k/S_r）随着额定容量的增大而变小，升压组合变压器负载损耗率变化范围为 0.352%～0.227%，比 SS9 系列同容量变压器下降 0.019%～0.021%，降压组合变压器负载损耗率变化范围为 0.298%～0.199%，比 SS9 系列同容量变压器下降 0.016%～0.011%。与表 7–5 的三绕组普通型变压器损耗率对比，相同容量的变压器其空载损耗率与负载损耗率均大幅度降低。

（4）同样的负载，选择的变压器额定容量越接近最大负载，其损耗率越高；反之，选择较大额定容量变压器，并进行损耗率比较，会有显著的降损效果。同样的负载，选择相同系列的自耦变压器降损效果会更大。

7.2　220kV 变压器的运行损耗的计算条件确定

7.2.1　220kV 三绕组变压器负载分配对有功损耗的影响

在 220kV 电网中存在大量三绕组变压器，三绕组变压器的二次侧、三次侧负载的分配系数直接影响着其损耗的计算。为了方便计算分析，需要设定典型负载分配系数。

下面以 220kV 不同容量、不同结构的三绕组变压器为例，计算在不同分配系数下的变压器损耗及铜铁损比的变化规律，总结其影响规律。设变压器电源侧功率因数为 1.0，二次侧负载分配系数分别取 0.5、0.75、0.9，典型三绕组变压器计算参数见表 7–7，计算公式参见第一章相关基础算式。

表 7–7　　220kV 典型三绕组变压器参数

容量（kVA）	P_{k12}（kW）	P_{k23}（kW）	P_{k13}（kW）	P_0（kW）
120 000/120 000/120 000	492.00	520.00	387.00	100.00
120 000/120 000/60 000	440.20	112.00	145.00	105.00
90 000/90 000/45 000	379.20	84.36	128.02	75.60

1. 220kV 容量为 120 000/120 000/120 000kVA 变压器的损耗与铜铁损比特性

（1）220kV 容量为 120 000/120 000/120 000kVA 变压器的损耗与铜铁损比特性（见表 7–8）。

表 7–8　　220kV 120 000/120 000/120 000kVA 变压器的损耗与铜铁损比特性表

输送功率 P（MW）	负载系数β	空载损耗 P_0（kW）	负载损耗 P_k（kW）			损耗率（%）			铜铁损比 $\Delta P_{cu}/\Delta P_{Fe}$		
			C_2=0.5	C_2=0.75	C_2=0.9	C_2=0.5	C_2=0.75	C_2=0.9	C_2=0.5	C_2=0.75	C_2=0.9
12.00	0.10	100.00	4.09	4.26	4.60	0.867	0.869	0.872	0.04	0.04	0.05
24.00	0.20	100.00	16.37	17.06	18.40	0.485	0.488	0.493	0.16	0.17	0.18
36.00	0.30	100.00	36.83	38.38	41.40	0.380	0.384	0.393	0.37	0.38	0.41
42.00	0.35	100.00	50.13	52.24	56.35	0.357	0.362	0.372	0.50	0.52	0.56
48.00	0.40	100.00	65.48	68.23	73.60	0.345	0.350	0.362	0.65	0.68	0.74
54.00	0.45	100.00	82.87	86.35	93.14	0.339	0.345	0.358	0.83	0.86	0.93
60.00	0.50	100.00	102.31	106.61	114.99	0.337	0.344	0.358	1.02	1.07	1.15
72.00	0.60	100.00	147.33	153.52	165.59	0.344	0.352	0.369	1.47	1.54	1.66
84.00	0.70	100.00	200.53	208.95	225.39	0.358	0.368	0.387	2.01	2.09	2.25
96.00	0.80	100.00	261.92	272.92	294.38	0.377	0.388	0.411	2.62	2.73	2.94
108.00	0.90	100.00	331.49	345.41	372.58	0.400	0.412	0.438	3.31	3.45	3.73
120.00	1.00	100.00	409.25	426.44	459.97	0.424	0.439	0.467	4.09	4.26	4.60
126.00	1.05	100.00	451.20	470.15	507.12	0.437	0.452	0.482	4.51	4.70	5.07

（2）220kV 容量为 120 000/120 000/120 000kVA 变压器的损耗与铜铁损比曲线图（见图 7–12）

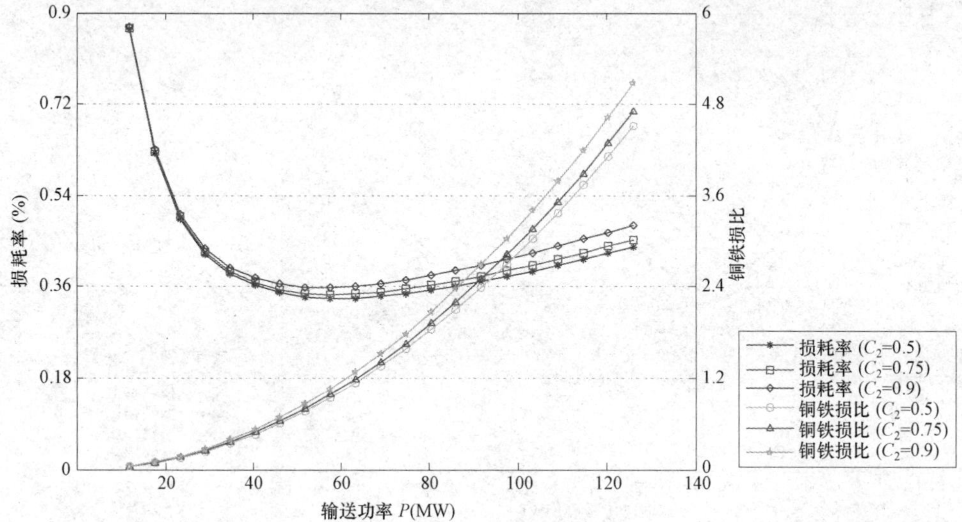

图 7–1　220kV 容量为 120 000/120 000/120 000kVA 变压器的损耗与铜铁损比特性曲线图

图中，横坐标表示变压器一次侧输送有功功率，纵坐标分别表示变压器的有功损耗率和铜铁损比数值。

这个例子中，C_2 取 0.90 时变压器损耗率最大，C_2 取 0.75 时变压器损耗率次之，C_2 取 0.50 时变压器损耗率最小。

2. 220kV 容量为 120 000/120 000/60 000kVA 变压器的损耗与铜铁损比特性

（1）220kV 容量为 120 000/120 000/60 000kVA 变压器的损耗与铜铁损比特性（见表 7–9）。

表 7–9　　220kV 120 000/120 000/60 000kVA 变压器的损耗与铜铁损比特性表

输送功率 P（MW）	负载系数 β	空载损耗 P_0（kW）	负载损耗 P_k（kW）			损耗率（%）			铜铁损比 P_k/P_0		
			C_2=0.5	C_2=0.75	C_2=0.9	C_2=0.5	C_2=0.75	C_2=0.9	C_2=0.5	C_2=0.75	C_2=0.9
12	0.10	105.00	6.18	4.46	4.23	0.926	0.912	0.910	0.06	0.04	0.04
24	0.20	105.00	24.71	17.84	16.91	0.540	0.512	0.508	0.24	0.17	0.16
36	0.30	105.00	55.59	40.14	38.04	0.446	0.403	0.397	0.53	0.38	0.36
42	0.35	105.00	75.66	54.64	51.77	0.430	0.380	0.373	0.72	0.52	0.49
48	0.40	105.00	98.82	71.37	67.62	0.425	0.367	0.360	0.94	0.68	0.64
54	0.45	105.00	125.07	90.32	85.58	0.426	0.362	0.353	1.19	0.86	0.82
60	0.50	105.00	154.41	111.51	105.66	0.432	0.361	0.351	1.47	1.06	1.01
72	0.60	105.00	222.35	160.57	152.15	0.455	0.369	0.357	2.12	1.53	1.45
84	0.70	105.00	302.64	218.56	207.09	0.485	0.385	0.372	2.88	2.08	1.97
96	0.80	105.00	395.28	285.46	270.49	0.521	0.407	0.391	3.76	2.72	2.58
108	0.90	105.00	500.28	361.29	342.34	0.560	0.432	0.414	4.76	3.44	3.26
120	1.00	105.00	617.63	446.03	422.64	0.602	0.459	0.440	5.88	4.25	4.03
126	1.05	105.00	680.93	491.75	465.96	0.624	0.474	0.453	6.49	4.68	4.44

（2）220kV 容量为 120 000/120 000/60 000kVA 变压器的损耗与铜铁损比曲线图（见图 7–2）

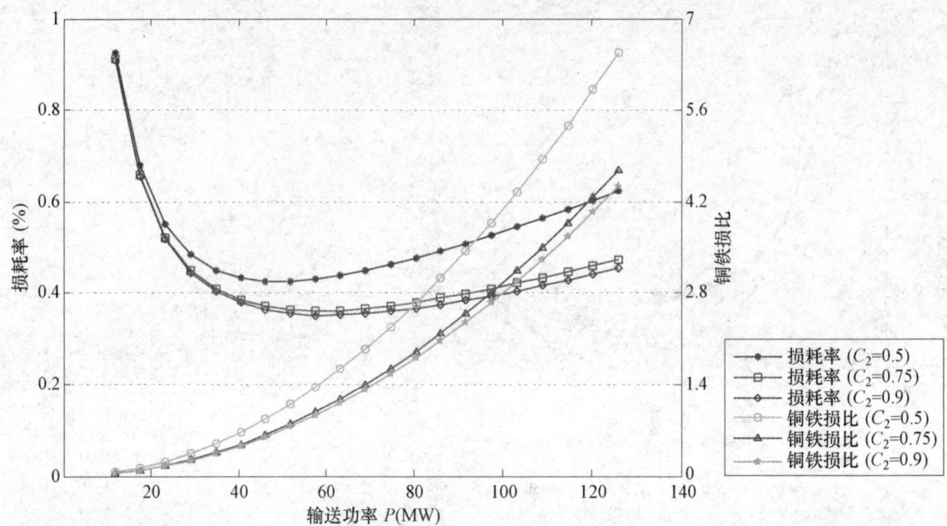

图 7–2　220kV 容量为 120 000/120 000/60 000kVA 变压器的损耗与铜铁损比特性曲线图

图中，横坐标表示变压器一次侧输送的有功功率，纵坐标分别表示变压器的有功损耗率百分数和铜铁损比数值。

这个例子中，C_2 取 0.90 时变压器损耗率最小，C_2 取 0.75 时变压器损耗率次之，C_2 取 0.50 时变压器损耗率最大。

3. 220kV 容量为 90 000/90 000/45 000kVA 变压器的损耗与铜铁损比特性

（1）220kV 容量为 90 000/90 000/45 000kVA 变压器的损耗与铜铁损比特性（见表 7–10）

表 7–10　　220kV 容量为 90 000/90 000/45 000kVA 变压器的损耗与铜铁损比特性表

输送功率 P（MW）	负载系数 β	空载损耗 P_0（kW）	负载损耗 P_k（kW）			损耗率（%）			铜铁损比 P_k/P_0		
			C_2=0.5	C_2=0.75	C_2=0.9	C_2=0.5	C_2=0.75	C_2=0.9	C_2=0.5	C_2=0.75	C_2=0.9
9.0	0.10	75.60	5.38	3.93	3.69	0.900	0.884	0.881	0.07	0.05	0.05
18.0	0.20	75.60	21.51	15.73	14.77	0.539	0.507	0.502	0.28	0.21	0.20
27.0	0.30	75.60	48.39	35.39	33.23	0.459	0.411	0.403	0.64	0.47	0.44
31.5	0.35	75.60	65.86	48.17	45.22	0.449	0.393	0.384	0.87	0.64	0.60
36.0	0.40	75.60	86.02	62.92	59.07	0.449	0.385	0.374	1.14	0.83	0.78
40.5	0.45	75.60	108.87	79.63	74.76	0.455	0.383	0.371	1.44	1.05	0.99
45.0	0.50	75.60	134.41	98.31	92.29	0.467	0.386	0.373	1.78	1.30	1.22
54.0	0.60	75.60	193.55	141.57	132.90	0.498	0.402	0.386	2.56	1.87	1.76
63.0	0.70	75.60	263.45	192.69	180.89	0.538	0.426	0.407	3.48	2.55	2.39
72.0	0.80	75.60	344.10	251.68	236.27	0.583	0.455	0.433	4.55	3.33	3.13
81.0	0.90	75.60	435.50	318.53	299.03	0.631	0.487	0.463	5.76	4.21	3.96
90.0	1.00	75.60	537.65	393.24	369.17	0.681	0.521	0.494	7.11	5.20	4.88
94.5	1.05	75.60	592.76	433.55	407.01	0.707	0.539	0.511	7.84	5.73	5.38

（2）220kV 90 000/90 000/45 000kVA 变压器的损耗与铜铁损比曲线图（见图 7–3）

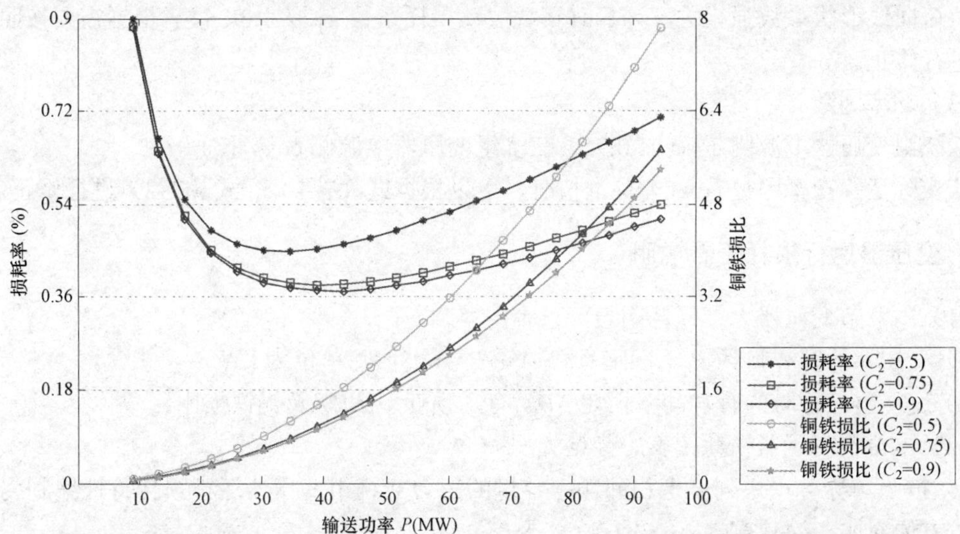

图 7–3　220kV 容量为 90 000/90 000/45 000kVA 变压器的损耗与铜铁损比特性曲线图

图中，横坐标表示变压器一次侧输送的有功功率，纵坐标分别表示变压器的有功损耗率和铜铁损比数值。

这个例子中，C_2 取 0.90 时变压器损耗率最小，C_2 取 0.75 时变压器损耗率次之，C_2 取 0.50 时变压器损耗率最大。

通过上述计算分析，不论什么结构的三绕组变压器，C_2 取 0.75 时，变压器的损耗率介于 C_2=0.5 和 C_2=0.9 之间。因此在下面研究计算中，三绕组变压器的中压侧负载分配系数 C_2 均取 0.75。

7.2.2　变压器电源侧的功率因数对其有功损耗的影响

如果变压器电源侧功率因数取 $\cos\varphi_1$，则可计算出不同负载系数下的损耗 ΔP 和损耗率 $\Delta P\%$。当电源侧功率因数变为 $\cos\varphi_2$时，若负载系数不变，视在功率不变，则输送有功功率 P 修正为 P'，其算式为

$$P' = P \times \frac{\cos\varphi_2}{\cos\varphi_1} \tag{7–1}$$

损耗 ΔP 不变，铜铁损比不变，损耗率 $\Delta P\%$修正为 $\Delta P\%'$，其算式为

$$\Delta P\%' = \Delta P\% \frac{\cos\varphi_1}{\cos\varphi_2} \tag{7–2}$$

7.2.3　220kV 变压器运行损耗计算条件

（1）220kV 三绕组变压器负荷分配系数

220kV 三绕组变压器的中压侧负载分配系数 C_2 均取 0.75（见 7.2.1 节）。

（2）负载波动损耗系数

考虑到每个地区或同一地区不同季节负荷曲线形状系数都有所不同，而负载波动损耗系数与负荷曲线形状系数强相关，计算时负载波动损耗系数 k_T 取 1.0。读者根据需要按照实际情况进行修正。

（3）功率因数

双绕组变压器电源侧 $\cos\varphi$ 取 0.95；三绕组变压器电源侧 $\cos\varphi$ 取 1.0。

若实际运行功率因数 $\cos\varphi$ 非标准值时，可以根据式（7–1）和式（7–2）进行修正。

7.2.4 变压器运行损耗查看说明

（1）本章节变压器运行损耗图表可查看内容

1）变压器的空载损耗 P_0、额定负载损耗 P_k 标准值，单位为 kW。

2）变压器运行时的有功功率损耗 ΔP、有功损耗率 ΔP%及铜铁损比。

（2）本章节变压器损耗图表的特点

1）按照国标容量系列，把相邻额定容量的三台双绕组变压器运行损耗特性编制为一套表图，方便对比、缩减篇幅。

2）按照国标容量系列，选择电网实际的三绕组变压器，把相邻额定容量的两台三绕组变压器运行损耗特性编制为一套表图。

3）变压器输入功率为变量，以相应有功功率损耗、有功功率损耗率为关注内容制作损耗表格，以便开展损耗（或损耗率）查询与对比分析。

4）变压器运行时的输入有功功率（P）为横坐标，有功功率损耗率（ΔP%）为纵坐标制作有功损耗率曲线图，变压器的铜铁损比为纵坐标制作变压器的铜铁损比的曲线图。

7.3 S9 系列 220kV 变压器的损耗与节能

7.3.1 低压为 6.3～35kV 级 S9 系列三相双绕组变压器

此组三相双绕组无励磁调压电力变压器参数均来自《油浸式电力变压器技术参数和要求》（GB/T 6451—2008）中表 16，变压器额定容量范围为 31 500～420 000kVA，共有 12 种容量，高压分接范围为 220±2×2.5%、242±2×2.5%，低压侧电压可选择 6.3、6.7、10.5、13.8、15.75、18、20kV，低压也可以根据要求设计成 35kV 和 38.5kV。联结组标号为 YNd11。下面假设变压器电源端的功率因数为 0.95，逐一计算各种容量的变压器在不同负荷水平下的损耗大小。

下面将 S9 系列 220kV 三相双绕组无励磁调压电力变压器在不同输送功率时，其负载损耗、铜铁损比随着负载的变化而变化的数据形成表 7–11～表 7–14 和图 7–4～图 7–7。

1. S9–31 500/63 000/90 000kVA 变压器

（1）31 500/63 000/90 000kVA 三相双绕组变压器运行时的损耗与铜铁损比（见表 7–11）

表 7–11　220kV 31 500/63 000/90 000kVA 三相双绕组变压器运行时的损耗与铜铁损比表

输送功率 P（MW）	31 500				63 000				90 000			
	P_0/P_k=35/135 （kW）				P_0/P_k=58/220 （kW）				P_0/P_k=77/288 （kW）			
	负载系数β	负载损耗（kW）	损耗率（%）	铜铁损比	负载系数β	负载损耗（kW）	损耗率（%）	铜铁损比	负载系数β	负载损耗（kW）	损耗率（%）	铜铁损比
2.99	0.10	1.35	1.215	0.04	0.05	0.55	1.957	0.01	0.04	0.35	2.585	0.00
5.99	0.20	5.40	0.675	0.15	0.10	2.20	1.006	0.04	0.07	1.41	1.310	0.02
8.98	0.30	12.15	0.525	0.35	0.15	4.95	0.701	0.09	0.11	3.18	0.893	0.04
10.47	0.35	16.54	0.492	0.47	0.18	6.74	0.618	0.12	0.12	4.32	0.776	0.06
11.97	0.40	21.60	0.473	0.62	0.20	8.80	0.558	0.15	0.14	5.64	0.690	0.07
13.47	0.45	27.34	0.463	0.78	0.23	11.14	0.513	0.19	0.16	7.14	0.625	0.09
14.96	**0.50**	**33.75**	**0.459**	0.96	0.25	13.75	0.480	0.24	0.18	8.82	0.574	0.11
17.96	0.60	48.60	0.466	1.39	0.30	19.80	0.433	0.34	0.21	12.70	0.500	0.16
20.95	0.70	66.15	0.483	1.89	0.35	26.95	0.406	0.46	0.25	17.29	0.450	0.22
23.94	0.80	86.40	0.507	2.47	0.40	35.20	0.389	0.61	0.28	22.58	0.416	0.29
26.93	0.90	109.35	0.536	3.12	0.45	44.55	0.381	0.77	0.32	28.58	0.392	0.37
29.93	1.00	135.00	0.568	3.86	**0.50**	**55.00**	**0.378**	0.95	0.35	35.28	0.375	0.46
31.42	1.05	148.84	0.585	4.25	**0.53**	**60.64**	**0.378**	1.05	0.37	38.90	0.369	0.51
35.91					0.60	79.20	0.382	1.37	0.42	50.80	0.356	0.66
41.90					0.70	107.80	0.396	1.86	**0.49**	**69.15**	**0.349**	0.90
47.88					0.80	140.80	0.415	2.43	**0.56**	**90.32**	**0.349**	1.17
53.87					0.90	178.20	0.439	3.07	0.63	114.31	0.355	1.48
59.85					1.00	220.00	0.464	3.79	0.70	141.12	0.364	1.83
62.84					1.05	242.55	0.478	4.18	0.74	155.58	0.370	2.02
68.40									0.80	184.32	0.382	2.39
76.95									0.90	233.28	0.403	3.03
85.50									1.00	288.00	0.427	3.74
89.78									1.05	317.52	0.439	4.12

（2）31 500/63 000/90 000kVA 三相双绕组变压器运行时的损耗率与铜铁损比曲线（见图 7–4）

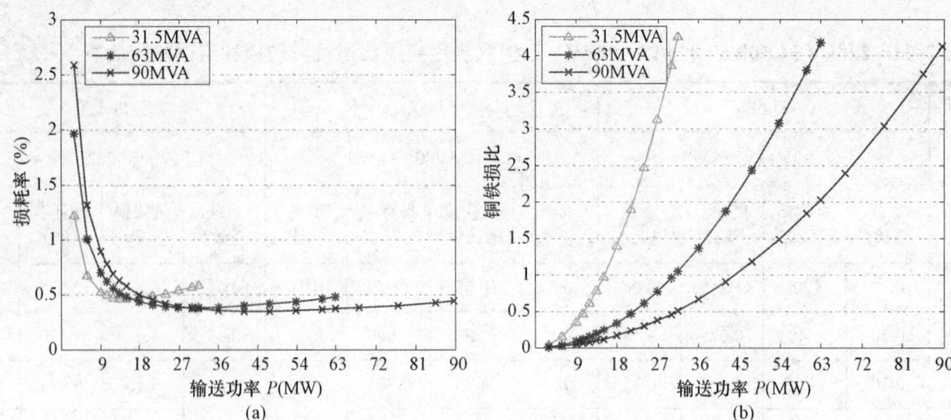

图 7–4　31 500/63 000/90 000kVA 三相双绕组变压器运行时的损耗率与铜铁损比曲线图

（a）损耗率；（b）铜铁损比

图中，横坐标表示变压器一次侧输送的有功功率（MW），纵坐标分别表示变压器的有功损耗率以及铜铁损比数值（下同）。

【节能策略】图表中，31.5MVA 变压器在输入功率为 15.00MW 时损耗率（0.459%）最低，最佳运行区间为 10.47～23.63MW，最佳损耗率范围为 0.459%～0.492%；63MVA 变压器在输入功率为 30.00MW 时损耗率（0.378%）最低，最佳运行区间为 20.95～44.80MW；最佳损耗率范围为 0.378%～0.406%；90MVA 变压器在输入功率为 44.90MW 时损耗率（0.349%）最低，最佳运行区间为 29.93～62.84MW；最佳损耗率范围为 0.349%～0.370%。

2. S9–120 000/150 000/180 000kVA 变压器

（1）120 000/150 000/180 000kVA 三相双绕组变压器运行时的损耗与铜铁损比（见表 7–12）

表 7–12　220kV120 000/150 000/180 000kVA 三相双绕组变压器运行时的损耗与铜铁损比表

输送功率 P（MW）	120 000				150 000				180 000			
	P_0/P_k=75/338（kW）				P_0/P_k=89/400（kW）				P_0/P_k=102/459（kW）			
	负载系数β	负载损耗（kW）	损耗率（%）	铜铁损比	负载系数β	负载损耗（kW）	损耗率（%）	铜铁损比	负载系数β	负载损耗（kW）	损耗率（%）	铜铁损比
11.40	0.10	3.45	0.855	0.04	0.08	2.59	1.005	0.02	0.07	2.04	1.141	0.02
22.80	0.20	13.80	0.473	0.15	0.16	10.37	0.537	0.09	0.13	8.16	0.597	0.06
34.20	0.30	31.05	0.366	0.33	0.24	23.33	0.396	0.21	0.20	18.36	0.428	0.14
39.90	0.35	42.26	0.342	0.45	0.28	31.75	0.360	0.28	0.23	24.99	0.383	0.20
45.60	0.40	55.20	0.327	0.59	0.32	41.47	0.337	0.37	0.27	32.64	0.352	0.26
51.30	0.45	69.86	0.319	0.74	0.36	52.49	0.321	0.47	0.30	41.31	0.330	0.32
57.00	**0.50**	**86.25**	**0.316**	0.92	0.40	64.80	0.310	0.58	0.33	51.00	0.314	0.40
68.40	0.60	124.20	0.319	1.32	**0.48**	**93.31**	**0.300**	0.83	0.40	73.44	0.295	0.57
79.80	0.70	169.05	0.330	1.80	**0.56**	**127.01**	**0.300**	1.13	0.47	99.96	0.286	0.78
91.20	0.80	220.80	0.345	2.35	0.64	165.89	0.305	1.48	**0.53**	**130.56**	**0.284**	1.02
102.60	0.90	279.45	0.364	2.97	0.72	209.95	0.314	1.87	0.60	165.24	0.286	1.29

续表

输送功率 P（MW）	120 000				150 000				180 000			
	P_0/P_k=75/338（kW）				P_0/P_k=89/400（kW）				P_0/P_k=102/459（kW）			
	负载系数β	负载损耗（kW）	损耗率（%）	铜铁损比	负载系数β	负载损耗（kW）	损耗率（%）	铜铁损比	负载系数β	负载损耗（kW）	损耗率（%）	铜铁损比
114.00	1.00	345.00	0.385	3.67	0.80	259.20	0.326	2.31	0.67	204.00	0.291	1.59
119.70	1.05	380.36	0.396	4.05	0.84	285.77	0.332	2.55	0.70	224.91	0.295	1.76
128.25					0.90	328.05	0.343	2.93	0.75	258.19	0.301	2.02
142.50					1.00	405.00	0.363	3.62	0.83	318.75	0.314	2.49
149.63					1.05	446.51	0.373	3.99	0.88	351.42	0.320	2.75
153.90									0.90	371.79	0.325	2.90
171.00									1.00	459.00	0.343	3.59
179.55									1.05	506.05	0.353	3.95

（2）220kV 120 000/150 000/180 000kVA 三相双绕组变压器运行时的损耗率与铜铁损比曲线（见图 7–5）

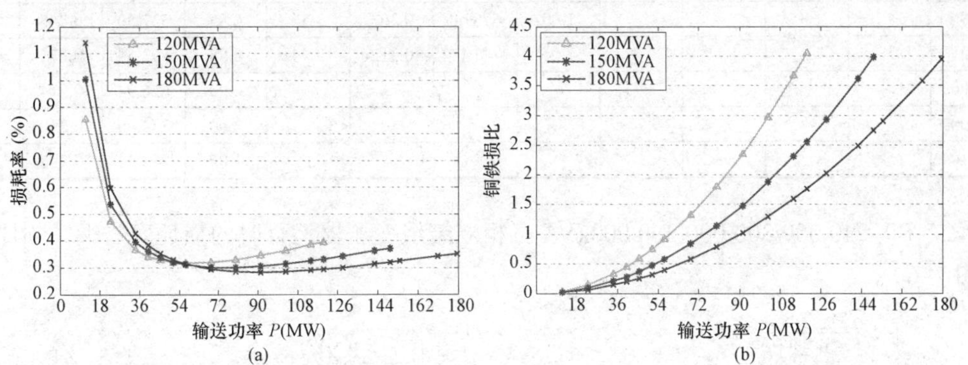

图 7–5　120 000/150 000/180 000kVA 三相双绕组变压器运行时的损耗率与铜铁损比曲线图

（a）损耗率；（b）铜铁损比

【节能策略】图表中，120MVA 变压器在输入功率为 57.00MW 时损耗率（0.316%）最低，最佳运行区间为 42.26～84.40MW，最佳损耗率范围为 0.316%～0.342%；150MVA 变压器在输入功率为 74.00MW 时损耗率（0.300%）最低，最佳运行区间为 48.60～114.00MW；最佳损耗率范围为 0.300%～0.326%；180MVA 变压器在输入功率为 91.20MW 时损耗率（0.284%）最低，最佳运行区间为 53.90～142.50MW；最佳损耗率范围为 0.284%～0.314%。

3. S9–240 000/300 000/360 000kVA 变压器

（1）240 000/300 000/360 000kVA 三相双绕组变压器运行时的损耗与铜铁损比（见表 7–13）

表 7-13　220kV240 000/300 000/360 000kVA 三相双绕组变压器运行时的损耗与铜铁损比表

输送功率 P（MW）	240 000 P_0/P_k=128/538（kW）				300 000 P_0/P_k=151/641（kW）				360 000 P_0/P_k=173/735（kW）			
	负载系数β	负载损耗（kW）	损耗率（%）	铜铁损比	负载系数β	负载损耗（kW）	损耗率（%）	铜铁损比	负载系数β	负载损耗（kW）	损耗率（%）	铜铁损比
22.80	0.10	5.67	0.727	0.04	0.08	4.32	0.848	0.02	0.07	3.44	0.967	0.02
45.60	0.20	22.68	0.401	0.14	0.16	17.28	0.452	0.09	0.13	13.76	0.506	0.06
68.40	0.30	51.03	0.309	0.32	0.24	38.88	0.333	0.21	0.20	30.96	0.363	0.14
79.80	0.35	69.46	0.288	0.43	0.28	52.92	0.303	0.28	0.23	42.14	0.325	0.19
91.20	0.40	90.72	0.275	0.57	0.32	69.12	0.283	0.37	0.27	55.04	0.298	0.25
102.60	0.45	114.82	0.268	0.72	0.36	87.48	0.269	0.46	0.30	69.66	0.279	0.32
114.00	**0.50**	**141.75**	**0.265**	0.89	0.40	108.00	0.261	0.57	0.33	86.00	0.266	0.40
136.80	0.60	204.12	0.266	1.28	0.48	155.52	0.252	0.82	0.40	123.84	0.249	0.57
159.60	0.70	277.83	0.274	1.74	**0.56**	**211.68**	**0.251**	1.12	0.47	168.56	0.242	0.78
182.40	0.80	362.88	0.287	2.27	0.64	276.48	0.255	1.46	**0.53**	**220.16**	**0.240**	1.01
205.20	0.90	459.27	0.302	2.87	0.72	349.92	0.263	1.85	0.60	278.64	0.242	1.28
228.00	1.00	567.00	0.319	3.54	0.80	432.00	0.272	2.29	0.67	344.00	0.246	1.59
239.40	1.05	625.12	0.328	3.91	0.84	476.28	0.278	2.52	0.70	379.26	0.249	1.75
256.50					0.90	546.75	0.287	2.89	0.75	435.38	0.254	2.01
285.00					1.00	675.00	0.303	3.57	0.83	537.50	0.265	2.48
299.25					1.05	744.19	0.312	3.94	0.88	592.59	0.271	2.73
307.80									0.90	626.94	0.274	2.89
342.00									1.00	774.00	0.290	3.57
359.10									1.05	853.34	0.298	3.93

（2）S9-240 000/300 000/360 000kVA 三相双绕组变压器运行时的损耗率与铜铁损比曲线（见图 7-6）

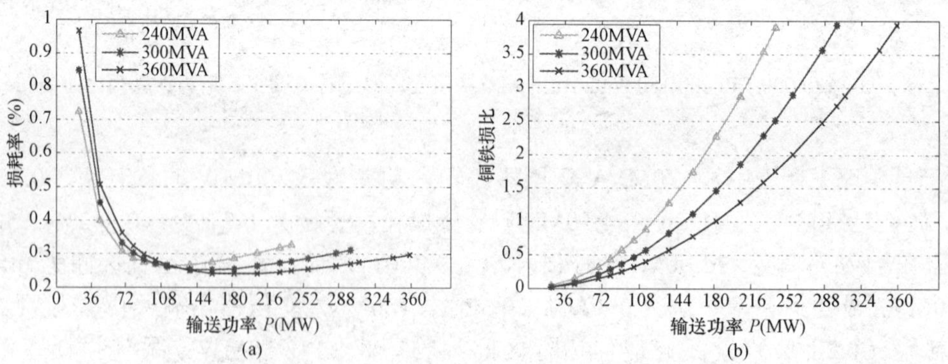

图 7-6　240 000/300 000/360 000kVA 三相双绕组变压器运行时的损耗率与铜铁损比曲线图

（a）损耗率；（b）铜铁损比

【节能策略】图表中，240MVA 变压器在输入功率为 114.00MW 时损耗率（0.265%）最低，最佳运行区间为 79.80～182.40MW，最佳损耗率范围为 0.265%～0.288%；300MVA 变压器在输入功率为 159.60MW 时损耗率（0.251%）最低，最佳运行区间为 102.60～228.00MW；

最佳损耗率范围为 0.251%～0.272%；360MVA 变压器在输入功率为 182.40MW 时损耗率（0.240%）最低，最佳运行区间为 114.00～285.00MW；最佳损耗率范围为 0.240%～0.266%。

4. S9–370 000/400 000/420 000kVA 变压器

（1）370 000/400 000/420 000kVA 三相双绕组变压器运行时的损耗与铜铁损比（见表 7–14）

表 7–14　　220kV 370 000/400 000/420 000kVA 三相双绕组变压器运行时的损耗与铜铁损比表

输送功率 P（MW）	370 000 P_0/P_k=176/750（kW）				400 000 P_0/P_k=187/795（kW）				420 000 P_0/P_k=193/824（kW）			
	负载系数β	负载损耗（kW）	损耗率（%）	铜铁损比	负载系数β	负载损耗（kW）	损耗率（%）	铜铁损比	负载系数β	负载损耗（kW）	损耗率（%）	铜铁损比
35.15	0.10	7.90	0.651	0.04	0.09	7.16	0.686	0.03	0.09	6.74	0.708	0.03
70.30	0.20	31.60	0.359	0.14	0.19	28.65	0.374	0.12	0.18	26.95	0.383	0.11
105.45	0.30	71.10	0.277	0.32	0.28	64.45	0.283	0.28	0.26	60.63	0.287	0.25
123.03	0.35	96.78	0.258	0.44	0.32	87.73	0.262	0.37	0.31	82.52	0.264	0.34
140.60	0.40	126.40	0.247	0.57	0.37	114.59	0.248	0.49	0.35	107.78	0.249	0.45
158.18	0.45	159.98	0.241	0.72	0.42	145.02	0.240	0.62	0.40	136.41	0.239	0.56
175.75	**0.50**	**197.50**	**0.238**	0.89	0.46	179.04	0.235	0.77	0.44	168.41	0.234	0.70
210.90	0.60	284.40	0.240	1.29	**0.56**	**257.82**	**0.233**	1.10	**0.53**	**242.51**	**0.230**	1.00
246.05	0.70	387.10	0.247	1.75	0.65	350.92	0.238	1.50	0.62	330.08	0.233	1.36
281.20	0.80	505.60	0.258	2.29	0.74	458.34	0.246	1.96	0.70	431.13	0.239	1.78
316.35	0.90	639.90	0.272	2.90	0.83	580.09	0.257	2.48	0.79	545.64	0.249	2.25
351.50	1.00	790.00	0.288	3.57	0.93	716.16	0.270	3.06	0.88	673.63	0.260	2.78
369.08	1.05	870.98	0.296	3.94	0.97	789.56	0.277	3.37	0.93	742.68	0.267	3.07
380.00					1.00	837.00	0.282	3.58	0.95	787.30	0.271	3.25
399.00					1.05	922.79	0.290	3.94	1.00	868.00	0.278	3.59
418.95									1.05	956.97	0.286	3.95

（2）S9–370 000/400 000/420 000kVA 三相双绕组变压器运行时的损耗率与铜铁损比曲线（见图 7–7）

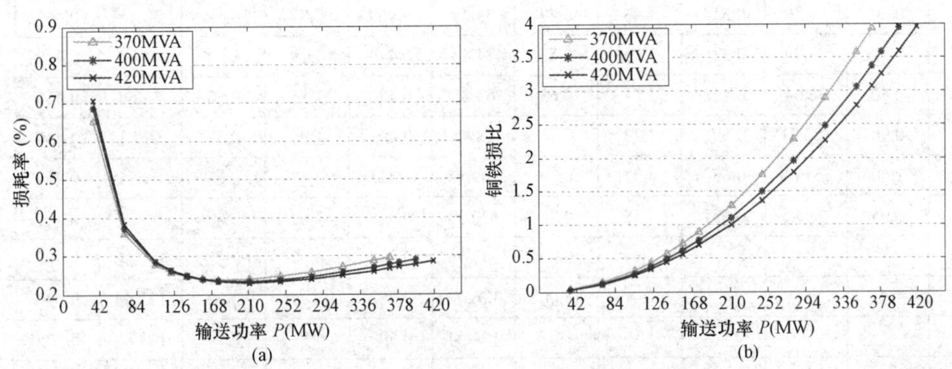

图 7–7　370 000/400 000/420 000kVA 三相双绕组变压器运行时的损耗率与铜铁损比曲线图

（a）损耗率；（b）铜铁损比

【节能策略】图表中，370MVA 变压器在输入功率为 175.75MW 时损耗率（0.238%）最低，最佳运行区间为123.03～281.20MW，最佳损耗率范围为0.238%～0.258%；400MVA变压器在输入功率为210.90MW时损耗率（0.233%）最低，最佳运行区间为140.60～281.20MW；最佳损耗率范围为 0.233%～0.248%；420MVA 变压器在输入功率为 210.90MW 时损耗率（0.230%）最低，最佳运行区间为140.60～316.35MW；最佳损耗率范围为0.230%～0.249%。

7.3.2 低压为66kV级S9系列三相双绕组变压器

此组三相双绕组无励磁调压电力变压器参数均来自《油浸式电力变压器技术参数和要求》（GB/T 6451—2008）中表18，变压器额定容量范围为31 500～240 000kVA，共有9种容量，高压分接范围为220±2×2.5%，低压侧电压可选择63、66、69kV，联结组标号为YNd11。

下面将不同容量变压器运行时，其损耗、铜损与铁损比随着负载的变化而变化的数据形成表7–15～表7–17和图7–8～图7–10。

1. S9–31 500/40 000/50 000kVA 变压器

（1）31 500/40 000/50 000kVA（低压66kV）三相双绕组变压器运行时的损耗与铜铁损比

表7–15 **1220kV 31 500/40 000/50 000kVA三相双绕组变压器运行时的损耗与铜铁损比表**

输送功率 P（MW）	31 500				40 000				50 000			
	P_0/P_k=30/143（kW）				P_0/P_k=36/167（kW）				P_0/P_k=42/200（kW）			
	负载系数β	负载损耗（kW）	损耗率（%）	铜铁损比	负载系数β	负载损耗（kW）	损耗率（%）	铜铁损比	负载系数β	负载损耗（kW）	损耗率（%）	铜铁损比
2.99	0.10	1.51	1.320	0.04	0.08	1.09	1.540	0.02	0.06	0.84	1.799	0.02
5.99	0.20	6.04	0.736	0.16	0.16	4.37	0.825	0.10	0.13	3.35	0.942	0.06
8.98	0.30	13.59	0.575	0.36	0.24	9.82	0.611	0.22	0.19	7.54	0.674	0.14
10.47	0.35	18.50	0.539	0.49	0.28	13.37	0.557	0.30	0.22	10.26	0.604	0.19
11.97	0.40	24.16	0.519	0.64	0.32	17.46	0.522	0.39	0.25	13.40	0.555	0.25
13.47	0.45	30.58	0.509	0.80	0.35	22.10	0.498	0.49	0.28	16.96	0.520	0.32
14.96	**0.50**	**37.75**	**0.506**	0.99	0.39	27.29	0.483	0.61	0.32	20.94	0.494	0.40
17.96	0.60	54.36	0.514	1.43	**0.47**	**39.29**	**0.469**	0.87	0.38	30.15	0.463	0.57
20.95	0.70	73.99	0.535	1.95	0.55	53.48	0.470	1.19	0.44	41.04	0.449	0.77
23.94	0.80	96.64	0.562	2.54	0.63	69.85	0.480	1.55	**0.50**	**53.60**	**0.445**	1.01
26.93	0.90	122.31	0.595	3.22	0.71	88.41	0.495	1.96	0.57	67.83	0.449	1.28
29.93	1.00	151.00	0.632	3.97	0.79	109.15	0.515	2.43	0.63	83.75	0.457	1.58
31.42	1.05	166.48	0.651	4.38	0.83	120.34	0.526	2.67	0.66	92.33	0.463	1.74
34.20					0.90	142.56	0.548	3.17	0.72	109.38	0.475	2.06
38.00					1.00	176.00	0.582	3.91	0.80	135.04	0.495	2.55
39.90					1.05	194.04	0.599	4.31	0.84	148.88	0.506	2.81
42.75									0.90	170.91	0.524	3.22
47.50									1.00	211.00	0.556	3.98
49.88									1.05	232.63	0.573	4.39

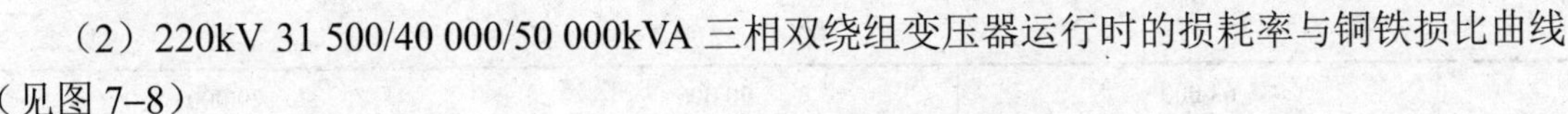

（2）220kV 31 500/40 000/50 000kVA 三相双绕组变压器运行时的损耗率与铜铁损比曲线（见图 7–8）

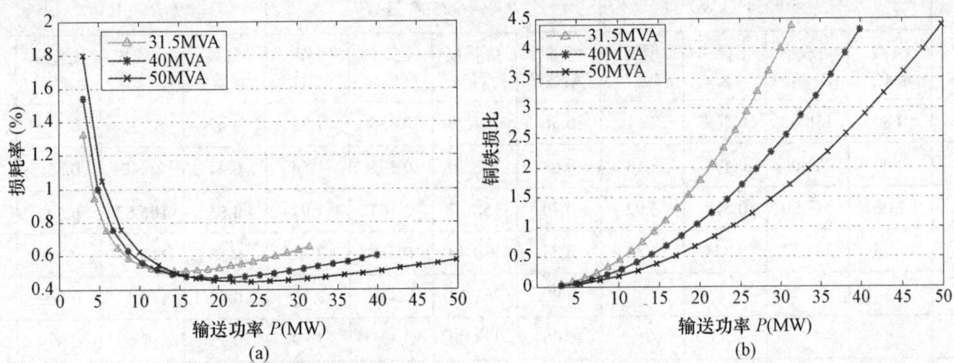

图 7–8　31 500/40 000/50 000kVA 三相双绕组变压器运行时的损耗率与铜铁损比曲线图

（a）损耗率；（b）铜铁损比

图中，横坐标表示变压器一次侧输送的有功功率（MW），纵坐标分别表示变压器的有功损耗率以及铜铁损比数值（下同）。

【节能策略】图表中，31.5MVA 变压器在输入功率为 14.96MW 时损耗率（0.506%）最低，最佳运行区间为 10.47～20.95MW 时，最佳损耗率范围为 0.506%～0.539%；40MVA 变压器在输入功率为 17.96MW 时损耗率（0.469%）最低，最佳运行区间为 13.47～26.93MW 时，最佳损耗率范围为 0.469%～0.498%；50MVA 变压器在输入功率为 23.94MW 时损耗率（0.445%）最低，最佳运行区间为 16.96～34.20MW 时，最佳损耗率范围为 0.445%～0.475%。

2. S9–63 000/90 000/120 000kVA 变压器

（1）63 000/90 000/120 000kVA 三相双绕组变压器运行时的损耗与铜铁损比

表 7–16　　220kV 63 000/90 000/120 000kVA 三相双绕组变压器运行时的损耗率与铜铁损比表

输送功率 P（MW）	63 000				90 000				120 000			
	P_0/P_k=50/234（kW）				P_0/P_k=66/306（kW）				P_0/P_k=81/367（kW）			
	负载系数β	负载损耗（kW）	损耗率（%）	铜铁损比	负载系数β	负载损耗（kW）	损耗率（%）	铜铁损比	负载系数β	负载损耗（kW）	损耗率（%）	铜铁损比
5.99	0.10	2.47	1.094	0.04	0.07	1.58	1.413	0.02	0.05	1.07	1.722	0.01
11.97	0.20	9.88	0.609	0.16	0.14	6.33	0.746	0.08	0.11	4.27	0.888	0.04
17.96	0.30	22.23	0.475	0.35	0.21	14.24	0.542	0.17	0.16	9.60	0.622	0.09
20.95	0.35	30.26	0.445	0.48	0.25	19.39	0.489	0.23	0.18	13.07	0.549	0.13
23.94	0.40	39.52	0.428	0.63	0.28	25.32	0.452	0.31	0.21	17.07	0.497	0.17
26.93	0.45	50.02	0.420	0.79	0.32	32.05	0.427	0.39	0.24	21.60	0.459	0.21
29.93	**0.50**	**61.75**	**0.417**	0.98	0.35	39.57	0.410	0.48	0.26	26.67	0.430	0.26
35.91	0.60	88.92	0.423	1.41	0.42	56.98	0.390	0.69	0.32	38.40	0.391	0.38
41.90	0.70	121.03	0.439	1.92	**0.49**	**77.55**	**0.383**	0.93	0.37	52.27	0.368	0.51

续表

输送功率 P（MW）	63 000				90 000				120 000			
	P_0/P_k=50/234（kW）				P_0/P_k=66/306（kW）				P_0/P_k=81/367（kW）			
	负载系数β	负载损耗（kW）	损耗率（%）	铜铁损比	负载系数β	负载损耗（kW）	损耗率（%）	铜铁损比	负载系数β	负载损耗（kW）	损耗率（%）	铜铁损比
47.88	0.80	158.08	0.462	2.51	0.56	101.29	0.385	1.22	0.42	68.27	0.356	0.67
53.87	0.90	200.07	0.488	3.18	0.63	128.20	0.392	1.54	0.47	86.40	0.350	0.85
59.85	1.00	247.00	0.518	3.92	0.70	158.27	0.403	1.91	**0.53**	**106.67**	**0.349**	1.05
62.84	1.05	272.32	0.534	4.32	0.74	174.49	0.410	2.10	**0.55**	**117.60**	**0.349**	1.15
76.95					0.90	261.63	0.448	3.15	0.68	176.33	0.362	1.73
85.50					1.00	323.00	0.475	3.89	0.75	217.69	0.374	2.13
89.78					1.05	356.11	0.489	4.29	0.79	240.00	0.381	2.35
102.60									0.90	313.47	0.405	3.07
114.00									1.00	387.00	0.429	3.79
119.70									1.05	426.67	0.442	4.18

（2）220kV 63 000/90 000/120 000kVA 三相双绕组变压器运行时的损耗率与铜铁损比曲线（见图 7–9）

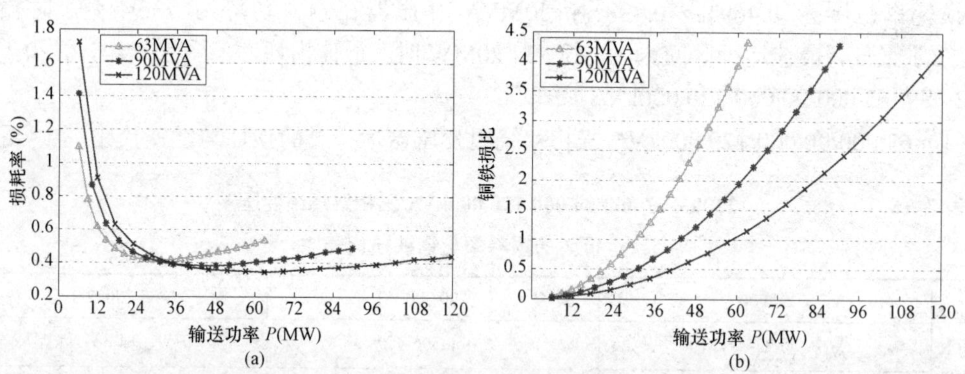

图 7–9　63 000/90 000/120 000kVA 三相双绕组变压器运行时的损耗率与铜铁损比曲线图

（a）损耗率；（b）铜铁损比

【节能策略】图表中，63MVA 变压器在输入功率为 29.93MW 时损耗率（0.417%）最低，最佳运行区间为 20.95～43.2MW 时，最佳损耗率范围为 0.417%～0.445%；90MVA 变压器在输入功率为 41.9MW 时损耗率（0.383%）最低，最佳运行区间为 29.93～62.84MW 时，最佳损耗率范围为 0.383%～0.41%；120MVA 变压器在输入功率为 61.6MW 时损耗率（0.349%）最低，最佳运行区间为 39.9～85.5MW 时，最佳损耗率范围为 0.349%～0.374%。

3. S9–150 000/180 000/240 000kVA 变压器

（1）150 000/180 000/240 000kVA 三相双绕组变压器运行时的损耗与铜铁损比（见表 7–17）

表 7–17　**220kV150 000/180 000/240 000kVA 三相双绕组变压器运行时的损耗与铜铁损比表**

输送功率 P（MW）	150 000				180 000				240 000			
	P_0/P_k=97/430（kW）				P_0/P_k=110/487（kW）				P_0/P_k=136/603（kW）			
	负载系数β	负载损耗（kW）	损耗率（%）	铜铁损比	负载系数β	负载损耗（kW）	损耗率（%）	铜铁损比	负载系数β	负载损耗（kW）	损耗率（%）	铜铁损比
14.25	0.10	4.53	0.888	0.04	0.08	3.56	0.993	0.03	0.06	2.48	1.217	0.01
28.50	0.20	18.12	0.492	0.15	0.17	14.25	0.534	0.10	0.13	9.92	0.635	0.06
42.75	0.30	40.77	0.381	0.33	0.25	32.06	0.398	0.23	0.19	22.32	0.452	0.13
49.88	0.35	55.49	0.356	0.45	0.29	43.64	0.364	0.32	0.22	30.39	0.404	0.18
57.00	0.40	72.48	0.341	0.59	0.33	57.00	0.342	0.41	0.25	39.69	0.370	0.23
64.13	0.45	91.73	0.333	0.75	0.38	72.14	0.328	0.52	0.28	50.23	0.345	0.29
71.25	**0.50**	**113.25**	**0.330**	0.93	0.42	89.06	0.319	0.65	0.31	62.01	0.327	0.36
85.50	0.60	163.08	0.333	1.34	**0.50**	**128.25**	**0.311**	0.93	0.38	89.30	0.304	0.52
99.75	0.70	221.97	0.345	1.82	0.58	174.56	0.313	1.26	0.44	121.54	0.293	0.71
114.00	0.80	289.92	0.361	2.38	0.67	228.00	0.321	1.65	**0.50**	**158.75**	**0.289**	0.93
128.25	0.90	366.93	0.381	3.01	0.75	288.56	0.333	2.09	0.56	200.92	0.290	1.17
142.50	1.00	453.00	0.404	3.71	0.83	356.25	0.347	2.58	0.63	248.05	0.294	1.45
149.63	1.05	499.43	0.415	4.09	0.88	392.77	0.355	2.85	0.66	273.47	0.297	1.60
153.90					0.90	415.53	0.360	3.01	0.68	289.32	0.299	1.69
171.00					1.00	513.00	0.381	3.72	0.75	357.19	0.309	2.09
179.55					1.05	565.58	0.392	4.10	0.79	393.80	0.315	2.30
205.20									0.90	514.35	0.334	3.01
228.00									1.00	635.00	0.354	3.71
239.40									1.05	700.09	0.364	4.09

（2）220kV 150 000/180 000/240 000kVA 三相双绕组变压器运行时的损耗率与铜铁损比曲线（见图 7–10）

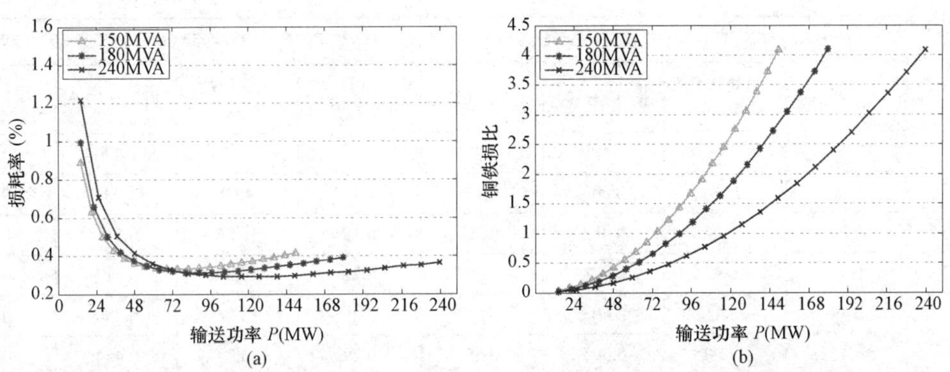

图 7–10　150 000/180 000/240 000kVA 三相双绕组变压器运行时的损耗率与铜铁损比曲线图

（a）损耗率；（b）铜铁损比

【节能策略】图表中，150MVA 变压器在输入功率为 71.25MW 时损耗率（0.33%）最低，最佳运行区间为 49.88～114MW 时，最佳损耗率范围为 0.33%～0.361%；180MVA 变压器在输入功率为 85.5MW 时损耗率（0.311%）最低，最佳运行区间为 64.13～128.25MW 时，最佳损耗率范围为 0.311%～0.333%；240MVA 变压器在输入功率为 114MW 时损耗率（0.289%）最低，最佳运行区间为 85.5～171MW 时，最佳损耗率范围为 0.289%～0.309%。

7.3.3 SS9 系列三相三绕组变压器

考虑到国标只提供了最大短路损耗，其他绕组间的损耗需要估算。因此选择实际系统运行的不同容量 SS9 型三绕组变压器参数进行计算。计算时，取三绕组变压器一次侧（电源侧）的功率因数为 1.0。与 GB/T 6451—2008 中表 17 额定损耗接近的 SS9 三相三绕组无励磁调压电力变压器共选择 7 台，额定容量范围为 40 000～150 000kVA，参数见表 7–18。

下面将两种不同容量变压器运行时，其损耗率、铜损与铁损比随着负载的变化而变化的计算结果形成表 7–19～表 7–21 和图 7–11～图 7–13。

表 7–18　　SS9 型三相三绕组无励磁调压电力变压器参数

容量（kVA）	P_{k12}（kW）	P_{k23}（kW）	P_{k13}（kW）	P_0（kW）	备　注
40 000/40 000/40 000	163.478	137.365	165.428	43.05	四川叶巴滩 1 号主变压器
50 000/50 000/25 000	216.729	58.074	73.201	37.84	四川滨东 3 号主变压器
63 000/63 000/31 500	282.24	96.801	103.27	58	湖南衡钢管站 1 号主变压器
90 000/90 000/45 000	379.20	84.36	128.02	75.60	山西古渡太原变压器厂生产
120 000/120 000/60 000	440.20	112.00	145.00	105.00	河北许营 3 号保变
150 000/150 000/75 000	505.35	154.969	199.969	121.6	河南洪门站 1 号主变压器

1. SS9–40 000/63 000kVA 变压器

（1）SS9–40 000/63 000kVA 变压器运行时的损耗与铜铁损比（见表 7–19）

表 7–19　　220kVSS9–40 000/63 000kVA 变压器运行时的损耗与铜铁损比表

输送功率 P（MW）	SS9–40 000				SS9–63 000			
	$P_0/P_{k1}/P_{k2}/P_{k3}$=43.05/95.77/67.71/69.66（kW）				$P_0/P_{k1}/P_{k2}/P_{k3}$=58.00/154.06/128.18/259.02（kW）			
	负载系数β	负载损耗（kW）	损耗率(%)	铜铁损比	负载系数β	负载损耗（kW）	损耗率(%)	铜铁损比
4.00	0.10	1.38	1.111	0.03	0.06	1.17	1.479	0.02
8.00	0.20	5.53	0.607	0.13	0.13	4.69	0.784	0.08
12.00	0.30	12.44	0.462	0.29	0.19	10.55	0.571	0.18
14.00	0.35	16.93	0.428	0.39	0.22	14.37	0.517	0.25
16.00	0.40	22.11	0.407	0.51	0.25	18.76	0.480	0.32
18.00	0.45	27.99	0.395	0.65	0.29	23.75	0.454	0.41
20.00	0.50	34.55	0.388	0.80	0.32	29.32	0.437	0.51
24.00	**0.60**	**49.76**	**0.387**	1.16	0.38	42.22	0.418	0.73

续表

输送功率 P（MW）	SS9–40 000				SS9–63 000			
	$P_0/P_{k1}/P_{k2}/P_{k3}$=43.05/95.77/67.71/69.66（kW）				$P_0/P_{k1}/P_{k2}/P_{k3}$=58.00/154.06/128.18/259.02（kW）			
	负载系数β	负载损耗（kW）	损耗率(%)	铜铁损比	负载系数β	负载损耗（kW）	损耗率(%)	铜铁损比
28.00	0.70	67.72	0.396	1.57	**0.44**	**57.46**	**0.412**	0.99
32.00	0.80	88.45	0.411	2.05	0.51	75.06	0.416	1.29
36.00	0.90	111.95	0.431	2.60	0.57	94.99	0.425	1.64
40.00	1.00	138.21	0.453	3.21	0.63	117.28	0.438	2.02
42.00	1.05	152.38	0.465	3.54	0.67	129.30	0.446	2.23
44.10					0.70	142.55	0.455	2.46
50.40					0.80	186.19	0.484	3.21
56.70					0.90	235.64	0.518	4.06
63.00					1.00	290.92	0.554	5.02
66.15					1.05	320.74	0.573	5.53

（2）SS9–40 000/63 000kVA 变压器运行时的损耗率与铜铁损比曲线（见图 7–11）

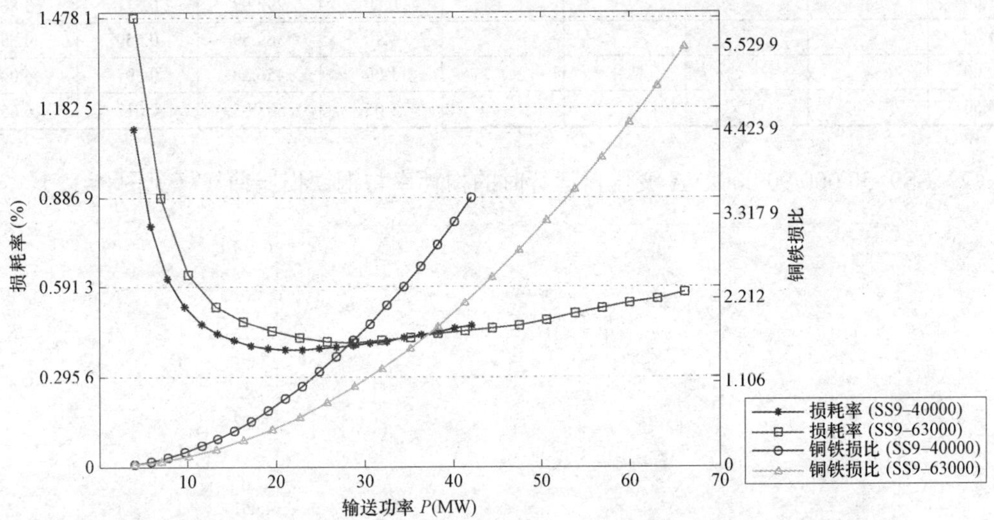

图 7–11　SS9–40 000/63 000 型变压器运行时的损耗率与铜铁损比曲线图

图中，横坐标表示变压器一次侧输送的有功功率（MW），纵坐标分别表示变压器的有功损耗率以及铜铁损比数值（下同）。

【节能策略】图表中，40MVA 变压器在输入功率为 24.00MW 时损耗率（0.387%）最低，最佳运行区间为 14.00～36.00MW，最佳损耗率范围为 0.387%～0.431%；63MVA 变压器在输入功率为 28.00MW 时损耗率（0.412%）最低，最佳运行区间为 20.00～40.00MW；最佳损耗率范围为 0.412%～0.438%。

2. SS9–50 000/90 000kVA 变压器

（1）SS9–50 000/90 000kVA 变压器运行时的损耗与铜铁损比（见表 7–20）

表 7-20　　220kVSS9-50 000/90 000kVA 变压器运行时的损耗与铜铁损比表

输送功率 P（MW）	SS9-50 000 $P_0/P_{k1}/P_{k2}/P_{k3}$=37.84/138.62/78.11/154.19（kW）				SS9-90 000 $P_0/P_{k1}/P_{k2}/P_{k3}$=75.60/276.92/102.28/235.16（kW）			
	负载系数β	负载损耗（kW）	损耗率(%)	铜铁损比	负载系数β	负载损耗（kW）	损耗率(%)	铜铁损比
5.00	0.10	2.21	0.801	0.06	0.06	1.41	1.540	0.02
10.00	0.20	8.84	0.467	0.23	0.11	5.63	0.812	0.07
15.00	0.30	19.90	0.385	0.53	0.17	12.67	0.588	0.17
17.50	0.35	27.09	0.371	0.72	0.19	17.25	0.531	0.23
20.00	**0.40**	**35.38**	**0.366**	0.93	0.22	22.53	0.491	0.30
22.50	0.45	44.77	0.367	1.18	0.25	28.52	0.463	0.38
25.00	0.50	55.28	0.372	1.46	0.28	35.21	0.443	0.47
30.00	0.60	79.60	0.391	2.10	0.33	50.70	0.421	0.67
35.00	0.70	108.34	0.418	2.86	**0.39**	**69.01**	**0.413**	0.91
40.00	0.80	141.51	0.448	3.74	0.44	90.13	0.414	1.19
45.00	0.90	179.09	0.482	4.73	0.50	114.07	0.421	1.51
50.00	1.00	221.10	0.518	5.84	0.56	140.83	0.433	1.86
52.50	1.05	243.77	0.536	6.44	0.58	155.26	0.440	2.05
63.00					0.70	223.58	0.475	2.96
72.00					0.80	292.02	0.511	3.86
81.00					0.90	369.59	0.550	4.89
90.00					1.00	456.28	0.591	6.04
94.50					1.05	503.05	0.612	6.65

（2）SS9-50 000/90 000kVA 变压器运行时的损耗率与铜铁损比曲线（见图 7-12）

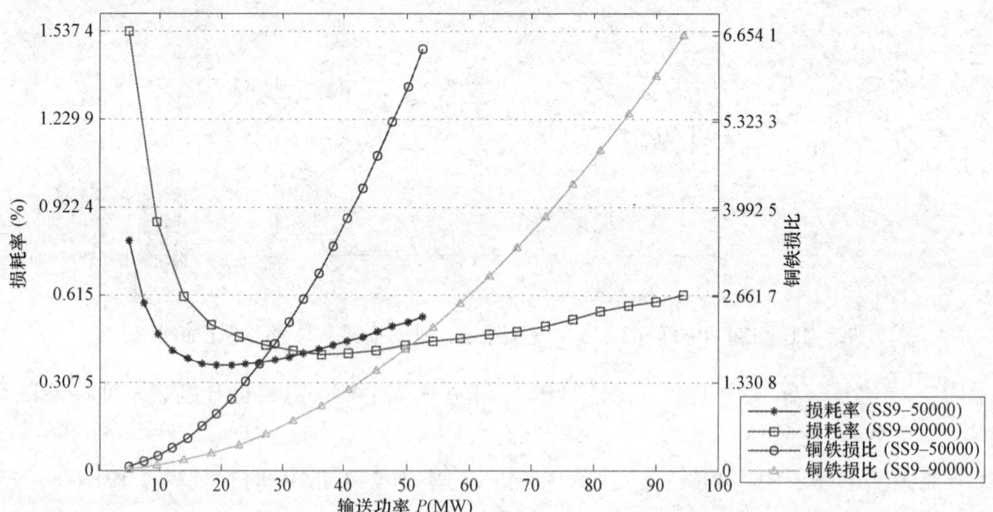

图 7-12　SS9-50 000/90 000kVA 变压器运行时的损耗率与铜铁损比曲线图

【节能策略】图表中，50MVA 变压器在输入功率为 20.00MW 时损耗率（0.366%）最低，最佳运行区间为 12.50～37.50MW，最佳损耗率范围为 0.366%～0.431%；90MVA 变压器在输入功率为 35.00MW 时损耗率（0.413%）最低，最佳运行区间为 25.00～54.00MW；最佳损耗

率范围为 0.413%～0.443%。

3. SS9–120 000/150 000kVA 变压器

（1）SS9–120 000/150 000kVA 变压器运行时的损耗与铜铁损比（见表 7–21）

表 7–21　220kVSS9–120 000/150 000kVA 变压器运行时的损耗与铜铁损比表

输送功率 P（MW）	SS9–120 000				SS9–150 000			
	$P_0/P_{k1}/P_{k2}/P_{k3}$=105.00/286.10/154.10/293.90（kW）				$P_0/P_{k1}/P_{k2}/P_{k3}$=121.60/342.68/162.68/457.20（kW）			
	负载系数β	负载损耗（kW）	损耗率(%)	铜铁损比	负载系数β	负载损耗（kW）	损耗率(%)	铜铁损比
12.00	0.10	4.46	0.912	0.04	0.08	3.51	1.043	0.03
24.00	0.20	17.84	0.512	0.17	0.16	14.04	0.565	0.12
36.00	0.30	40.14	0.403	0.38	0.24	31.59	0.426	0.26
42.00	0.35	54.64	0.380	0.52	0.28	43.00	0.392	0.35
48.00	0.40	71.37	0.367	0.68	0.32	56.17	0.370	0.46
54.00	0.45	90.32	0.362	0.86	0.36	71.08	0.357	0.58
60.00	**0.50**	**111.51**	**0.361**	1.06	0.40	87.76	0.349	0.72
72.00	0.60	160.57	0.369	1.53	**0.48**	**126.37**	**0.344**	1.04
84.00	0.70	218.56	0.385	2.08	0.56	172.01	0.350	1.41
96.00	0.80	285.46	0.407	2.72	0.64	224.66	0.361	1.85
108.00	0.90	361.29	0.432	3.44	0.72	284.34	0.376	2.34
120.00	1.00	446.03	0.459	4.25	0.80	351.03	0.394	2.89
126.00	1.05	491.75	0.474	4.68	0.84	387.01	0.404	3.18
135.00					0.90	444.27	0.419	3.65
150.00					1.00	548.49	0.447	4.51
157.50					1.05	604.71	0.461	4.97

（2）SS9–120 000/150 000kVA 变压器运行时的损耗率与铜铁损比曲线（见图 7–13）

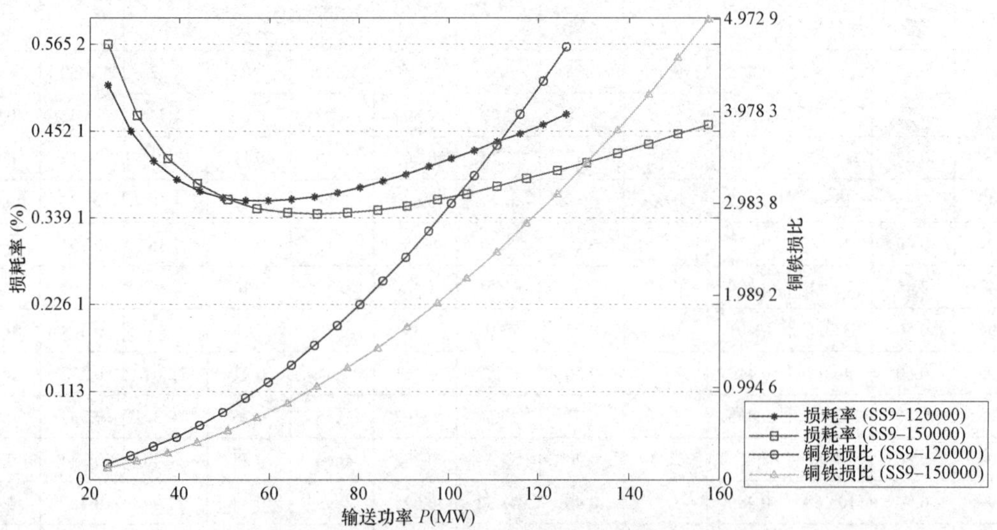

图 7–13　SS9–120 000/150 000kVA 变压器运行时的损耗率与铜铁损比曲线图

【节能策略】图表中，120MVA 变压器在输入功率为 60.00MW 时损耗率（0.361%）最低，最佳运行区间为 40.00～84.00MW，最佳损耗率范围为 0.361%～0.385%；150MVA 变压器在输入功率为 72.00MW 时损耗率（0.344%）最低，最佳运行区间为 46.00～108.00MW；最佳损耗率范围为 0.344%～0.376%。

7.4 S11 系列 220kV 变压器的损耗与节能

7.4.1 低压为 6.3～35kV 级 S11 三相双绕组变压器

此组三相双绕组无励磁调压电力变压器参数均来自《油浸式电力变压器技术参数和要求》（GB/T 6451—2015）中表 16。

低压为 35kV 或 38.5kV 级三相双绕组无励磁调压电力变压器额定容量范围为 31 500～420 000kVA，共有 12 种容量，高压分接范围为（220±2×2.5%）V、（242±2×2.5%）V，低压侧电压可选择 6.3kV、6.7kV、10.5kV、13.8kV、15.75kV、18kV、20kV，联结组标号为 YNd11。逐一计算各种容量的变压器在不同负荷水平下损耗大小。

下面将三种不同容量变压器运行时，其损耗、铜损与铁损比随着负载的变化而变化的数据形成表 7–22～表 7–25 和图 7–14～图 7–17。

1. 31 500/63 000/90 000kVA 变压器

（1）31 500/63 000/90 000kVA 三相双绕组变压器运行时的损耗与铜铁损比（见表 7–22）

表 7–22 **220kV 31 500/63 000/90 000kVA 三相双绕组变压器运行时的损耗与铜铁损比表**

输送功率 P（MW）	31 500				63 000				90 000			
	P_0/P_k=28/128（kW）				P_0/P_k=46/209（kW）				P_0/P_k=61/273（kW）			
	负载系数β	负载损耗（kW）	损耗率（%）	铜铁损比	负载系数β	负载损耗（kW）	损耗率（%）	铜铁损比	负载系数β	负载损耗（kW）	损耗率（%）	铜铁损比
2.99	0.10	1.28	0.978	0.05	0.05	0.52	1.555	0.01	0.04	0.33	2.050	0.01
5.99	0.20	5.12	0.553	0.18	0.10	2.09	0.804	0.05	0.07	1.34	1.042	0.02
8.98	0.30	11.52	0.440	0.41	0.15	4.70	0.565	0.10	0.11	3.01	0.713	0.05
10.47	0.35	15.68	0.417	0.56	0.18	6.40	0.500	0.14	0.12	4.10	0.622	0.07
11.97	0.40	20.48	0.405	0.73	0.20	8.36	0.454	0.18	0.14	5.35	0.554	0.09
13.47	**0.45**	**25.92**	**0.400**	0.93	0.23	10.58	0.420	0.23	0.16	6.77	0.503	0.11
14.96	0.50	32.00	0.401	1.14	0.25	13.06	0.395	0.28	0.18	8.36	0.464	0.14
17.96	0.60	46.08	0.413	1.65	0.30	18.81	0.361	0.41	0.21	12.04	0.407	0.20
20.95	0.70	62.72	0.433	2.24	0.35	25.60	0.342	0.56	0.25	16.39	0.369	0.27
23.94	0.80	81.92	0.459	2.93	0.40	33.44	0.332	0.73	0.28	21.40	0.344	0.35
26.93	0.90	103.68	0.489	3.70	**0.45**	**42.32**	**0.328**	0.92	0.32	27.09	0.327	0.44
29.93	1.00	128.00	0.521	4.57	**0.50**	**52.25**	**0.328**	1.14	0.35	33.44	0.316	0.55
31.42	1.05	141.12	0.538	5.04	0.53	57.61	0.330	1.25	0.37	36.87	0.311	0.60

续表

输送功率 P（MW）	31 500				63 000				90 000			
	P_0/P_k=28/128（kW）				P_0/P_k=46/209（kW）				P_0/P_k=61/273（kW）			
	负载系数β	负载损耗（kW）	损耗率（%）	铜铁损比	负载系数β	负载损耗（kW）	损耗率（%）	铜铁损比	负载系数β	负载损耗（kW）	损耗率（%）	铜铁损比
35.91					0.60	75.24	0.338	1.64	0.42	48.16	0.304	0.79
41.90					0.70	102.41	0.354	2.23	**0.49**	**65.55**	**0.302**	1.07
47.88					0.80	133.76	0.375	2.91	0.56	85.61	0.306	1.40
53.87					0.90	169.29	0.400	3.68	0.63	108.35	0.314	1.78
59.85					1.00	209.00	0.426	4.54	0.70	133.77	0.325	2.19
62.84					1.05	230.42	0.440	5.01	0.74	147.48	0.332	2.42
68.40									0.80	174.72	0.345	2.86
76.95									0.90	221.13	0.367	3.63
85.50									1.00	273.00	0.391	4.48
89.78									1.05	300.98	0.403	4.93

（2）220kV 31 500/63 000/90 000kVA 三相双绕组变压器运行时的损耗率与铜铁损比曲线（见图 7–14）

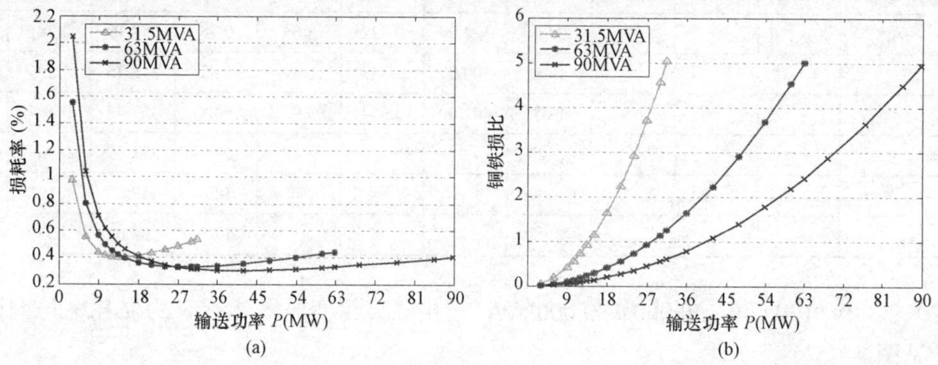

图 7–14　31 500/63 000/90 000kVA 三相双绕组变压器运行时的损耗率与铜铁损比曲线图
（a）损耗率；（b）铜铁损比

图中，横坐标表示变压器一次侧输送的有功功率（MW），纵坐标分别表示变压器的有功损耗率以及铜铁损比数值（下同）。

【节能策略】图表中，31.5MVA 变压器在输入功率为 13.47MW 时损耗率（0.400%）最低，最佳运行区间为 10.00～20.95MW，最佳损耗率范围为 0.400%～0.433%；63MVA 变压器在输入功率为 28.5MW 时损耗率（0.328%）最低，最佳运行区间为 19.00～40.90MW；最佳损耗率范围为 0.328%～0.354%；90MVA 变压器在输入功率为 41.9MW 时损耗率（0.302%）最低，最佳运行区间为 28.00～62.84MW；最佳损耗率范围为 0.302%～0.332%。

2. 120 000/150 000/180 000kVA 变压器

（1）120 000/150 000/180 000kVA 三相双绕组变压器运行时的损耗与铜铁损比（见表 7–23）

表 7–23　　220kV120 000/150 000/180 000kVA 三相双绕组变压器运行时的损耗与铜铁损比表

输送功率 P（MW）	120 000				150 000				180 000			
	P_0/P_k=75/338（kW）				P_0/P_k=89/400（kW）				P_0/P_k=102/459（kW）			
	负载系数β	负载损耗（kW）	损耗率（%）	铜铁损比	负载系数β	负载损耗（kW）	损耗率（%）	铜铁损比	负载系数β	负载损耗（kW）	损耗率（%）	铜铁损比
11.40	0.10	3.38	0.688	0.05	0.08	2.56	0.803	0.03	0.07	2.04	0.913	0.02
22.80	0.20	13.52	0.388	0.18	0.16	10.24	0.435	0.12	0.13	8.16	0.483	0.08
34.20	0.30	30.42	0.308	0.41	0.24	23.04	0.328	0.26	0.20	18.36	0.352	0.18
39.90	0.35	41.41	0.292	0.55	0.28	31.36	0.302	0.35	0.23	24.99	0.318	0.25
45.60	0.40	54.08	0.283	0.72	0.32	40.96	0.285	0.46	0.27	32.64	0.295	0.32
51.30	**0.45**	**68.45**	**0.280**	0.91	0.36	51.84	0.275	0.58	0.30	41.31	0.279	0.41
57.00	**0.50**	**84.50**	**0.280**	1.13	0.40	64.00	0.268	0.72	0.33	51.00	0.268	0.50
68.40	0.60	121.68	0.288	1.62	**0.48**	**92.16**	**0.265**	1.04	0.40	73.44	0.256	0.72
79.80	0.70	165.62	0.302	2.21	0.56	125.44	0.269	1.41	**0.47**	**99.96**	**0.253**	0.98
91.20	0.80	216.32	0.319	2.88	0.64	163.84	0.277	1.84	0.53	130.56	0.255	1.28
102.60	0.90	273.78	0.340	3.65	0.72	207.36	0.289	2.33	0.60	165.24	0.260	1.62
114.00	1.00	338.00	0.362	4.51	0.80	256.00	0.303	2.88	0.67	204.00	0.268	2.00
119.70	1.05	372.65	0.374	4.97	0.84	282.24	0.310	3.17	0.70	224.91	0.273	2.21
128.25					0.90	324.00	0.322	3.64	0.75	258.19	0.281	2.53
142.50					1.00	400.00	0.343	4.49	0.83	318.75	0.295	3.13
149.63					1.05	441.00	0.354	4.96	0.88	351.42	0.303	3.45
153.90									0.90	371.79	0.308	3.65
171.00									1.00	459.00	0.328	4.50
179.55									1.05	506.05	0.339	4.96

（2）220kV 120 000/150 000/180 000kVA 三相双绕组变压器运行时的损耗率与铜铁损比曲线（见图 7–15）

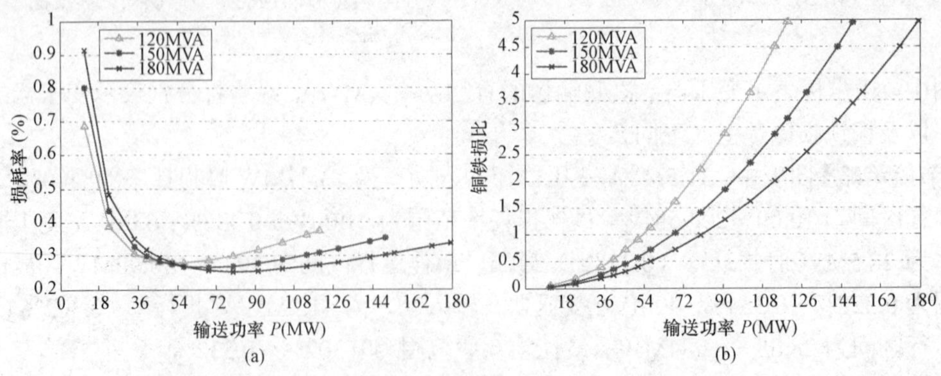

图 7–15　120 000/150 000/180 000kVA 三相双绕组变压器运行时的损耗率与铜铁损比曲线图

（a）损耗率；（b）铜铁损比

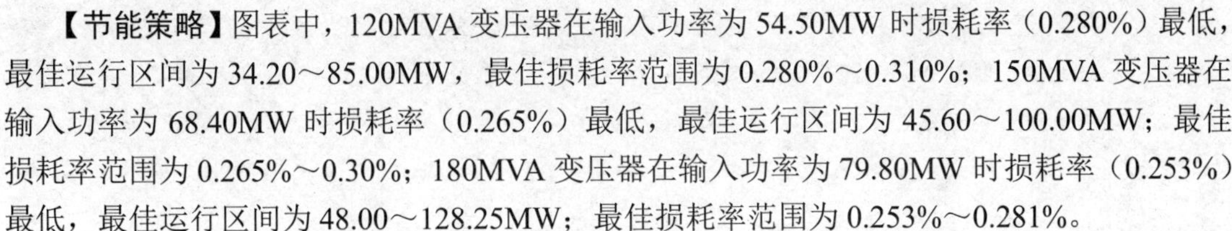

【节能策略】图表中，120MVA 变压器在输入功率为 54.50MW 时损耗率（0.280%）最低，最佳运行区间为 34.20～85.00MW，最佳损耗率范围为 0.280%～0.310%；150MVA 变压器在输入功率为 68.40MW 时损耗率（0.265%）最低，最佳运行区间为 45.60～100.00MW；最佳损耗率范围为 0.265%～0.30%；180MVA 变压器在输入功率为 79.80MW 时损耗率（0.253%）最低，最佳运行区间为 48.00～128.25MW；最佳损耗率范围为 0.253%～0.281%。

3. 240 000/300 000/360 000kVA 变压器

（1）240 000/300 000/360 000kVA 三相双绕组变压器运行时的损耗与铜铁损比（见表 7–24）

表 7–24　　220kV240 000/300 000/360 000kVA 三相双绕组变压器运行时的损耗与铜铁损比表

输送功率 P（MW）	240 000				300 000				360 000			
	P_0/P_k=128/538（kW）				P_0/P_k=151/641（kW）				P_0/P_k=173/735（kW）			
	负载系数β	负载损耗（kW）	损耗率（%）	铜铁损比	负载系数β	负载损耗（kW）	损耗率（%）	铜铁损比	负载系数β	负载损耗（kW）	损耗率（%）	铜铁损比
22.80	0.10	5.38	0.585	0.04	0.08	4.10	0.680	0.03	0.07	3.27	0.773	0.02
45.60	0.20	21.52	0.328	0.17	0.16	16.41	0.367	0.11	0.13	13.07	0.408	0.08
68.40	0.30	48.42	0.258	0.38	0.24	36.92	0.275	0.24	0.20	29.40	0.296	0.17
79.80	0.35	65.91	0.243	0.51	0.28	50.25	0.252	0.33	0.23	40.02	0.267	0.23
91.20	0.40	86.08	0.235	0.67	0.32	65.64	0.238	0.43	0.27	52.27	0.247	0.30
102.60	0.45	108.95	0.231	0.85	0.36	83.07	0.228	0.55	0.30	66.15	0.233	0.38
114.00	**0.50**	**134.50**	**0.230**	1.05	0.40	102.56	0.222	0.68	0.33	81.67	0.223	0.47
136.80	0.60	193.68	0.235	1.51	**0.48**	**147.69**	**0.218**	0.98	0.40	117.60	0.212	0.68
159.60	0.70	263.62	0.245	2.06	0.56	201.02	0.221	1.33	**0.47**	**160.07**	**0.209**	0.93
182.40	0.80	344.32	0.259	2.69	0.64	262.55	0.227	1.74	**0.53**	**209.07**	**0.209**	1.21
205.20	0.90	435.78	0.275	3.40	0.72	332.29	0.236	2.20	0.60	264.60	0.213	1.53
228.00	1.00	538.00	0.292	4.20	0.80	410.24	0.246	2.72	0.67	326.67	0.219	1.89
239.40	1.05	593.15	0.301	4.63	0.84	452.29	0.252	3.00	0.70	360.15	0.223	2.08
256.50					0.90	519.21	0.261	3.44	0.75	413.44	0.229	2.39
285.00					1.00	641.00	0.278	4.25	0.83	510.42	0.240	2.95
299.25					1.05	706.70	0.287	4.68	0.88	562.73	0.246	3.25
307.80									0.90	595.35	0.250	3.44
342.00									1.00	735.00	0.265	4.25
359.10									1.05	810.34	0.274	4.68

（2）220kV 240 000/300 000/360 000kVA 三相双绕组变压器运行时的损耗率与铜铁损比曲线（见图 7–16）

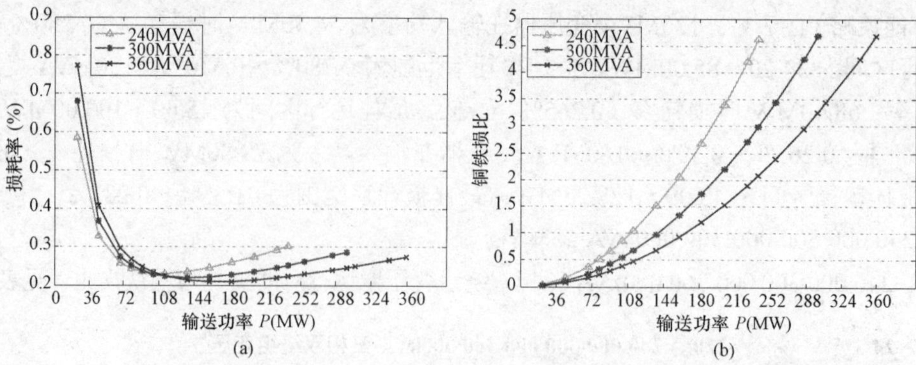

图 7–16　240 000/300 000/360 000kVA 三相双绕组变压器运行时的损耗率与铜铁损比曲线图

（a）损耗率；（b）铜铁损比

【节能策略】图表中，240MVA 变压器在输入功率为 114.00MW 时损耗率（0.230%）最低，最佳运行区间为 68.40～180.0MW，最佳损耗率范围为 0.230%～0.258%；300MVA 变压器在输入功率为 136.80MW 时损耗率（0.218%）最低，最佳运行区间为 83.07～205.2MW；最佳损耗率范围为 0.218%～0.236%；360MVA 变压器在输入功率为 172.00MW 时损耗率（0.209%）最低，最佳运行区间为 114.00～56.50MW；最佳损耗率范围为 0.209%～0.229%。

4. 370 000/400 000/420 000kVA 变压器

（1）370 000/400 000/420 000kVA 三相双绕组变压器运行时的损耗与铜铁损比（见表 7–25）

表 7–25　220kV370 000/400 000/420 000kVA 三相双绕组变压器运行时的损耗与铜铁损比表

输送功率 P（MW）	370 000				400 000				420 000			
	P_0/P_k=176/750（kW）				P_0/P_k=187/795（kW）				P_0/P_k=193/824（kW）			
	负载系数β	负载损耗（kW）	损耗率（%）	铜铁损比	负载系数β	负载损耗（kW）	损耗率（%）	铜铁损比	负载系数β	负载损耗（kW）	损耗率（%）	铜铁损比
35.15	0.10	7.50	0.522	0.04	0.09	6.80	0.551	0.04	0.09	6.39	0.567	0.03
70.30	0.20	30.00	0.293	0.17	0.19	27.21	0.305	0.15	0.18	25.58	0.311	0.13
105.45	0.30	67.50	0.231	0.38	0.28	61.22	0.235	0.33	0.26	57.55	0.238	0.30
123.03	0.35	91.88	0.218	0.52	0.32	83.33	0.220	0.45	0.31	78.34	0.221	0.41
140.60	0.40	120.00	0.211	0.68	0.37	108.84	0.210	0.58	0.35	102.32	0.210	0.53
158.18	**0.45**	**151.88**	**0.207**	0.86	0.42	137.74	0.205	0.74	0.40	129.50	0.204	0.67
175.75	**0.50**	**187.50**	**0.207**	1.07	**0.46**	**170.06**	**0.203**	0.91	**0.44**	**159.87**	**0.201**	0.83
210.90	0.60	270.00	0.211	1.53	0.56	244.88	0.205	1.31	**0.53**	**230.22**	**0.201**	1.19
246.05	0.70	367.50	0.221	2.09	0.65	333.31	0.211	1.78	0.62	313.35	0.206	1.62
281.20	0.80	480.00	0.233	2.73	0.74	435.34	0.221	2.33	0.70	409.27	0.214	2.12
316.35	0.90	607.50	0.248	3.45	0.83	550.98	0.233	2.95	0.79	517.98	0.225	2.68
351.50	1.00	750.00	0.263	4.26	0.93	680.22	0.247	3.64	0.88	639.49	0.237	3.31
369.08	1.05	826.88	0.272	4.70	0.97	749.94	0.254	4.01	0.93	705.04	0.243	3.65
380.00					1.00	795.00	0.258	4.25	0.95	747.39	0.247	3.87
399.00					1.05	876.49	0.267	4.69	1.00	824.00	0.255	4.27
418.95									1.05	908.46	0.263	4.71

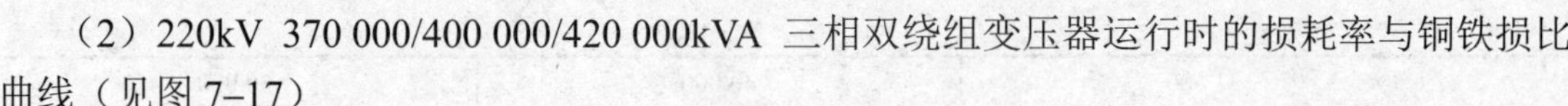

（2）220kV 370 000/400 000/420 000kVA 三相双绕组变压器运行时的损耗率与铜铁损比曲线（见图 7–17）

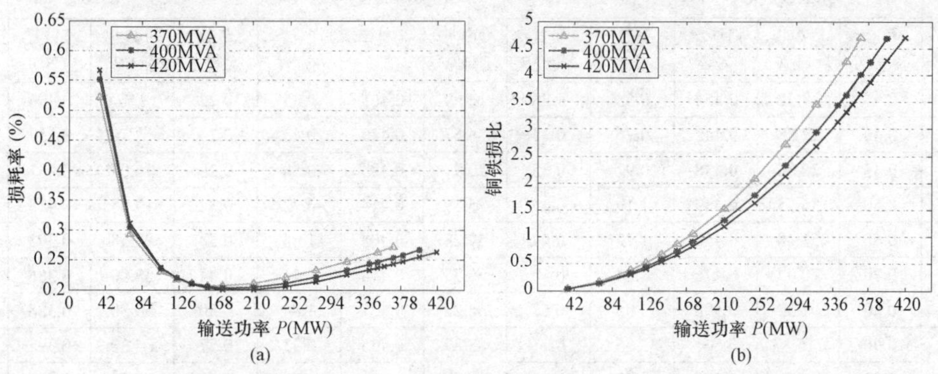

图 7–17　370 000/400 000/420 000kVA 三相双绕组变压器运行时的损耗率与铜铁损比曲线图

（a）损耗率；（b）铜铁损比

【节能策略】图表中，370MVA 变压器在输入功率为 167.50MW 时损耗率（0.207%）最低，最佳运行区间为 123.03～246.05MW，最佳损耗率范围为 0.207%～0.221%；400MVA 变压器在输入功率为 175.75MW 时损耗率（0.203%）最低，最佳运行区间为 123.00～281.20MW；最佳损耗率范围为 0.203%～0.211%；420MVA 变压器在输入功率为 192.50MW 时损耗率（0.201%）最低，最佳运行区间为 140.60～281.20MW；最佳损耗率范围为 0.201%～0.214%。

7.4.2　低压为 66kV 级 S11 系列三相双绕组变压器

此组三相双绕组无励磁调压电力变压器参数均来自《油浸式电力变压器技术参数和要求》（GB/T 6451—2015）。

低压为66kV级三相双绕组无励磁调压电力变压器额定容量范围为31 500～240 000kVA，共有 9 种容量，高压分接范围为（220±2×2.5%）V、（230±2×2.5%）V，低压侧电压可选择 63kV、66kV、69kV，联结组标号为 YNd11。逐一计算各种容量的变压器在不同负荷水平下损耗大小。便于查询对比，下面将三种不同容量变压器运行时，其损耗、铜损与铁损比随着负载的变化而变化的数据形成表 7–26～表 7–28 和图 7–18～图 7–20。

1. 31 500/40 000/50 000kVA 变压器

（1）31 500/40 000/50 000kVA 三相双绕组变压器运行时的损耗与铜铁损比（见表 7–26）

表 7–26　　220kV31 500/40 000/50 000kVA 三相双绕组变压器运行时的损耗与铜铁损比表

输送功率 P（MW）	31 500 P_0/P_k=30/143（kW）				40 000 P_0/P_k=36/167（kW）				50 000 P_0/P_k=42/200（kW）			
	负载系数β	负载损耗（kW）	损耗率（%）	铜铁损比	负载系数β	负载损耗（kW）	损耗率（%）	铜铁损比	负载系数β	负载损耗（kW）	损耗率（%）	铜铁损比
2.99	0.10	1.43	1.050	0.05	0.08	1.04	1.238	0.03	0.06	0.79	1.430	0.02
5.99	0.20	5.72	0.597	0.19	0.16	4.14	0.671	0.12	0.13	3.18	0.755	0.08
8.98	0.30	12.87	0.478	0.43	0.24	9.32	0.505	0.26	0.19	7.14	0.547	0.17

续表

输送功率 P（MW）	31 500 P_0/P_k=30/143（kW）				40 000 P_0/P_k=36/167（kW）				50 000 P_0/P_k=42/200（kW）			
	负载系数β	负载损耗（kW）	损耗率（%）	铜铁损比	负载系数β	负载损耗（kW）	损耗率（%）	铜铁损比	负载系数β	负载损耗（kW）	损耗率（%）	铜铁损比
10.47	0.35	17.52	0.454	0.58	0.28	12.69	0.465	0.35	0.22	9.72	0.494	0.23
11.97	0.40	22.88	0.442	0.76	0.32	16.57	0.439	0.46	0.25	12.70	0.457	0.30
13.47	**0.45**	**28.96**	**0.438**	0.97	0.35	20.97	0.423	0.58	0.28	16.07	0.431	0.38
14.96	0.50	35.75	0.439	1.19	0.39	25.89	0.414	0.72	0.32	19.85	0.413	0.47
17.96	0.60	51.48	0.454	1.72	**0.47**	**37.28**	**0.408**	1.04	0.38	28.58	0.393	0.68
20.95	0.70	70.07	0.478	2.34	0.55	50.75	0.414	1.41	**0.44**	**38.90**	**0.386**	0.93
23.94	0.80	91.52	0.508	3.05	0.63	66.28	0.427	1.84	0.50	50.80	0.388	1.21
26.93	0.90	115.83	0.541	3.86	0.71	83.89	0.445	2.33	0.57	64.30	0.395	1.53
29.93	1.00	143.00	0.578	4.77	0.79	103.57	0.466	2.88	0.63	79.38	0.406	1.89
31.42	1.05	157.66	0.597	5.26	0.83	114.18	0.478	3.17	0.66	87.52	0.412	2.08
34.20					0.90	135.27	0.501	3.76	0.72	103.68	0.426	2.47
38.00					1.00	167.00	0.534	4.64	0.80	128.00	0.447	3.05
39.90					1.05	184.12	0.552	5.11	0.84	141.12	0.459	3.36
42.75									0.90	162.00	0.477	3.86
47.50									1.00	200.00	0.509	4.76
49.88									1.05	220.50	0.526	5.25

（2）220kV 31 500/40 000/50 000kVA 三相双绕组变压器运行时的损耗率与铜铁损比曲线（见图 7–18）

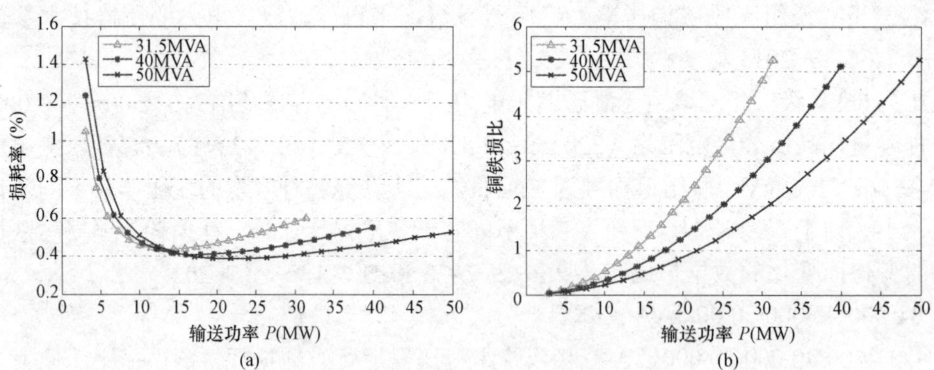

图 7–18　31 500/40 000/50 000kVA 三相双绕组变压器运行时的损耗率与铜铁损比曲线图

（a）损耗率；（b）铜铁损比

图中，横坐标表示变压器一次侧输送的有功功率（MW），纵坐标分别表示变压器的有功损耗率以及铜铁损比数值（下同）。

【节能策略】图表中，31.5MVA 变压器在输入功率为 13.47MW 时损耗率（0.438%）最低，最佳运行区间为 10.47～17.96MW，最佳损耗率范围为 0.438%～0.454%；40MVA 变压器在输入功率为 17.96MW 时损耗率（0.408%）最低，最佳运行区间为 13.47～23.94MW；最佳损耗率范围为 0.408%～0.427%；50MVA 变压器在输入功率为 20.95MW 时损耗率（0.386%）最低，最佳运行区间为 14.96～31.42MW；最佳损耗率范围为 0.386%～0.413%。

2. 63 000/90 000/120 000kVA 变压器

（1）63 000/90 000/120 000kVA 三相双绕组变压器运行时的损耗与铜铁损比（见表 7–27）

表 7–27　220kV 63 000/90 000/120 000kVA 三相双绕组变压器运行时的损耗与铜铁损比表

输送功率 P（MW）	63 000				90 000				120 000			
	P_0/P_k=50/234（kW）				P_0/P_k=66/306（kW）				P_0/P_k=81/367（kW）			
	负载系数β	负载损耗（kW）	损耗率（%）	铜铁损比	负载系数β	负载损耗（kW）	损耗率（%）	铜铁损比	负载系数β	负载损耗（kW）	损耗率（%）	铜铁损比
5.99	0.10	2.34	0.875	0.05	0.07	1.50	1.128	0.02	0.05	1.01	1.370	0.01
11.97	0.20	9.36	0.496	0.19	0.14	6.00	0.601	0.09	0.11	4.05	0.710	0.05
17.96	0.30	21.06	0.396	0.42	0.21	13.49	0.443	0.20	0.16	9.10	0.502	0.11
20.95	0.35	28.67	0.376	0.57	0.25	18.37	0.403	0.28	0.18	12.39	0.446	0.15
23.94	0.40	37.44	0.365	0.75	0.28	23.99	0.376	0.36	0.21	16.18	0.406	0.20
26.93	**0.45**	**47.39**	**0.362**	0.95	0.32	30.36	0.358	0.46	0.24	20.48	0.377	0.25
29.93	0.50	58.50	0.363	1.17	0.35	37.49	0.346	0.57	0.26	25.29	0.355	0.31
35.91	0.60	84.24	0.374	1.68	0.42	53.98	0.334	0.82	0.32	36.42	0.327	0.45
41.90	0.70	114.66	0.393	2.29	**0.49**	**73.47**	**0.333**	1.11	0.37	49.57	0.312	0.61
47.88	0.80	149.76	0.417	3.00	0.56	95.96	0.338	1.45	0.42	64.74	0.304	0.80
53.87	0.90	189.54	0.445	3.79	0.63	121.45	0.348	1.84	**0.47**	**81.94**	**0.302**	1.01
59.85	1.00	234.00	0.475	4.68	0.70	149.94	0.361	2.27	0.53	101.15	0.304	1.25
62.84	1.05	257.99	0.490	5.16	0.74	165.31	0.368	2.50	0.55	111.52	0.306	1.38
76.95					0.90	247.86	0.408	3.76	0.68	167.21	0.323	2.06
85.50					1.00	306.00	0.435	4.64	0.75	206.44	0.336	2.55
89.78					1.05	337.37	0.449	5.11	0.79	227.60	0.344	2.81
102.60									0.90	297.27	0.369	3.67
114.00									1.00	367.00	0.393	4.53
119.70									1.05	404.62	0.406	5.00

（2）220kV 63 000/90 000/120 000kVA 三相双绕组变压器运行时的损耗率与铜铁损比曲线（见图 7–19）

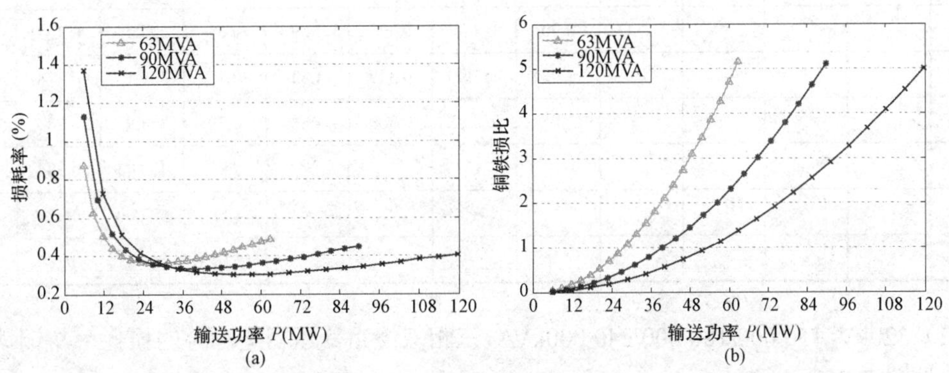

图 7–19　63 000/90 000/120 000kVA 三相双绕组变压器运行时的损耗率与铜铁损比曲线图

（a）损耗率；（b）铜铁损比

【节能策略】图表中，63MVA 变压器在输入功率为 26.93MW 时损耗率（0.362%）最低，最佳运行区间为 17.96～42.10MW，最佳损耗率范围为 0.362%～0.396%；90MVA 变压器在输入功率为 41.90MW 时损耗率（0.333%）最低，最佳运行区间为 29.95～62.84MW；最佳损耗率范围为 0.333%～0.368%；120MVA 变压器在输入功率为 53.87MW 时损耗率（0.302%）最低，最佳运行区间为 35.91～85.5MW；最佳损耗率范围为 0.302%～0.336%。

3. 150 000/180 000/240 000kVA 变压器

（1）150 000/180 000/240 000kVA 三相双绕组变压器运行时的损耗与铜铁损比（见表 7–28）

表 7–28　220kV 150 000/180 000/240 000kVA 三相双绕组变压器运行时的损耗与铜铁损比表

输送功率 P（MW）	150 000				180 000				240 000			
	P_0/P_k=97/430（kW）				P_0/P_k=110/487（kW）				P_0/P_k=136/603（kW）			
	负载系数β	负载损耗（kW）	损耗率（%）	铜铁损比	负载系数β	负载损耗（kW）	损耗率（%）	铜铁损比	负载系数β	负载损耗（kW）	损耗率（%）	铜铁损比
14.25	0.10	4.30	0.711	0.04	0.08	3.38	0.796	0.03	0.06	2.36	0.971	0.02
28.50	0.20	17.20	0.401	0.18	0.17	13.53	0.433	0.12	0.13	9.42	0.510	0.07
42.75	0.30	38.70	0.317	0.40	0.25	30.44	0.329	0.28	0.19	21.20	0.368	0.16
49.88	0.35	52.68	0.300	0.54	0.29	41.43	0.304	0.38	0.22	28.85	0.331	0.21
57.00	0.40	68.80	0.291	0.71	0.33	54.11	0.288	0.49	0.25	37.69	0.305	0.28
64.13	**0.45**	**87.08**	**0.287**	0.90	0.38	68.48	0.278	0.62	0.28	47.70	0.286	0.35
71.25	**0.50**	**107.50**	**0.287**	1.11	0.42	84.55	0.273	0.77	0.31	58.89	0.274	0.43
85.50	0.60	154.80	0.295	1.60	**0.50**	**121.75**	**0.271**	1.11	0.38	84.80	0.258	0.62
99.75	0.70	210.70	0.308	2.17	0.58	165.72	0.276	1.51	**0.44**	**115.42**	**0.252**	0.85
114.00	0.80	275.20	0.326	2.84	0.67	216.44	0.286	1.97	**0.50**	**150.75**	**0.252**	1.11
128.25	0.90	348.30	0.347	3.59	0.75	273.94	0.299	2.49	0.56	190.79	0.255	1.40
142.50	1.00	430.00	0.370	4.43	0.83	338.19	0.315	3.07	0.63	235.55	0.261	1.73
149.63	1.05	474.08	0.382	4.89	0.88	372.86	0.323	3.39	0.66	259.69	0.264	1.91
153.90					0.90	394.47	0.328	3.59	0.68	274.74	0.267	2.02
171.00					1.00	487.00	0.349	4.43	0.75	339.19	0.278	2.49
179.55					1.05	536.92	0.360	4.88	0.79	373.95	0.284	2.75
205.20									0.90	488.43	0.304	3.59
228.00									1.00	603.00	0.324	4.43
239.40									1.05	664.81	0.335	4.89

（2）220kV 150 000/180 000/240 000kVA 三相双绕组变压器运行时的损耗率与铜铁损比曲线（见图 7–20）

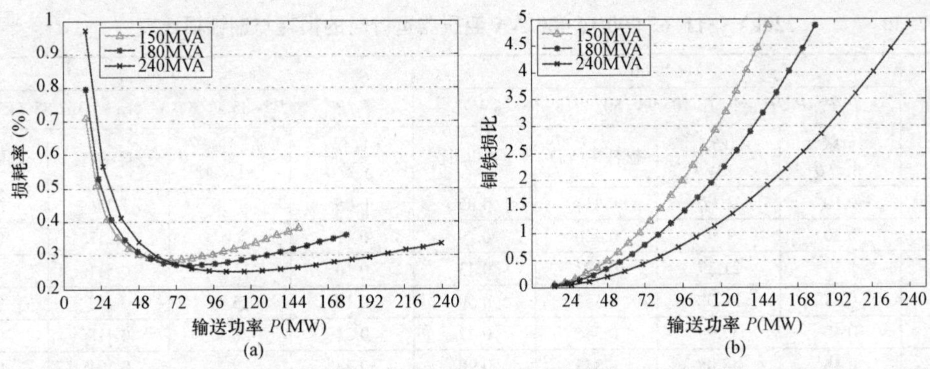

图 7–20　150 000/180 000/240 000kVA 三相双绕组变压器运行时的损耗率与铜铁损比曲线图

（a）损耗率；（b）铜铁损比

【节能策略】图表中，150MVA 变压器在输入功率为 67.50MW 时损耗率（0.287%）最低，最佳运行区间为 46.88～100.00MW，最佳损耗率范围为 0.287%～0.308%；180MVA 变压器在输入功率为 85.50MW 时损耗率（0.271%）最低，最佳运行区间为 50.00～132.50MW；最佳损耗率范围为 0.271%～0.304%；240MVA 变压器在输入功率为 107.00MW 时损耗率（0.252%）最低，最佳运行区间为 67.50～171.00MW；最佳损耗率范围为 0.252%～0.278%。

7.4.3　SS11 系列三相三绕组普通变压器

与 SS9 系列的三绕组变压器计算损耗类似，选取实际系统的变压器进行损耗计算。与《油浸式电力变压器技术参数和要求》（GB/T 6451—2015）中表 17 额定损耗接近的 SS11 三相三绕组无励磁调压电力变压器共选择 6 台，额定容量范围为 40 000～150 000kVA，参数见表 7–29。

面将两种不同容量变压器运行时，其损耗、铜损与铁损比随着负载的变化而变化的数据形成表 7–30～表 7–32 和图 7–21～图 7–23。

表 7–29　　220kV SS11 三相三绕组无励磁调压电力变压器参数

容量（kVA）	P_{k12}（kW）	P_{k23}（kW）	P_{k13}（kW）	P_0（kW）	备　注
63/63/31.5	256.28	84.47	73.39	49.16	四川茶布朗 5 号主变压器
90/90/45	338.58	79.00	112.49	67.50	河南吉利站 3 号主变压器
120/120/60	416.30	119.70	165.80	85.30	乌审站 2 号主变压器
150/150/75	483.08	147.38	189.06	98.70	河南弦城站 1 号主变压器
240/240/120	687.74	154.37	212.54	128.90	山东万华站 3 号主变压器
300/300/90	698.40	237.17	207.36	149.40	新天辰电厂 1 号主变压器

1. SS11–63 000/120 000kVA 变压器

（1）SS11–63 000/120 000kVA 变压器运行时的损耗与铜铁损比（见表 7–30）

表 7-30　　220kVSS11-63 000/12 000kVA 变压器运行时的损耗与铜铁损比表

输送功率 P（MW）	63 000				120 000			
	$P_0/P_{k1}/P_{k2}/P_{k3}$=49.16/105.98/150.30/187.58（kW）				$P_0/P_{k1}/P_{k2}/P_{k3}$=85.30/300.35/115.95/362.85（kW）			
	负载系数β	负载损耗（kW）	损耗率(%)	铜铁损比	负载系数β	负载损耗（kW）	损耗率(%)	铜铁损比
6.30	0.10	2.37	0.818	0.05	0.05	1.26	1.374	0.01
12.60	0.20	9.50	0.466	0.19	0.11	5.03	0.717	0.06
18.90	0.30	21.37	0.373	0.43	0.16	11.32	0.511	0.13
22.05	0.35	29.08	0.355	0.59	0.18	15.41	0.457	0.18
25.20	0.40	37.99	0.346	0.77	0.21	20.12	0.418	0.24
28.35	**0.45**	**48.08**	**0.343**	0.98	0.24	25.47	0.391	0.30
31.50	0.50	59.35	0.344	1.21	0.26	31.44	0.371	0.37
37.80	0.60	85.47	0.356	1.74	0.32	45.27	0.345	0.53
44.10	0.70	116.34	0.375	2.37	0.37	61.62	0.333	0.72
50.40	0.80	151.95	0.399	3.09	**0.42**	**80.49**	**0.329**	0.94
56.70	0.90	192.31	0.426	3.91	0.47	101.87	0.330	1.19
63.00	1.00	237.42	0.455	4.83	0.53	125.76	0.335	1.47
66.15	1.05	261.75	0.470	5.32	0.55	138.65	0.339	1.63
72.00					0.60	164.26	0.347	1.93
84.00					0.70	223.58	0.368	2.62
96.00					0.80	292.02	0.393	3.42
108.00					0.90	369.59	0.421	4.33
120.00					1.00	456.28	0.451	5.35
126.00					1.05	503.05	0.467	5.90

（2）SS11-63 000/120 000kVA 变压器运行时的损耗率与铜铁损比曲线（见图 7-21）

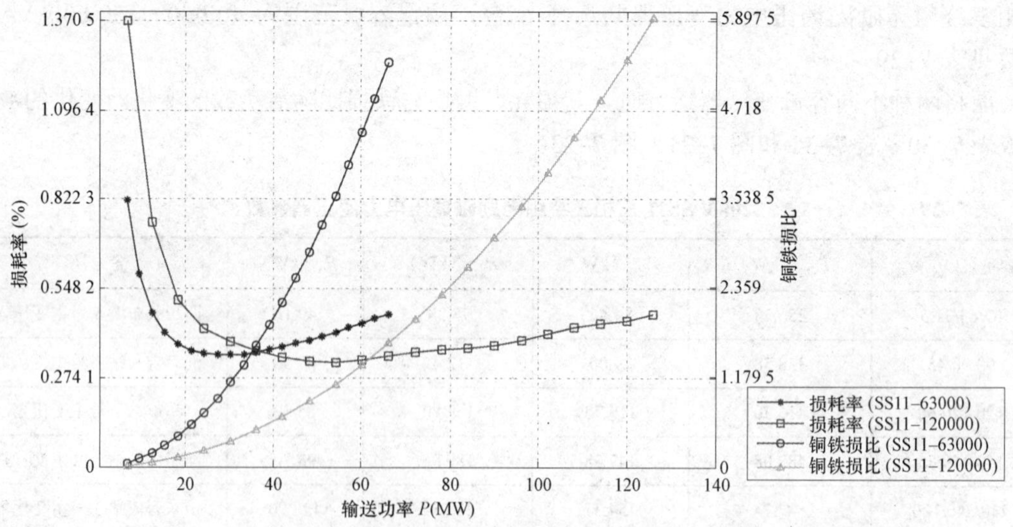

图 7-21　SS11-63 000/120 000kVA 变压器运行时的损耗率与铜铁损比曲线图

图中，横坐标表示变压器一次侧输送的有功功率（MW），纵坐标分别表示变压器的有功损耗率以及铜铁损比数值（下同）。

【节能策略】图表中，63MVA 变压器在输入功率为 28.35MW 时损耗率（0.343%）最低，最佳运行区间为 18.90～44.10MW，最佳损耗率范围为 0.343%～0.375%；120MVA 变压器在输入功率为 50.40MW 时损耗率（0.329%）最低，最佳运行区间为 37.80～84.00MW；最佳损耗率范围为 0.329%～0.368%。

2. SS11–90 000/150 000kVA 变压器

（1）SS11–90 000/150 000kVA 变压器运行时的损耗与铜铁损比（见表 7–31）

表 7–31　　220kVSS11–90 000/150 000kVA 变压器运行时的损耗与铜铁损比表

输送功率 P（MW）	90 000				150 000			
	$P_0/P_{k1}/P_{k2}/P_{k3}$=67.50/236.28/102.30/213.68（kW）				$P_0/P_{k1}/P_{k2}/P_{k3}$=98.70/324.90/158.18/431.32（kW）			
	负载系数β	负载损耗（kW）	损耗率（%）	铜铁损比	负载系数β	负载损耗（kW）	损耗率(%)	铜铁损比
9.00	0.10	3.47	0.789	0.05	0.06	1.88	1.118	0.02
18.00	0.20	13.89	0.452	0.21	0.12	7.51	0.590	0.08
27.00	0.30	31.25	0.366	0.46	0.18	16.90	0.428	0.17
31.50	0.35	42.54	0.349	0.63	0.21	23.01	0.386	0.23
36.00	0.40	55.56	0.342	0.82	0.24	30.05	0.358	0.30
40.50	**0.45**	**70.32**	**0.340**	1.04	0.27	38.03	0.338	0.39
45.00	0.50	86.81	0.343	1.29	0.30	46.95	0.324	0.48
54.00	0.60	125.01	0.356	1.85	0.36	67.61	0.308	0.69
63.00	0.70	170.15	0.377	2.52	**0.42**	**92.03**	**0.303**	0.93
72.00	0.80	222.24	0.402	3.29	0.48	120.20	0.304	1.22
81.00	0.90	281.27	0.431	4.17	0.54	152.13	0.310	1.54
90.00	1.00	347.24	0.461	5.14	0.60	187.81	0.318	1.90
94.50	1.05	382.83	0.477	5.67	0.63	207.06	0.324	2.10
105.00					0.70	255.64	0.337	2.59
120.00					0.80	333.89	0.360	3.38
135.00					0.90	422.58	0.386	4.28
150.00					1.00	521.70	0.414	5.29
157.50					1.05	575.18	0.428	5.83

（2）SS11–90 000/150 000kVA 变压器运行时的损耗率与铜铁损比曲线（见图 7–22）

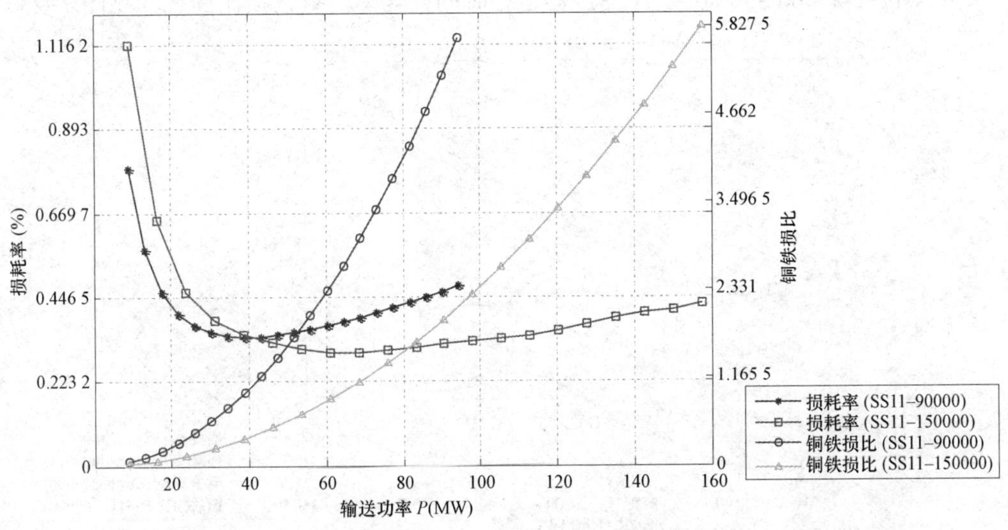

图 7–22　SS11–90 000/150 000kVA 变压器运行时的损耗率与铜铁损比曲线图

【节能策略】图表中，90MVA 变压器在输入功率为 40.50MW 时损耗率（0.340%）最低，最佳运行区间为 27.00～59.00MW，最佳损耗率范围为 0.340%～0.366%；150MVA 变压器在输入功率为 63.00MW 时损耗率（0.303%）最低，最佳运行区间为 45.00～105.00MW；最佳损耗率范围为 0.303%～0.337%。

3. SS11–240 000/300 000kVA 变压器

（1）SS11–240 000/300 000kVA 变压器运行时的损耗与铜铁损比（见表 7–32）

表 7–32　220kVSS11–240 000/300 000kVA 变压器运行时的损耗与铜铁损比表

输送功率 P（MW）	240 000				300 000			
	$P_0/P_{k1}/P_{k2}/P_{k3}$=128.90/460.22/227.52/389.95（kW）				$P_0/P_{k1}/P_{k2}/P_{k3}$=149.40/183.60/514.80/2120.40（kW）			
	负载系数β	负载损耗（kW）	损耗率(%)	铜铁损比	负载系数β	负载损耗（kW）	损耗率(%)	铜铁损比
24.00	0.10	6.86	0.566	0.05	0.08	6.90	0.841	0.04
48.00	0.20	27.43	0.326	0.21	0.16	27.61	0.464	0.14
72.00	0.30	61.71	0.265	0.48	0.24	62.12	0.357	0.32
84.00	0.35	84.00	0.253	0.65	0.28	84.55	0.333	0.43
96.00	0.40	109.71	0.249	0.85	0.32	110.43	0.318	0.57
108.00	**0.45**	**138.86**	**0.248**	1.08	0.36	139.77	0.310	0.72
120.00	0.50	171.43	0.250	1.33	**0.40**	**172.55**	**0.306**	0.88
144.00	0.60	246.86	0.261	1.92	0.48	248.47	0.308	1.27
168.00	0.70	336.00	0.277	2.61	0.56	338.20	0.317	1.73
192.00	0.80	438.86	0.296	3.40	0.64	441.73	0.332	2.27
216.00	0.90	555.43	0.317	4.31	0.72	559.06	0.349	2.87
240.00	1.00	685.71	0.339	5.32	0.80	690.20	0.369	3.54
252.00	1.05	756.00	0.351	5.86	0.84	760.95	0.379	3.90
270.00					0.90	873.53	0.396	4.48
300.00					1.00	1078.44	0.424	5.53
315.00					1.05	1188.98	0.439	6.10

（2）SS11–240 000/300 000kVA 变压器运行时的损耗率与铜铁损比曲线（见图 7–23）

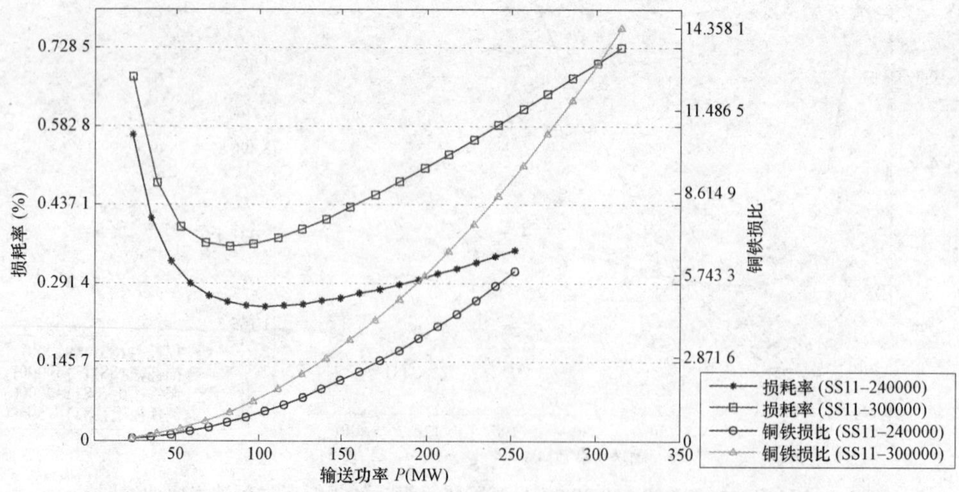

图 7–23　SS11–240 000/300 000kVA 变压器运行时的损耗率与铜铁损比曲线图

【节能策略】240MVA 变压器在输入功率为 108.00MW 时损耗率（0.248%）最低，最佳运行区间为 72.00～168.00MW；最佳损耗率范围为 0.248%～0.272%；300MVA 变压器在输入功率为 120.55MW 时损耗率（0.306%）最低，最佳运行区间为 84.00～192.0MW；最佳损耗率范围为 0.306%～0.333%。

7.5　220kV 自耦变压器的损耗与节能

220kV 三相三绕组无励磁自耦电力变压器额定容量范围为 6 3000～240 000kVA，共有 6 种容量，高压分接范围为 220±2×2.5%、230±2×2.5%、242±2×2.5%，低压侧电压可选择 6.6、10.5、11、13.8、15.75、18、35、37、38.5kV，联结组标号为 YNa0d11。其中，各容量变压器参数见表 7–33。

下面将两种不同容量变压器运行时，其损耗、铜损与铁损比随着负载的变化而变化的数据形成表 7–33～表 7–36 和图 7–24～图 7–26。

表 7–33　　220kV 三相三绕组无励磁自耦电力变压器参数

容量（MVA）	P_{k12}（kW）	P_{k23}（kW）	P_{k13}（kW）	P_0（kW）	来　源
63/63/31.5	240.80	70.51	72.52	43.8	OSFPS7–9000/220
90/90/45	260.00	193.00	155.00	54	赣虎岗站 2 号主变压器
120/120/60	290.93	217.80	186.01	65.00	OSFPS7–150000/220
150/150/75	437.90	291.10	227.30	66.10	川天井坎 1 号主变压器
180/180/90	367.27	141.59	130.64	60.06	鄂汪营站 2 号主变压器
240/240/120	550.08	177.55	160.99	79.10	OSFPS7–9000/220

1. 63 000/90 000kVA 自耦变压器

（1）63 000kVA/90 000kVA 自耦变压器运行时的损耗与铜铁损比（见表 7–34）

表 7–34　　220kV 63 000kVA/90 000kVA 自耦变压器运行时的损耗与铜铁损比表

输送功率 P（MW）	63 000				90 000			
	$P_0/P_{k1}/P_{k2}/P_{k3}$=43.80/116.38/124.42/165.66（kW）				$P_0/P_{k1}/P_{k2}/P_{k3}$=54.00/206.00/54.00/566.00（kW）			
	负载系数β	负载损耗（kW）	损耗率(%)	铜铁损比	负载系数β	负载损耗（kW）	损耗率(%)	铜铁损比
6.30	0.10	2.28	0.731	0.05	0.07	1.85	0.887	0.03
12.60	0.20	9.11	0.420	0.21	0.14	7.41	0.487	0.14
18.90	0.30	20.50	0.340	0.47	0.21	16.66	0.374	0.31
22.05	0.35	27.90	0.325	0.64	0.25	22.68	0.348	0.42
25.20	0.40	36.45	0.318	0.83	0.28	29.63	0.332	0.55
28.35	**0.45**	**46.13**	**0.317**	1.05	0.32	37.49	0.323	0.69
31.50	0.50	56.95	0.320	1.30	**0.35**	**46.29**	**0.318**	0.86

续表

输送功率 P（MW）	63 000				90 000			
	$P_0/P_{k1}/P_{k2}/P_{k3}$=43.80/116.38/124.42/165.66（kW）				$P_0/P_{k1}/P_{k2}/P_{k3}$=54.00/206.00/54.00/566.00（kW）			
	负载系数β	负载损耗（kW）	损耗率（%）	铜铁损比	负载系数β	负载损耗（kW）	损耗率（%）	铜铁损比
37.80	0.60	82.00	0.333	1.87	0.42	66.66	0.319	1.23
44.10	0.70	111.61	0.352	2.55	0.49	90.73	0.328	1.68
50.40	0.80	145.78	0.376	3.33	0.56	118.50	0.342	2.19
56.70	0.90	184.50	0.403	4.21	0.63	149.98	0.360	2.78
63.00	1.00	227.78	0.431	5.20	0.70	185.16	0.380	3.43
66.15	1.05	251.13	0.446	5.73	0.74	204.14	0.390	3.78
81.00					0.90	306.08	0.445	5.67
90.00					1.00	377.88	0.480	7.00
94.50					1.05	416.61	0.498	7.71

（2）63 000kVA/90 000kVA 自耦变压器运行时的损耗率与铜铁损比曲线（见图 7–24）

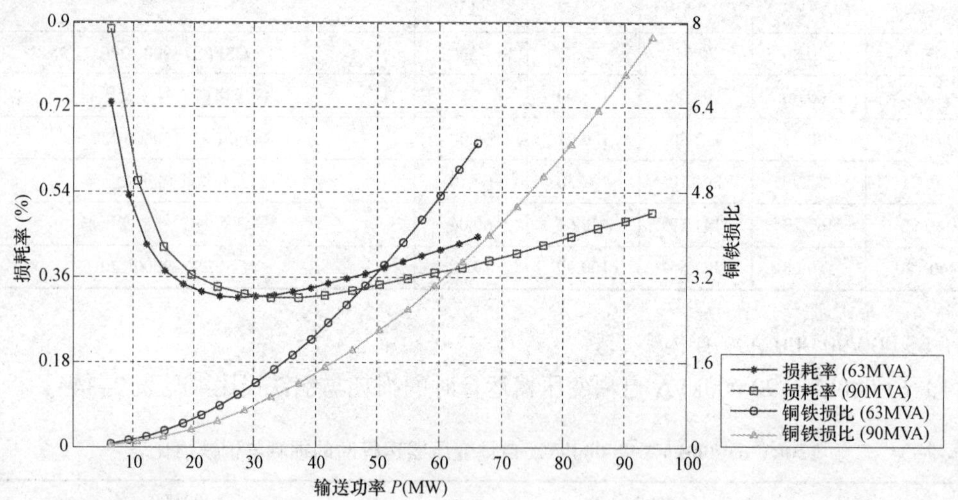

图 7–24　63 000kVA/90 000kVA 自耦变压器运行时的损耗率与铜铁损比曲线图

图中，横坐标表示变压器一次侧输送的有功功率（MW），纵坐标分别表示变压器的有功损耗率以及铜铁损比数值（下同）。

【节能策略】图表中，63MVA 变压器在输入功率为 28.35MW 时损耗率（0.315%）最低，最佳运行区间为 20.00～44.10MW 时，最佳损耗率范围为 0.315%～0.352%；90MVA 变压器在输入功率为 31.5MW 时损耗率（0.318%）最低，最佳运行区间为 22.05～56.7MW 时，最佳损耗率范围为 0.318%～0.36%。

2. 120 000/150 000kVA 自耦变压器

（1）120 000kVA/150 000kVA 自耦变压器运行时的损耗与铜铁损比（见表 7–35）

表 7-35　　220kV120 000kVA/150 000kVA 自耦变压器运行时的损耗与铜铁损比表

输送功率 P（MW）	120 000				150 000			
	$P_0/P_{k1}/P_{k2}/P_{k3}$=65.00/209.04/81.89/662.16（kW）				$P_0/P_{k1}/P_{k2}/P_{k3}$=66.10/346.55/91.35/817.85（kW）			
	负载系数β	负载损耗（kW）	损耗率(%)	铜铁损比	负载系数β	负载损耗（kW）	损耗率（%）	铜铁损比
12.00	0.10	4.21	0.577	0.06	0.08	3.86	0.583	0.06
24.00	0.20	16.83	0.341	0.26	0.16	15.42	0.340	0.23
36.00	0.30	37.86	0.286	0.58	0.24	34.70	0.280	0.52
42.00	0.35	51.53	0.277	0.79	0.28	47.23	0.270	0.71
48.00	**0.40**	**67.30**	**0.276**	1.04	**0.32**	**61.69**	**0.266**	0.93
54.00	0.45	85.18	0.278	1.31	0.36	78.07	0.267	1.18
60.00	0.50	105.16	0.284	1.62	0.40	96.38	0.271	1.46
72.00	0.60	151.43	0.301	2.33	0.48	138.79	0.285	2.10
84.00	0.70	206.12	0.323	3.17	0.56	188.91	0.304	2.86
96.00	0.80	269.21	0.348	4.14	0.64	246.74	0.326	3.73
108.00	0.90	340.72	0.376	5.24	0.72	312.28	0.350	4.72
120.00	1.00	420.64	0.405	6.47	0.80	385.53	0.376	5.83
126.00	1.05	463.76	0.420	7.13	0.84	425.05	0.390	6.43
135.00					0.90	487.94	0.410	7.38
150.00					1.00	602.40	0.446	9.11
157.50					1.05	664.14	0.464	10.05

（2）120 000kVA/150 000kVA 自耦变压器运行时的损耗率与铜铁损比曲线（见图 7-25）

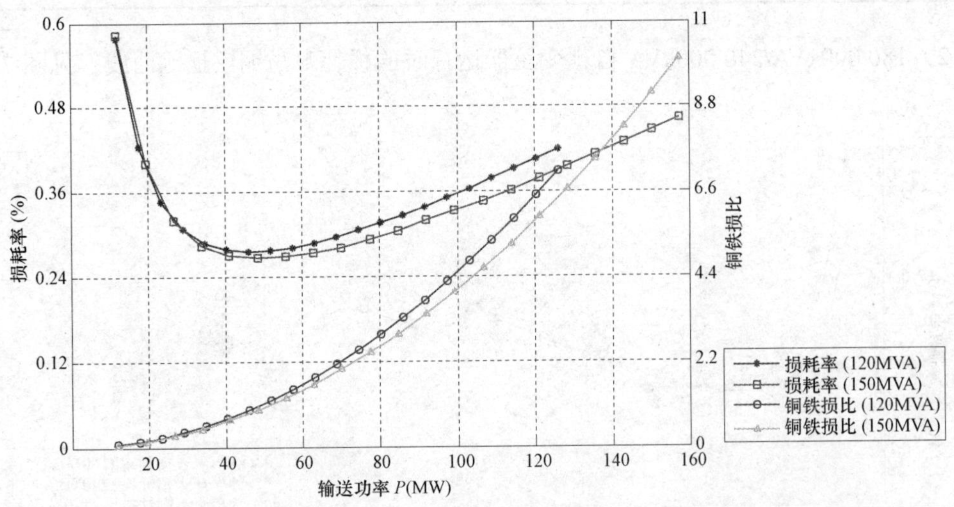

图 7-25　120 000kVA/150 000kVA 自耦变压器运行时的损耗率与铜铁损比曲线图

【节能策略】图表中，120MVA 变压器在输入功率为 48MW 时损耗率（0.276%）最低，最佳运行区间为 36～60MW 时，最佳损耗率范围为 0.276%～0.286%；150MVA 变压器在输入功率为 48MW 时损耗率（0.266%）最低，最佳运行区间为 36～72MW 时，最佳损耗率范围为 0.266%～0.285%。

3. 180 000/240 000kVA 自耦变压器

（1）180 000kVA/240 000kVA 自耦变压器运行时的损耗与铜铁损比（见表 7–36）

表 7–36　220kV 180 000kVA/240 000kVA 自耦变压器运行时的损耗与铜铁损比表

输送功率 P（MW）	180 000				240 000			
	$P_0/P_{k1}/P_{k2}/P_{k3}$=60.06/205.54/161.74/360.83（kW）				$P_0/P_{k1}/P_{k2}/P_{k3}$=79.10/308.16/241.92/402.05（kW）			
	负载系数β	负载损耗（kW）	损耗率(%)	铜铁损比	负载系数β	负载损耗（kW）	损耗率(%)	铜铁损比
18	0.10	3.87	0.355	0.06	0.08	3.06	0.456	0.04
36	0.20	15.47	0.210	0.26	0.15	12.26	0.254	0.15
54	0.30	34.81	0.176	0.58	0.23	27.58	0.198	0.35
63	0.35	47.37	0.171	0.79	0.26	37.54	0.185	0.47
72	**0.40**	**61.88**	**0.169**	1.03	0.30	49.03	0.178	0.62
81	0.45	78.31	0.171	1.30	0.34	62.05	0.174	0.78
90	0.50	96.68	0.174	1.61	**0.38**	**76.61**	**0.173**	0.97
108	0.60	139.22	0.185	2.32	0.45	110.31	0.175	1.39
126	0.70	189.50	0.198	3.16	0.53	150.15	0.182	1.90
144	0.80	247.50	0.214	4.12	0.60	196.11	0.191	2.48
162	0.90	313.25	0.230	5.22	0.68	248.20	0.202	3.14
180	1.00	386.73	0.248	6.44	0.75	306.42	0.214	3.87
189	1.05	426.37	0.257	7.10	0.79	337.83	0.221	4.27
216					0.90	441.25	0.241	5.58
240					1.00	544.75	0.260	6.89
252					1.05	600.59	0.270	7.59

（2）180 000kVA/240 000kVA 自耦变压器运行时的损耗率与铜铁损比曲线（见图 7–26）

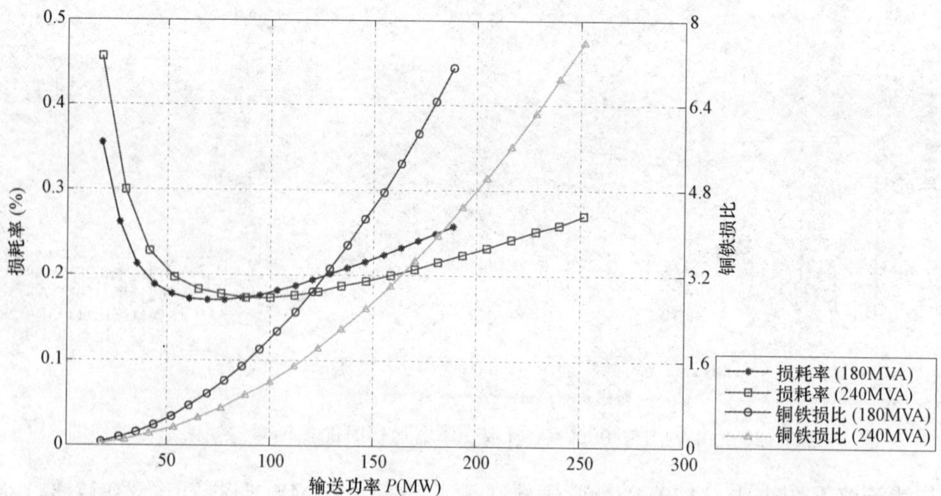

图 7–26　180 000kVA/240 000kVA 自耦变压器运行时的损耗率与铜铁损比曲线图

【节能策略】图表中，180MVA 变压器在输入功率为 72MW 时损耗率（0.169%）最低，最佳运行区间为 40.0～126.0MW 时，最佳损耗率范围为 0.169%～0.198%；240MVA 变压器在输入功率为 90MW 时损耗率（0.173%）最低，最佳运行区间为 54～162MW 时，最佳损耗率范围为 0.173%～0.202%。

第 8 章

330kV 变压器的损耗与节能

330kV 电力变压器包括双绕组和三绕组，主要为三相电力变压器，包括普通变压器和自耦变压器。这种变压器从调压类型上分为无励磁调压和有载调压，在西北电网中用作升压变压器、联络变压器或降压变压器。330kV 三绕组变压器的容量按照变压器的结构进行比例分配。普通三相三绕组降压结构变压器容量分配为（100/100/50）%或（100/50/100）%、普通三相三绕组升压结构变压器容量分配为（100/50/100）%；三相三绕组自耦变压器降压结构变压器容量分配为（100/100/30）%。三绕组的低压绕组一般不带负荷，用于安装一定数量的并联无功补偿装置。

8.1　330kV 变压器额定损耗变化规律与节能

8.1.1　S9 系列三相双绕组变压器

根据《油浸式电力变压器技术参数和要求》（GB/T 6451—2008）表 23，三相双绕组无励磁调压电力变压器的空载损耗、额定负载损耗和额定损耗特性见表 8–1。

表 8–1　　330kVS9 系列三相双绕组无励磁调压电力变压器额定损耗特性表

容量（kVA）	空载损耗（kW）	负载损耗（kW）	P_0/S_N	P_k/S_N	P_k/P_0
90 000	81	287	0.090%	0.319%	3.543
120 000	100	356	0.083%	0.297%	3.560
150 000	119	422	0.079%	0.281%	3.546
180 000	137	484	0.076%	0.269%	3.533
240 000	171	603	0.071%	0.251%	3.526
360 000	234	845	0.065%	0.235%	3.611
370 000	238	862	0.064%	0.233%	3.622
400 000	252	913	0.063%	0.228%	3.623
720 000	391	1418	0.054%	0.197%	3.627

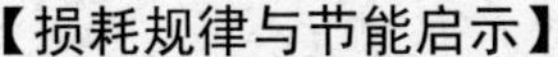

【损耗规律与节能启示】

由表 8–1 可以得到 330kV 此类型变压器的损耗特性及其节能启示：

1）随着变压器额定容量的增大，空载损耗和额定负载损耗增大。容量范围在 90 000～420 000kVA 之间，空载损耗范围为 81～391kW；额定负载损耗范围为 287～1418kW。

2）额定工况下（额定负载、功率因数为 1，下同）的空载损耗率（P_0/S_r）随着额定容量的增大而变小，变压器容量在 90 000～420 000kVA 的范围变化时，其变化范围为 0.09%～0.054%；额定工况下的负载损耗率（P_k/S_r）随着额定容量的增大而变小，其变化范围为 0.319%～0.197%。

3）额定工况下的额定铜铁损比（P_k/P_0）随着容量的增大而变小，其变化范围为 3.627～3.543。

4）在负载不变的情况下，选择的变压器额定容量越接近最大负载，其损耗率越高；反之，选择较大额定容量变压器，并进行变压器的技术特性比较，确定技术特性优，会有显著的降损效果。

8.1.2　S9 系列三相三绕组变压器

根据《油浸式电力变压器技术参数和要求》（GB/T 6451—2008），三相三绕组无励磁调压电力变压器的额定空载损耗、额定负载损耗和额定损耗特性见表 8–2。

表 8–2　　330kVSS9 型三相三绕组无励磁调压电力变压器损耗特性表

容量（kVA）	空载损耗（kW）	负载损耗（kW）	P_0/S_N	P_k/S_N
90 000	91	351	0.101%	0.390%
120 000	114	437	0.095%	0.364%
150 000	135	517	0.090%	0.345%
180 000	154	593	0.086%	0.329%
240 000	191	736	0.080%	0.307%

注：负载损耗即最大短路损耗，是两个 100%容量绕组流过额定电流、另外一个 100%或≤50%容量绕组空载时的损耗值。

【损耗规律与节能启示】

由表 8–2 可以得到 330kV 三相三绕组无励磁调压电力变压器的损耗特性及其节能启示：

1）随着变压器额定容量的增大，其空载损耗值增大，额定负载损耗值也增大；与表 8–1 双绕组变压器参数对比，相同容量的变压器其空载损耗与额定负载损耗均增大。额定容量在 90 000～240 000KVA 之间，空载损耗范围在 91～191kW 之间，负载损耗范围在 351～736kW 之间。

2）额定工况下的空载损耗率（P_0/S_r）随着额定容量的增大而变小，其变化范围为 0.101%～0.080%；负载损耗率（P_k/S_r）随着额定容量的增大而变小，其变化范围为 0.390%～0.307%。与表 8–1 双绕组变压器损耗率对比，相同容量的变压器其空载损耗率与负载损耗率均有所增大。

3）额定工况下的额定铜铁损比（P_k/P_0）随着容量的增大有变大趋势，其变化范围为 3.94～

4.12。

4）在负载相同的条件下，选择的变压器额定容量越接近最大负载，其损耗率越高；反之，选择较大额定容量变压器，并进行损耗率比较，会有显著的降损效果。

5）对于运行中不同容量的 SS9 系列变压器，也可结合其技术参数，选择铜铁损比较小的变压器运行。

8.1.3　S9 系列三相三绕组自耦变压器

根据《油浸式电力变压器技术参数和要求》（GB/T 6451—2008）表 25～表 29，三相三绕组无励磁（有载）调压自耦电力变压器的额定空载损耗和额定负载损耗主要与变压器高压额定电压、中压额定电压和调压方式有关。其中，表 25～表 27 中变压器的中压绕组标称电压等级为 110kV，存在串联绕组和中压线端调压两种调压方式；表 28 和表 29 中变压器的中压绕组标称电压等级为 220kV，均为中压线端即中压绕组调压。

下面分析比较表 25～表 29 中变压器的额定损耗大小。

（1）在 GB/T 6451—2008 表 25～表 27 中，表 25 和表 26 均为高压绕组即串联绕组调压，表 27 为中压线端调压。表 26 的高压绕组额定电压比表 25 多一"档" 345kV，每种容量变压器的额定空载损耗比表 25 中对应相同容量变压器的空载损耗略大（增大 2～4kW），最大额定负载损耗不变；表 26 中变压器为串联绕组调压（330±8×1.25%或 345±8×1.25%），表 27 为中压线端调压（121±8×1.25%），相同容量变压器相比较，后者的额定空载损耗比前者大 2～6kW，最大额定负载损耗比前者大 19～52kW。

（2）在 GB/T 6451—2008 表 28～表 29 中，表 29 的变压器高压绕组额定电压比表 28 中的多一"档" 363kV，每种容量变压器的额定空载损耗比表 28 中相同容量变压器的空载损耗大 3～6kW，最大额定负载损耗基本不变。

通过以上分析，选取 GB/T 6451—2008 表 25、表 27 和表 29 中的技术参数基本具有代表性。

表 8–3～表 8–5 分别给出与 GB/T 6451—2008 表 25、表 27 和表 29 中对应的损耗变化情况。

表 8–3　　330kV OSS9 系列三相三绕组无励磁调压自耦电力变压器（中压侧 121kV、串联绕组调压）损耗特性表

容量（kVA）	空载损耗（kW）	负载损耗（kW）	P_0/S_N	P_k/S_N	P_k/P_0
90 000	54	275	0.060%	0.306%	5.093
120 000	67	342	0.056%	0.285%	5.104
150 000	80	404	0.053%	0.269%	5.050
180 000	91	464	0.051%	0.258%	5.099
240 000	114	576	0.048%	0.240%	5.053
360 000	154	782	0.043%	0.217%	5.078

注：负载损耗即最大短路损耗，是两个 100%容量绕组流过额定电流、另外一个 100%或≤50%容量绕组空载时的损耗值。

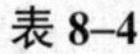

表 8–4　　330kV OSS9 系列三相三绕组有载调压自耦电力变压器（中压侧 121kV、中压线端调压）损耗

容量（kVA）	空载损耗（kW）	负载损耗（kW）	P_0/S_N	P_k/S_N	P_k/P_0
90 000	58	294	0.064%	0.327%	5.069
120 000	72	365	0.060%	0.304%	5.069
150 000	85	432	0.057%	0.288%	5.082
180 000	98	495	0.054%	0.275%	5.051
240 000	121	615	0.050%	0.256%	5.083
360 000	164	834	0.046%	0.232%	5.085

注：负载损耗同表 8–3。

表 8–5　　330kV OSS9 系列三相三绕组有载调压自耦电力变压器（中压侧 230～242kV、中压线端调压）损耗

容量（kVA）	空载损耗（kW）	负载损耗（kW）	P_0/S_N	P_k/S_N	P_k/P_0
90 000	30	309	0.033%	0.343%	10.300
120 000	37	383	0.031%	0.319%	10.351
150 000	44	454	0.029%	0.303%	10.318
180 000	50	520	0.028%	0.289%	10.400
240 000	63	646	0.026%	0.269%	10.254
360 000	85	882	0.024%	0.245%	10.376

注：负载损耗同表 8–3。

【损耗规律与节能启示】

由表 8–3～表 8–5 可以得到 330kV 此类型变压器的损耗特性及其节能启示：

（1）随着变压器额定容量的增大，其空载损耗值增大，额定负载损耗值也增大；与表 8–2 普通型三绕组变压器的参数对比，自耦变压器的空载损耗和负载损耗都有所下降。容量在 90 000～360 000kVA 之间，中压侧 121kV、串联绕组调压情况（见表 8–3），空载损耗为 54～154kW，负载损耗为 275～782kW；中压侧 121kV、中压线端调压情况下（见表 8–4），空载损耗为 58～164kW，负载损耗为 294～834kW；中压侧 230～242kV、中压线端调压情况下（见表 8–5），空载损耗为 30～85kW，负载损耗为 309～882kW。

（2）额定工况下的空载损耗率（P_0/S_r）随着额定容量的增大而变小，串联绕组调压自耦变压器空载损耗率变化范围为 0.060%～0.043%，中压侧 121kV、中压线端调压自耦变压器空载损耗率变化范围为 0.064%～0.046%，中压侧 230～242kV、中压线端调压自耦变压器空载损耗率变化范围为 0.033%～0.024%。

（3）额定工况下的负载损耗率（P_k/S_r）随着额定容量的增大而变小，串联绕组调压自耦变压器负载损耗率变化范围为 0.306%～0.217%，中压侧 121kV、中压线端调压自耦变压器负载损耗率变化范围为 0.327%～0.232%，中压侧 230～242kV、中压线端调压自耦变压器负载损耗率变化范围为 0.343%～0.245%；与表 8–2 三绕组普通型变压器损耗率对比，相同容量的变压器其空载损耗率与负载损耗率均大幅度降低。

（4）负载不变的情况下，选择的变压器额定容量越接近最大负载，其损耗率越高；反之，选择较大额定容量变压器，并进行损耗率比较，会有显著的降损效果。容量不变条件下，选择自耦变压器更节能。

8.1.4　S11 系列三相双绕组变压器

根据《油浸式电力变压器技术参数和要求》（GB/T 6451—2015）表 23，三相双绕组无励磁调压电力变压器的空载损耗和额定负载损耗见表 8–6。

表 8–6　　330kV S11 系列三相双绕组无励磁调压电力变压器损耗

容量（kVA）	空载损耗（kW）	负载损耗（kW）	P_0/S_N	P_k/S_N	P_k/P_0
90 000	68	274	0.076%	0.304%	4.029
120 000	85	340	0.071%	0.283%	4.000
150 000	101	402	0.067%	0.268%	3.980
180 000	116	461	0.064%	0.256%	3.974
240 000	145	572	0.060%	0.238%	3.945
360 000	198	802	0.055%	0.223%	4.051
370 000	202	818	0.055%	0.221%	4.050
400 000	214	867	0.054%	0.217%	4.051
720 000	332	1347	0.046%	0.187%	4.057

【损耗规律与节能启示】

由表 8–6 可以得到 330kV 此类型变压器的损耗特性及其节能启示：

（1）随着变压器额定容量的增大，其空载损耗值增大，额定负载损耗值也增大。容量为 90 000～420 000kVA，空载损耗为 68～214kW，额定负载损耗为 274～867kW。与 SS9 型同容量变压器（见表 8–1）相比，其空载损平均降低 16%，其负载损耗平均降低 5%。

（2）额定工况下的空载损耗率（P_0/S_r）随着额定容量的增大而变小，变压器在 90 000～720 000kVA 的范围变化时，其变化范围为 0.076%～0.046%；与 SS9 型同容量变压器（见表 8–1）相比，降低 0.014%～0.009%，额定工况下的负载损耗率（P_k/S_r）随着额定容量的增大而变小，其变化范围为 0.304%～0.187%；与 SS9 型同容量变压器（见表 8–1）相比，降低 0.015%～0.016%。

（3）额定工况下的额定铜铁损比（P_k/P_0）随着容量的增大而变小，其变化范围为 4.029～4.057。

（4）负载不变条件下，用 S11 系列型替代 S9 系列型，并使运行负载与额定容量的合理匹配，具有显著降损效果。

8.1.5　SS11 系列三相三绕组变压器

根据《油浸式电力变压器技术参数和要求》（GB/T 6451—2015）表 24，三相三绕组无励磁调压电力变压器的额定空载损耗和额定负载损耗见表 8–7，容量为 90 000～240 000kVA，空载损耗为 77～162kW，负载损耗为 335～699kW；P_0/S_N、P_k/S_N 的变化范围分别为 0.086%～0.068%、0.372%～0.291%。随着容量的增加损耗有名值逐渐增大，以变压器自身容量为基准的标幺值逐渐减小。

表 8–7　　330kV SS11 系列三相三绕组无励磁调压电力变压器损耗

容量（kVA）	空载损耗（kW）	负载损耗（kW）	P_0/S_N	P_k/S_N	P_k/P_0
90 000	77	335	0.086%	0.372%	4.351
120 000	96	415	0.080%	0.346%	4.323
150 000	114	491	0.076%	0.327%	4.307
180 000	130	563	0.072%	0.313%	4.331
240 000	162	699	0.068%	0.291%	4.315

注：负载损耗即最大短路损耗，是两个 100%容量绕组流过额定电流、另外一个 100%或≤50%容量绕组空载时的损耗值。

【损耗规律与节能启示】

由表 8–7 可以得到 330kV 此类型变压器的损耗特性及其节能启示：

（1）随着变压器额定容量的增大，其空载损耗值增大，额定负载损耗值也增大；容量为 90 000～240 000kVA，空载损耗为 77～162kW，负载损耗为 335～699kW；损耗与表 8–7 中 SS9 系列型变压器参数相比，其空载损耗平均降低 15%，其负载损耗平均降低 5%。

（2）额定工况下的空载损耗率（P_0/S_r）随着额定容量的增大而变小，其变化范围为 0.086%～0.068%，与 S11 型双绕组变压器相比空载损耗率高出 0.010%～0.016%，与同容量 SS9 型变压器相比下降 0.015%～0.012%；额定工况下的负载损耗率（P_k/S_r）随着额定容量的增大而变小，其变化范围为 0.372%～0.291%，与 S11 型双绕组变压器相比，损耗率高出 0.058%～0.053%，与同容量 SS9 系列型相比下降 0.018%～0.016%。

（3）同样的负载，选择 SS11 系列型替代 SS9 系列型，并使运行负载与额定容量的合理匹配，降损效果很大。

（4）对于运行中的不同型号容量的变压器，应可结合其技术参数，选择节能性好、容量与负载匹配最优的变压器运行。

8.1.6　OSS11 系列三相三绕组自耦变压器

《油浸式电力变压器技术参数和要求》（GB/T 6451—2015）表 25～表 29 中的变压器额定容量、三侧绕组的额定电压及调压方式等与《油浸式电力变压器技术参数和要求》（GB/T 6451—2008）表 25～表 29 相对应，这里不再详细分析（GB/T 6451—2015）表 25～表 29 中额空载损耗和负载损耗的差异。为了与 OSS9 系列进行比较，表 8–8～表 8～10 给出 GB/T 6451—2015 中表 25、表 27 和表 29 对应的损耗变化情况。

表 8–8　　330kV S11 系列三相三绕组无励磁调压自耦电力变压器（中压侧 121kV、串联绕组调压）损耗

容量（kVA）	空载损耗（kW）	负载损耗（kW）	P_0/S_N	P_k/S_N	P_k/P_0
90 000	45	263	0.050%	0.292%	5.844
120 000	56	324	0.047%	0.270%	5.786
150 000	68	385	0.045%	0.257%	5.662
180 000	77	440	0.043%	0.244%	5.714
240 000	96	547	0.040%	0.228%	5.698
360 000	130	742	0.036%	0.206%	5.708

注：负载损耗同表 8–2 注。

表 8–9　　330kV S11 系列三相三绕组无励磁调压自耦电力变压器（中压侧 121kV、中压线端调压）损耗

容量（kVA）	空载损耗（kW）	负载损耗（kW）	P_0/S_N	P_k/S_N	P_k/P_0
90 000	49	279	0.054%	0.310%	5.694
120 000	61	346	0.051%	0.288%	5.672
150 000	72	410	0.048%	0.273%	5.694
180 000	83	470	0.046%	0.261%	5.663
240 000	102	581	0.043%	0.242%	5.696
360 000	139	792	0.039%	0.220%	5.698

注：负载损耗同表 8–2 注。

表 8–10　　330kV S9 系列三相三绕组无励磁调压自耦电力变压器（中压侧 230～242kV、中压线端调压）损耗

容量（kVA）	空载损耗（kW）	负载损耗（kW）	P_0/S_N	P_k/S_N	P_k/P_0
90 000	25	293	0.028%	0.326%	11.720
120 000	31	363	0.026%	0.303%	11.710
150 000	37	431	0.025%	0.287%	11.649
180 000	42	494	0.023%	0.274%	11.762
240 000	53	613	0.022%	0.255%	11.566
360 000	72	837	0.020%	0.233%	11.625

注：负载损耗同表 8–2 注。

【损耗规律与节能启示】

由表 8–8～表 8–10 可以得到 330kV 此类型变压器的损耗特性及其节能启示：

（1）中压侧 121kV、串联绕组调压情况下（见表 8–8），空载损耗为 45～130kW，负载

损耗为 263～742kW 。与 OSS9 相同类型的变压器比较，空载损耗平均下降 16%，负载损耗平均下降 5%；中压侧 121kV、中压线端调压情况下（见表 8–9），空载损耗为 49～139kW，负载损耗为 279～792kW。与 OSS9 型相同类型的变压器比较，空载损耗平均下降 15%，负载损耗平均下降 5%；中压侧 230～242kV 中压线端调压情况下（见表 8–10），空载损耗为 25～72kW，负载损耗为 293～837kW。与 OSS9 型相同类型的变压器比较，空载损耗平均下降 15.5%，负载损耗平均下降 5%。

（2）额定工况下的空载损耗率（P_0/S_r）随着额定容量的增大而变小。中压侧 121kV、串联绕组调压情况下（见表 8–8），空载损耗率变化范围为 0.050%～0.036%，比 OSS9 系列对应的变压器空载损耗率降低 0.010%～0.007%，但容量越大，空载损耗率同比降低越少；中压侧 121kV、中压线端调压情况下（见表 8–9），空载损耗率变化范围为 0.054%～0.039%，比 OSS9 系列对应的变压器空载损耗率降低 0.010%～0.007%；中压侧 230～242kV 中压线端调压情况下（见表 8–10），空载损耗率变化范围为 0.028%～0.020%，比 OSS9 系列对应的变压器空载损耗率降低 0.005%～0.004%。

（3）额定工况下的负载损耗率（P_k/S_r）随着额定容量的增大而变小，中压侧 121kV、串联绕组调压情况下（见表 8–8），负载损耗率变化范围为 0.292%～0.206%，与 OSS9 系列变压器比较，负载损耗率降低 0.008%～0.011%；中压侧 121kV、中压线端调压情况下（见表 8–9），负载损耗率变化范围为 0.310%～0.220%。与 OSS9 系列变压器比较，负载损耗率降低 0.017%～0.010%；中压侧 230～242kV 中压线端调压情况下（见表 8–10），负载损耗率变化范围为 0.326%～0.233%，与 OSS9 系列变压器比较，负载损耗率降低 0.017%～0.012%；与 SS11 三绕组普通型变压器损耗率（见表 8–7）对比，相同容量的变压器其空载损耗率与负载损耗率均大幅度降低。

（4）相同的负载，选择同一系列的自耦变压器比普通变压器降损效果明显。

8.2　330kV 变压器的运行损耗的计算条件确定

8.2.1　330kV 变压器运行损耗计算条件

1. 330kV 三绕组变压器负荷分配系数

330kV 三绕组变压器在实际运行时，通常第三绕组不带负荷，因此 C_2=1、C_3=0，计算与双绕组变压器类似，这里就不再举例。

2. 负载波动损耗系数

考虑到每个地区或同一地区不同季节负荷曲线形状系数都有所不同，而负载波动损耗系数与负荷曲线形状系数强相关，计算时负载波动损耗系数 K_T 取 1.0。读者根据需要按照实际情况进行修正。

3. 功率因数

双绕组变压器电源侧 cosφ 取 0.95；三绕组变压器电源侧 cosφ 取 1.0。

若实际运行功率因数 cosφ 非标准值时，可以根据式（7–1）和式（7–2）进行修正。

8.2.2 变压器运行损耗查看说明

1. 本章节变压器运行损耗图表可查看内容

1）变压器的空载损耗 P_0、额定负载损耗 P_k 标准值，单位为 kW。

2）变压器运行时的有功功率损耗 ΔP、有功损耗率 $\Delta P\%$及铜铁损比。

2. 本章节变压器损耗图表的特点

1）按照国标容量系列，把相邻三个额定容量双绕组变压器运行损耗特性编制为一套表图，方便对比、缩减篇幅。

2）选择电网实际的三绕组变压器，把相邻两个额定容量的变压器损耗特性编制为一套表图。

3）变压器输入功率为变量，以相应变压器负载损耗、损耗率和铜铁损比为关注内容制作损耗表格，以便开展损耗（或损耗率）查询与对比分析。

4）变压器运行时的输入有功功率（P）作为横坐标，有功功率损耗率（$\Delta P\%$）为纵坐标制作有功损耗率曲线图、以变压器的铜铁损比为纵坐标绘制作变压器的铜铁损比的曲线图。

8.3 S9 系列 330kV 三相双绕组变压器的损耗与节能

S9 系列 330kV 三相双绕组无励磁调压电力变压器额定容量范围为 90 000～720 000kVA，共有 9 种容量，高压分接范围为 345、345±2×2.5%、363、363±2×2.5%，低压侧电压可选择 10.5、13.8、15.75、18、20kV，联结组标号为 YNd11。下面将 S9 系列 330kV 三相双绕组无励磁调压电力变压器在不同输送功率时，其负载损耗、铜铁损比随着负载的变化而变化的数据形成表 8-11～表 8-13 和图 8-1～图 8-3。

1. S9-90 000～150 000kVA 变压器

（1）S9-90 000～150 000kVA 变压器运行时的损耗与铜铁损比（见表 8-11）

表 8-11　330kV S9-90 000～150 000kVA 变压器运行时的损耗与铜铁损比表

输送功率 P（MW）	90 000				120 000				150 000			
	P_0/P_k=81/287（kW）				P_0/P_k=100/356（kW）				P_0/P_k=119/422（kW）			
	负载系数β	负载损耗（kW）	损耗率（%）	铜铁损比	负载系数β	负载损耗（kW）	损耗率（%）	铜铁损比	负载系数β	负载损耗（kW）	损耗率（%）	铜铁损比
8.55	0.10	2.87	0.981	0.04	0.08	2.00	1.193	0.02	0.06	1.52	1.410	0.01
7.10	0.20	11.48	0.541	0.14	0.15	8.01	0.632	0.08	0.12	6.08	0.731	0.05
25.65	0.30	25.83	0.416	0.32	0.23	18.02	0.460	0.18	0.18	13.67	0.517	0.11
29.93	0.35	35.16	0.388	0.43	0.26	24.53	0.416	0.25	0.21	18.61	0.460	0.16
34.20	0.40	45.92	0.371	0.57	0.30	32.04	0.386	0.32	0.24	24.31	0.419	0.20
38.48	0.45	58.12	0.362	0.72	0.34	40.55	0.365	0.41	0.27	30.76	0.389	0.26
42.75	**0.50**	**71.75**	**0.357**	0.89	0.38	50.06	0.351	0.50	0.30	37.98	0.367	0.32
51.30	0.60	103.32	0.359	1.28	0.45	72.09	0.335	0.72	0.36	54.69	0.339	0.46

续表

输送功率 P（MW）	90 000				120 000				150 000			
	P_0/P_k=81/287（kW）				P_0/P_k=100/356（kW）				P_0/P_k=119/422（kW）			
	负载系数β	负载损耗（kW）	损耗率（%）	铜铁损比	负载系数β	负载损耗（kW）	损耗率（%）	铜铁损比	负载系数β	负载损耗（kW）	损耗率（%）	铜铁损比
59.85	0.70	140.63	0.370	1.74	**0.53**	**98.12**	**0.331**	0.98	0.42	74.44	0.323	0.63
68.40	0.80	183.68	0.387	2.27	0.60	128.16	0.334	1.28	0.48	97.23	0.316	0.82
76.95	0.90	232.47	0.407	2.87	0.68	162.20	0.341	1.62	**0.54**	**123.06**	**0.315**	1.03
85.50	1.00	287.00	0.430	3.54	0.75	200.25	0.351	2.00	0.60	151.92	0.317	1.28
89.78	1.05	316.42	0.443	3.91	0.79	220.78	0.357	2.21	0.63	167.49	0.319	1.41
102.60					0.90	288.36	0.379	2.88	0.72	218.76	0.329	1.84
114.00					1.00	356.00	0.400	3.56	0.80	270.08	0.341	2.27
119.70					1.05	392.49	0.411	3.92	0.84	297.76	0.348	2.50
128.25									0.90	341.82	0.359	2.87
142.50									1.00	422.00	0.380	3.55
149.63									1.05	465.26	0.390	3.91

（2）S9–90 000～150 000kVA 变压器运行时的损耗率与铜铁损比曲线（见图 8–1）

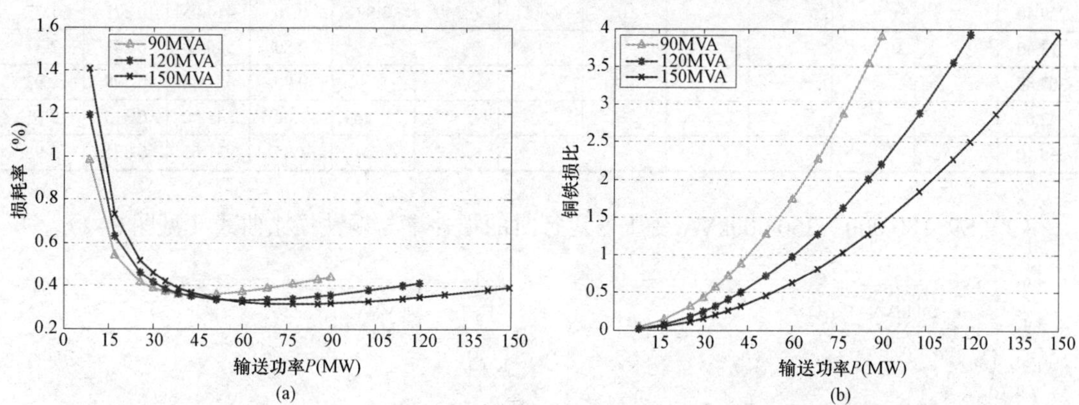

图 8–1　S9 系列–90 000/120 000/150 000kVA 变压器运行时的损耗率与铜铁损比曲线图

（a）损耗率；（b）铜铁损比

图中，横坐标表示变压器一次侧输送的有功功率（MW），纵坐标分别表示变压器的有功损耗率以及铜铁损比数值（下同）。

【节能策略】图表中，90MVA 变压器在输入功率为 42.75MW 时，损耗率（0.357%）最低，最佳运行区间为 29.93～68.4MW，最佳损耗率范围为 0.357%～0.387%；120MVA 变压器在输入功率为 59.85MW 时，损耗率接近最低（0.331%），最佳运行区间为 38.48～89.78MW，最佳损耗率范围为 0.331%～0.365%；150MVA 变压器在输入功率为 76.95MW 时，损耗率接近最低（0.315%），最佳运行区间为 51.3～114MW，最佳损耗率范围为 0.315%～0.341%。

2. S9–180 000～360 000kVA 变压器

（1）S9–180 000～360 000kVA 变压器运行时的损耗与铜铁损比（见表 8–12）

表 8-12　330kV S9-180 000～360 000kVA 变压器运行时的损耗与铜铁损比表

输送功率 P（MW）	180 000				240 000				360 000			
	P_0/P_k=137/484（kW）				P_0/P_k=171/603（kW）				P_0/P_k=234/845（kW）			
	负载系数β	负载损耗（kW）	损耗率（%）	铜铁损比	负载系数β	负载损耗（kW）	损耗率（%）	铜铁损比	负载系数β	负载损耗（kW）	损耗率（%）	铜铁损比
17.10	0.10	4.84	0.829	0.04	0.08	3.39	1.020	0.02	0.05	2.11	1.381	0.01
34.20	0.20	19.36	0.457	0.14	0.15	13.57	0.540	0.08	0.10	8.45	0.709	0.04
51.30	0.30	43.56	0.352	0.32	0.23	30.53	0.393	0.18	0.15	19.01	0.493	0.08
59.85	0.35	59.29	0.328	0.43	0.26	41.55	0.355	0.24	0.18	25.88	0.434	0.11
68.40	0.40	77.44	0.314	0.57	0.30	54.27	0.329	0.32	0.20	33.80	0.392	0.14
76.95	0.45	98.01	0.305	0.72	0.34	68.69	0.311	0.40	0.23	42.78	0.360	0.18
85.50	**0.50**	**121.00**	**0.302**	0.88	0.38	84.80	0.299	0.50	0.25	52.81	0.335	0.23
102.60	0.60	174.24	0.303	1.27	0.45	122.11	0.286	0.71	0.30	76.05	0.302	0.33
119.70	0.70	237.16	0.313	1.73	**0.53**	**166.20**	**0.282**	0.97	0.35	103.51	0.282	0.44
136.80	0.80	309.76	0.327	2.26	0.60	217.08	0.284	1.27	0.40	135.20	0.270	0.58
153.90	0.90	392.04	0.344	2.86	0.68	274.74	0.290	1.61	0.45	171.11	0.263	0.73
171.00	1.00	484.00	0.363	3.53	0.75	339.19	0.298	1.98	**0.50**	**211.25**	**0.260**	0.90
179.55	1.05	533.61	0.373	3.89	0.79	373.95	0.304	2.19	**0.53**	**232.90**	**0.260**	1.00
205.20					0.90	488.43	0.321	2.86	0.60	304.20	0.262	1.30
228.00					1.00	603.00	0.339	3.53	0.67	375.56	0.267	1.60
239.40					1.05	664.81	0.349	3.89	0.70	414.05	0.271	1.77
273.60									0.80	540.80	0.283	2.31
307.80									0.90	684.45	0.298	2.93
342.00									1.00	845.00	0.315	3.61
359.10									1.05	931.61	0.325	3.98

（2）S9-180 000～360 000kVA 变压器运行时的损耗率与铜铁损比曲线（见图 8-2）

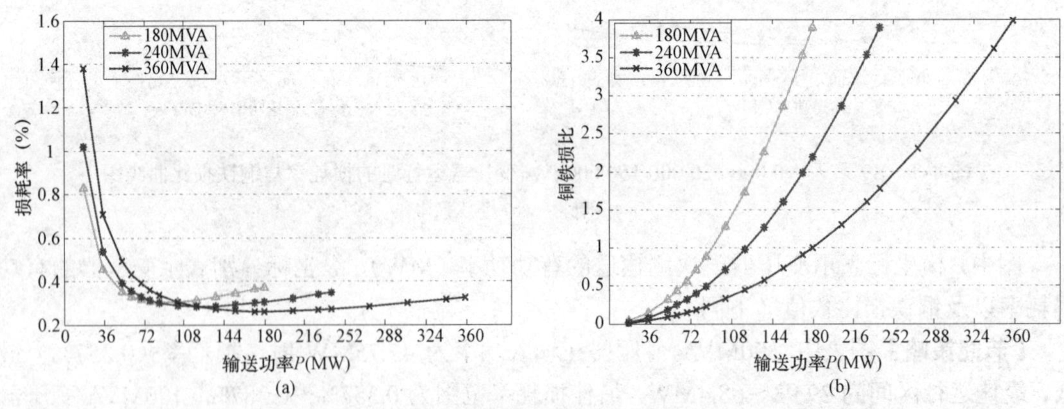

图 8-2　S9-180 000～360 000kVA 变压器运行时的损耗率与铜铁损比曲线图
（a）损耗率；（b）铜铁损比

【节能策略】图表中，180MVA 变压器在输入功率为 85.5MW 时，损耗率（0.302%）最低，最佳运行区间为 59.85～136.8MW，最佳损耗率范围为 0.302%～0.328%；240MVA 变压器在输入功率为 119.7MW 时，损耗率（0.282%）最低，最佳运行区间为 76.95～190.00MW，

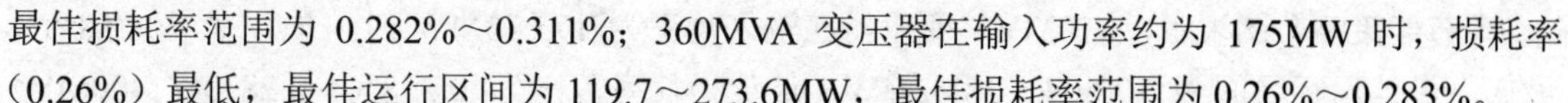
最佳损耗率范围为 0.282%～0.311%；360MVA 变压器在输入功率约为 175MW 时，损耗率（0.26%）最低，最佳运行区间为 119.7～273.6MW，最佳损耗率范围为 0.26%～0.283%。

3. S9-370 000～720 000kVA 变压器

（1）S9-370 000～720 000kVA 变压器运行时的损耗与铜铁损比（见表 8-13）

表 8-13　　330kV S9-370 000～720 000kVA 变压器运行时的损耗与铜铁损比表

输送功率 P（MW）	370 000 P_0/P_k=238/862（kW）				400 000 P_0/P_k=252/913（kW）				720 000 P_0/P_k=391/1418（kW）			
	负载系数β	负载损耗（kW）	损耗率（%）	铜铁损比	负载系数β	负载损耗（kW）	损耗率（%）	铜铁损比	负载系数β	负载损耗（kW）	损耗率（%）	铜铁损比
35.15	0.10	8.62	0.702	0.04	0.09	7.81	0.739	0.03	0.05	3.74	1.123	0.01
70.30	0.20	34.48	0.388	0.14	0.19	31.25	0.403	0.12	0.10	14.98	0.577	0.04
105.45	0.30	77.58	0.299	0.33	0.28	70.31	0.306	0.28	0.15	33.70	0.403	0.09
123.03	0.35	105.60	0.279	0.44	0.32	95.70	0.283	0.38	0.18	45.87	0.355	0.12
140.60	0.40	137.92	0.267	0.58	0.37	124.99	0.268	0.50	0.21	59.91	0.321	0.15
158.18	0.45	174.56	0.261	0.73	0.42	158.19	0.259	0.63	0.23	75.83	0.295	0.19
175.75	**0.50**	**215.50**	**0.258**	0.91	0.46	195.30	0.255	0.77	0.26	93.62	0.276	0.24
210.90	0.60	310.32	0.260	1.30	**0.56**	**281.23**	**0.253**	1.12	0.31	134.81	0.249	0.34
246.05	0.70	422.38	0.268	1.77	0.65	382.78	0.258	1.52	0.36	183.49	0.233	0.47
281.20	0.80	551.68	0.281	2.32	0.74	499.96	0.267	1.98	0.41	239.66	0.224	0.61
316.35	0.90	698.22	0.296	2.93	0.83	632.76	0.280	2.51	0.46	303.32	0.219	0.78
351.50	1.00	862.00	0.313	3.62	0.93	781.19	0.294	3.10	**0.51**	**374.47**	**0.218**	0.96
369.08	1.05	950.36	0.322	3.99	0.97	861.26	0.302	3.42	**0.54**	**412.85**	**0.218**	1.06
399.00					1.05	1006.58	0.315	3.99	0.58	482.51	0.219	1.23
478.80									0.70	694.82	0.227	1.78
547.20									0.80	907.52	0.237	2.32
615.60									0.90	1148.58	0.250	2.94
684.00									1.00	1418.00	0.264	3.63
718.20									1.05	1563.35	0.272	4.00

（2）S9-370 000～720 000kVA 变压器运行时的损耗率与铜铁损比曲线（见图 8-3）

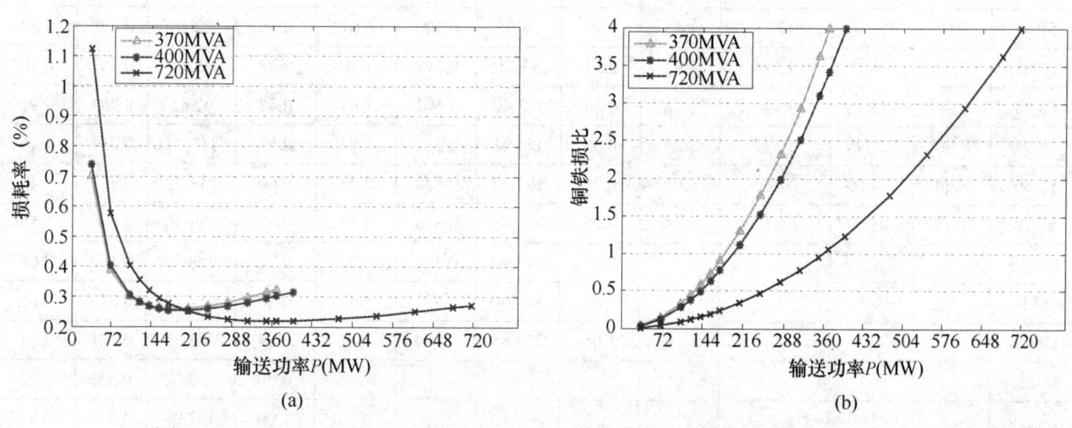

图 8-3　S9-370 000～720 000kVA 变压器运行时的损耗率与铜铁损比曲线图

（a）损耗率；（b）铜铁损比

【节能策略】图表中，370MVA 变压器在输入功率为 175.75MW 时，损耗率（0.258%）最低，最佳运行区间为 123.03～281.2MW，最佳损耗率范围为 0.258%～0.281%；400MVA 变压器在输入功率为 210.9MW 时，损耗率（0.253%）最低，最佳运行区间为 140.6～281.2MW，最佳损耗率范围为 0.253%～0.268%；720MVA 变压器在输入功率为 360MW 时，损耗率（0.218%）最低，最佳运行区间为 234.05～547.2MW，最佳损耗率范围为 0.218%～0.237%。

8.4 S11 系列 330kV 三相双绕组变压器的损耗与节能

S11 系列 330kV 三相双绕组无励磁调压电力变压器额定容量范围为 90 000～720 000kVA，共有 9 种容量，高压分接范围为 345、345±2×2.5%、363、363±2×2.5%，低压侧电压可选择 10.5、13.8、15.75、18、20kV，联结组标号为 YNd11。下面将三种不同容量变压器运行时，其损耗、铜损与铁损比随着负载的变化而变化的数据形成表 8-14～表 8-16 和图 8-4～图 8-6。

1. S11-90 000～150 000kVA 变压器

（1）S11-90 000～150 000kVA 变压器运行时的损耗与铜铁损比（见表 8-14）

表 8-14　330kVS11-90 000～150 000kVA 变压器运行时的损耗与铜铁损比表

输送功率 P（MW）	90 000				120 000				150 000			
	P_0/P_k=68/274（kW）				P_0/P_k=85/340（kW）				P_0/P_k=101/402（kW）			
	负载系数β	负载损耗（kW）	损耗率（%）	铜铁损比	负载系数β	负载损耗（kW）	损耗率（%）	铜铁损比	负载系数β	负载损耗（kW）	损耗率（%）	铜铁损比
8.55	0.10	2.74	0.827	0.04	0.08	1.91	1.017	0.02	0.06	1.45	1.198	0.01
17.10	0.20	10.96	0.462	0.16	0.15	7.65	0.542	0.09	0.12	5.79	0.624	0.06
25.65	0.30	24.66	0.361	0.36	0.23	17.21	0.398	0.20	0.18	13.02	0.445	0.13
29.93	0.35	33.57	0.339	0.49	0.26	23.43	0.362	0.28	0.21	17.73	0.397	0.18
34.20	0.40	43.84	0.327	0.64	0.30	30.60	0.338	0.36	0.24	23.16	0.363	0.23
38.48	0.45	55.49	0.321	0.82	0.34	38.73	0.322	0.46	0.27	29.31	0.339	0.29
42.75	**0.50**	**68.50**	**0.319**	1.01	0.38	47.81	0.311	0.56	0.30	36.18	0.321	0.36
51.30	0.60	98.64	0.325	1.45	0.45	68.85	0.300	0.81	0.36	52.10	0.298	0.52
59.85	0.70	134.26	0.338	1.97	**0.53**	**93.71**	**0.299**	1.10	0.42	70.91	0.287	0.70
68.40	0.80	175.36	0.356	2.58	0.60	122.40	0.303	1.44	**0.48**	**92.62**	**0.283**	0.92
76.95	0.90	221.94	0.377	3.26	0.68	154.91	0.312	1.82	0.54	117.22	0.284	1.16
85.50	1.00	274.00	0.400	4.03	0.75	191.25	0.323	2.25	0.60	144.72	0.287	1.43
89.78	1.05	302.09	0.412	4.44	0.79	210.85	0.330	2.48	0.63	159.55	0.290	1.58
102.60					0.90	275.40	0.351	3.24	0.72	208.40	0.302	2.06
114.00					1.00	340.00	0.373	4.00	0.80	257.28	0.314	2.55
119.70					1.05	374.85	0.384	4.41	0.84	283.65	0.321	2.81
128.25									0.90	325.62	0.333	3.22
142.50									1.00	402.00	0.353	3.98
149.63									1.05	443.21	0.364	4.39

（2）S11–90 000/120 000/150 000kVA 变压器运行时的损耗率与铜铁损比曲线（见图 8–4）

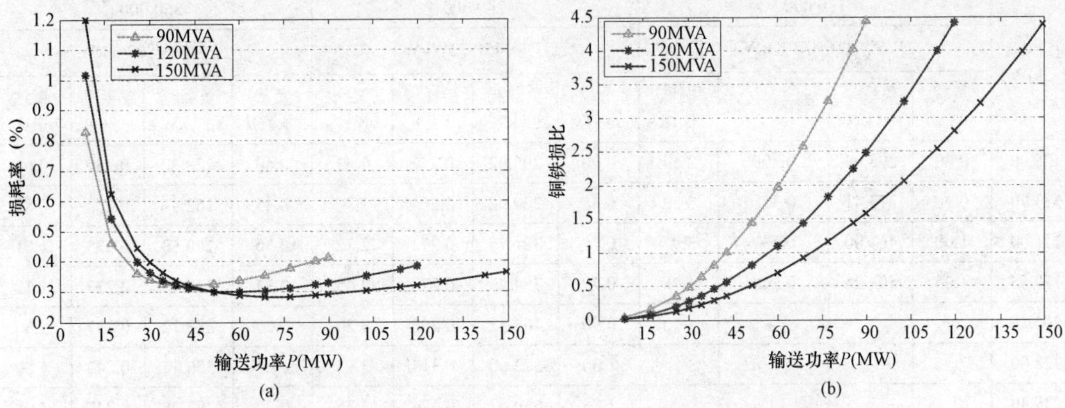

图 8–4　S11–90 000～150 000kVA 变压器运行时的损耗率与铜铁损比曲线图

（a）损耗率；（b）铜铁损比

图中，横坐标表示变压器一次侧输送的有功功率（MW），纵坐标分别表示变压器的有功损耗率以及铜铁损比数值（下同）。

【节能策略】图表中，90MVA 变压器在输入功率为 42.75MW 时，损耗率（0.319%）最低，最佳运行区间为 29.93～59.85MW，最佳损耗率范围为 0.319%～0.339%。与 S9 型同容量变压器比较，损耗率下降 0.038%；120MVA 变压器在输入功率为 59.85MW 时，损耗率（0.299%）最低，最佳运行区间为 38.48～85.5MW，最佳损耗率范围为 0.299%～0.323%。与 S9 型同容量变压器比较，损耗率下降 0.032%；150MVA 变压器在输入功率为 68.4MW 时，损耗率(0.283%)最低，最佳运行区间为 49.0～102.6MW，最佳损耗率范围为 0.283%～0.302%。与 S9 型同容量变压器比较，损耗率下降 0.032%

2. S11–180 000～360 000kVA 变压器

（1）S11–180 000～360 000kVA 变压器运行时的损耗与铜铁损比（见表 8–15）

表 8–15　　330kVS11–180 000～360 000kVA 变压器运行时的损耗与铜铁损比表

输送功率 P（MW）	180 000				240 000				360 000			
	P_0/P_k=116/461（kW）				P_0/P_k=145/572（kW）				P_0/P_k=198/802（kW）			
	负载系数β	负载损耗（kW）	损耗率（%）	铜铁损比	负载系数β	负载损耗（kW）	损耗率（%）	铜铁损比	负载系数β	负载损耗（kW）	损耗率（%）	铜铁损比
17.10	0.10	4.61	0.705	0.04	0.08	3.22	0.867	0.02	0.05	2.01	1.170	0.01
34.20	0.20	18.44	0.393	0.16	0.15	12.87	0.462	0.09	0.10	8.02	0.602	0.04
51.30	0.30	41.49	0.307	0.36	0.23	28.96	0.339	0.20	0.15	18.05	0.421	0.09
59.85	0.35	56.47	0.288	0.49	0.26	39.41	0.308	0.27	0.18	24.56	0.372	0.12
68.40	0.40	73.76	0.277	0.64	0.30	51.48	0.287	0.36	0.20	32.08	0.336	0.16
76.95	0.45	93.35	0.272	0.80	0.34	65.15	0.273	0.45	0.23	40.60	0.310	0.21
85.50	**0.50**	**115.25**	**0.270**	0.99	0.38	80.44	0.264	0.55	0.25	50.13	0.290	0.25
102.60	0.60	165.96	0.275	1.43	0.45	115.83	0.254	0.80	0.30	72.18	0.263	0.36
119.70	0.70	225.89	0.286	1.95	**0.53**	**157.66**	**0.253**	1.09	0.35	98.24	0.247	0.50

续表

输送功率 P（MW）	180 000				240 000				360 000			
	P_0/P_k=116/461（kW）				P_0/P_k=145/572（kW）				P_0/P_k=198/802（kW）			
	负载系数β	负载损耗（kW）	损耗率（%）	铜铁损比	负载系数β	负载损耗（kW）	损耗率（%）	铜铁损比	负载系数β	负载损耗（kW）	损耗率（%）	铜铁损比
136.80	0.80	295.04	0.300	2.54	0.60	205.92	0.257	1.42	0.40	128.32	0.239	0.65
153.90	0.90	373.41	0.318	3.22	0.68	260.62	0.264	1.80	0.45	162.41	0.234	0.82
171.00	1.00	461.00	0.337	3.97	0.75	321.75	0.273	2.22	**0.50**	**200.50**	**0.233**	1.01
179.55	1.05	508.25	0.348	4.38	0.79	354.73	0.278	2.45	**0.53**	**221.05**	**0.233**	1.12
205.20					0.90	463.32	0.296	3.20	0.60	288.72	0.237	1.46
228.00					1.00	572.00	0.314	3.94	0.67	356.44	0.243	1.80
239.40					1.05	630.63	0.324	4.35	0.70	392.98	0.247	1.98
273.60									0.80	513.28	0.260	2.59
307.80									0.90	649.62	0.275	3.28
342.00									1.00	802.00	0.292	4.05
359.10									1.05	884.21	0.301	4.47

（2）S11-180 000～360 000kVA 变压器运行时的损耗率与铜铁损比曲线（见图 8-5）

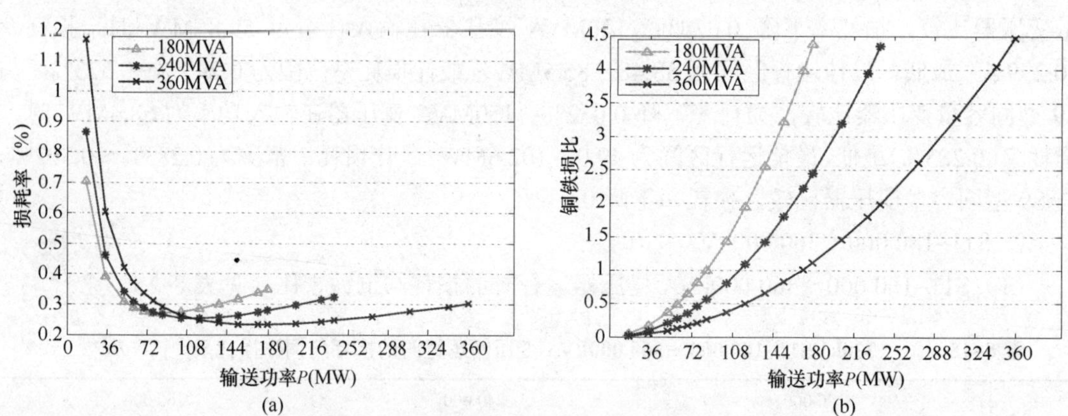

图 8-5　S11-180 000～360 000kVA 变压器运行时的损耗率与铜铁损比曲线图

（a）损耗率；（b）铜铁损比

【节能策略】图表中，180MVA 变压器在输入功率为 85.5MW 时，损耗率（0.27%）最低，最佳运行区间为 59.85～128.3MW 时，最佳损耗率范围为 0.27%～0.294%。与 S9 型同容量变压器比较，损耗率下降 0.032%；240MVA 变压器在输入功率为 119.7MW 时，损耗率（0.253%）最低，最佳运行区间为 76.95～171MW 时，最佳损耗率范围为 0.253%～0.273%。与 S9 型同容量变压器比较，损耗率下降 0.029%；360MVA 变压器在输入功率为 175.5MW 时，损耗率（0.233%）最低，最佳运行区间为 119.7～256.5MW 时，最佳损耗率范围为 0.233%～0.253%。与 S9 型同容量变压器比较，损耗率下降 0.027%。

3．S11-370 000～720 000kVA 变压器

（1）S11-370 000～720 000kVA 变压器运行时的损耗与铜铁损比（见表 8-16）

表 8–16　　330kVS11–370 000～720 000kVA 变压器运行时的损耗与铜铁损比表

输送功率 P（MW）	370 000				400 000				720 000			
	P_0/P_k=202/818（kW）				P_0/P_k=214/867（kW）				P_0/P_k=332/1347（kW）			
	负载系数β	负载损耗（kW）	损耗率（%）	铜铁损比	负载系数β	负载损耗（kW）	损耗率（%）	铜铁损比	负载系数β	负载损耗（kW）	损耗率（%）	铜铁损比
35.15	0.10	8.18	0.598	0.04	0.09	7.42	0.630	0.03	0.05	3.56	0.955	0.01
70.30	0.20	32.72	0.334	0.16	0.19	29.67	0.347	0.14	0.10	14.23	0.493	0.04
105.45	0.30	73.62	0.261	0.36	0.28	66.76	0.266	0.31	0.15	32.01	0.345	0.10
123.03	0.35	100.21	0.246	0.50	0.32	90.87	0.248	0.42	0.18	43.58	0.305	0.13
140.60	0.40	130.88	0.237	0.65	0.37	118.69	0.237	0.55	0.21	56.91	0.277	0.17
158.18	0.45	165.65	0.232	0.82	0.42	150.22	0.230	0.70	0.23	72.03	0.255	0.22
175.75	**0.50**	**204.50**	**0.231**	1.01	**0.46**	**185.46**	**0.227**	0.87	0.26	88.93	0.240	0.27
210.90	0.60	294.48	0.235	1.46	0.56	267.06	0.228	1.25	0.31	128.06	0.218	0.39
246.05	0.70	400.82	0.245	1.98	0.65	363.50	0.235	1.70	0.36	174.30	0.206	0.53
281.20	0.80	523.52	0.258	2.59	0.74	474.77	0.245	2.22	0.41	227.66	0.199	0.69
316.35	0.90	662.58	0.273	3.28	0.83	600.88	0.258	2.81	0.46	288.13	0.196	0.87
351.50	1.00	818.00	0.290	4.05	0.93	741.83	0.272	3.47	**0.51**	**355.72**	**0.196**	1.07
369.08	1.05	901.85	0.299	4.46	0.97	817.86	0.280	3.82	0.54	392.18	0.196	1.18
399.00					1.05	955.87	0.293	4.47	0.58	458.35	0.198	1.38
478.80									0.70	660.03	0.207	1.99
547.20									0.80	862.08	0.218	2.60
615.60									0.90	1091.07	0.231	3.29
684.00									1.00	1347.00	0.245	4.06
718.20									1.05	1485.07	0.253	4.47

（2）S11–370 000～720 000kVA 变压器运行时的损耗率与铜铁损比曲线（见图 8–6）

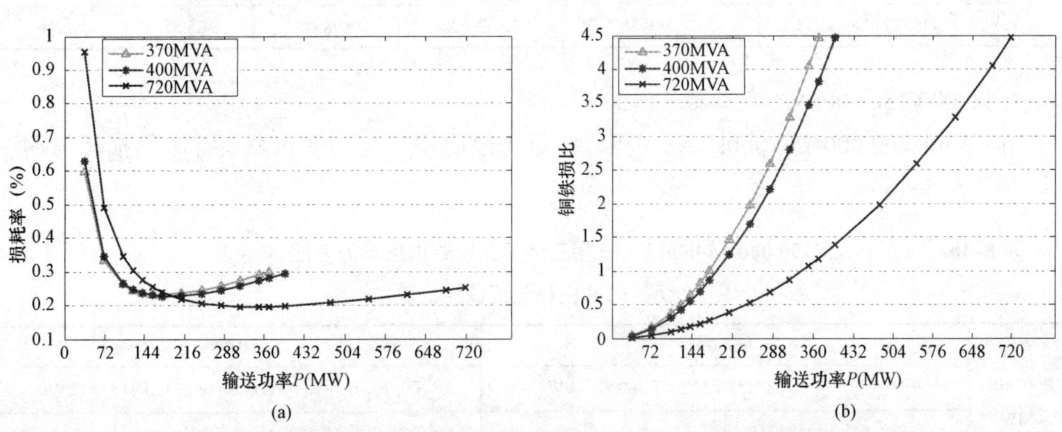

图 8–6　S11–370 000～720 000kVA 变压器运行时的损耗率与铜铁损比曲线图

（a）损耗率；（b）铜铁损比

【节能策略】图表中，370MVA 变压器在输入功率为 175.75MW 时，损耗率（0.231%）

最低，最佳运行区间为 123.03～246.05MW 时，最佳损耗率范围为 0.231%～0.246%。与 S9 型同容量变压器比较，损耗率下降 0.027%；400MVA 变压器在输入功率为 175.75MW 时，损耗率（0.227%）最低，最佳运行区间为 123.03～290.1MW 时，最佳损耗率范围为 0.227%～0.248%。与 S9 型同容量变压器比较，损耗率下降 0.027%；720MVA 变压器在输入功率为 351.5MW 时，损耗率（0.196%）最低，最佳运行区间为 246.05～513MW 时，最佳损耗率范围为 0.196%～0.212%。与 S9 型同容量变压器比较，损耗率下降 0.022%.

8.5 三相三绕组无励磁调压电力变压器的损耗与节能

330kV 三相三绕组无励磁调压电力变压器额定容量范围为 90 000～360 000kVA，共有 5 种容量，高压分接范围为 220±2×2.5%、330±2×2.5%、345±2×2.5%，低压侧电压可选择 10.5、13.8、15.75kV，联结组标号为 YNyn0d11。

由于国标中三绕组变压器只给出最大容量绕组间的负载损耗，通过估算其他 2 个绕组间的负载损耗来计算三绕组变压器的损耗，有可能产生较大误差，因此与 220kV 三绕组变压器计算损耗类似，选择负载损耗没有缺失的不同容量和类型的 330kV 三绕组变压器进行计算，具体参数见表 8-17。并将两种不同容量变压器运行时，其损耗、铜损与铁损比随着负载的变化而变化的数据形成表 8-18～表 8-20 和图 8-7～图 8-9。

表 8-17　330kV 三相三绕组无励磁调压电力变压器参数

序号	变压器型号	容量（MVA）	P_{k12}（kW）	P_{k23}（kW）	P_{k13}（kW）	P_0（kW）
1	OSFPSZ-90000/330	90/90/30	339.00	78.00	93.00	97.00
2	OSFPSZ7-150000/330	150/150/40	453.00	85.00	91.00	73.00
3	OSFPSZ-180000/330	180/180/90	439.99	178.82	134.45	88.42
4	OSFPSZ-240000/330	240/240/72	618.30	138.60	120.60	121.00
5	OSFPSZ-240000/330	240/240/72	448.75	85.36	83.63	74.98
6	OSPSZ-360000/330	360/360/120	734.26	198.86	185.57	95.16

1. 90 000/150 000kVA 变压器

（1）330kV90 000/150 000kVA 三相三绕组无励磁调压电力变压器运行时的损耗与铜铁损比（见表 8-18）

表 8-18　90 000/15 000kVA 三相三绕组无励磁调压电力变压器运行时的损耗与铜铁损比表

输送功率 P（MW）	90 000				150 000			
	$P_0/P_{k1}/P_{k2}/P_{k3}$=97.00/252.83/86.17/780.50（kW）				$P_0/P_{k1}/P_{k2}/P_{k3}$=73.00/268.69/184.31/1011.00（kW）			
	负载系数β	负载损耗（kW）	损耗率(%)	铜铁损比	负载系数β	负载损耗（kW）	损耗率(%)	铜铁损比
9.00	0.10	3.39	1.115	0.03	0.06	1.63	0.829	0.02
18.00	0.20	13.56	0.614	0.14	0.12	6.52	0.442	0.09

续表

输送功率 P（MW）	90 000				150 000			
	$P_0/P_{k1}/P_{k2}/P_{k3}$=97.00/252.83/86.17/780.50（kW）				$P_0/P_{k1}/P_{k2}/P_{k3}$=73.00/268.69/184.31/1011.00（kW）			
	负载系数β	负载损耗（kW）	损耗率(%)	铜铁损比	负载系数β	负载损耗（kW）	损耗率(%)	铜铁损比
27.00	0.30	30.51	0.472	0.31	0.18	14.68	0.325	0.20
31.50	0.35	41.53	0.440	0.43	0.21	19.98	0.295	0.27
36.00	0.40	54.24	0.420	0.56	0.24	26.09	0.275	0.36
40.50	0.45	68.65	0.409	0.71	0.27	33.02	0.262	0.45
45.00	**0.50**	**84.75**	**0.404**	0.87	0.30	40.77	0.253	0.56
54.00	0.60	122.04	0.406	1.26	0.36	58.71	0.244	0.80
63.00	0.70	166.11	0.418	1.71	**0.42**	**79.91**	**0.243**	1.09
72.00	0.80	216.96	0.436	2.24	0.48	104.37	0.246	1.43
81.00	0.90	274.59	0.459	2.83	0.54	132.09	0.253	1.81
90.00	1.00	339.00	0.484	3.49	0.60	163.08	0.262	2.23
94.50	1.05	373.75	0.498	3.85	0.63	179.80	0.268	2.46
105.00					0.70	221.97	0.281	3.04
120.00					0.80	289.92	0.302	3.97
135.00					0.90	366.93	0.326	5.03
150.00					1.00	453.00	0.351	6.21
157.50					1.05	499.43	0.363	6.84

（2）90 000/15 000kVA 三相三绕组无励磁调压电力变压器运行时的损耗率与铜铁损比曲线（见图 8–7）

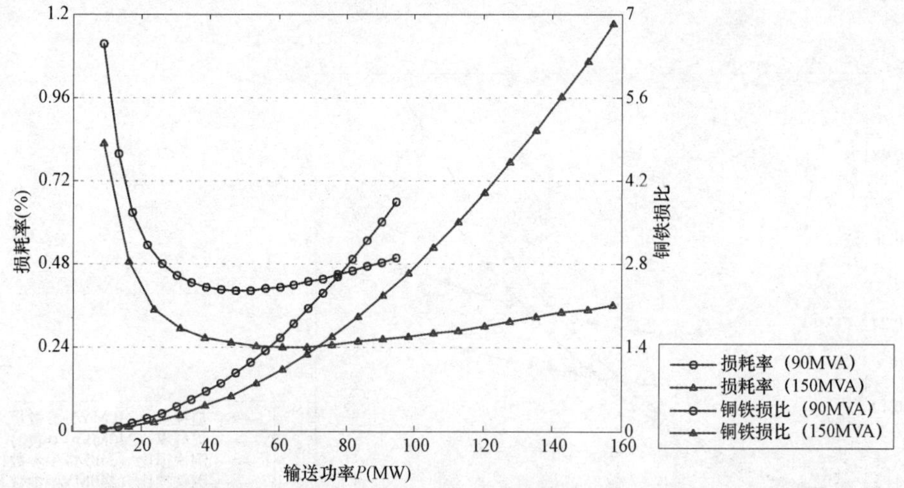

图 8–7　90 000/15 000kVA 变压器运行时的损耗率与铜铁损比曲线图

图中，横坐标表示变压器一次侧输送的有功功率（MW），纵坐标分别表示变压器的有功损耗率以及铜铁损比数值（下同）。

【节能策略】图表中，90MVA 变压器在输入功率为 45MW 时，损耗率（0.404%）最低，最佳运行区间为 31.5～72MW 时，最佳损耗率范围为 0.404%～0.44%；150MVA 变压器在输入功率为 63MW 时，损耗率（0.243%）最低，最佳运行区间为 33～105MW 时，最佳损耗率范围为 0.243%～0.281%。

2. 240 000kVA 变压器

（1）330kV240 000kVA 三绕组电力变压器运行时的损耗与铜铁损比（见表 8–19）

表 8–19　　24 000kVA 三绕组电力变压器运行时的损耗与铜铁损比表

输送功率 P（MW）	240 000				240 000			
	$P_0/P_{k1}/P_{k2}/P_{k3}$=88.42/131.26/308.74/406.55（kW）				$P_0/P_{k1}/P_{k2}/P_{k3}$=121.00/209.15/409.15/1130.85（kW）			
	负载系数β	负载损耗（kW）	损耗率(%)	铜铁损比	负载系数β	负载损耗（kW）	损耗率(%)	铜铁损比
24	0.10	6.18	0.530	0.05	0.10	4.49	0.331	0.06
37	0.15	14.70	0.367	0.12	0.15	10.67	0.231	0.14
70	0.29	52.60	0.248	0.43	0.29	38.17	0.162	0.51
85	0.35	77.56	0.234	0.64	0.35	56.29	0.154	0.75
95	0.40	96.88	0.229	0.80	**0.40**	**70.31**	**0.153**	0.94
105	**0.44**	**118.35**	**0.228**	0.98	**0.44**	**85.89**	**0.153**	1.15
120	0.50	154.58	0.230	1.28	0.50	112.19	0.156	1.50
150	0.63	241.52	0.242	2.00	0.63	175.29	0.167	2.34
185	0.77	367.38	0.264	3.04	0.77	266.64	0.185	3.56
200	0.83	429.38	0.275	3.55	0.83	311.63	0.193	4.16
240	1.00	618.30	0.308	5.11	1.00	448.75	0.218	5.98
252	1.05	681.68	0.319	5.63	1.05	494.75	0.226	6.60

（2）24 000kVA 三相三绕组无励磁调压电力变压器运行时的损耗率与铜铁损比曲线（见图 8–8）

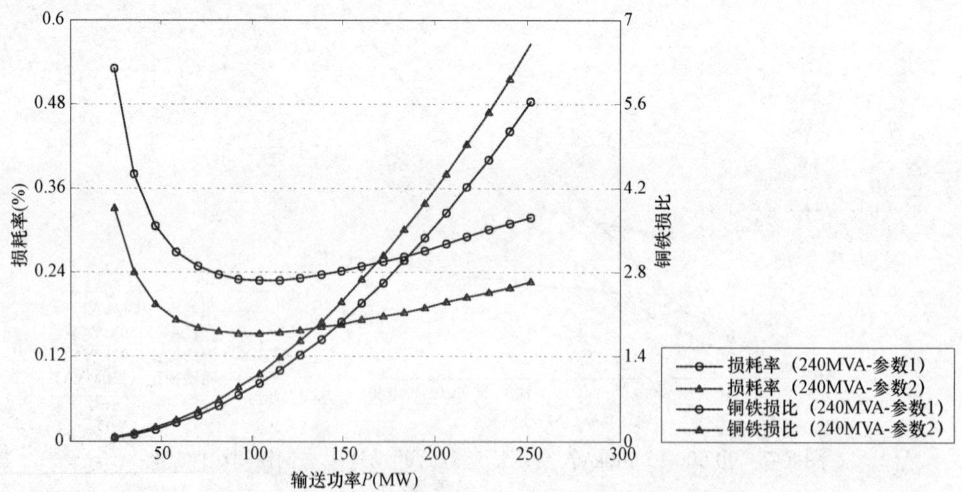

图 8–8　24 000kVA 变压器运行时的损耗率与铜铁损比曲线图

【节能策略】图表中，容量为 240MVA 的变压器有两种不同参数（表 8–17 中序号 4、序号 5），序号 4 的 240MVA 变压器在输入功率为 105MW 时，损耗率（0.228%）最低，最佳运行区间为 70～185MW 时，最佳损耗率范围为 0.228%～0.264%；序号 5 的变压器在输入功率约为 105MW 时，损耗率（0.153%）最低，最佳运行区间为 70～185MW 时，最佳损耗率范围为 0.153%～0.185%。

3. 180 000/360 000kVA 变压器

（1）330kV180 000/360 000kVA 三绕组电力变压器运行时的损耗与铜铁损比（见表 8–20）

表 8–20　180 000/36 000kVA 三绕组电力变压器运行时的损耗与铜铁损比表

输送功率 P（MW）	180 000				360 000			
	$P_0/P_{k1}/P_{k2}/P_{k3}$=88.42/131.26/308.74/406.55（kW）				$P_0/P_{k1}/P_{k2}/P_{k3}$=95.16/293.30/440.96/1768.59（kW）			
	负载系数β	负载损耗（kW）	损耗率(%)	铜铁损比	负载系数β	负载损耗（kW）	损耗率(%)	铜铁损比
18.00	0.10	4.40	0.516	0.05	0.05	1.84	0.539	0.02
36.00	0.20	17.60	0.295	0.20	0.10	7.34	0.285	0.08
54.00	0.30	39.60	0.237	0.45	0.15	16.52	0.207	0.17
63.00	0.35	53.90	0.226	0.61	0.18	22.49	0.187	0.24
72.00	0.40	70.40	0.221	0.80	0.20	29.37	0.173	0.31
81.00	**0.45**	**89.10**	**0.219**	1.01	0.23	37.17	0.163	0.39
90.00	0.50	110.00	0.220	1.24	0.25	45.89	0.157	0.48
108.00	0.60	158.40	0.229	1.79	0.30	66.08	0.149	0.69
126.00	0.70	215.60	0.241	2.44	**0.35**	**89.95**	**0.147**	0.95
144.00	0.80	281.60	0.257	3.18	0.40	117.48	0.148	1.23
162.00	0.90	356.40	0.275	4.03	0.45	148.69	0.151	1.56
180.00	1.00	440.00	0.294	4.98	0.50	183.57	0.155	1.93
189.00	1.05	485.10	0.303	5.49	0.53	202.38	0.157	2.13
216.00					0.6	264.33	0.166	2.78
252.00					0.70	359.79	0.181	3.78
288.00					0.80	469.93	0.196	4.94
324.00					0.90	594.75	0.213	6.25
360.00					1.00	734.26	0.230	7.72
378.00					1.05	809.52	0.239	8.51

（2）180 000/36 000kVA 三相三绕组无励磁调压电力变压器运行时的损耗率与铜铁损比曲线（见图 8–9）

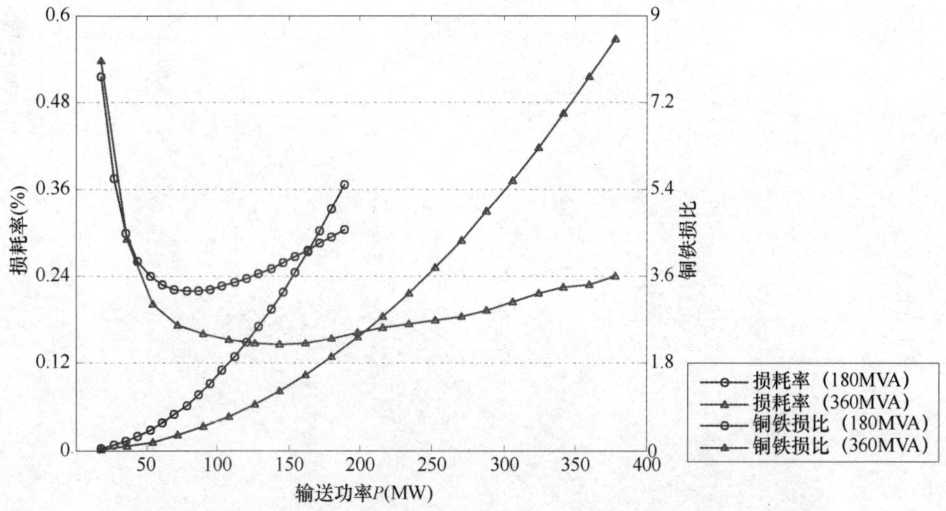

图 8–9　180 000/36 000kVA 变压器运行时的损耗率与铜铁损比曲线图

【节能策略】图表中，180MVA 变压器在输入功率为 81MW 时，损耗率（0.219%）最低，最佳运行区间为 48～144MW，最佳损耗率范围为 0.219%～0.257%；360MVA 变压器在输入功率为 126MW 时，损耗率（0.147%）最低，最佳运行区间为 68～252MW 时，最佳损耗率范围为 0.147%～0.181%。

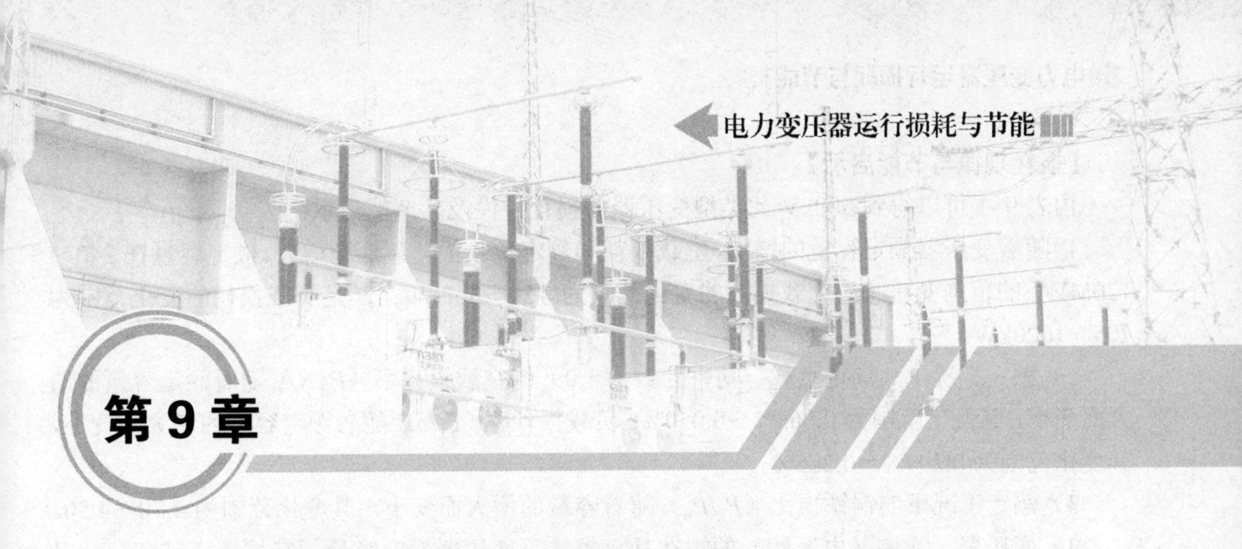

第 9 章 500kV 变压器的损耗与节能

500kV 电力变压器分为无励磁调压和有载调压的双绕组和三绕组、三相变压器和单相变压器等类型。单相或三相双绕组无励磁调压变压器主要用于发电厂的升压变压器。单相三绕组无励磁调压、有载调压自耦变压器主要用作变电站降压变压器和发电厂的联络变压器。其中，对于变电站的降压变压器，高、中、低压侧绕组容量分配通常为（100/100/30）%、（100/100/24）%，低压侧一般不带负荷，只是根据变电站变压器的容量、无功分区、分压、就地平衡要求安装一定容量的并联无功补偿设备。

500kV 双绕组电力变压器有单相和三相两种类型，500kV 三绕组变压器只有单相自耦电力变压器。

9.1 500kV 变压器额定损耗变化规律与节能

9.1.1 S9 系列三相双绕组变压器

根据《油浸式电力变压器技术参数和要求》（GB/T 6451—2008）表 31 中三相双绕组无励磁调压电力变压器的技术参数，可以得出 S9 三相双绕组无励磁调压电力变压器在额定条件下的损耗特性（见表 9–1）。

表 9–1　500kV S9 系列单相双绕组无励磁调压电力变压器额定损耗特性表

容量（MVA）	空载损耗（kW）	负载损耗（kW）	P_0/S_r	P_k/S_r	P_k/P_0
240	150	705	0.063%	0.294%	4.700
300	175	830	0.058%	0.277%	4.743
370	200	950	0.054%	0.257%	4.750
400	210	1000	0.053%	0.250%	4.762
420	220	1010	0.052%	0.240%	4.591
480	235	1120	0.049%	0.233%	4.766
600	310	1410	0.052%	0.235%	4.548
720	360	1620	0.050%	0.225%	4.500

【损耗规律与节能启示】

由表 9–1 可以得到 500kV 此类型变压器的损耗特性及其节能启示：

1）随着变压器额定容量的增加，空载损耗和额定负载损耗值逐渐增大。额定容量在 240～720MVA 的范围变化时，空载损耗的变化范围为 150～360kW；额定负载损耗的变化范围为 705～1620kW。

2）额定工况下（额定负载、功率因数为 1.0）的空载损耗率（P_0/S_r）随着额定容量的增大而变小，其变化范围为 0.063%～0.050%；负载损耗率（P_k/S_r）随着额定容量的增大而变小，其变化范围为 0.294%～0.225%。

3）额定工况下的铜铁损比（P_k/P_0）随着容量的增大而变小，其变化范围为 4.70～4.50。

4）变压器一次侧（电源侧）的视在功率越接近变压器额定容量，其损耗率越高。此时如果选择较大额定容量变压器运行，会有显著的降损效果。

9.1.2 OD9 系列单相三绕组自耦变压器

根据《油浸式电力变压器技术参数和要求》（GB/T6451–2008）表 33，可以得出此种类型电力变压器的损耗特性（见表 9–2）。

表 9–2　500kV S9 系列单相三绕组有载调压自耦电力变压器额定损耗特性表

容量（MVA）	空载损耗（kW）	负载损耗（kW）	P_0/S_r	P_k/S_r	P_k/P_0
120	63	265	0.05%	0.22%	4.206
167	75	320	0.04%	0.19%	4.267
250	105	430	0.04%	0.17%	4.095
334	130	560	0.04%	0.17%	4.308

注：负载损耗即最大短路损耗，是两个 100%容量绕组流过额定电流，另外一个 100%或≤100%容量绕组空载时的损耗值。

【损耗规律与节能启示】

由表 9–2 可以得到 500kV 此类型变压器的损耗特性及其节能启示：

1）随着变压器额定容量的增加，空载损耗和额定负载损耗值逐渐增大。额定容量在 120～334MVA 的范围变化时，空载损耗的变化范围为 63～130kW；负载损耗的变化范围为 265～560kW。

2）额定工况下（额定负载、功率因数为 1）的空载损耗率（P_0/S_r）随着额定容量的增大而变小，其变化范围为 0.050%～0.040%；负载损耗率（P_k/S_r）随着额定容量的增大而变小，其变化范围为 0.22%～0.17%。

3）在电力系统运行时，3 台容量相同的 500kV 单相三绕组自耦变压器分别接入 A 相、B 相和 C 相系统中。因此变压器额定容量为单相变压器额定容量的 3 倍，由表 9–2 得到，接入 500kV 三相对称系统的变压器额定容量变化范围为 360～1002MVA；空载损耗和额定负载损耗值也是 500kV 单相变压器损耗的 3 倍，即空载损耗的变化范围为 189～390kW；额定负载损耗的变化范围为 795～1680kW；空载损耗率和负载损耗率与 500kV 单相变压器相等。

4）额定工况下的铜铁损比（P_k/P_0）随着容量的增大而变小，其变化范围为 4.20～4.3。

9.1.3　S11 系列三相双绕组变压器

根据《油浸式电力变压器技术参数和要求》（GB/T6451–2015）表 31 中三相双绕组无励磁调压电力变压器的技术参数，可以得出 S11 系列三相双绕组无励磁调压电力变压器的额定损耗特性（见表 9–3）。

表 9–3　　500kV S9 系列三相双绕组无励磁调压电力变压器额定损耗特性表

容量（MVA）	空载损耗（kW）	负载损耗（kW）	P_0/S_r	P_k/S_r	P_k/P_0
240	125	665	0.052%	0.277%	5.320
300	145	785	0.048%	0.262%	5.414
370	170	900	0.046%	0.243%	5.294
400	175	950	0.044%	0.238%	5.429
480	200	1060	0.042%	0.221%	5.300
600	260	1335	0.043%	0.223%	5.135
720	305	1535	0.042%	0.213%	5.033
860	345	1750	0.040%	0.203%	5.072
1140	430	2165	0.038%	0.190%	5.035

【损耗规律与节能启示】

由表 9–3 可以得到 500kV 此类变压器的损耗特性及其节能启示：

1）随着变压器额定容量的增加，空载损耗和额定负载损耗值逐渐增大。额定容量在 240～720～1140MVA 的范围变化时，空载损耗的变化范围在 125～305～430kW，负载损耗的变化范围在 665～1535～2165kW；与 S9 型同容量变压器（表 9–1）相比，其空载损耗平均降低 16%，其额定负载损耗平均降低 5.3%。

2）额定工况下（额定负载、功率因数为 1）的空载损耗率（P_0/S_r）随着额定容量的增大而变小，其变化范围为 0.052%～0.042%～0.038%。与 S9 型同容量变压器（表 9–1）相比，降低 0.011%～0.008%；负载损耗率（P_k/S_r）随着额定容量的增大而变小，其变化范围为 0.277%～0.213%～0.190%。与 S9 型同容量变压器（表 9–1）相比，降低 0.017%～0.012%。

3）额定工况下的铜铁损比（P_k/P_0）随着容量的增大而变小，其变化范围在 5.320～5.035。

4）负载不变情况下，用 S11 系列替代 S9 系列，并使运行负载与额定容量的合理匹配，具有显著降损效果。

9.1.4　OD11 系列单相三绕组有载调压自耦变压器

根据《油浸式电力变压器技术参数和要求》（GB/T 6451—2015）表 33 中单相三绕组有载调压自耦电力变压器的技术参数，可以得出此种类型电力变压器的损耗特性（见表 9–4）。

表 9–4　500kV 级 OD11 系列单相三绕组有载调压自耦电力变压器额定损耗特性表

容量（MVA）	空载损耗（kW）	负载损耗（kW）	P_0/S_r	P_k/S_r	P_k/P_0
120	50	250	0.042%	0.208%	5.00
167	60	300	0.036%	0.180%	5.00
250	85	405	0.034%	0.162%	4.76
334	110	530	0.033%	0.159%	4.82
400	130	610	0.033%	0.153%	4.69

注：同表 9–2。

【损耗规律与节能启示】

由表 9–4 可以得到 500kV 此类型变压器的损耗特性及其节能启示：

1）随着变压器额定容量的增大，其空载损耗值增大，额定负载损耗值也增大；容量为 120～400MVA，空载损耗为 50～130kW，负载损耗为 250～610kW；与 OD9 系列型变压器（表 9–2）相比，其空载损平均降低 19%，其负载损耗平均降低 5.3%。

2）额定工况下的空载损耗率（P_0/S_r）随着额定容量的增大而变小，其变化范围为 0.042%～0.033%。比 OD9 系列对应的变压器（表 9–2）空载损耗率降低 0.010%～0.007%，但容量越大，空载损耗率同比降低越少；负载损耗率（P_k/S_r）随着额定容量的增大而变小，其变化范围为 0.208%～0.153%。比 OD9 系列对应的变压器（表 9–2）负载损耗率降低 0.012%～0.011%。

3）接入 500kV 三相对称系统的变压器额定容量变化范围为 360～1002～1200MVA，空载损耗的变化范围为 150～330～390kW，额定负载损耗的变化范围为 750～1590～1830kW；空载损耗率和负载损耗率与 500kV 单相变压器相等。

4）额定工况下的铜铁损比（P_k/P_0）随着容量的增大而变小，其变化范围为 5.00～4.69。

9.2　500kV 变压器的运行损耗的计算条件确定

9.2.1　500kV 变压器运行损耗计算条件

（1）500kV 三绕组变压器负荷分配系数

500kV 三绕组变压器在实际运行时，通常第三绕组不带负荷，因此 C_2=1、C_3=0，计算与双绕组变压器类似，这里不再举例。

（2）负载波动损耗系数

考虑到每个地区或同一地区不同季节负荷曲线形状系数都有所不同，而负载波动损耗系数与负荷曲线形状系数强相关，计算时负载波动损耗系数 K_T 取 1.0。读者可以根据需要按照实际情况进行修正。

（3）功率因数

双绕组变压器一次侧（电源侧）**cos**φ 取 0.95；三绕组变压器二次侧（负荷侧）cosφ 取 1.0 和 0.95 两种。

若实际运行功率因数 cosφ 非计算值时，可以根据表 2–1 或式（7–1）和式（7–2）进行

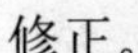

修正。

9.2.2　变压器运行损耗查看说明

（1）本章节变压器运行损耗图表可查看内容

1）变压器的空载损耗 P_0、额定负载损耗 P_k 标准值，单位 kW。

2）变压器运行时的有功功率损耗 ΔP、有功损耗率 $\Delta P\%$ 及铜铁损比。

（2）本章节变压器损耗图表的特点

1）按照国标容量系列，把相邻三个额定容量双绕组变压器运行损耗特性编制为一套表图，方便对比、缩减篇幅。

2）选择电网实际的三绕组变压器，把额定容量相同 $\cos\varphi$ 取 1.0 和 0.95 的损耗特性编制为一套表图。

3）变压器输入功率为变量，以相应的变压器负载损耗、损耗率和铜铁损比为关注内容制作损耗表格，以便开展损耗（或损耗率）查询与对比分析。

4）变压器运行时的输入有功功率（P）为横坐标，有功功率损耗率（$\Delta P\%$）为纵坐标制作有功损耗率曲线图、变压器的铜铁损比为纵坐标绘制作变压器的铜铁损比的曲线图。

9.3　S9 系列 500kV 三相双绕组变压器的损耗与节能

根据《油浸式电力变压器技术参数和要求》（GB/T6451–2008）表 31，S9 系列 500kV 三相双绕组无励磁调压电力变压器额定容量范围为 160～720MVA，共有 9 种容量，高压分接范围为 500、525、550kV，低压侧电压可选择 13.8、15.75、18、20、24kV，联结组标号为 YNd11。

下面将 S9 系列 500kV 三相双绕组无励磁调压电力变压器在不同输送功率时，其负载损耗、铜铁损比随着负载的变化而变化的数据形成下列表 9–5～表 9–7、图 9–1～图 9–3。

1. S9–160～300MVA 变压器

（1）S9–160～300MVA 变压器运行时的损耗与铜铁损比（见表 9–5）

表 9–5　500kV S9–160～300MVA 变压器运行时的损耗与铜铁损比表

输送功率 P（MW）	160				240				300			
	P_0/P_k=110/520（kW）				P_0/P_k=150/705（kW）				P_0/P_k=175/830（kW）			
	负载系数 β	负载损耗（kW）	损耗率（%）	铜铁损比	负载系数 β	负载损耗（kW）	损耗率（%）	铜铁损比	负载系数 β	负载损耗（kW）	损耗率（%）	铜铁损比
15.20	0.10	5.20	0.758	0.05	0.07	3.13	1.007	0.02	0.05	2.36	1.167	0.01
30.40	0.20	20.80	0.430	0.19	0.13	12.53	0.535	0.08	0.11	9.44	0.607	0.05
45.60	0.30	46.80	0.344	0.43	0.20	28.20	0.391	0.19	0.16	21.25	0.430	0.12
53.20	0.35	63.70	0.327	0.58	0.23	38.38	0.354	0.26	0.19	28.92	0.383	0.17
60.80	0.40	83.20	0.318	0.76	0.27	50.13	0.329	0.33	0.21	37.77	0.350	0.22
68.40	**0.45**	**105.30**	**0.315**	0.96	0.30	63.45	0.312	0.42	0.24	47.81	0.326	0.27
76.00	0.50	130.00	0.316	1.18	0.33	78.33	0.300	0.52	0.27	59.02	0.308	0.34
91.20	0.60	187.20	0.326	1.70	0.40	112.80	0.288	0.75	0.32	84.99	0.285	0.49

续表

输送功率 P（MW）	160				240				300			
	P_0/P_k=110/520（kW）				P_0/P_k=150/705（kW）				P_0/P_k=175/830（kW）			
	负载系数 β	负载损耗（kW）	损耗率（%）	铜铁损比	负载系数 β	负载损耗（kW）	损耗率（%）	铜铁损比	负载系数 β	负载损耗（kW）	损耗率（%）	铜铁损比
106.40	0.70	254.80	0.343	2.32	**0.47**	**153.53**	**0.285**	1.02	0.37	115.68	0.273	0.66
121.60	0.80	332.80	0.364	3.03	0.53	200.53	0.288	1.34	**0.43**	**151.10**	**0.268**	0.86
136.80	0.90	421.20	0.388	3.83	0.60	253.80	0.295	1.69	**0.48**	**191.23**	**0.268**	1.09
152.00	1.00	520.00	0.414	4.73	0.67	313.33	0.305	2.09	0.53	236.09	0.270	1.35
159.60	1.05	573.30	0.428	5.21	0.70	345.45	0.310	2.30	0.56	260.29	0.273	1.49
182.40					0.80	451.20	0.330	3.01	0.64	339.97	0.282	1.94
205.20					0.90	571.05	0.351	3.81	0.72	430.27	0.295	2.46
228.00					1.00	705.00	0.375	4.70	0.80	531.20	0.310	3.04
239.40					1.05	777.26	0.387	5.18	0.84	585.65	0.318	3.35
256.50									0.90	672.30	0.330	3.84
285.00									1.00	830.00	0.353	4.74
299.25									1.05	915.08	0.364	5.23

（2）S9–160～300MVA 变压器运行时的损耗率与铜铁损比曲线（见图 9–1）

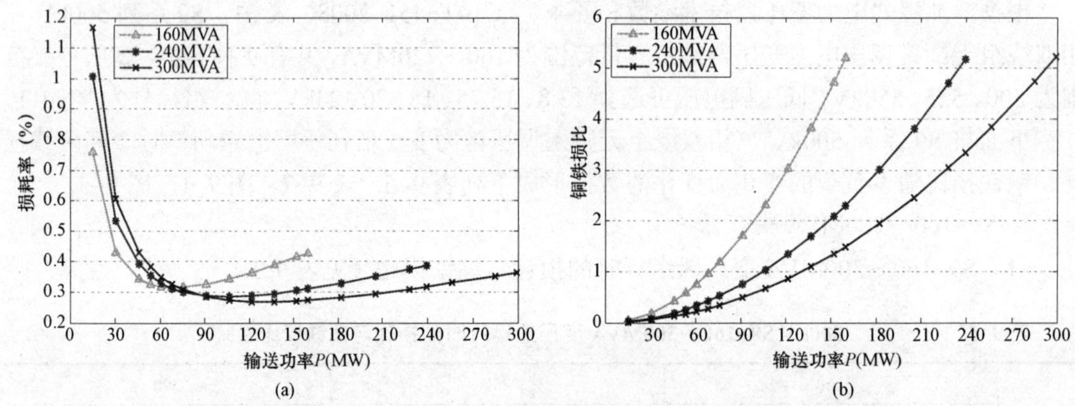

图 9–1　S9–160～300MVA 变压器运行时的损耗率与铜铁损比曲线图

（a）损耗率；（b）铜铁损比

图中，横坐标表示变压器一次侧输送的有功功率（MW），纵坐标分别表示变压器的有功损耗率以及铜铁损比数值（下同）。

【节能策略】图表中，160MVA 变压器在输入功率为 68.40MW 时运行损耗率（0.315%）最低，最佳运行区间为 45.60～105.40MW 时，最佳损耗率范围为 0.315%～0.344%；240MVA 变压器在输入功率为 106.40MW 时运行损耗率（0.285%）最低，最佳运行区间为 68.40～159.60MW 时，最佳损耗率范围为 0.285%～0.312%；300MVA 变压器在输入功率为 129.00MW 时运行损耗率（0.268%）最低，最佳运行区间为 76.00～205.20MW 时，最佳损耗率范围为 0.268%～0.308%。

2. S9–370～420MVA 变压器

（1）S9–370～420MVA 变压器运行时的损耗与铜铁损比（见表 9–6）

表 9–6　　500kVS9–370～420MVA 变压器运行时的损耗与铜铁损比表

输送功率 P（MW）	370				400				420			
	P_0/P_k=200/950（kW）				P_0/P_k=210/1000（kW）				P_0/P_k=220/1010（kW）			
	负载系数 β	负载损耗（kW）	损耗率（%）	铜铁损比	负载系数 β	负载损耗（kW）	损耗率（%）	铜铁损比	负载系数 β	负载损耗（kW）	损耗率（%）	铜铁损比
35.15	0.10	9.50	0.596	0.05	0.09	8.56	0.622	0.04	0.09	7.84	0.648	0.04
70.30	0.20	38.00	0.339	0.19	0.19	34.23	0.347	0.16	0.18	31.35	0.358	0.14
105.45	0.30	85.50	0.271	0.43	0.28	77.01	0.272	0.37	0.26	70.55	0.276	0.32
123.03	0.35	116.38	0.257	0.58	0.32	104.81	0.256	0.50	0.31	96.02	0.257	0.44
140.60	0.40	152.00	0.250	0.76	0.37	136.90	0.247	0.65	0.35	125.41	0.246	0.57
158.18	**0.45**	**192.38**	**0.248**	0.96	0.42	173.26	0.242	0.83	0.40	158.73	0.239	0.72
175.75	0.50	237.50	0.249	1.19	**0.46**	**213.91**	**0.241**	1.02	**0.44**	**195.96**	**0.237**	0.89
210.90	0.60	342.00	0.257	1.71	0.56	308.03	0.246	1.47	0.53	282.18	0.238	1.28
246.05	0.70	465.50	0.270	2.33	0.65	419.26	0.256	2.00	0.62	384.08	0.246	1.75
281.20	0.80	608.00	0.287	3.04	0.74	547.60	0.269	2.61	0.70	501.66	0.257	2.28
316.35	0.90	769.50	0.306	3.85	0.83	693.06	0.285	3.30	0.79	634.91	0.270	2.89
351.50	1.00	950.00	0.327	4.75	0.93	855.63	0.303	4.07	0.88	783.84	0.286	3.56
369.08	1.05	1047.38	0.338	5.24	0.97	943.33	0.312	4.49	0.93	864.18	0.294	3.93
380.00					1.00	1000.00	0.318	4.76	0.95	916.10	0.299	4.16
399.00					1.05	1102.50	0.329	5.25	1.00	1010.00	0.308	4.59
418.95									1.05	1113.53	0.318	5.06

（2）S9–370～420kVA 变压器运行时的损耗率与铜铁损比曲线（见图 9–2）

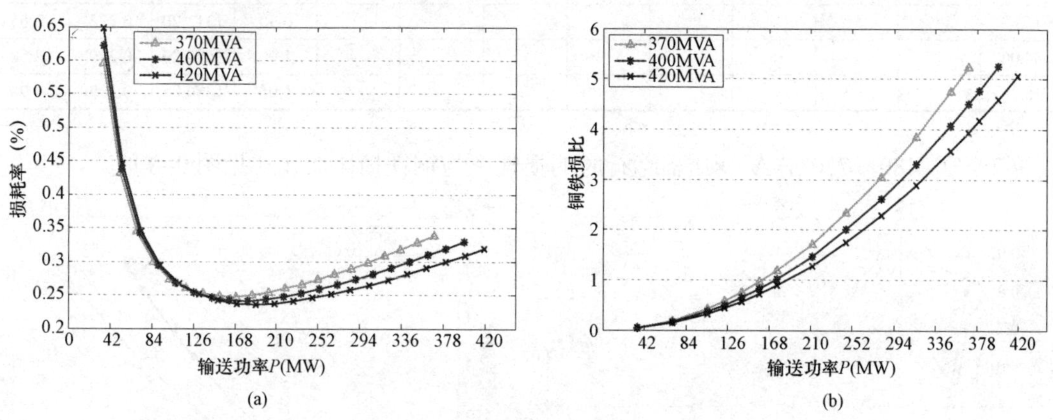

图 9–2　S9–370～420MVA 变压器运行时的损耗率与铜铁损比曲线图

（a）损耗率；（b）铜铁损比

【节能策略】 图表中，370MVA 变压器在输入功率为 158.18MW 时运行损耗率（0.248%）最低，最佳运行区间为 105.45～246.05MW 时，最佳损耗率范围为 0.248%～0.271%；400MVA 变压器在输入功率为 175.75MW 时运行损耗率（0.241%）最低，最佳运行区间为 105.45～281.20MW 时，最佳损耗率范围为 0.241%～0.272%；420MVA 变压器在输入功率为 175.75MW

时运行损耗率（0.237%）最低，最佳运行区间为105.45～316.35MW时，最佳损耗率范围为0.237%～0.276%。

3. S9–480～720MVA 变压器

（1）S9–480～720MVA 变压器运行时的损耗与铜铁损比（见表9–7）

表 9–7　**500kVS9–480～720MVA 变压器运行时的损耗与铜铁损比表**

输送功率 P（MW）	480 P_0/P_k=235/1120（kW）				600 P_0/P_k=310/1410（kW）				720 P_0/P_k=360/1620（kW）			
	负载系数 β	负载损耗（kW）	损耗率（%）	铜铁损比	负载系数 β	负载损耗（kW）	损耗率（%）	铜铁损比	负载系数 β	负载损耗（kW）	损耗率（%）	铜铁损比
45.60	0.10	11.20	0.540	0.05	0.08	9.02	0.700	0.03	0.07	7.20	0.805	0.02
91.20	0.20	44.80	0.307	0.19	0.16	36.10	0.379	0.12	0.13	28.80	0.426	0.08
136.80	0.30	100.80	0.245	0.43	0.24	81.22	0.286	0.26	0.20	64.80	0.311	0.18
159.60	0.35	137.20	0.233	0.58	0.28	110.54	0.263	0.36	0.23	88.20	0.281	0.25
182.40	0.40	179.20	0.227	0.76	0.32	144.38	0.249	0.47	0.27	115.20	0.261	0.32
205.20	**0.45**	**226.80**	**0.225**	0.97	0.36	182.74	0.240	0.59	0.30	145.80	0.246	0.41
228.00	0.50	280.00	0.226	1.19	0.40	225.60	0.235	0.73	0.33	180.00	0.237	0.50
273.60	0.60	403.20	0.233	1.72	**0.48**	**324.86**	**0.232**	1.05	0.40	259.20	0.226	0.72
319.20	0.70	548.80	0.246	2.34	0.56	442.18	0.236	1.43	**0.47**	**352.80**	**0.223**	0.98
364.80	0.80	716.80	0.261	3.05	0.64	577.54	0.243	1.86	0.53	460.80	0.225	1.28
410.40	0.90	907.20	0.278	3.86	0.72	730.94	0.254	2.36	0.60	583.20	0.230	1.62
456.00	1.00	1120.00	0.297	4.77	0.80	902.40	0.266	2.91	0.67	720.00	0.237	2.00
478.80	1.05	1234.80	0.307	5.25	0.84	994.90	0.273	3.21	0.70	793.80	0.241	2.21
513.00					0.90	1142.10	0.283	3.68	0.75	911.25	0.248	2.53
570.00					1.00	1410.00	0.302	4.55	0.83	1125.00	0.261	3.13
598.50					1.05	1554.53	0.312	5.01	0.88	1240.31	0.267	3.45
615.60									0.90	1312.20	0.272	3.65
684.00									1.00	1620.00	0.289	4.50
718.20									1.05	1786.05	0.299	4.96

（2）S9–480～720MVA 变压器运行时的损耗率与铜铁损比曲线（见图9–3）

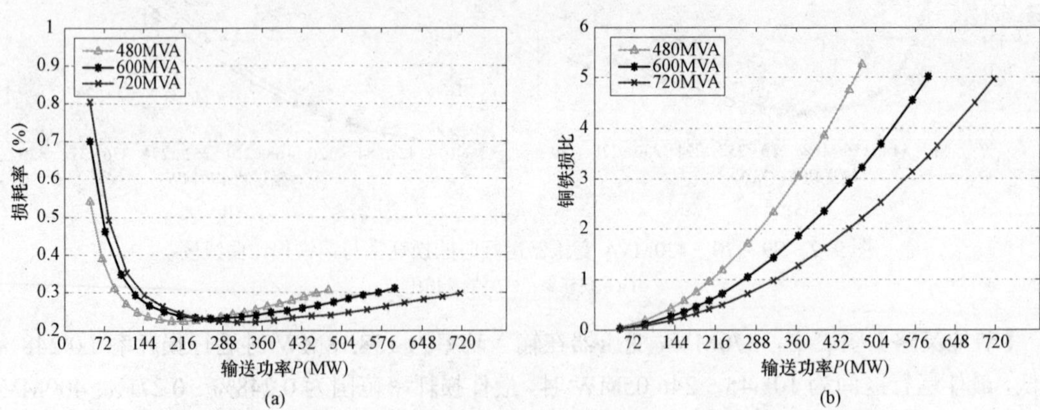

图 9–3　S9–480～720MVA 变压器运行时的损耗率与铜铁损比曲线图

（a）损耗率；（b）铜铁损比

【节能策略】图表中，480MVA 变压器在输入功率为 205.20MW 时运行损耗率（0.225%）最低，最佳运行区间为 136.80～319.20MW 时，最佳损耗率范围为 0.225%～0.245%；600MVA 变压器在输入功率为 273.60MW 时运行损耗率（0.232%）最低，最佳运行区间为 159.60～410.40MW 时，最佳损耗率范围为 0.232%～0.263%；720MVA 变压器在输入功率为 319.20MW 时运行损耗率（0.223%）最低，最佳运行区间为 182.40～513.00MW 时，最佳损耗率范围为 0.223%～0.261%。

9.4　S11 系列 500kV 三相双绕组变压器的损耗与节能

根据《油浸式电力变压器技术参数和要求》（GB/T 6451—2015）表 31，S11 系列 500kV 三相双绕组无励磁调压电力变压器额定容量范围为 120～1170MVA，共有 15 种容量，高压分接范围为 500、525、550kV，低压侧电压可选择 13.8、15.75、18、20、22、24、27kV，联结组标号为 YNd11。

下面将 S11 系列 500kV 三相双绕组无励磁调压电力变压器在不同输送功率时，其负载损耗、铜铁损比随着负载的变化而变化的数据形成下列表 9–8～表 9–12 和图 9–4～图 9–8。

1. S11–120～240MVA 变压器

（1）S11–120～240MVA 变压器运行时的损耗与铜铁损比（见表 9–8）

表 9–8　　500kVS11–120～240MVA 变压器运行时的损耗与铜铁损比表

输送功率 P（MW）	120				160				240			
	P_0/P_k =75/395（kW）				P_0/P_k =90/490（kW）				P_0/P_k =125/665（kW）			
	负载系数 β	负载损耗（kW）	损耗率（%）	铜铁损比	负载系数 β	负载损耗（kW）	损耗率（%）	铜铁损比	负载系数 β	负载损耗（kW）	损耗率（%）	铜铁损比
11.40	0.10	3.95	0.693	0.05	0.08	2.76	0.814	0.03	0.05	1.66	1.111	0.01
22.80	0.20	15.80	0.398	0.21	0.15	11.03	0.443	0.12	0.10	6.65	0.577	0.05
34.20	0.30	35.55	0.323	0.47	0.23	24.81	0.336	0.28	0.15	14.96	0.409	0.12
39.90	0.35	48.39	0.309	0.65	0.26	33.76	0.310	0.38	0.18	20.37	0.364	0.16
45.60	0.40	63.20	0.303	0.84	0.30	44.10	0.294	0.49	0.20	26.60	0.332	0.21
51.30	**0.45**	**79.99**	**0.302**	1.07	0.34	55.81	0.284	0.62	0.23	33.67	0.309	0.27
57.00	0.50	98.75	0.305	1.32	0.38	68.91	0.279	0.77	0.25	41.56	0.292	0.33
68.40	0.60	142.20	0.318	1.90	**0.45**	**99.23**	**0.277**	1.10	0.30	59.85	0.270	0.48
79.80	0.70	193.55	0.337	2.58	0.53	135.06	0.282	1.50	0.35	81.46	0.259	0.65
91.20	0.80	252.80	0.359	3.37	0.60	176.40	0.292	1.96	0.40	106.40	0.254	0.85
102.60	0.90	319.95	0.385	4.27	0.68	223.26	0.305	2.48	**0.45**	**134.66**	**0.253**	1.08
114.00	1.00	395.00	0.412	5.27	0.75	275.63	0.321	3.06	0.50	166.25	0.255	1.33
119.70	1.05	435.49	0.426	5.81	0.79	303.88	0.329	3.38	0.53	183.29	0.258	1.47
136.80					0.90	396.90	0.356	4.41	0.60	239.40	0.266	1.92
152.00					1.00	490.00	0.382	5.44	0.67	295.56	0.277	2.36
159.60					1.05	540.23	0.395	6.00	0.70	325.85	0.282	2.61
182.40									0.80	425.60	0.302	3.40
205.20									0.90	538.65	0.323	4.31
228.00									1.00	665.00	0.346	5.32
239.40									1.05	733.16	0.358	5.87

（2）S11–120～240MVA 变压器运行时的损耗率与铜铁损比曲线（见图 9–4）

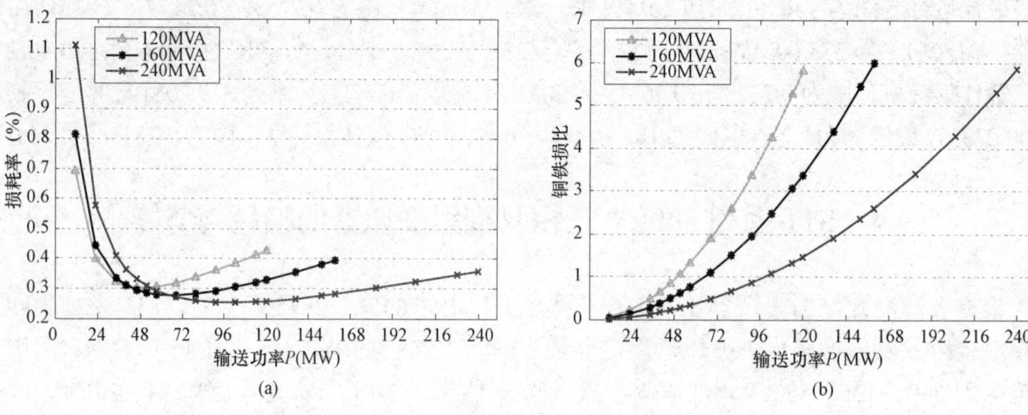

图 9–4　S11120～240MVA 变压器运行时的损耗率与铜铁损比曲线图

（a）损耗率；（b）铜铁损比

【节能策略】图表中，120MVA 变压器在输入功率为 51.30MW 时运行损耗率（0.302%）最低，最佳运行区间为 34.20～79.80MW 时，最佳损耗率范围为 0.302%～0.337%；160MVA 变压器在输入功率为 68.40MW 时运行损耗率（0.277%）最低，最佳运行区间为 45.60～114.00MW 时，最佳损耗率范围为 0.277%～0.321%；240MVA 变压器在输入功率为 102.60MW 时运行损耗率（0.253%）最低，最佳运行区间为 68.40～159.60MW 时，最佳损耗率范围为 0.253%～0.282%。

2. S11–300～400MVA 变压器

（1）S11–300～400MVA 变压器运行时的损耗与铜铁损比（见表 9–9）

表 9–9　　**500kVS11–300～400MVA 变压器运行时的损耗与铜铁损比表**

输送功率 P（MW）	300				370				400			
	P_0/P_k =145/785（kW）				P_0/P_k =170/900（kW）				P_0/P_k =175/950（kW）			
	负载系数 β	负载损耗（kW）	损耗率（%）	铜铁损比	负载系数 β	负载损耗（kW）	损耗率（%）	铜铁损比	负载系数 β	负载损耗（kW）	损耗率（%）	铜铁损比
28.50	0.10	7.85	0.536	0.05	0.08	5.92	0.617	0.03	0.08	5.34	0.633	0.03
57.00	0.20	31.40	0.309	0.22	0.16	23.67	0.340	0.14	0.15	21.38	0.345	0.12
85.50	0.30	70.65	0.252	0.49	0.24	53.25	0.261	0.31	0.23	48.09	0.261	0.27
99.75	0.35	96.16	0.242	0.66	0.28	72.48	0.243	0.43	0.26	65.46	0.241	0.37
114.00	**0.40**	**125.60**	**0.237**	0.87	0.32	94.67	0.232	0.56	0.30	85.50	0.229	0.49
128.25	**0.45**	**158.96**	**0.237**	1.10	0.36	119.81	0.226	0.70	0.34	108.21	0.221	0.62
142.50	0.50	196.25	0.239	1.35	**0.41**	**147.92**	**0.223**	0.87	0.38	133.59	0.217	0.76
171.00	0.60	282.60	0.250	1.95	0.49	213.00	0.224	1.25	**0.45**	**192.38**	**0.215**	1.10
199.50	0.70	384.65	0.265	2.65	0.57	289.92	0.231	1.71	0.53	261.84	0.219	1.50
228.00	0.80	502.40	0.284	3.46	0.65	378.67	0.241	2.23	0.60	342.00	0.227	1.95

续表

输送功率 P（MW）	300				370				400			
	P_0/P_k=145/785（kW）				P_0/P_k=170/900（kW）				P_0/P_k=175/950（kW）			
	负载系数 β	负载损耗（kW）	损耗率（%）	铜铁损比	负载系数 β	负载损耗（kW）	损耗率（%）	铜铁损比	负载系数 β	负载损耗（kW）	损耗率（%）	铜铁损比
256.50	0.90	635.85	0.304	4.39	0.73	479.25	0.253	2.82	0.68	432.84	0.237	2.47
285.00	1.00	785.00	0.326	5.41	0.81	591.67	0.267	3.48	0.75	534.38	0.249	3.05
299.25	1.05	865.46	0.338	5.97	0.85	652.32	0.275	3.84	0.79	589.15	0.255	3.37
316.35					0.90	729.00	0.284	4.29	0.83	658.40	0.263	3.76
351.50					1.00	900.00	0.304	5.29	0.93	812.84	0.281	4.64
369.08					1.05	992.25	0.315	5.84	0.97	896.16	0.290	5.12
380.00									1.00	950.00	0.296	5.43
399.00									1.05	1047.38	0.306	5.99

（2）S11–300～400MVA 变压器运行时的损耗率与铜铁损比曲线（见图 9–5）

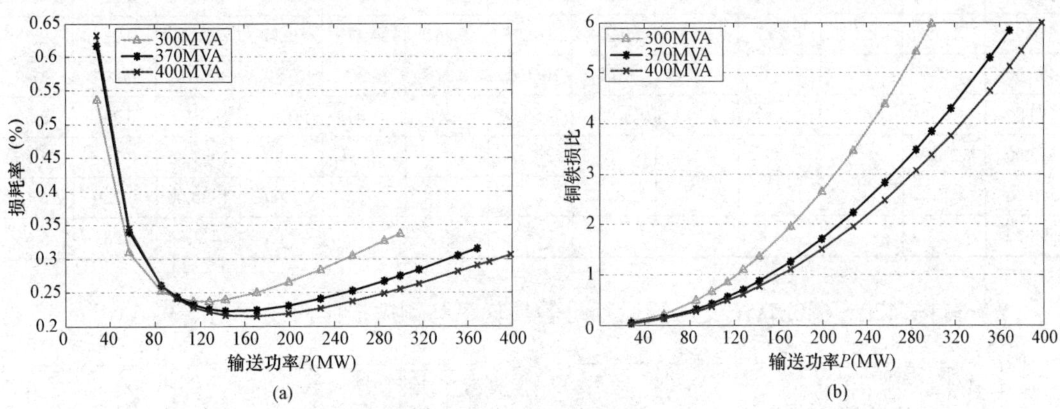

图 9–5　S11–300～400MVA 变压器运行时的损耗率与铜铁损比曲线图

（a）损耗率；（b）铜铁损比

【节能策略】图表中，300MVA 变压器在输入功率为 121.00MW 时运行损耗率（0.237%）最低，最佳运行区间为 85.50～199.50MW 时，最佳损耗率范围为 0.237%～0.265%；370MVA 变压器在输入功率为 142.50MW 时运行损耗率（0.223%）最低，最佳运行区间为 99.75～256.50MW 时，最佳损耗率范围为 0.223%～0.243%；400MVA 变压器在输入功率为 171.00MW 时运行损耗率（0.215%）最低，最佳运行区间为 114.00～285.00MW 时，最佳损耗率范围为 0.215%～0.249%。

3. S11–420～600MVA 变压器

（1）S11–420～600MVA 变压器运行时的损耗与铜铁损比（见表 9–10）

表 9–10　　500kVS11–420～600MVA 变压器运行时的损耗与铜铁损比表

输送功率 P（MW）	420				480				600			
	P_0/P_k=185/955（kW）				P_0/P_k=200/1060（kW）				P_0/P_k=260/1335（kW）			
	负载系数 β	负载损耗（kW）	损耗率（%）	铜铁损比	负载系数 β	负载损耗（kW）	损耗率（%）	铜铁损比	负载系数 β	负载损耗（kW）	损耗率（%）	铜铁损比
39.90	0.10	9.55	0.488	0.05	0.09	8.12	0.522	0.04	0.07	6.54	0.668	0.03
79.80	0.20	38.20	0.280	0.21	0.18	32.46	0.291	0.16	0.14	26.17	0.359	0.10
119.70	0.30	85.95	0.226	0.46	0.26	73.04	0.228	0.37	0.21	58.87	0.266	0.23
139.65	0.35	116.99	0.216	0.63	0.31	99.42	0.214	0.50	0.25	80.13	0.244	0.31
159.60	0.40	152.80	0.212	0.83	0.35	129.85	0.207	0.65	0.28	104.66	0.228	0.40
179.55	**0.45**	**193.39**	**0.211**	1.05	0.39	164.34	0.203	0.82	0.32	132.47	0.219	0.51
199.50	0.50	238.75	0.212	1.29	**0.44**	**202.89**	**0.202**	1.01	0.35	163.54	0.212	0.63
239.40	0.60	343.80	0.221	1.86	0.53	292.16	0.206	1.46	**0.42**	**235.49**	**0.207**	0.91
279.30	0.70	467.95	0.234	2.53	0.61	397.67	0.214	1.99	0.49	320.53	0.208	1.23
319.20	0.80	611.20	0.249	3.30	0.70	519.40	0.225	2.60	0.56	418.66	0.213	1.61
359.10	0.90	773.55	0.267	4.18	0.79	657.37	0.239	3.29	0.63	529.86	0.220	2.04
399.00	1.00	955.00	0.286	5.16	0.88	811.56	0.254	4.06	0.70	654.15	0.229	2.52
418.95	1.05	1052.89	0.295	5.69	0.92	894.75	0.261	4.47	0.74	721.20	0.234	2.77
456.00					1.00	1060.00	0.276	5.30	0.80	854.40	0.244	3.29
478.80					1.05	1168.65	0.286	5.84	0.84	941.98	0.251	3.62
513.00									0.90	1081.35	0.261	4.16
570.00									1.00	1335.00	0.280	5.13
598.50									1.05	1471.84	0.289	5.66

（2）S11—420～600MVA 变压器运行时的损耗率与铜铁损比曲线（见图 9–6）

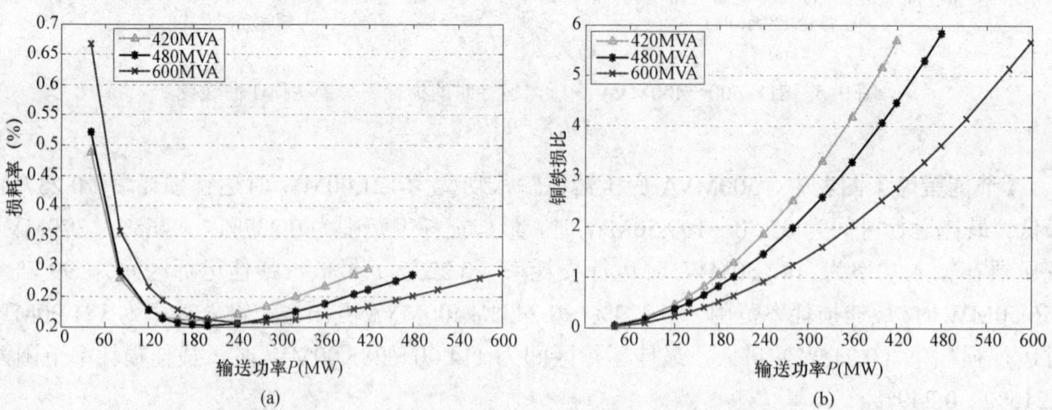

图 9–6　S11–420～600MVA 变压器运行时的损耗率与铜铁损比曲线图

（a）损耗率；（b）铜铁损比

【节能策略】图表中，420MVA 变压器在输入功率为 179.55MW 时运行损耗率（0.211%）

最低，最佳运行区间为 119.70～279.30MW 时，最佳损耗率范围为 0.211%～0.234%；480MVA 变压器在输入功率为 199.50MW 时运行损耗率（0.202%）最低，最佳运行区间为 119.70～359.10MW 时，最佳损耗率范围为 0.202%～0.239%；600MVA 变压器在输入功率为 239.40MW 时运行损耗率（0.207%）最低，最佳运行区间为 159.60～418.95MW 时，最佳损耗率范围为 0.207%～0.234%。

4. S11–720～780MVA 变压器

（1）S11–720～780MVA 变压器运行时的损耗与铜铁损比（见表 9–11）

表 9–11　　500kVS11–720～780MVA 变压器运行时的损耗与铜铁损比表

输送功率 P（MW）	720				750				780			
	P_0/P_k=305/1535（kW）				P_0/P_k=315/1580（kW）				P_0/P_k=320/1630（kW）			
	负载系数 β	负载损耗（kW）	损耗率（%）	铜铁损比	负载系数 β	负载损耗（kW）	损耗率（%）	铜铁损比	负载系数 β	负载损耗（kW）	损耗率（%）	铜铁损比
68.40	0.10	15.35	0.468	0.05	0.10	14.56	0.482	0.05	0.09	13.89	0.488	0.04
136.80	0.20	61.40	0.268	0.20	0.19	58.25	0.273	0.18	0.18	55.56	0.275	0.17
205.20	0.30	138.15	0.216	0.45	0.29	131.05	0.217	0.42	0.28	125.00	0.217	0.39
239.40,	0.35	188.04	0.206	0.62	0.34	178.38	0.206	0.57	0.32	170.14	0.205	0.53
273.60	0.40	245.60	0.201	0.81	0.38	232.98	0.200	0.74	0.37	222.22	0.198	0.69
307.80	**0.45**	**310.84**	**0.200**	1.02	**0.43**	**294.87**	**0.198**	0.94	**0.42**	**281.25**	**0.195**	0.88
342.00	0.50	383.75	0.201	1.26	0.48	364.03	0.199	1.16	**0.46**	**347.22**	**0.195**	1.09
410.40	0.60	552.60	0.209	1.81	0.58	524.21	0.204	1.66	0.55	500.00	0.200	1.56
478.80	0.70	752.15	0.221	2.47	0.67	713.50	0.215	2.27	0.65	680.55	0.209	2.13
547.20	0.80	982.40	0.235	3.22	0.77	931.92	0.228	2.96	0.74	888.88	0.221	2.78
615.60	0.90	1243.35	0.252	4.08	0.86	1179.46	0.243	3.74	0.83	1124.99	0.235	3.52
684.00	1.00	1535.00	0.269	5.03	0.96	1456.13	0.259	4.62	0.92	1388.88	0.250	4.34
718.20	1.05	1692.34	0.278	5.55	1.01	1605.38	0.267	5.10	0.97	1531.24	0.258	4.79
748.13					1.05	1741.95	0.275	5.53	1.01	1661.50	0.265	5.19
778.05									1.05	1797.08	0.272	5.62

（2）S11–720～780MVA 变压器运行时的损耗率与铜铁损比曲线（见图 9–7）

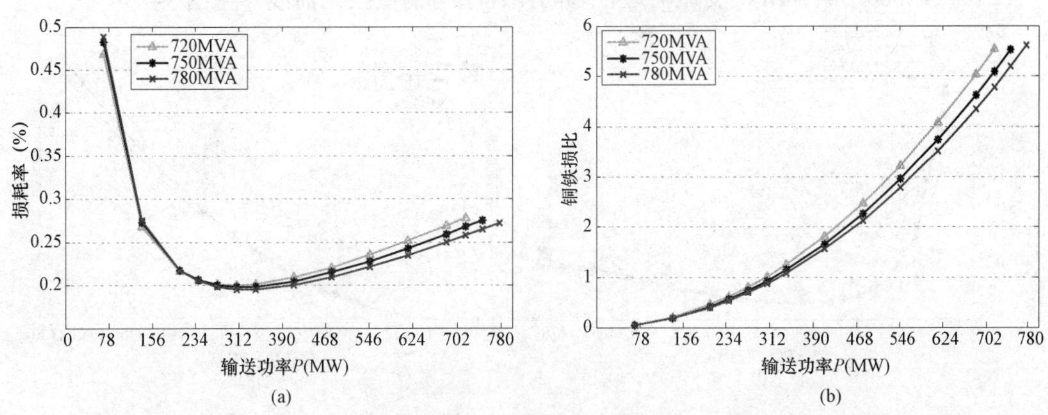

图 9–7　S11–720～780MVA 变压器运行时的损耗率与铜铁损比曲线图

（a）损耗率；（b）铜铁损比

【节能策略】图表中，720MVA 变压器在输入功率为 307.80MW 时运行损耗率（0.200%）最低，最佳运行区间为 205.20～478.80MW 时，最佳损耗率范围为 0.200%～0.221%；750MVA 变压器在输入功率为 307.80MW 时运行损耗率（0.198%）最低，最佳运行区间为 205.20～547.20MW 时，最佳损耗率范围为 0.198%～0.228%；780MVA 变压器在输入功率为 325.00MW 时运行损耗率（0.195%）最低，最佳运行区间为 205.20～547.20MW 时，最佳损耗率范围为 0.195%～0.221%。

5. S11-860～1170MVA 变压器

（1）S11-860～1170MVA 变压器运行时的损耗与铜铁损比（见表 9-12）

表 9-12　500kV S11-860～1170MV 变压器运行时的损耗与铜铁损比表

输送功率 P（MW）	860				1140				1170			
	P_0/P_k=345/1750（kW）				P_0/P_k=430/2165（kW）				P_0/P_k=440/2200（kW）			
	负载系数 β	负载损耗（kW）	损耗率（%）	铜铁损比	负载系数 β	负载损耗（kW）	损耗率（%）	铜铁损比	负载系数 β	负载损耗（kW）	损耗率（%）	铜铁损比
81.70	0.10	17.50	0.444	0.05	0.08	12.32	0.541	0.03	0.07	11.89	0.553	0.03
163.40	0.20	70.00	0.254	0.20	0.15	49.28	0.293	0.11	0.15	47.55	0.298	0.11
245.10	0.30	157.50	0.205	0.46	0.23	110.89	0.221	0.26	0.22	106.98	0.223	0.24
285.95	0.35	214.38	0.196	0.62	0.26	150.93	0.203	0.35	0.26	145.61	0.205	0.33
326.80	0.40	280.00	0.191	0.81	0.30	197.14	0.192	0.46	0.29	190.18	0.193	0.43
367.65	**0.45**	**354.38**	**0.190**	1.03	0.34	249.50	0.185	0.58	0.33	240.70	0.185	0.55
408.50	0.50	437.50	0.192	1.27	0.38	308.02	0.181	0.72	0.37	297.16	0.180	0.68
490.20	0.60	630.00	0.199	1.83	**0.45**	**443.56**	**0.178**	1.03	**0.44**	**427.91**	**0.177**	0.97
571.90	0.70	857.50	0.210	2.49	0.53	603.73	0.181	1.40	0.51	582.43	0.179	1.32
653.60	0.80	1120.00	0.224	3.25	0.60	788.54	0.186	1.83	0.59	760.73	0.184	1.73
735.30	0.90	1417.50	0.240	4.11	0.68	998.00	0.194	2.32	0.66	962.79	0.191	2.19
817.00	1.00	1750.00	0.256	5.07	0.75	1232.10	0.203	2.87	0.74	1188.63	0.199	2.70
857.85	1.05	1929.38	0.265	5.59	0.79	1358.39	0.208	3.16	0.77	1310.47	0.204	2.98
974.70					0.90	1753.65	0.224	4.08	0.88	1691.79	0.219	3.84
1083.00					1.00	2165.00	0.240	5.03	0.97	2088.63	0.233	4.75
1137.15					1.05	2386.91	0.248	5.55	1.02	2302.71	0.241	5.23
1167.08									1.05	2425.50	0.246	5.51

（2）S11-860～1170MV 变压器运行时的损耗率与铜铁损比曲线（见图 9-8）

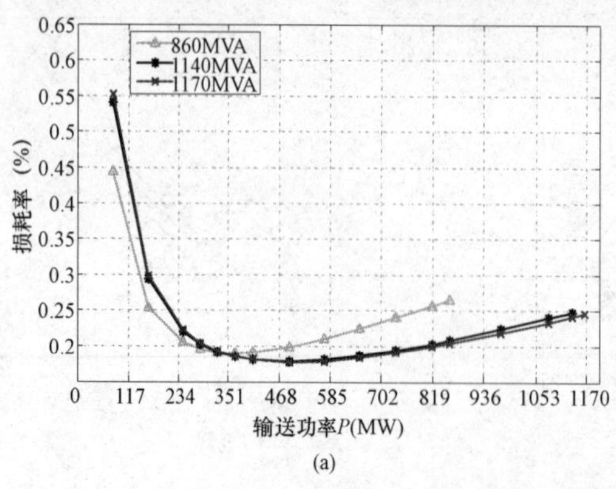

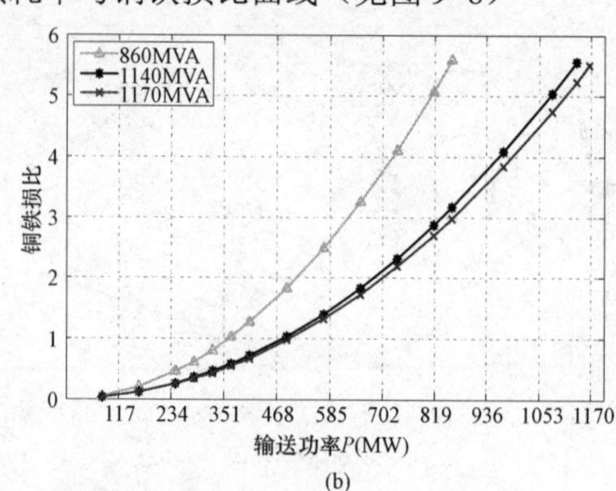

图 9-8　S11-860～1170MVA 变压器运行时的损耗率与铜铁损比曲线图

（a）损耗率；（b）铜铁损比

【节能策略】图表中，860MVA 变压器在输入功率为 367.65MW 时运行损耗率（0.190%）最低，最佳运行区间为 245.10～571.90MW 时，最佳损耗率范围为 0.190%～0.210%；1140MVA 变压器在输入功率为 490.20MW 时运行损耗率（0.178%）最低，最佳运行区间为 285.95～817.00MW 时，最佳损耗率范围为 0.178%～0.203%；1170MVA 变压器在输入功率为 490.20MW 时运行损耗率（0.177%）最低，最佳运行区间为 281.40～817.00MW 时，最佳损耗率范围为 0.177%～0.207%。

9.5　500kV 三绕组无励磁调压电力变压器的损耗与节能

500kV 单相三绕组无励磁调压自耦电力变压器额定容量范围为 12 000～400 000kVA，共有 5 种容量，高压范围为 500/525/550kV，中压电压 230kV、(230±2×2.5%) kV、(242±2×2.5%) kV，低压侧电压可选择 35、36、37、38.5、63、66kV，联结组标号为 Ia0i0。

与 220kV 三绕组变压器计算损耗（见 7.3.3 或 7.4.3 节）类似，500kV 三绕组自耦变压器选择负载损耗没有缺失的不同容量和类型的三绕组变压器进行计算，具体参数见表 9–13。并将不同容量变压器在功率因数为 1.0 和 0.95 两种情况下，其损耗、铜损与铁损比随着负载的变化而变化的数据形成下列表 9–14～表 9–17、图 9–11～图 9–14。

设 500kV 三绕组降压变压器（二次侧）中压侧的负荷已知，功率因数分为 0.95 和 1 的两种情况，在保持变压器三侧电压基本不变的情况下，计算负载率从 0.1～1.05 变化时变压器的损耗及铜铁损比。通过中国电力科学研究院系统所开发的电力系统离线仿真计算软件 PSD–BPA 或 PSASP，按照图 9–9 及图 9–10 进行建模，仿真计算三绕组变压器的损耗。

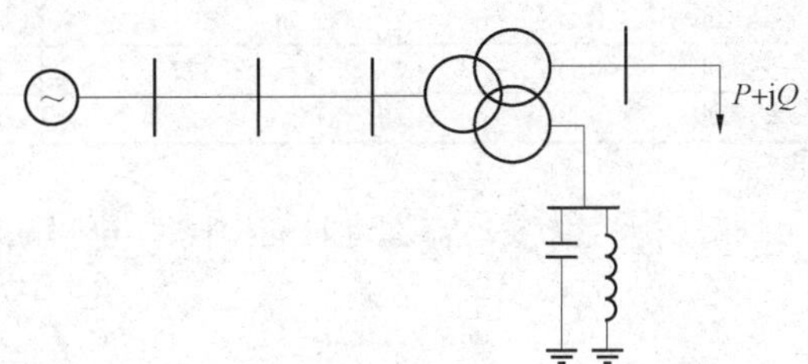

图 9–9　500kV 三绕组变压器损耗仿真计算示意图

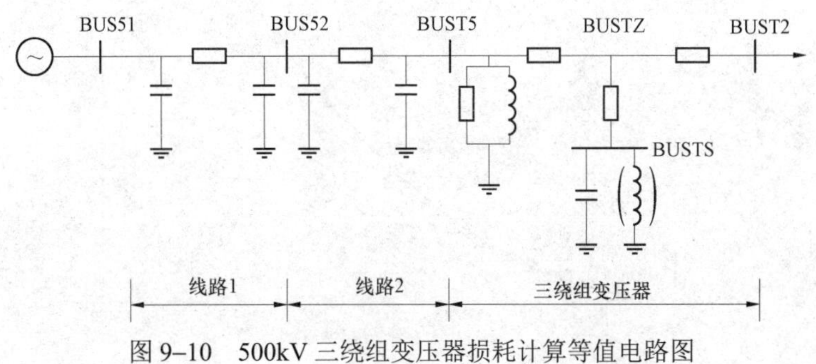

图 9–10　500kV 三绕组变压器损耗计算等值电路图

表 9–13　　三相三绕组无励磁调压自耦电力变压器的损耗表

容量（MVA）	电压（kV）	P_{k12}（kW）	P_{k13}（kW）	P_{k23}（kW）	P_0（kW）	U_{k12}（%）	U_{k13}（%）	U_{k23}（%）	备　注
360/360/80	550/230/37	551	116.2	118.3	141.9	12.2	47.6	33.4	托克托电厂 10 号变压器
750/750/180	550/230/38.5	1222.79	226.96	270.51	207.36	16.04	48.28	28.96	晋城变电站 1 号变压器
1000/1000/300	525/230/36	1368	475.5	435.3	210.9	15.71	60.3	40	阳泉变电站 1 号变压器
1200/1200/360	515/230/66	1489.8	415.3	36 406	198.18	14.57	46.88	28.61	新通州变电站2号变压器

1. 360MVA 变压器

（1）500kV360MVA 三绕组 无励磁调压电力变压器运行时的损耗与铜铁损比（见表 9–14）

表 9–14　　360MVA 三绕组无励磁调压电力变压器运行时的损耗与铜铁损比表

负载率	$\cos\varphi$=1				$\cos\varphi$=0.95			
	$P_0/P_{k1}/P_{k2}/P_{k3}$=141.9/254.24/296.76/2098.81（kW）							
	220kV 侧有功功率 P（MW）	负载损耗（kW）	损耗率（%）	铜铁损比	220kV 侧输送有功功率 P（MW）	负载损耗（kW）	损耗率（%）	铜铁损比
0.10	36.0	8.00	0.400	0.06	34.2	7.00	0.418	0.05
0.20	72.0	25.00	0.226	0.18	68.4	24.00	0.236	0.17
0.30	108.0	53.00	0.177	0.38	102.6	52.00	0.185	0.37
0.35	126.0	71.00	0.166	0.51	119.7	71.00	0.175	0.51
0.40	144.0	92.00	0.160	0.66	136.8	93.00	0.169	0.66
0.45	162.1	116.00	0.157	0.83	**154.0**	**117.00**	**0.166**	0.84
0.50	**180.1**	**143.00**	**0.156**	1.02	**171.1**	**145.00**	**0.166**	1.04
0.60	216.1	205.00	0.159	1.46	205.3	211.00	0.170	1.51
0.70	252.1	279.00	0.166	1.99	239.6	287.00	0.177	2.05
0.80	288.2	364.00	0.174	2.60	273.8	379.00	0.189	2.71
0.90	324.2	461.00	0.185	3.29	308.1	488.00	0.203	3.49
1.00	360.3	570.00	0.197	4.07	342.3	613.00	0.219	4.38
1.05	378.3	630.00	0.203	4.50	359.4	686.00	0.229	4.90

（2）360MVA 三绕组无励磁调压电力变压器运行时的损耗率与铜铁损比曲线（见图 9–11）

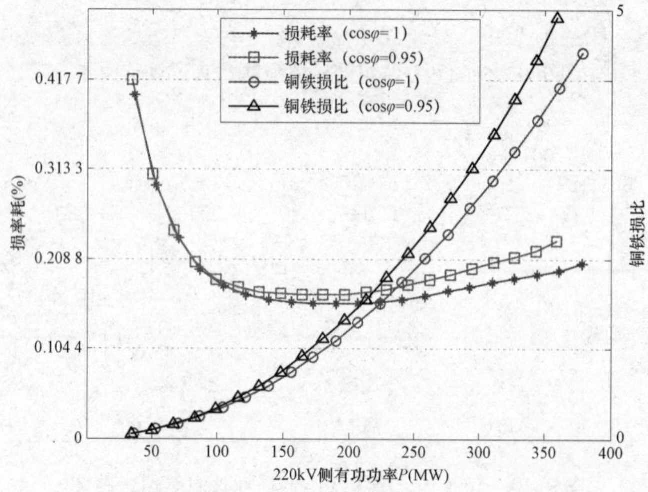

图 9–11　360MVA 变压器运行时的损耗率与铜铁损比曲线图

图中，横坐标表示变压器 220kV 侧输送的有功功率（MW），纵坐标分别表示变压器的有功损耗率以及铜铁损比数值（下同）。

【节能策略】图表中，360MVA 变压器功率因数为 1.0 时，在变压器二次侧输出功率为 180.1MW 时损耗率（0.156%）最低，最佳运行区间为 108～288.2MW 时，最佳损耗率范围为 0.156%～0.177%；功率因数为 0.95 时，在二次侧输出功率为 162.5MW 时损耗率（0.166%）最低，最佳运行区间为 102.6～233.8MW 时，最佳损耗率范围为 0.166%～0.189%。

2. 750MVA 变压器

（1）500kV 750MVA 三绕组无励磁调压电力变压器运行时的损耗与铜铁损比（见表 9–15）

表 9–15　　750MVA 三绕组无励磁调压电力变压器运行时的损耗与铜铁损比表

负载率	cosφ=1				cosφ=0.95			
	$P_0/P_{k1}/P_{k2}/P_{k3}$=207.36/233.36/989.43/3706.92（kW）							
	220kV 侧有功功率 P（MW）	负载损耗（kW）	损耗率（%）	铜铁损比	220kV 侧输送有功功率 P（MW）	负载损耗（kW）	损耗率（%）	铜铁损比
0.10	75.0	14.00	0.285	0.07	64.2	14.00	0.329	0.07
0.20	150.0	51.00	0.167	0.26	142.5	50.00	0.175	0.25
0.30	225.1	114.00	0.139	0.57	213.7	113.00	0.147	0.57
0.35	262.6	154.00	0.135	0.77	**256.5**	**166.00**	**0.142**	0.83
0.40	**300.1**	**201.00**	**0.134**	1.01	292.2	254.00	0.155	1.27
0.45	337.6	256.00	0.135	1.28	327.8	327.00	0.161	1.64
0.50	375.1	315.00	0.137	1.58	370.7	429.00	0.169	2.15
0.60	450.1	452.00	0.145	2.26	442.0	633.00	0.188	3.17
0.70	525.2	616.00	0.155	3.08	513.4	884.00	0.211	4.42
0.80	600.2	825.00	0.171	4.13	595.5	1209.00	0.236	6.05
0.90	675.3	1001.00	0.178	5.01	656.1	1350.00	0.236	6.75
1.00	750.3	1234.00	0.191	6.17	727.5	1720.00	0.264	8.60
1.05	787.9	1314.00	0.192	6.57	770.4	1884.00	0.270	9.42

（2）750MVA 三绕组无励磁调压电力变压器运行时的损耗率与铜铁损比曲线（见图 9–12）

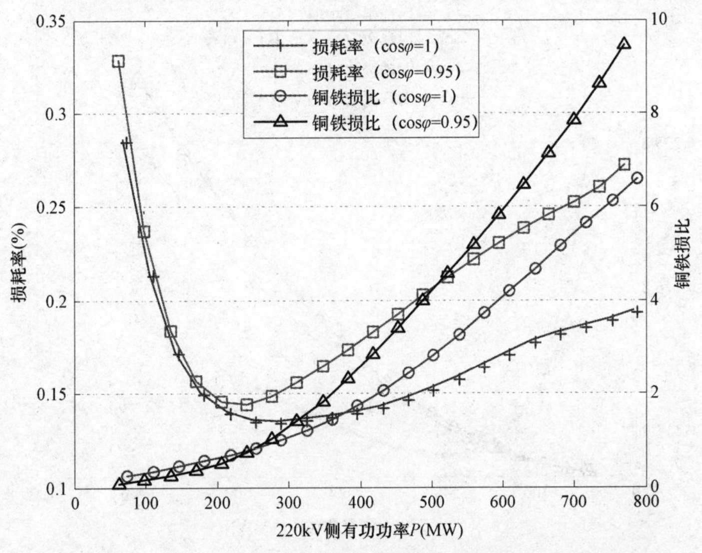

图 9–12　750MVA 变压器运行时的损耗率与铜铁损比曲线图

【节能策略】图表中，750MVA 变压器功率因数为 1.0 时，在变压器二次侧输出功率为 300.1MW 时损耗率（0.134%）最低，最佳运行区间为 225.1～525.2MW 时，最佳损耗率范围为 0.134%～0.155%；功率因数为 0.95 时，在二次侧输出功率为 256.5MW 时损耗率（0.142%）最低，最佳运行区间为 213.70～452.10MW 时，最佳损耗率范围为 0.142%～0.188%。

3. 1000MVA 变压器

（1）500kV1000MVA 三绕组无励磁调压电力变压器运行时的损耗与铜铁损比（见表 9-16）

表 9-16　　1000MVA 三绕组无励磁调压电力变压器运行时的损耗与铜铁损比表

负载率	cosφ=1				cosφ=0.95			
	$P_0/P_{k1}/P_{k2}/P_{k3}$=210.90 /907.33/460.67/4376.00（kW）							
	220kV 侧有功功率 P（MW）	负载损耗（kW）	损耗率（%）	铜铁损比	220kV 侧输送有功功率 P（MW）	负载损耗（kW）	损耗率（%）	铜铁损比
0.10	100.0	15.00	0.188	0.10	95.0	14.00	0.236	0.07
0.20	200.0	57.00	0.134	0.27	190.0	56.00	0.140	0.27
0.30	300.0	127.00	0.112	0.60	285.0	128.00	0.119	0.61
0.35	**350.1**	**173.00**	**0.109**	0.82	**332.6**	**175.00**	**0.116**	0.83
0.40	**400.1**	**226.00**	**0.109**	1.08	**380.1**	**230.00**	**0.116**	1.10
0.45	450.1	286.00	0.110	1.36	427.6	294.00	0.118	1.40
0.50	500.1	353.00	0.113	1.68	475.1	366.00	0.121	1.74
0.60	600.2	510.00	0.120	2.43	570.2	535.00	0.131	2.55
0.70	700.2	696.00	0.129	3.31	665.3	740.00	0.143	3.52
0.80	800.3	917.00	0.141	4.37	760.3	979.00	0.156	4.66
0.90	900.4	1161.00	0.152	5.53	855.4	1247.00	0.170	5.94
1.00	1000.5	1435.00	0.164	6.83	950.5	1553.00	0.185	7.40
1.05	1050.6	1583.00	0.171	7.54	998.1	1721.00	0.193	8.20

（2）1000MVA 三绕组无励磁调压电力变压器运行时的损耗率与铜铁损比曲线（见图 9-13）

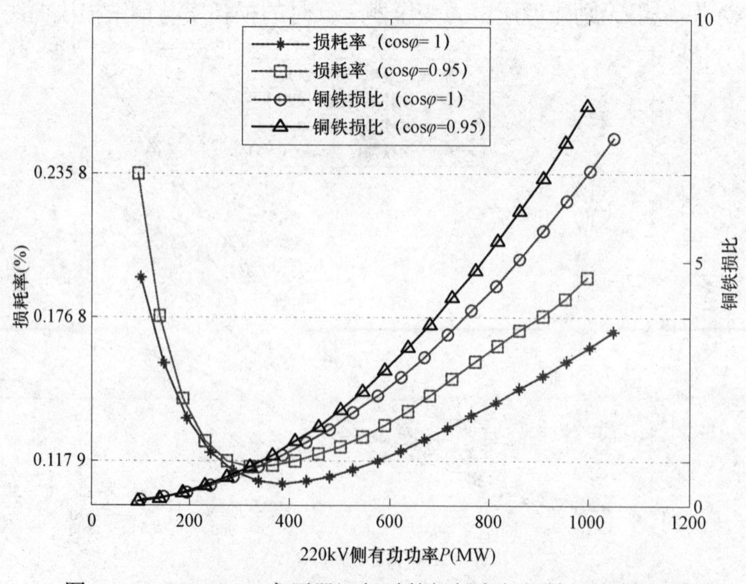

图 9-13　1000MVA 变压器运行时的损耗率与铜铁损比曲线图

【节能策略】图表中，1000MVA 变压器功率因数为 1.0 时，在变压器二次侧输出功率约为 380MW 损耗率（0.109%）最低，最佳运行区间为 300～700.2MW 时，最佳损耗率范围为 0.109%～0.129%；功率因数为 0.95 时，在二次侧输出功率为 351.35MW 时损耗率（0.116%）最低，最佳运行区间为 128.00～535.00MW 时，最佳损耗率范围为 0.116%～0.131%。

4. 1200MVA 变压器

（1）500kV1200MVA 三绕组无励磁调压电力变压器运行时的损耗与铜铁损比（见表 9–17）

表 9–17　　1200MVA 三绕组无励磁调压电力变压器运行时的损耗与铜铁损比表

负载率	cosφ=1				cosφ=0.95			
	$P_0/P_{k1}/P_{k2}/P_{k3}$=210.90 /907.33/460.67/4376.00（kW）							
	220kV 侧有功功率 P（MW）	负载损耗（kW）	损耗率（%）	铜铁损比	220kV 侧输送有功功率 P（MW）	负载损耗（kW）	损耗率（%）	铜铁损比
0.10	120	14	0.177	0.07	114	15	0.186	0.08
0.20	240	58	0.107	0.29	228	54	0.110	0.27
0.30	360	130	0.091	0.66	342	131	0.096	0.66
0.35	**420.1**	**177**	**0.089**	0.89	**399.1**	**180**	**0.094**	0.91
0.40	**480.1**	**231**	**0.089**	1.17	**456.1**	**231**	**0.094**	1.17
0.45	540.1	293	0.091	1.48	513.1	288	0.095	1.46
0.50	600.1	362	0.093	1.83	570.1	375	0.100	1.90
0.60	720.1	510	0.098	2.58	684.2	539	0.108	2.74
0.70	841.2	713	0.108	3.60	798.2	762	0.120	3.87
0.80	961.3	933	0.118	4.71	912.3	1007	0.132	5.11
0.90	1080.4	1184	0.128	5.98	1026.4	1276	0.143	6.48
1.00	1200.4	1466	0.139	7.40	1140.5	1567	0.155	7.95
1.05	1260.5	1619	0.144	8.18	1197.5	1753	0.163	8.90

（2）1200MVA 三绕组无励磁调压电力变压器运行时的损耗率与铜铁损比曲线（见图 9–14）

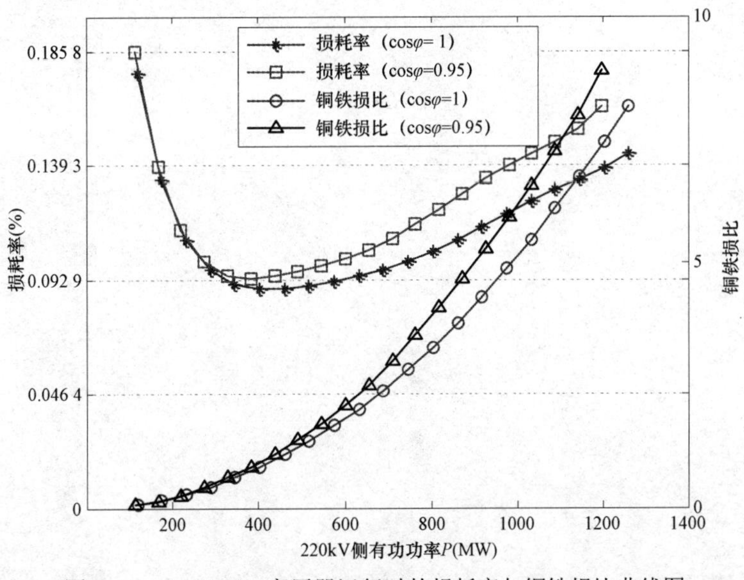

图 9–14　1200MVA 变压器运行时的损耗率与铜铁损比曲线图

【节能策略】图表中，1200MVA 变压器功率因数为 1.0 时，在变压器二次侧输出功率约为 450.1MW 时损耗率（0.089%）最低，最佳运行区间为 360.0～841.20MW 时，最佳损耗率范围为 0.089%～0.108%；功率因数为 0.95 时，在变压器二次侧输出功率约为 427.6MW 时损耗率（0.094%）最低，最佳运行区间为 342.0～798.2MW 时，最佳损耗率范围为 0.094%～0.120%。

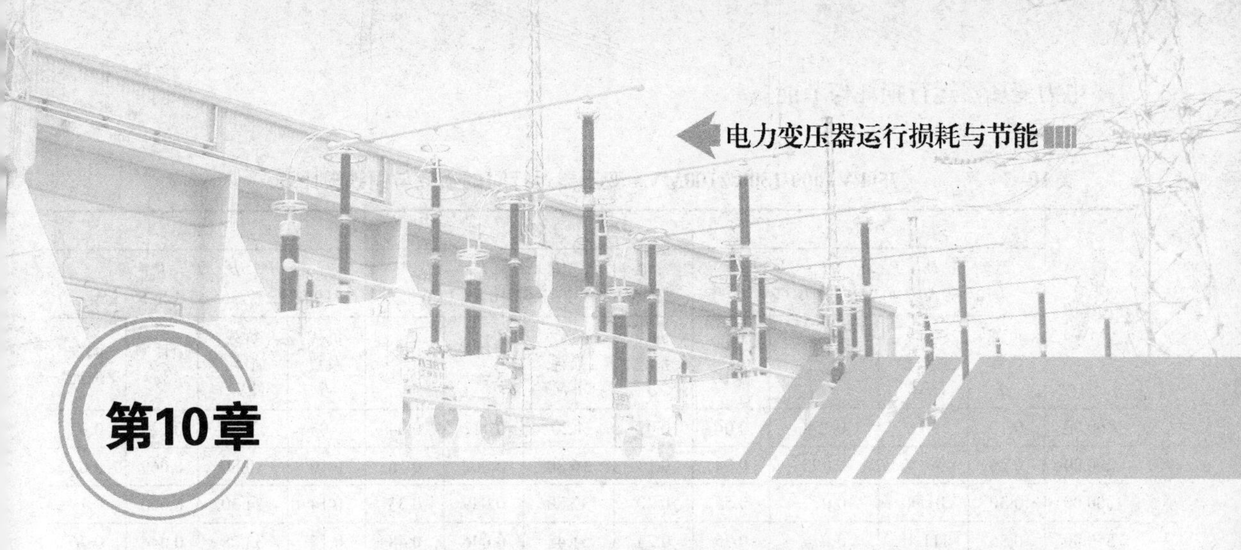

750kV 及 1000kV 变压器的损耗与节能

10.1 750kV 变压器的损耗与节能

750kV 电力变压器以单相三绕组自耦电力变压器为主。主要应用于西北地区所属各省电网，额定容量为 1000、1500、2100MVA 共 3 种容量。其中 1500MVA 的变压器收集到四种不同参数，见表 10–1 和表 10–2。

表 10–1　750kV 三绕组电力变压器参数

变压器容量（MVA）	P_{k12}（kW）	P_{k23}（kW）	P_{k13}（kW）	P_0（kW）	数据来源
1000/1000/344	910.00	169.57	190.76	149.10	新疆凤凰变电站 2 号主变压器
1500/1500/450	945.00	204.53	212.63	107.80	宁夏沙湖变电站 2 号主变压器
2100/2100/699	1190.70	395.77	361.57	126.50	甘肃莫高变电站 1 号主变压器

表 10–2　750kV1500MVA 三绕组电力变压器参数

参数系列	变压器容量	P_{k12}（kW）	P_{k23}（kW）	P_{k13}（kW）	P_0（kW）	数据来源
1	1500/1500/450	945.00	204.53	212.63	107.80	宁夏沙湖变电站 2 号主变压器
2	1500/1500/450	922.50	170.10	192.38	149.10	新疆准北变电站 1 号主变压器
3	1500/1500/450	855.00	212.63	220.73	119.50	甘肃兰州东变电站 2 号主变压器
4	1500/1500/450	832.50	210.60	228.83	107.90	新疆阿克苏变电站 1 号主变压器

下面针对这三种不同容量变压器及容量为 1500MVA 参数不同的变压器在不同输入功率的情况下，计算其损耗、铜铁损比，计算结果形成表 10–3～表 10–4 和图 10–1～图 10–2。

1. 1000/1500/2100MVA 变压器

（1）1000/1500/2100MVA 变压器运行时的损耗与铜铁损比（见表 10–3）

表 10–3　　750kV1000/1500/2100MVA 变压器运行时的损耗与铜铁损比表

输送功率 P（MW）	1000				1500				2100			
	$P_{k12}/P_{k23}/P_{k13}/P_0$= 910/169.57/190.76/149.10（kW）				$P_{k12}/P_{k23}/P_{k13}/P_0$= 945/204.532 12.63/107.8（kW）				$P_{k12}/P_{k23}/P_{k13}/P_0$= 1190/395.77/365.57/126.5（kW）			
	负载系数 β	负载损耗（kW）	损耗率（%）	铜铁损比	负载系数 β	负载损耗（kW）	损耗率（%）	铜铁损比	负载系数 β	负载损耗（kW）	损耗率（%）	铜铁损比
100.00	0.10	9.10	0.158	0.06	0.07	4.20	0.112	0.04	0.05	2.70	0.129	0.02
200.00	0.20	36.40	0.093	0.24	0.13	16.80	0.062	0.16	0.10	10.80	0.069	0.09
300.00	0.30	81.90	0.077	0.55	0.20	37.80	0.049	0.35	0.14	24.30	0.050	0.19
350.00	0.35	111.48	0.074	0.75	0.23	51.45	0.046	0.48	0.17	33.08	0.046	0.26
400.00	**0.40**	**145.60**	**0.074**	0.98	0.27	67.20	0.044	0.62	0.19	43.20	0.042	0.34
450.00	0.45	184.28	0.074	1.24	0.30	85.05	0.043	0.79	0.21	54.68	0.040	0.43
500.00	0.50	227.50	0.075	1.53	**0.33**	**105.00**	**0.043**	0.97	0.24	67.50	0.039	0.53
600.00	0.60	327.60	0.079	2.20	0.40	151.20	0.043	1.40	0.29	97.20	0.037	0.77
700.00	0.70	445.90	0.085	2.99	0.47	205.80	0.045	1.91	**0.33**	**132.30**	**0.037**	1.05
800.00	0.80	582.40	0.091	3.91	0.53	268.80	0.047	2.49	0.38	172.80	0.037	1.37
900.00	0.90	737.10	0.098	4.94	0.60	340.20	0.050	3.16	0.43	218.70	0.038	1.73
1000.00	1.00	910.00	0.106	6.10	0.67	420.00	0.053	3.90	0.48	270.00	0.040	2.13
1050.00	1.05	1003.28	0.110	6.73	0.70	463.05	0.054	4.30	0.50	297.68	0.040	2.35
1350.00					0.90	765.45	0.065	7.10	0.64	492.08	0.046	3.89
1500.00					1.00	945.00	0.070	8.77	0.71	607.50	0.049	4.80
1575.00					1.05	1041.86	0.073	9.66	0.75	669.77	0.051	5.29
1890.00									0.90	964.47	0.058	7.62
2100.00									1.00	1190.70	0.063	9.41
2205.00									1.05	1312.75	0.065	10.38

（2）1000/1500/2100MVA 变压器运行时的损耗率与铜铁损比曲线（见图 10–1）

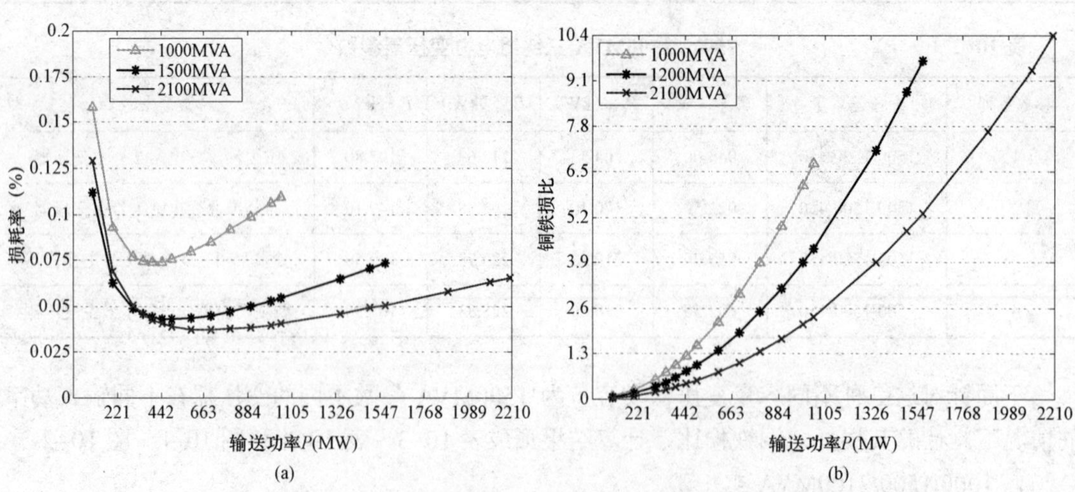

图 10–1　750kV1000/1500/2100MVA 变压器运行时的损耗率与铜铁损比曲线图

（a）损耗率；（b）铜铁损比

图中，横坐标表示变压器一次侧输送的有功功率（MW），纵坐标分别表示变压器的有功损耗率以及铜铁损比数值（下同）。

【节能策略】图表中，1000MVA 变压器在输入功率约为 400MW 时损耗率（0.074%）最低，最佳运行区间为 300～750MW 时，最佳损耗率范围为 0.074%～0.088%；1500MVA 变压器在输入功率约为 500MW 时损耗率（0.043%）最低，最佳运行区间为 300～1100MW 时，最佳损耗率范围为 0.043%～0.054%；2100MVA 变压器在输入功率约为 700MW 时损耗率（0.037%）最低，最佳运行区间为 300～1575MW 时，最佳损耗率范围为 0.037%～0.051%。

2. 不同参数的 1500MVA 三绕组自耗变压器

（1）1500MVA 变压器不同参数系列的损耗与铜铁损比（见表 10–4）

表 10–4　　750kV1500MVA 变压器运行时的损耗与铜铁损比表

输送功率 P（MW）	负载系数 β	参数系列 1			参数系列 2			参数系列 3			参数系列 4		
		负载损耗（kW）	损耗率（%）	铜铁损比	负载损耗（kW）	损耗率（%）	铜铁损比	负载损耗（kW）	损耗率（%）	铜铁损比	负载损耗（kW）	损耗率（%）	铜铁损比
150.00	0.10	9.45	0.078	0.09	9.23	0.078	0.09	8.55	0.085	0.07	8.33	0.077	0.08
300.00	0.20	37.80	0.049	0.35	36.90	0.048	0.34	34.20	0.051	0.29	33.30	0.047	0.31
450.00	0.30	85.05	0.043	0.79	**83.03**	**0.042**	0.77	76.95	0.044	0.64	74.93	0.041	0.69
525.00	**0.35**	**115.76**	**0.043**	1.07	**113.01**	**0.042**	1.05	104.74	0.043	0.88	**101.98**	**0.040**	0.95
600.00	0.40	151.20	0.043	1.40	147.60	0.043	1.37	**136.80**	**0.043**	1.14	**133.20**	**0.040**	1.23
675.00	0.45	191.36	0.044	1.78	186.81	0.044	1.73	173.14	0.043	1.45	168.58	0.041	1.56
750.00	0.50	236.25	0.046	2.19	230.63	0.045	2.14	213.75	0.044	1.79	208.13	0.042	1.93
900.00	0.60	340.20	0.050	3.16	332.10	0.049	3.08	307.80	0.047	2.58	299.70	0.045	2.78
1050.00	0.70	463.05	0.054	4.30	452.03	0.053	4.19	418.95	0.051	3.51	407.93	0.049	3.78
1200.00	0.80	604.80	0.059	5.61	590.40	0.058	5.48	547.20	0.056	4.58	532.80	0.053	4.94
1350.00	0.90	765.45	0.065	7.10	747.23	0.063	6.93	692.55	0.060	5.80	674.33	0.058	6.25
1500.00	1.00	945.00	0.070	8.77	922.50	0.069	8.56	855.00	0.065	7.15	832.50	0.063	7.72
1575.00	1.05	1041.86	0.073	9.66	1017.06	0.071	9.43	942.64	0.067	7.89	917.83	0.065	8.51

（2）1500MVA 变压器运行时的损耗率与铜铁损比曲线（见图 10–2）

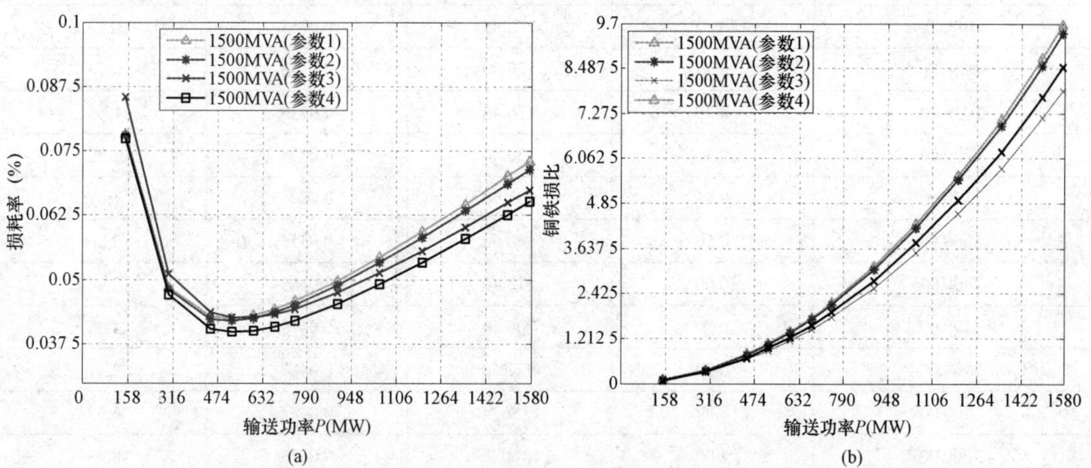

图 10–2　750kV1500MVA 变压器运行时的损耗率与铜铁损比曲线图

（a）损耗率；（b）铜铁损比

【节能策略】图表中，不同的应用场景，可以选择不同参数系列的同容量变压器。在750kV系统中1500MVA的变压器最多。1500MVA变压器主要有四种参数系列，第一种参数组的变压器在输入功率为525MW、负载率为0.35时损耗率（0.043%）最低，最佳运行区间为300～1050MW，最佳损耗率范围为0.043%～0.054%；第二种参数组变压器在输入功率为485.5MW时损耗率（0.042%）最低，最佳运行区间为300～1050MW，最佳损耗率范围为0.042%～0.053%；第三种参数组变压器在输入功率为600MW负载率为0.4时损耗率（0.043%）最低，最佳运行区间为300～1050MW，最佳损耗率范围为0.043%～0.051%；第四种参数组变压器在输入功率为560.5MW时损耗率（0.04%）最低，最佳运行区间为300～1050MW时，最佳损耗率范围为0.04%～0.049%。可以按照负荷大小选定不同参数组的1500MVA变压器。

10.2 1000kV变压器的损耗与节能

1000kV三相三绕组电力变压器额定容量只有3000MVA一种，由三台1000MVA单相变压器组成，其参数见表10–5。下面将3000MVA容量变压器运行时，其损耗、铜损与铁损比随着负载的变化而变化的数据形成表10–6和图10–3。

表10–5　1000kV三绕组电力变压器参数

变压器容量（MVA）	P_{k12}（kW）	P_{k23}（kW）	P_{k13}（kW）	P_0（kW）	数据来源
3000/3000/1000	1440.00	570.00	590.00	175	豫南阳站1号主变压器

（1）3000MVA变压器运行时的损耗与铜铁损比（见表10–6）

表10–6　1000kV3000MVA变压器运行时的损耗与铜铁损比表

输送功率 P（MW）	3000MVA			
	负载系数β	负载损耗（kW）	损耗率（%）	铜铁损比
300.00	0.10	14.40	0.0631	0.08
600.00	0.20	57.60	0.0388	0.33
900.00	0.30	129.60	0.0338	0.74
1050.00	**0.35**	**176.40**	**0.0335**	1.01
1200.00	0.40	230.40	0.0338	1.32
1350.00	0.45	291.60	0.0346	1.67
1500.00	0.50	360.00	0.0357	2.06
1800.00	0.60	518.40	0.0385	2.96
2100.00	0.70	705.60	0.0419	4.03
2400.00	0.80	921.60	0.0457	5.27
2700.00	0.90	1166.40	0.0497	6.67
3000.00	1.00	1440.00	0.0538	8.23
3150.00	1.05	1587.60	0.0560	9.07

（2）3000MVA 变压器运行时的损耗率与铜铁损比曲线（见图 10–3）

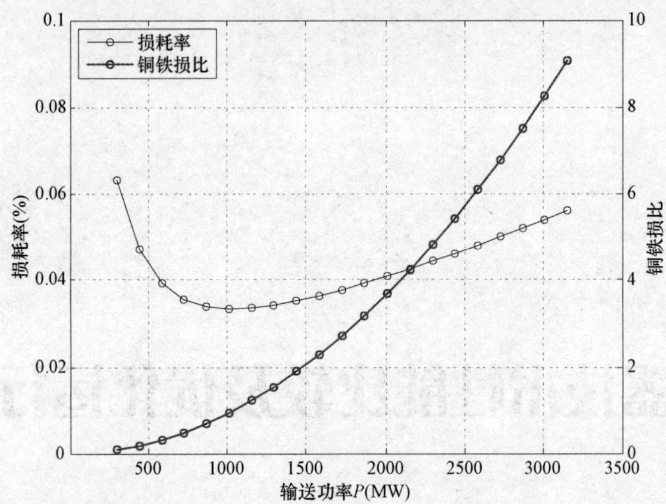

图 10–3　1000kV3000MVA 变压器运行时的损耗率与铜铁损比曲线图

图中，横坐标表示变压器一次侧输送的有功功率（MW），纵坐标分别表示变压器的有功损耗率以及铜铁损比数值。

【节能策略】图表中，3000MVA 变压器在输入功率为 1050MW 时损耗率（0.0335%）最低，最佳运行区间为 600～2100MW 时，最佳损耗率范围为 0.0335%～0.0419%。

第11章

变压器技术性能比较及优化运行分析

变压器运行方式优化，在有备用变压器的变电站选取技术性能优的变压器运行，技术性能差的作为备用；在满足电网安全稳定要求的前提下，老旧变压器更新优先顺序可以根据对它们技术性能优劣的排序来确定。在更换老旧变压器的同时需要选用新型变压器；在容量相同条件下，选择技术性能好、满足经济节能运行要求的变压器运行。下面将按照变压器综合功率损耗（见 1.4 节）来进行变压器技术性能比较计算分析，计算分析方法可参考《变压器经济运行》（ISBN：9787801258991），方法可以适用于各电压等级，例子均采用 220kV 电压等级的双绕组或三绕组变压器。

11.1　容量相等的双绕组变压器间技术性能比较及优化运行

1. 根据综合功率损耗计算临界负载功率 S_{LZ}

根据式（1–55）和式（1–56）可写出各台变压器综合功率损耗计算式

$$\Delta P_{ZA} = P_{0ZA} + \left(\frac{S}{S_r}\right)^2 P_{kZA} \tag{11–1}$$

$$\Delta P_{ZB} = P_{0ZB} + \left(\frac{S}{S_r}\right)^2 P_{kZB} \tag{11–2}$$

令 $\Delta P_{ZA} = \Delta P_{ZB}$，得到按综合功率经济运行时，变压器 A 和 B 之间技术优劣判定的临界负载功率 S_{LZ}（kVA）。临界负荷功率是变压器 A 和变压器 B 的综合功率损耗曲线交点处所对应的变压器电源侧视在功率。

$$\begin{aligned} S_{LZ} &= S_r\sqrt{\frac{P_{0ZA} - P_{0ZB}}{P_{kZB} - P_{kZA}}} \\ &= S_r\sqrt{\frac{P_{0A} - P_{0B} + K_Q(Q_{0A} - Q_{0B})}{P_{kB} - P_{kA} + K_Q(Q_{kB} - Q_{kA})}} \end{aligned} \tag{11–3}$$

2. 技术特性优劣的计算分析

式（11–3）是以综合功率损耗计算分析变压器间技术特性的优劣，类似地，也可以根据变压器有功功率损耗或无功功率消耗来判断变压器间技术特性的优劣。

根据式（11–3）求得的交点（解）包含六种情况，见表 11–1。

表 11–1　　容量相等的双绕组变压器技术特性优劣的判定

参数情况	条　件	求解结果	结　论	例子
1	$P_{0ZA} < P_{0ZB}$ & $P_{kZA} < P_{kZB}$	$S_{LZ} = j\alpha$（虚根）	变压器 A 的技术特性优于变压器 B	1
2	$P_{0ZA} < P_{0ZB}$ & $P_{kZA} > P_{kZB}$ &$P_{0ZA} + P_{kZA} < P_{0ZB} + P_{kZB}$	$S_{LZ} > S_r$	变压器 A 的技术特性优于变压器 B	2
3	$P_{0ZA} < P_{0ZB}$ & $P_{kZA} > P_{kZB}$ &$P_{0ZA} + P_{kZA} > P_{0ZB} + P_{kZB}$	$S_{LZ} < S_r$	当 $S < S_{LZ}$ 时，变压器 A 的技术特性优于变压器 B；当 $S > S_{LZ}$ 时，变压器 B 的技术特性优于变压器 A	3
4	$P_{0ZA} = P_{0ZB}$ & $P_{kZA} < P_{kZB}$	$S_{LZ} = 0$	变压器 A 的技术特性优于变压器 B	
5	$P_{0ZA} < P_{0ZB}$ & $P_{kZA} = P_{kZB}$	$S_{LZ} = \infty$	变压器 A 的技术特性优于变压器 B	4
6	$P_{0ZA} = P_{0ZB}$ & $P_{kZA} = P_{kZB}$	$S_{LZ} = \frac{0}{0}$（不定式）	变压器 A 的技术特性与变压器 B 完全相同	

将 S_{LZ} 值归纳为三类：

1）$0 < S_{LZ} < S_r$（第 3 种参数情况），当 $S < S_{LZ}$ 时，应选择 P_{0Z} 小的变压器运行；当 $S > S_{LZ}$ 时，应选择 P_{0Z} 大的变压器运行。

2）$S_{LZ} = j\alpha$、$S_{LZ} > S_r$、$S_{LZ} = 0$、$S_{LZ} = \infty$ 的四种情况（第 1、第 2、第 4、第 5 种情况），在任何负载（不超载）条件下，除了第 4 种情况，都是 P_{0Z} 小的变压器优于 P_{0Z} 大的变压器；第 4 种情况是 P_{0Z} 相等而 P_{kZ} 小的变压器技术特性优。

3）$S_{LZ} = \frac{0}{0}$（不定式，第 6 种情况），两台变压器技术特性完全相同，不存在优劣之分。

3. 例题

例 1　有两台 31 500kVA 变压器，参数分别取自 GB/T 6451—2008 表 20 中的三相双绕组有载调压电力变压器和 GB/T 6451—2008 表 18 中的低压为 66kV 三相双绕组无励磁调压电力变压器，具体参数见表 11–2。

表 11–2　　31 500kVA 变压器参数

变压器	容量（kVA）	空载损耗（kW）	负载损耗（kW）	空载电流 I_0%	短路阻抗 U_k%
变压器 A	31 500	38	135	0.70	14
变压器 B	31 500	38	151	0.89	14

解：取无功经济当量 K_Q=0.04。

变压器在空载时电源侧的励磁功率（无功功率）Q_0（kvar）的计算式为

$$Q_{0A} \approx S_{0A} = I_{0A}\%S_r \times 10^{-2} = 220.5\text{(kvar)}$$

$$Q_{0B} \approx S_{0B} = I_{0B}\%S_r \times 10^{-2} = 280.35\text{(kvar)}$$

变压器额定负载时所消耗的漏磁功率（无功功率）Q_k（kvar）的计算式为

$$Q_{kA} \approx S_{kA} = U_{kA}\%S_r \times 10^{-2} = 4410\text{(kvar)}$$

$$Q_{kB} \approx S_{kB} = U_{kB}\%S_r \times 10^{-2} = 4410\text{(kvar)}$$

变压器空载综合功率损耗 P_{0Z}（kW）的计算式为

$$P_{0ZA} = P_{0A} + K_Q Q_{0A} = 46.82\text{(kW)}$$

$$P_{0ZB} = P_{0B} + K_Q Q_{0B} = 49.214\text{(kW)}$$

变压器额定负载综合功率损耗 P_{kZ}（kW）的计算式为

$$P_{ZA} = P_{kA} + K_Q Q_{kA} = 135 + 0.04 \times 4410 = 311.4\text{(kW)}$$

$$P_{ZB} = P_{kB} + K_Q Q_{kB} = 151 + 0.04 \times 4410 = 327.4\text{(kW)}$$

因此按综合功率损耗经济运行时，变压器 A 和 B 技术特性优劣的临界负载为

$$S_{LZ} = S_r\sqrt{\frac{P_{0ZA} - P_{0ZB}}{P_{kZB} - P_{kZA}}} = \text{j}12\,185\text{(kVA)}$$

因此 $P_{0ZA} < P_{0ZB}$ & $P_{kZA} < P_{kZB}$（属于第 1 种情况），变压器 A 的技术特性优于变压器 B。

例 2　有两台 120 000kVA 变压器，参数均取自 GB/T6451—2015 表 20 中三相双绕组无励磁调压电力变压器（低压为 66kV），具体参数见表 11-3。

表 11-3　　变 压 器 参 数

变压器	容量（kVA）	空载损耗（kW）	负载损耗（kW）	空载电流 I_0%	短路阻抗 U_k%
变压器 A	120 000	79	338	0.45	14
变压器 B	120 000	81	337	0.45	14

解：取无功经济当量 K_Q=0.04。

变压器在空载时电源侧的励磁功率（无功功率）Q_0（kvar）的计算式为

$$Q_{0A} \approx S_{0A} = I_{0A}\%S_r \times 10^{-2} = 540\text{(kvar)}$$

$$Q_{0B} \approx S_{0B} = I_{0B}\%S_r \times 10^{-2} = 540\text{(kvar)}$$

变压器额定负载时所消耗的漏磁功率（无功功率）Q_k（kvar）的计算式为

$$Q_{kA} \approx S_{kA} = U_{kA}\%S_r \times 10^{-2} = 16\,800\text{(kvar)}$$

$$Q_{kB} \approx S_{kB} = U_{kB}\%S_r \times 10^{-2} = 16\,800\text{(kvar)}$$

变压器空载综合功率损耗 P_{0Z}（kW）的计算式为

$$P_{0ZA} = P_{0A} + K_Q Q_{0A} = 100.6\text{(kW)}$$

$$P_{0ZB} = P_{0B} + K_Q Q_{0B} = 102.6\text{(kW)}$$

变压器额定负载综合功率损耗 P_{kZ}（kW）的计算式为

$$P_{kZA}=P_{kA}+K_{Q}Q_{kA}=1010(kW)$$
$$P_{kZB}=P_{kB}+K_{Q}Q_{kB}=1009(kW)$$
$$P_{ZA}=P_{0ZA}+P_{kZA}=1110.6(kW)$$
$$P_{ZB}=P_{0ZB}+P_{kZB}=1111.6(kW)$$

因此按综合功率损耗经济运行时，变压器 A 和 B 技术特性优劣的临界负载为

$$S_{LZ}=S_{r}\sqrt{\frac{P_{0ZA}-P_{0ZB}}{P_{kZB}-P_{kZA}}}=169\,705.6(kVA)>S_{r}$$

因此满足 $P_{0ZA}<P_{0ZB}$ & $P_{kZA}>P_{kZB}$&$P_{0ZA}+P_{kZA}<P_{0ZB}+P_{kZB}$ 条件，（第 2 种情况）。变压器 A 的技术特性优于变压器 B。

例 3　有两台 150 000kVA 变压器，参数均取自 GB/T6451—2015 表 20 中的三相双绕组有载调压电力变压器，具体参数见表 11–4。

表 11–4　　**变 压 器 参 数**

	容量（kVA）	空载损耗（kW）	负载损耗（kW）	空载电流 I_0%	短路阻抗 U_k%
变压器 A	150 000	92	400	0.41	14
变压器 B	150 000	96	394	0.41	14

解：取无功经济当量 K_Q=0.04。

变压器在空载时电源侧的励磁功率（无功功率）Q_0（kvar）的计算式为

$$Q_{0A}\approx S_{0A}=I_{0A}\%S_{r}\times10^{-2}=615(kvar)$$
$$Q_{0B}\approx S_{0B}=I_{0B}\%S_{r}\times10^{-2}=615(kvar)$$

变压器额定负载时所消耗的漏磁功率（无功功率）Q_k（kvar）的计算式为

$$Q_{kA}\approx S_{kA}=U_{kA}\%S_{r}\times10^{-2}=21\,000(kvar)$$
$$Q_{kB}\approx S_{kB}=U_{kB}\%S_{r}\times10^{-2}=21\,000(kvar)$$

变压器空载综合功率损耗 P_{0Z}（kW）的计算式为

$$P_{0ZA}=P_{0A}+K_{Q}Q_{0A}=116.6(kW)$$
$$P_{0ZB}=P_{0B}+K_{Q}Q_{0B}=120.6(kW)$$

变压器额定负载综合功率损耗 P_{KZ}（kW）的计算式为

$$P_{kZA}=P_{kA}+K_{Q}Q_{kA}=1240(kW)$$
$$P_{kZB}=P_{kB}+K_{Q}Q_{kB}=1234(kW)$$
$$P_{ZA}=P_{0ZA}+P_{0ZA}=1356.6(kW)$$
$$P_{ZB}=P_{0ZB}+P_{kZB}=1354.6(kW)$$

因此按综合功率损耗经济运行时，变压器 A 和 B 技术特性优劣的临界负载为

$$S_{LZ}=S_{r}\sqrt{\frac{P_{0ZA}-P_{0ZB}}{P_{kZB}-P_{kZA}}}=122\,474.5(kVA)<S_{r}$$

因此满足 $P_{0ZA} < P_{0ZB}$ & $P_{kZA} > P_{kZB}$ & $P_{0ZA} + P_{kZA} > P_{0ZB} + P_{kZB}$（第 3 种情况）条件。$S(S_T) < S_{LZ}(122\,474.5\text{kVA})$ 时，变压器 A 的技术特性优于变压器 B；$S(S_T) > S_{LZ}(122\,474.5\text{kVA})$ 时，变压器 B 的技术特性优于变压器 A。

例 4 有两台 31 500kVA 变压器，参数分别取自 GB/T 6451—2008 表 16 中的三相双绕组无励磁调压电力变压器和表 20 中的三相双绕组有载调压电力变压器，具体参数见表 11–5。

表 11–5　　变压器参数

	容量（kVA）	空载损耗（kW）	负载损耗（kW）	空载电流 I_0%	短路阻抗 U_k%
变压器 A	31 500	35	135	0.70	14
变压器 B	31 500	38	135	0.70	14

解：取无功经济当量 K_Q=0.04。

变压器在空载时电源侧的励磁功率（无功功率）Q_0（kvar）的计算式为

$$Q_{0A} \approx S_{0A} = I_{0A}\%S_r \times 10^{-2} = 220.5\text{(kvar)}$$

$$Q_{0B} \approx S_{0B} = I_{0B}\%S_r \times 10^{-2} = 220.5\text{(kvar)}$$

变压器额定负载时所消耗的漏磁功率（无功功率）Q_k（kvar）的计算式为

$$Q_{kA} \approx S_{kA} = U_{kA}\%S_r \times 10^{-2} = 4410\text{(kvar)}$$

$$Q_{kB} \approx S_{kB} = U_{kB}\%S_r \times 10^{-2} = 4410\text{(kvar)}$$

变压器空载综合功率损耗 P_{0Z}（kW）的计算式为

$$P_{0ZA} = P_{0A} + K_Q Q_{0A} = 43.82\text{(kW)}$$

$$P_{0ZB} = P_{0B} + K_Q Q_{0B} = 46.82\text{(kW)}$$

变压器额定负载综合功率损耗 P_{kZ}（kW）的计算式为

$$P_{kZA} = P_{kA} + K_Q Q_{kA} = 311.4\text{(kW)}$$

$$P_{kZB} = P_{kB} + K_Q Q_{kB} = 311.4\text{(kW)}$$

因此按综合功率损耗经济运行时，变压器 A 和 B 技术特性优劣的临界负载为

$$S_{LZ} = S_r\sqrt{\frac{P_{0ZA} - P_{0ZB}}{P_{kZB} - P_{kZA}}} = \infty$$

因此满足 $P_{0ZA} < P_{0ZB}$ & $P_{kZA} = P_{kZB}$（第 5 种情况），变压器 A 的技术特性优于变压器 B。

11.2　容量不相等的双绕组变压器间技术性能比较

1. 变压器间技术特性优劣的计算

如果变压器 A、变压器 B 的容量 $S_{rA} < S_{rB}$，通过变压器的视在功率为 S，则两台变压器综合有功功率损耗的计算式 ΔP_{ZA}（kW）和 ΔP_{ZB}（kW）分别为

$$\Delta P_{ZA} = P_{0ZA} + \left(\frac{S}{S_{rA}}\right)^2 P_{kZA} \tag{11–4}$$

$$\Delta P_{ZB} = P_{0ZB} + \left(\frac{S}{S_{rB}}\right)^2 P_{kZB} \tag{11-5}$$

当令 $\Delta P_{ZA} = \Delta P_{ZB}$ 时，对上两式联例求解，可得出临界负载功率 S_{LZ} （kVA）的计算式为

$$S_{LZ} = \sqrt{\frac{P_{0ZA} - P_{0ZB}}{\frac{P_{kZB}}{S_{rB}^2} - \frac{P_{kZA}}{S_{rA}^2}}} \tag{11-6}$$

2. 变压器间技术特性优劣的分析

仍以综合功率损耗来判别变压器间技术特性的优劣。首先根据式（11–4）和式（11–5）绘出变压器综合功率损耗特性曲线，S_{LZ} 为两条特性曲线交点的横坐标。

下面根据综合功率临界负载功率 S_{LZ} ，分析满足 4 种运行条件下的变压器 A、变压器 B 技术参数之间的关系。

（1）在小容量变压器满载之前就需要切换较大容量变压器运行

当 $P_{0ZA} < P_{0ZB}$ 及 $\frac{P_{kZA}}{S_{rA}^2} > \frac{P_{kZB}}{S_{rB}^2}$ 时，解得 $S_{LZ} < S_{rA}$ ，如图 11–1 所示。

$\Delta P_{ZA} = f(S)$ 与 $\Delta P_{ZB} = f(S)$ 两条曲线交于 a_3 点。此时，当 $S < S_{LZ}$ 时，容量小的变压器 A 技术特性优于容量大的变压器 B；当 $S > S_{LZ}$ 时，容量大的变压器 B 技术特性优于容量小的变压器 A；这类情况在实际中比较普遍。

（2）在小容量变压器满载之后才需要切换大容量变压器运行，这种运行方式共包含四种情况。

1）当 $P_{0ZA} < P_{0ZB}$ 及 $\frac{P_{kZA}}{S_{rA}^2} < \frac{P_{kZB}}{S_{rB}^2}$ 时，解得 $S_{LZ} = \mathrm{j}\alpha$ ，如图 11–2 所示，此时 $\Delta P_{ZA} = f(S)$ 与 $\Delta P_{ZB} = f(S)$ 两条曲线无交点。

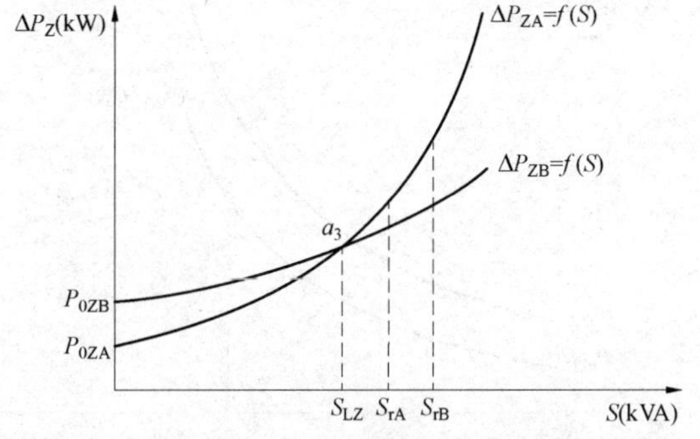

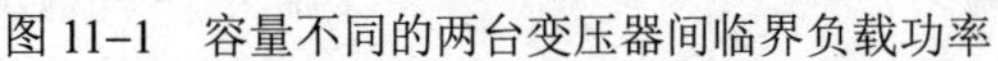

图 11–1　容量不同的两台变压器间临界负载功率

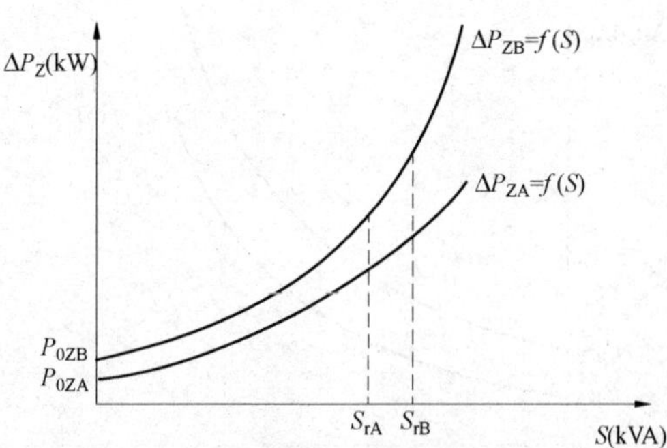

图 11–2　容量不同的两台变压器间临界负载功率

2）当 $P_{0ZA} < P_{0ZB}$ 及 $\frac{P_{kZA}}{S_{rA}^2} > \frac{P_{kZB}}{S_{rB}^2}$ 时，解得 $S_{LZ} > S_{rA}$ ，如图 11–3 所示，此时 $\Delta P_{ZA} = f(S)$ 与 $\Delta P_{ZB} = f(S)$ 两条曲线相交于 a_2 点。

3）当 $P_{0ZA} = P_{0ZB}$ 及 $\frac{P_{kZA}}{S_{rA}^2} < \frac{P_{kZB}}{S_{rB}^2}$ 时，解得 $S_{LZ} = 0$ ，如图 11–4 所示，此时 $\Delta P_{ZA} = f(S)$ 与 $\Delta P_{ZB} = f(S)$ 两条曲线相交于 $S = 0$ 处。

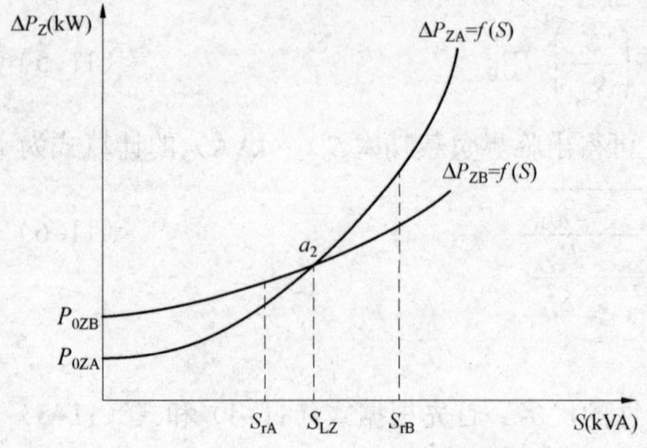

图 11–3　容量不同的两台变压器间临界负载功率

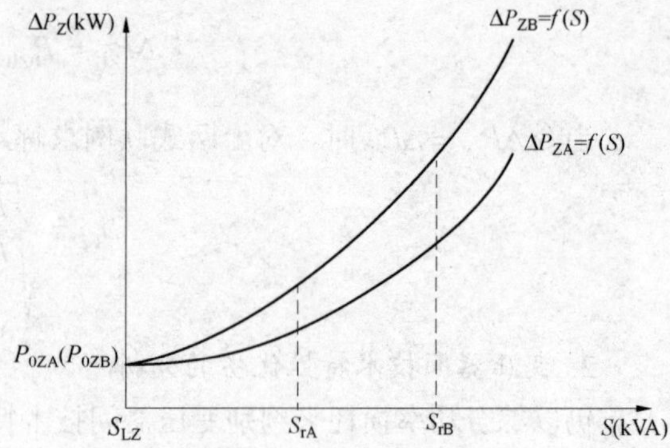

图 11–4　容量不同的两台变压器间临界负载功率

4）当 $P_{0ZA} < P_{0ZB}$ 及 $\dfrac{P_{kZA}}{S_{rA}^2} = \dfrac{P_{kZB}}{S_{rB}^2}$ 时，解得 $S_{LZ} = \infty$，如图 11–5 所示，此时 $\Delta P_{ZA} = f(S)$ 与 $\Delta P_{ZB} = f(S)$ 两条曲线无交点。

上面四种情况的计算结果 $(S_{LZ} = j\alpha, > S_{rA}, = 0, = \infty)$，都表明容量小的变压器 A 技术特性优于容量大的变压器 B。此时只有容量小的变压器 A 满载之后，才切换容量大的变压器 B 运行。只有小容量的变压器是冷轧硅钢片（或节能型），大容量变压器是热轧硅钢片，才存在这种情况。

（3）在任何负载条件下都是大容量变压器运行经济，这种运行方式包含四种情况

1）当 $P_{0ZA} > P_{0ZB}$ 及 $\dfrac{P_{kZA}}{S_{rA}^2} > \dfrac{P_{kZB}}{S_{rB}^2}$ 时，解得 $S_{LZ} = j\alpha$，如图 11–6 所示，此时 $\Delta P_{ZA} = f(S)$ 与 $\Delta P_{ZB} = f(S)$ 两条曲线无交点。

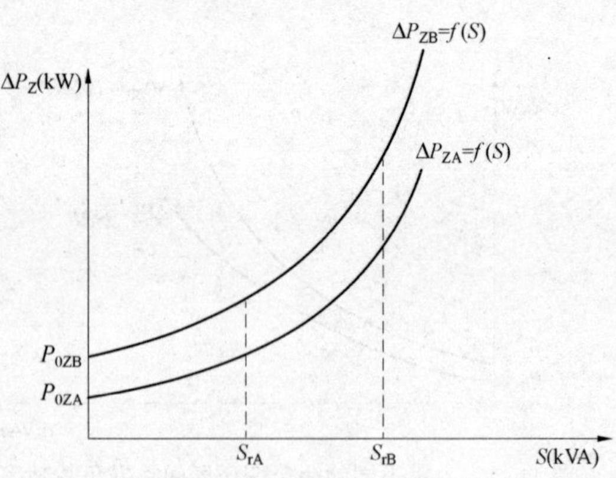

图 11–5　容量不同的两台变压器间临界负载功率

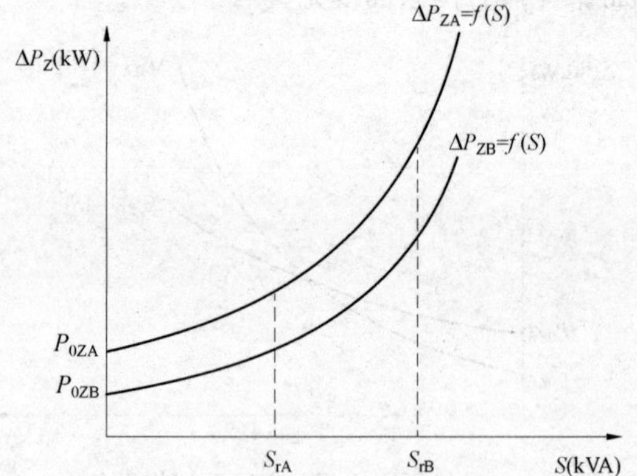

图 11–6　容量不同的两台变压器间临界负载功率

2）当 $P_{0ZA} > P_{0ZB}$ 及 $\dfrac{P_{kZA}}{S_{rA}^2} < \dfrac{P_{kZB}}{S_{rB}^2}$ 时，解得 $S_{LZ} > S_{rA}$，如图 11–7 所示，此时 $\Delta P_{ZA} = f(S)$ 与 $\Delta P_{ZB} = f(S)$ 两条曲线交于 a_7。

3）当 $P_{0ZA} = P_{0ZB}$ 及 $\dfrac{P_{kZA}}{S_{rA}^2} > \dfrac{P_{kZB}}{S_{rB}^2}$ 时，解得 $S_{LZ} = 0$，如图 11–8 所示，此时 $\Delta P_{ZA} = f(S)$ 与

$\Delta P_{ZB}=f(S)$ 两条曲线交于 $S=0$。

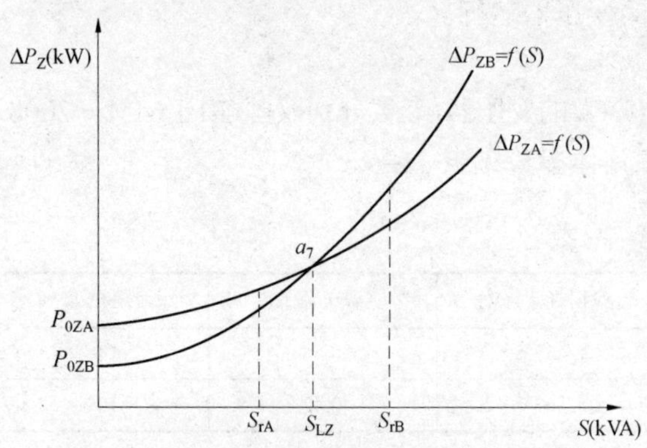

图 11–7　容量不同的两台变压器间临界负载功率

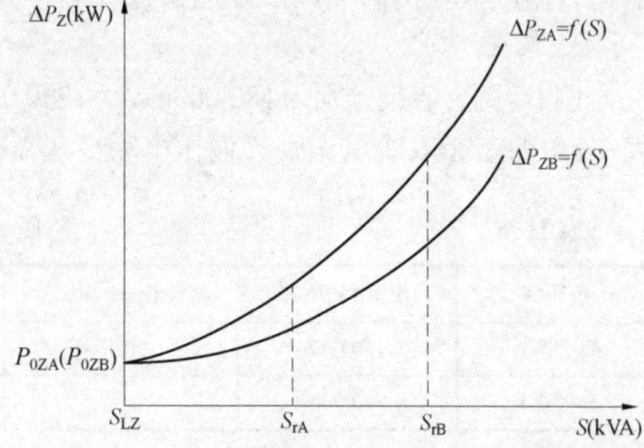

图 11–8　容量不同的两台变压器间临界负载功率

4）当 $P_{0ZA}>P_{0ZB}$ 及 $\frac{P_{kZA}}{S_{rA}^2}=\frac{P_{kZB}}{S_{rB}^2}$ 时，解得 $S_{LZ}=\infty$，如图 11–9 所示，此时 $\Delta P_{ZA}=f(S)$ 与 $\Delta P_{ZB}=f(S)$ 两条曲线无交点。

上面四种情况的计算结果 ($S_{LZ}=\mathrm{j}\alpha$, 或 $>S_{rA}$, 或 $=0$, 或 $=\infty$)，都表明容量大的变压器 B 技术特性优于容量小的变压器 A。所以此时在任何负载情况下都是容量大的变压器 B 运行经济。只有大容量的变压器是冷轧硅钢片（或节能型），小容量变压器是热轧硅钢片（或高耗能型），才存在这种情况。

（4）两种特例

1）当 $P_{0ZA}>P_{0ZB}$ 及 $\frac{P_{kZA}}{S_{rA}^2}<\frac{P_{kZB}}{S_{rB}^2}$ 时，解得 $S_{LZ}<S_{rA}$，如图 11–10 所示，此时 $\Delta P_{ZA}=f(S)$ 与 $\Delta P_{ZB}=f(S)$ 两条曲线交于 a_8。

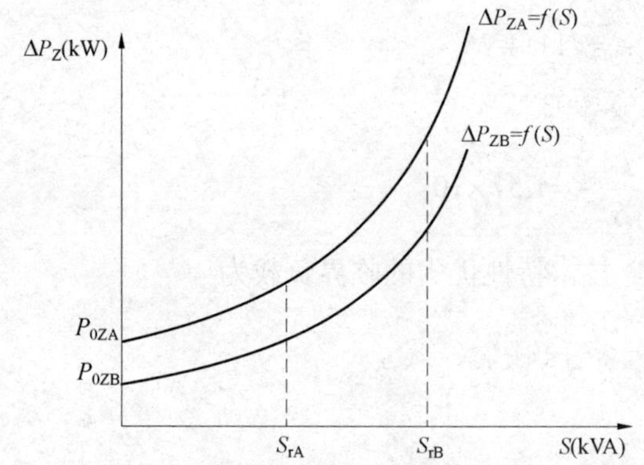

图 11–9　容量不同的两台变压器间临界负载功率

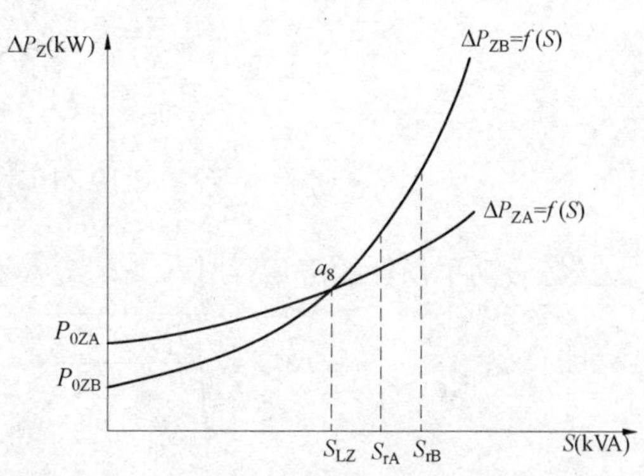

图 11–10　容量不同的两台变压器间临界负载功率

此时，当 $S<S_{LZ}$ 时，容量大的变压器 B 的技术特性优于容量小的变压器 A；当 $S>S_{LZ}$ 时，容量小的变压器 A 的技术特性优于容量大的变压器 B；当 $S>S_{rA}$ 时变压器 A 已经超载，只能使用容量大的变压器 B。

2）当 $P_{0ZA}=P_{0ZB}$ 及 $\frac{P_{kZA}}{S_{rA}^2}=\frac{P_{kZB}}{S_{rB}^2}$ 时，解得 $S_{LZ}=\frac{\infty}{\infty}$，如果表示在图中，$\Delta P_{ZA}=f(S)$ 与

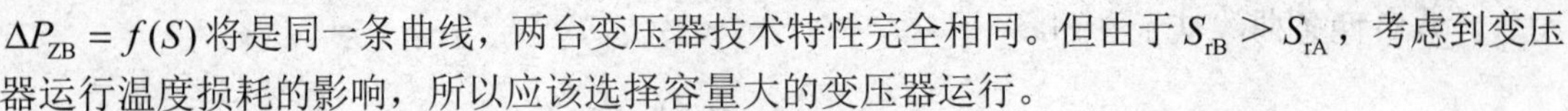

$\Delta P_{ZB}=f(S)$ 将是同一条曲线，两台变压器技术特性完全相同。但由于 $S_{rB}>S_{rA}$，考虑到变压器运行温度损耗的影响，所以应该选择容量大的变压器运行。

3. 例题

例 1 两台容量分别为 180 000kVA 和 240 000kVA 的变压器，参数分别取自 GB/T 6451—2008 表 16 中的三相双绕组无励磁调压电力变压器，具体参数见表 11-6。

表 11-6 变 压 器 参 数

变压器	容量（kVA）	空载损耗（kW）	负载损耗（kW）	空载电流 I_0%	短路阻抗 U_k%
变压器 A	180 000	128	459	0.46	14
变压器 B	240 000	160	567	0.42	14

解：取无功经济当量 K_Q=0.01。

变压器在空载时电源侧的励磁功率（无功功率）Q_0（kvar）的计算式为

$$Q_{0A}\approx S_{OA}=I_{0A}\%S_r\times10^{-2}=828\text{（kvar）}$$

$$Q_{0B}\approx S_{OB}=I_{0B}\%S_r\times10^{-2}=1008\text{（kvar）}$$

变压器额定负载时所消耗的漏磁功率（无功功率）Q_k（kvar）的计算式为

$$Q_{kA}\approx S_{kA}=U_{kA}\%S_r\times10^{-2}=25\,200\text{（kvar）}$$

$$Q_{kB}\approx S_{kB}=U_{kB}\%S_r\times10^{-2}=33\,600\text{（kvar）}$$

变压器空载综合功率损耗 P_{OZ}（kW）的计算式为

$$P_{0ZA}=P_{0A}+K_QQ_{OA}=136.28\text{（kW）}$$

$$P_{0ZB}=P_{0B}+K_QQ_{OB}=170.08\text{（kW）}$$

变压器额定负载综合功率损耗 P_{KZ}（kW）的计算式为

$$P_{kZA}=P_{kA}+K_QQ_{kA}=711\text{（kW）}$$

$$P_{kZB}=P_{kB}+K_QQ_{kB}=903\text{（kW）}$$

$$\frac{P_{kZA}}{S_{rA}^2}=2.19\times10^{-8}>\frac{P_{kZB}}{S_{rB}^2}=1.57\times10^{-8}$$

按综合功率损耗经济运行时，变压器 A 和 B 技术特性优劣的临界负载为

$$S_{LZ}=\sqrt{\frac{P_{0ZA}-P_{0ZB}}{\frac{P_{kZB}}{S_{rB}^2}-\frac{P_{kZA}}{S_{rA}^2}}}=73\,437.18\text{（kVA）}<S_{rA}$$

因此 $P_{0ZA}<P_{0ZB}$，$\frac{P_{kZA}}{S_{rA}^2}>\frac{P_{kZB}}{S_{rB}^2}$，解得 $S_{LZ}<S_{rA}$，当 $S<S_{LZ}=73\,437.18$（kVA）时，容量小的变压器 A 技术特性优于容量大的变压器 B；当 $S>S_{LZ}=73\,437.18$（kVA）时，容量大的变压器 B 技术特性优于容量小的变压器 A。

例 2 两台容量分别为 150 000kVA 和 160 000kVA 的变压器，参数分别取自 GB/T6451—2008 表 18 中的三相双绕组无励磁调压电力变压器（低压为 66kV）和表 16 中的三相双绕

组无励磁调压电力变压器，具体参数见表 11–7。

表 11–7　　变压器参数

变压器	容量（kVA）	空载损耗（kW）	负载损耗（kW）	空载电流 I_0%	短路阻抗 U_k%
变压器 A	150 000	122	453	0.68	14
变压器 B	160 000	117	425	0.49	14

解：取无功经济当量 K_Q=0.01。

变压器在空载时电源侧的励磁功率（无功功率）Q_0（kvar）的计算式为

$$Q_{0A} \approx S_{0A} = I_{0A}\%S_{rA} \times 10^{-2} = 1020\text{（kvar）}$$

$$Q_{0B} \approx S_{0B} = I_{0B}\%S_{rB} \times 10^{-2} = 784\text{（kvar）}$$

变压器额定负载时所消耗的漏磁功率（无功功率）Q_k（kvar）的计算式为

$$Q_{kA} \approx S_{kA} = U_{kA}\%S_{rA} \times 10^{-2} = 21\,000\text{（kvar）}$$

$$Q_{kB} \approx S_{kB} = U_{kB}\%S_{rB} \times 10^{-2} = 22\,400\text{（kvar）}$$

变压器空载综合功率损耗 P_{OZ}（kW）的计算式为

$$P_{0ZA} = P_{0A} + K_Q Q_{0A} = 132.2\text{（kW）}$$

$$P_{0ZB} = P_{0B} + K_Q Q_{0B} = 124.84\text{（kW）}$$

变压器额定负载综合功率损耗 P_{kZ}（kW）的计算式为

$$P_{kZA} = P_{kA} + K_Q Q_{kA} = 663\text{（kW）}$$

$$P_{kZB} = P_{kB} + K_Q Q_{kB} = 649\text{（kW）}$$

$$\frac{P_{kZA}}{S_{rA}^2} = 2.95 \times 10^{-8} > \frac{P_{kZB}}{S_{rB}^2} = 2.54 \times 10^{-8}$$

因此按综合功率损耗经济运行时，变压器 A 和 B 技术特性优劣的临界视在功率为

$$S_{LZ} = \sqrt{\frac{P_{0ZA} - P_{0ZB}}{\dfrac{P_{kZB}}{S_{rB}^2} - \dfrac{P_{kZA}}{S_{rA}^2}}} = \text{j}42\,291\text{（kVA）}$$

因此 $P_{0ZA} > P_{0ZB}$，$\dfrac{P_{kZA}}{S_{rA}^2} > \dfrac{P_{kZB}}{S_{rB}^2}$ 时，解得 $S_{LZ} = \text{j}42\,291$（kVA）。容量大的变压器 B 技术特性优于容量小的变压器 A。所以此时在任何负载情况下都是容量大的变压器 B 运行经济。

例 3　两台容量分别为 31 500kVA 和 360 000kVA 的变压器，参数分别取自 GB/T 6451—2008 表 18 中的低压为 66kV 三相双绕组无励磁调压电力变压器和 GB/T 6451—2008 表 16 中的三相双绕组无励磁调压电力变压器，具体参数见表 11–8。

表 11–8　　变压器参数

	容量（kVA）	空载损耗（kW）	负载损耗（kW）	空载电流 I_0%	短路阻抗 U_k%
变压器 A	31 500	38	151	0.89	14
变压器 B	360 000	217	774	0.38	14

解：取无功经济当量 K_Q=0.01。

变压器在空载时电源侧的励磁功率（无功功率）Q_0（kvar）的计算式为

$$Q_{0A} \approx S_{0A} = I_{0A}\%S_{rA} \times 10^{-2} = 280.35\text{(kvar)}$$

$$Q_{0B} \approx S_{0B} = I_{0B}\%S_{rB} \times 10^{-2} = 1368\text{(kvar)}$$

变压器额定负载时所消耗的漏磁功率（无功功率）Q_k（kvar）的计算式为

$$Q_{kA} \approx S_{kA} = U_{kA}\%S_{rA} \times 10^{-2} = 4410\text{(kvar)}$$

$$Q_{kB} \approx S_{kB} = U_{kB}\%S_{rB} \times 10^{-2} = 50\,400\text{(kvar)}$$

变压器空载综合功率损耗 P_{0Z}（kW）的计算式为

$$P_{0ZA} = P_{0A} + K_Q Q_{0A} = 40.80\text{(kW)}$$

$$P_{0ZB} = P_{0B} + K_Q Q_{0B} = 230.68\text{(kW)}$$

变压器额定负载综合功率损耗 P_{kZ}（kW）的计算式为

$$P_{kZA} = P_{kA} + K_Q Q_{kA} = 195.1\text{(kW)}$$

$$P_{kZB} = P_{kB} + K_Q Q_{kB} = 1278\text{(kW)}$$

$$\frac{P_{kZA}}{S_{rA}^2} = 1.97 \times 10^{-7} > \frac{P_{kZB}}{S_{rB}^2} = 9.86 \times 10^{-9}$$

因此按综合功率损耗经济运行时，变压器 A 和 B 技术特性优劣的临界负载为

$$S_{LZ} = \sqrt{\frac{P_{0ZA} - P_{0ZB}}{\dfrac{P_{kZB}}{S_{rB}^2} - \dfrac{P_{kZA}}{S_{rA}^2}}} = 31\,885.3\text{(kVA)} > S_{rA}$$

因此 $P_{0ZA} < P_{0ZB}$，$\dfrac{P_{kZA}}{S_{rA}^2} > \dfrac{P_{kZB}}{S_{rB}^2}$ 时，解得 $S_{rA} < S_{LZ} = 31\,885.3\text{(kVA)} < S_{rB}$。此时，当 $S < S_{LZ} = 31\,885.3\text{(kVA)}$时，容量小的变压器 A 的技术特性优于容量大的变压器 B；当 $S > S_{LZ} = 31\,885.3\text{(kVA)}$时，容量大的变压器 B 的技术特性优于容量小的变压器 A。

11.3 容量相等的三绕组变压器间技术性能比较

双绕组变压器间的技术特性优劣的判定原则，也适用于三绕组变压器。但是，由于三绕组变压器的功率损耗计算公式不同于双绕组变压器。所以三绕组变压器间技术特性优劣的判断计算式也不同于双绕组变压器，应根据其功率损耗计算式重新推导。下面讨论三侧绕组容量相等 $S_{1r} = S_{2r} = S_{3r} = S_r$ 情况下，两台三绕组变压器之间的技术特性的比较。计算式中各侧绕组的额定容量，均用 S_r 代替 S_{1r}、S_{2r} 和 S_{3r}。

1. 按综合功率损耗最小的计算

由 1.3 节得到：

$$\Delta P = P_0 + \beta_1^2(P_{k1} + C_2^2 P_{k2} + C_3^2 P_{k3}) \tag{11-7}$$

对于三侧绕组容量相等的相同容量三绕组变压器 A 和变压器 B 的综合功率损耗的计

算式为

$$\Delta P_{ZA} = P_{0ZA} + \beta_1^2 (P_{kZ1A} + C_2^2 P_{kZ2A} + C_3^2 P_{kZ3A}) \tag{11-8}$$

$$\Delta P_{ZB} = P_{0ZB} + \beta_1^2 (P_{kZ1B} + C_2^2 P_{kZ2B} + C_3^2 P_{kZ3B}) \tag{11-9}$$

令 $\Delta P_{ZA} = \Delta P_{ZB}$，可得出三侧绕组容量相等的相同容量三绕组变压器间综合功率技术特性优劣判定的临界负载功率 S_{1LZ}（kVA）。

$$S_{1LZ} = S_r \times \sqrt{\frac{P_{0ZA} - P_{0ZB}}{P_{kZ1B} + C_2^2 P_{kZ2B} + C_3^2 P_{kZ3B} - P_{kZ1A} - C_2^2 P_{kZ2A} + C_3^2 P_{kZ3A}}} \tag{11-10}$$

2. 技术特性优劣判定

对容量相等的双绕组变压器间技术特性优劣判定的结论，原则上也适用于三侧绕组容量相等的相同容量三绕组变压器间技术特性优劣的判定。但不同之处在于：由于三绕组变压器的二次侧与三次侧负载可任意分配，即临界负载功率是负载分配系数的函数 $S_{LZ} = f(C_2)$，所以不同的 C_2 会有不同的 S_{LZ} 值。三绕组变压器间技术特性优劣判定的临界负载功率不是一个固定值。

3. 例题

例 1　实际参数分别取十二连城站 1 号主变压器（变压器 A）和宁达莱站 4 号主变压器（变压器 B），其技术参数见表 11–9，试判别两台变压器间的技术特性优劣。

表 11–9　　**三绕组变压器技术参数表**

S_N（kVA）	U_N（kV）	P_0（kW）	P_{k12}（kW）	P_{k23}（kW）	P_{k13}（kW）
240 000（变压器 A）	220/110/35	138.80	745.70	582.10	768.90
240 000（变压器 B）	220/110/35	140.00	636.09	489.90	695.74

S_N（kVA）	I_O%（%）	U_{k12}%（%）	U_{k23}%（%）	U_{k13}%（%）
240 000（变压器 A）	0.09	14.04	8.07	23.69
240 000（变压器 B）	0.10	13.85	7.98	23.62

解：取无功经济当量 K_Q=0.04。

变压器在空载时电源侧的励磁功率（无功功率）Q_0（kvar）的计算式为

$$Q_{0A} \approx S_{0A} = I_{0A}\% S_r \times 10^{-2} = 216\,(\text{kvar})$$

$$Q_{0B} \approx S_{0B} = I_{0B}\% S_r \times 10^{-2} = 240\,(\text{kvar})$$

变压器额定负载时所消耗的漏磁功率（无功功率）Q_k（kvar）的计算式为

$$\left.\begin{aligned} Q_{kA12} &\approx S_{kA12} = U_{kA12}\% S_r \times 10^{-2} = 33\,696\,(\text{kvar}) \\ Q_{kA13} &\approx S_{kA13} = U_{kA13}\% S_r \times 10^{-2} = 56\,856\,(\text{kvar}) \\ Q_{kA23} &\approx S_{kA23} = U_{kA23}\% S_r \times 10^{-2} = 19\,368\,(\text{kvar}) \end{aligned}\right\}$$

$$\left.\begin{aligned} Q_{kB12} &\approx S_{kB12} = U_{kB12}\% S_r \times 10^{-2} = 33\,240\,(\text{kvar}) \\ Q_{kB13} &\approx S_{KB13} = U_{kB13}\% S_r \times 10^{-2} = 56\,688\,(\text{kvar}) \\ Q_{kB23} &\approx S_{kB23} = U_{kB23}\% S_r \times 10^{-2} = 19\,152\,(\text{kvar}) \end{aligned}\right\}$$

各侧绕组短路损耗的计算式为

$$\left.\begin{aligned}P_{\mathrm{kA1}}&=\frac{P_{\mathrm{kA12}}+P_{\mathrm{kA31}}-P_{\mathrm{kA23}}}{2}=466.25(\mathrm{kW})\\P_{\mathrm{kA2}}&=\frac{P_{\mathrm{kA12}}+P_{\mathrm{kA23}}-P_{\mathrm{kA31}}}{2}=279.45(\mathrm{kW})\\P_{\mathrm{kA3}}&=\frac{P_{\mathrm{kA31}}+P_{\mathrm{kA23}}-P_{\mathrm{kA12}}}{2}=302.65(\mathrm{kW})\end{aligned}\right\}$$

$$\left.\begin{aligned}P_{\mathrm{kB1}}&=\frac{P_{\mathrm{kB12}}+P_{\mathrm{kB31}}-P_{\mathrm{kB23}}}{2}=420.97(\mathrm{kW})\\P_{\mathrm{kB2}}&=\frac{P_{\mathrm{kA12}}+P_{\mathrm{kB23}}-P_{\mathrm{kB31}}}{2}=215.13(\mathrm{kW})\\P_{\mathrm{kB3}}&=\frac{P_{\mathrm{kB31}}+P_{\mathrm{kB23}}-P_{\mathrm{kB12}}}{2}=274.78(\mathrm{kW})\end{aligned}\right\}$$

各侧绕组的额定负载的漏磁功率为

$$\left.\begin{aligned}Q_{\mathrm{kA1}}&=\frac{Q_{\mathrm{kA12}}+Q_{\mathrm{kA31}}-Q_{\mathrm{kA23}}}{2}=35\,592(\mathrm{kvar})\\Q_{\mathrm{kA2}}&=\frac{Q_{\mathrm{kA12}}+Q_{\mathrm{kA23}}-Q_{\mathrm{kA31}}}{2}=-1896(\mathrm{kvar})\\Q_{\mathrm{kA3}}&=\frac{Q_{\mathrm{kA31}}+Q_{\mathrm{kA23}}-Q_{\mathrm{kA12}}}{2}=21\,264(\mathrm{kvar})\end{aligned}\right\}$$

$$\left.\begin{aligned}Q_{\mathrm{kB1}}&=\frac{Q_{\mathrm{kB12}}+Q_{\mathrm{kB31}}-Q_{\mathrm{kB23}}}{2}=35\,388(\mathrm{kvar})\\Q_{\mathrm{kB2}}&=\frac{Q_{\mathrm{kB12}}+Q_{\mathrm{kB23}}-Q_{\mathrm{kB31}}}{2}=-2148(\mathrm{kvar})\\Q_{\mathrm{kB3}}&=\frac{Q_{\mathrm{kB1}}+Q_{\mathrm{kB23}}-Q_{\mathrm{kB12}}}{2}=21\,300(\mathrm{kvar})\end{aligned}\right\}$$

变压器三相额定负载综合功率损耗 P_{kZ}（kW）的计算式为

$$\left.\begin{aligned}P_{\mathrm{kZA1}}&=P_{\mathrm{kA1}}+K_{\mathrm{Q}}Q_{\mathrm{kA1}}=1889.93(\mathrm{kW})\\P_{\mathrm{kZA2}}&=P_{\mathrm{kA2}}+K_{\mathrm{Q}}Q_{\mathrm{kA2}}=203.61(\mathrm{kW})\\P_{\mathrm{kZA3}}&=P_{\mathrm{kA3}}+K_{\mathrm{Q}}Q_{\mathrm{kA3}}=1153.21(\mathrm{kW})\end{aligned}\right\}$$

$$\left.\begin{aligned}P_{\mathrm{kZB1}}&=P_{\mathrm{kB1}}+K_{Q}Q_{\mathrm{kB1}}=1836.49(\mathrm{kW})\\P_{\mathrm{kZB2}}&=P_{\mathrm{kB2}}+K_{\mathrm{Q}}Q_{\mathrm{kB2}}=129.21(\mathrm{kW})\\P_{\mathrm{kZB3}}&=P_{\mathrm{kB3}}+K_{\mathrm{Q}}Q_{\mathrm{kB3}}=1126.78(\mathrm{kW})\end{aligned}\right\}$$

$$P_{\mathrm{kZ}}=P_{\mathrm{kZ1}}+C_2^2P_{\mathrm{kZ2}}+C_3^2P_{\mathrm{kZ3}}$$

在不同的分配系数 C_2 下有不同的三相额定负载综合功率损耗 P_{kZ}（kW），将其计算结果列于表 11–10。

表 11–10　　不同分配系数下变压器三相额定负载综合功率损耗

C_2	0	0.1	0.2	0.3	0.4
P_{kZA}	3043.14	2826.07	2636.13	2473.33	2337.66
P_{kZB}	2963.26	2750.46	2562.79	2400.23	2262.80

C_2	0.5	0.6	0.7	0.8	0.9	1.0
P_{kZA}	2229.14	2147.74	2093.49	2066.37	2066.39	2093.54
P_{kZB}	2150.48	2063.28	2001.21	1964.25	1952.41	1965.69

变压器空载综合功率损耗 P_{0Z}（kW）的计算式为

$$P_{0ZA} = P_{0A} + K_Q Q_{OA} = 147.44\text{（kW）}$$

$$P_{0ZB} = P_{0B} + K_Q Q_{OB} = 149.60\text{（kW）}$$

按综合功率经济运行时，变压器 A 和 B 之间技术优劣判定的临界负载功率 S_{LZ}（kVA）由式（11–10）得到。

在不同的分配系数 C_2 下，变压器 A 和 B 之间技术优劣判定的临界负载功率 S_{LZ}（kVA）计算结果见表 11–11。表 11–12 为不同分配系数下空载综合损耗和负载综合损耗之和。

表 11–11　　不同分配系数下临界负载功率

C_2	0	0.1	0.2	0.3	0.4
S_{LZ}	39 465.63	40 567.03	41 187.82	41 256.79	40 765.68

C_2	0.5	0.6	0.7	0.8	0.9	1.0
S_{LZ}	39 771.77	38 380.58	36 717.93	34 904.33	33 039.14	31 195.20

表 11–12　　不同分配系数下空载综合损耗和负载综合损耗之和

C_2	0	0.1	0.2	0.3	0.4
$P_{OZA}+P_{kZA}$	3190.58	2973.51	2783.57	2620.77	2485.10
$P_{OZB}+P_{kZB}$	3112.86	2900.06	2712.39	2549.83	2412.40

C_2	0.5	0.6	0.7	0.8	0.9	1.0
$P_{OZA}+P_{kZA}$	2376.58	2295.18	2240.93	2213.81	2213.83	2240.98
$P_{OZB}+P_{kZB}$	2300.08	2212.88	2150.81	2113.85	2102.01	2115.29

由以上计算结果表 11–12 可知，C_2 取值 0～1 之间，都满足 $P_{0ZA} < P_{0ZB}$ & $P_{kZA} > P_{kZB}$ & $P_{0ZA} + P_{kZA} > P_{0ZB} + P_{kZB}$ 的条件（属于第三种情况），此时 $S_{LZmax} = 41187.82\text{kVA}$，因此 $S_{LZ} < S_r = 240\,000\text{kVA}$，当 $S < S_{LZ}$，变压器 A 的技术特性优于变压器 B，当 $S > S_{LZ}$，变压器 B 的技术特性优于变压器 A。

例 2　实际参数分别取自山东车王站 1 号主变压器（变压器 A）和车王站 2 号主变压器（变压器 B），其参数见表 11–13，试判别两台变压器间的技术特性优劣。

表 11-13　　三绕组变压器技术参数表

S_r（kVA）	U_N（kV）	P_0（kW）	P_{k12}（kW）	P_{k23}（kW）	P_{k13}（kW）
180 000（变压器 A）	220/110/35	107.20	520.02	423.79	567.32
180 000（变压器 B）	220/110/35	117.50	636.01	519.37	641.52

S_r（kVA）	I_0%（%）	U_{k12}%（%）	U_{k23}%（%）	U_{k13}%（%）
180 000（变压器 A）	0.107	14.40	8.33	24.00
180 000（变压器 B）	0.23	13.45	8.03	23.52

解：取无功经济当量 K_Q=0.04。

变压器在空载时电源侧的励磁功率（无功功率）Q_0（kvar）的计算式为

$$Q_{0A} \approx S_{0A} = I_{0A}\%S_r \times 10^{-2} = 192.60(\text{kvar})$$

$$Q_{0B} \approx S_{0B} = I_{0B}\%S_r \times 10^{-2} = 414.00(\text{kvar})$$

变压器额定负载时所消耗的漏磁功率（无功功率）Q_k（kvar）的计算式为

$$\left.\begin{aligned} Q_{kA12} &\approx S_{kA12} = U_{kA12}\%S_r \times 10^{-2} = 25\,920(\text{kvar}) \\ Q_{kA13} &\approx S_{kA13} = U_{kA13}\%S_r \times 10^{-2} = 43\,200(\text{kvar}) \\ Q_{kA23} &\approx S_{kA23} = U_{kA23}\%S_r \times 10^{-2} = 14\,994(\text{kvar}) \end{aligned}\right\}$$

$$\left.\begin{aligned} Q_{kB12} &\approx S_{kB12} = U_{kB12}\%S_r \times 10^{-2} = 24\,210(\text{kvar}) \\ Q_{kB13} &\approx S_{kB13} = U_{kB13}\%S_r \times 10^{-2} = 42\,336(\text{kvar}) \\ Q_{kB23} &\approx S_{kB23} = U_{kB23}\%S_r \times 10^{-2} = 14\,454(\text{kvar}) \end{aligned}\right\}$$

各侧绕组短路损耗的计算式为

$$\left.\begin{aligned} P_{kA1} &= \frac{P_{kA12} + P_{kA31} - P_{kA23}}{2} = 331.78(\text{kW}) \\ P_{kA2} &= \frac{P_{kA12} + P_{kA23} - P_{kA31}}{2} = 188.24(\text{kW}) \\ P_{kA3} &= \frac{P_{kA31} + P_{kA23} - P_{kA12}}{2} = 235.55(\text{kW}) \end{aligned}\right\}$$

$$\left.\begin{aligned} P_{kB1} &= \frac{P_{kB12} + P_{kB31} - P_{kB23}}{2} = 379.08(\text{kW}) \\ P_{kB2} &= \frac{P_{kB12} + P_{kB23} - P_{kB31}}{2} = 256.93(\text{kW}) \\ P_{kB3} &= \frac{P_{kB31} + P_{kB23} - P_{kB12}}{2} = 262.44(\text{kW}) \end{aligned}\right\}$$

各侧绕组的额定负载的漏磁功率为

$$\left.\begin{aligned} Q_{kA1} &= \frac{Q_{kA12} + Q_{kA31} - Q_{kA23}}{2} = 27\,063(\text{kvar}) \\ Q_{kA2} &= \frac{Q_{kA12} + Q_{kA23} - Q_{kA31}}{2} = -1143(\text{kvar}) \\ Q_{kA3} &= \frac{Q_{kA31} + Q_{kA23} - Q_{kA12}}{2} = 16\,137(\text{kvar}) \end{aligned}\right\}$$

$$\left.\begin{aligned}Q_{kB1}&=\frac{Q_{kB12}+Q_{kB31}-Q_{kB23}}{2}=26\,046(\text{kvar})\\Q_{kB2}&=\frac{Q_{kB12}+Q_{kB23}-Q_{kB31}}{2}=-1836(\text{kvar})\\Q_{kB3}&=\frac{Q_{kB31}+Q_{kB23}-Q_{kB12}}{2}=16\,290(\text{kvar})\end{aligned}\right\}$$

变压器三相额定负载综合功率损耗 P_{kZ}（kW）的计算式为

$$\left.\begin{aligned}P_{kZA1}&=P_{kA1}+K_QQ_{kA1}=1414.30(\text{kW})\\P_{kZA2}&=P_{kA2}+K_QQ_{kA2}=142.52(\text{kW})\\P_{kZA3}&=P_{kA3}+K_QQ_{kA3}=881.03(\text{kW})\end{aligned}\right\}$$

$$\left.\begin{aligned}P_{kZB1}&=P_{kB1}+K_QQ_{kB1}=1420.92(\text{kW})\\P_{kZB2}&=P_{kB2}+K_QQ_{kB2}=183.49(\text{kW})\\P_{kZB3}&=P_{kB3}+K_QQ_{kB3}=914.04(\text{kW})\end{aligned}\right\}$$

$$P_{kZ}=P_{kZ1}+C_2^2P_{kZ2}+C_3^2P_{kZ3}$$

在不同的分配系数 C_2 下有不同的三相额定负载综合功率损耗 P_{kZ}（kW），将其计算结果见表 11–14。

表 11–14　　不同分配系数下变压器三相额定负载综合功率损耗

C_2	0	0.1	0.2	0.3	0.4
P_{kZA}	2295.32	2129.35	1983.85	1858.83	1754.27
P_{kZB}	2334.96	2163.13	2013.25	1885.31	1779.33

C_2	0.5	0.6	0.7	0.8	0.9	1.0
P_{kZA}	1670.18	1606.57	1563.43	1540.75	1538.55	1556.82
P_{kZB}	1695.30	1633.22	1593.09	1574.92	1578.69	1604.41

变压器空载综合功率损耗 P_{0Z}（kW）的计算式为

$$P_{0ZA}=P_{0A}+K_QQ_{0A}=114.90(\text{kW})$$

$$P_{0ZB}=P_{0B}+K_QQ_{0B}=134.06(\text{kW})$$

按综合功率经济运行时，变压器 A 和 B 之间技术优劣判定的临界负载功率 S_{LZ}（kVA）由式（11–10）得到。

在不同的分配系数 C_2 下，变压器 A 和 B 之间技术优劣判定的临界负载功率 S_{LZ}（kVA）计算结果见表 11–15。

表 11–15　　不同分配系数下临界负载功率

C_2	0	0.1	0.2	0.3	0.4
S_{LZ}	j125 135.35	j135 561.86	j145 318.92	j153 076.50	j157 364.46

C_2	0.5	0.6	0.7	0.8	0.9	1.0
S_{LZ}	j157 189.58	j152 595.06	j144 634.05	j134 784.69	j124 350.05	j114 197.85

由以上计算结果知，无论负载系数处于什么范围，都有 $P_{0ZA} < P_{0ZB}$ & $P_{kZA} < P_{kZB}$（属于第一种情况），此时 $S_{LZ} = j\alpha$（虚根），因此，变压器 A 的技术特性优于变压器 B。

11.4　容量不相等的三绕组变压器间技术性能比较

1. 按综合功率损耗最小的计算

三侧绕组容量相等不同容量的三绕组变压器有功功率损耗计算式为

$$\Delta P_A = P_{0A} + \left(\frac{S_1}{S_{rA}}\right)^2 (P_{k1A} + C_2^2 P_{k2A} + C_3^2 P_{k3A}) \quad (11\text{–}11)$$

$$\Delta P_B = P_{0B} + \left(\frac{S_1}{S_{rB}}\right)^2 (P_{k1B} + C_2^2 P_{k2B} + C_3^2 P_{k3B}) \quad (11\text{–}12)$$

令 $\Delta P_A = \Delta P_B$，对上二式联例求解，可得出三侧绕组容量相等不同容量三绕组变压器间综合功率技术特性优劣判定的临界负载功率 S_{LZ}（kVA）为

$$S_{LZ} = \sqrt{\frac{P_{0ZA} - P_{0ZB}}{\dfrac{P_{kZB1} + C_2^2 P_{kZB2} + C_3^2 P_{kZB3}}{S_{rB}^2} - \dfrac{P_{kZA1} + C_2^2 P_{kZA2} + C_3^2 P_{kZA3}}{S_{rA}^2}}} \quad (11\text{–}13)$$

2. 技术特性优劣的判定

对容量不同的双绕组变压器技术特性优劣判定的结论，原则上也适用于三侧绕组容量相等或不等的三绕组变压器间技术特性优劣的判定。但三绕组变压器间技术特性优劣的临界负载 S_{1LZ} 不是一个固定点，而是一条曲线 $S_{LZ} = f(C_2)$。

3. 例题

例 1　有两台三侧容量相等额定容量不等的变压器 A 和变压器 B，其技术参数见表 11–16。判别两台变压器间的技术特性优劣。

表 11–16　　三绕组变压器技术参数表

S_r（kVA）	U_N（kV）	P_0（kW）	P_{k12}（kW）	P_{k23}（kW）	P_{k13}（kW）
150 000（变压器 A）	220/110/35	181.50	796.50	540.00	711.00
180 000（变压器 B）	220/110/35	116.36	578.89	484.96	609.25

S_r（kVA）	I_O%（%）	U_{k12}%（%）	U_{k23}%（%）	U_{k13}%（%）
150 000（变压器 A）	0.57	23.30	8.13	14.13
180 000（变压器 B）	0.17	13.66	7.97	23.31

解：取无功经济当量 K_Q=0.04。

变压器在空载时电源侧的励磁功率（无功功率）Q_0（kvar）的计算式为

$$Q_{0A} \approx S_{0A} = I_{0A}\% S_r \times 10^{-2} = 859.50\text{（kvar）}$$

$$Q_{0B} \approx S_{0B} = I_{0B}\% S_r \times 10^{-2} = 306\text{（kvar）}$$

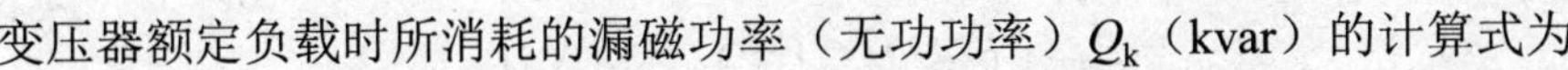

变压器额定负载时所消耗的漏磁功率（无功功率）Q_k（kvar）的计算式为

$$\left.\begin{aligned} Q_{kA12} &\approx S_{kA12} = U_{kA12}\%S_{rA}\times 10^{-2} = 34\,951.50\text{(kvar)} \\ Q_{kA13} &\approx S_{kA13} = U_{kA13}\%S_{rA}\times 10^{-2} = 21195.00\text{(kvar)} \\ Q_{kA23} &\approx S_{kA23} = U_{kA23}\%S_{rA}\times 10^{-2} = 12\,195.00\text{(kvar)} \end{aligned}\right\}$$

$$\left.\begin{aligned} Q_{kB12} &\approx S_{kB12} = U_{kB12}\%S_{rB}\times 10^{-2} = 24\,588\text{(kvar)} \\ Q_{kB13} &\approx S_{kB13} = U_{kB13}\%S_{rB}\times 10^{-2} = 41\,958\text{(kvar)} \\ Q_{kB23} &\approx S_{kB23} = U_{kB23}\%S_{rB}\times 10^{-2} = 14\,346\text{(kvar)} \end{aligned}\right\}$$

各侧绕组短路损耗的计算式为

$$\left.\begin{aligned} P_{kA1} &= \frac{P_{kA12}+P_{kA31}-P_{kA23}}{2} = 483.75\text{(kW)} \\ P_{kA2} &= \frac{P_{kA12}+P_{kA23}-P_{kA31}}{2} = 312.75\text{(kW)} \\ P_{kA3} &= \frac{P_{kA31}+P_{kA23}-P_{kA12}}{2} = 227.25\text{(kW)} \end{aligned}\right\}$$

$$\left.\begin{aligned} P_{kB1} &= \frac{P_{kB12}+P_{kB31}-P_{kB23}}{2} = 351.59\text{(kW)} \\ P_{kB2} &= \frac{P_{kB12}+P_{kB23}-P_{kB31}}{2} = 227.30\text{(kW)} \\ P_{kB3} &= \frac{P_{kB31}+P_{kB23}-P_{kB12}}{2} = 257.66\text{(kW)} \end{aligned}\right\}$$

各侧绕组的额定负载的漏磁功率为

$$\left.\begin{aligned} Q_{kA1} &= \frac{Q_{kA12}+Q_{kA31}-Q_{kA23}}{2} = 21\,975.75\text{(kvar)} \\ Q_{kA2} &= \frac{Q_{kA12}+Q_{kA23}-Q_{kA31}}{2} = 12\,975.75\text{(kvar)} \\ Q_{kA3} &= \frac{Q_{kA31}+Q_{kA23}-Q_{kA12}}{2} = -780.75\text{(kvar)} \end{aligned}\right\}$$

$$\left.\begin{aligned} Q_{kB1} &= \frac{Q_{kB12}+Q_{kB31}-Q_{kB23}}{2} = 26\,100\text{(kvar)} \\ Q_{kB2} &= \frac{Q_{kB12}+Q_{kB23}-Q_{kB31}}{2} = -1512\text{(kvar)} \\ Q_{kB3} &= \frac{Q_{kB31}+Q_{kB23}-Q_{kB12}}{2} = 15\,858\text{(kvar)} \end{aligned}\right\}$$

变压器三相额定负载综合功率损耗 P_{kZ}（kW）的计算式为

$$\left.\begin{aligned} P_{kZA1} &= P_{kA1} + K_Q Q_{kA1} = 1362.78\text{(kW)} \\ P_{kZA2} &= P_{kA2} + K_Q Q_{kA2} = 831.78\text{(kW)} \\ P_{kZA3} &= P_{kA3} + K_Q Q_{kA3} = 196.02\text{(kW)} \end{aligned}\right\}$$

$$\left.\begin{aligned}P_{kZB1}&=P_{kB1}+K_QQ_{kB1}=1395.59(kW)\\P_{kZB2}&=P_{kB2}+K_QQ_{kB2}=166.82(kW)\\P_{kZB3}&=P_{kB3}+K_QQ_{kB3}=891.98(kW)\end{aligned}\right\}$$

$$P_{kZ}=P_{kZ1}+C_2^2P_{kZ2}+C_3^2P_{kZ3}$$

在不同的分配系数 C_2 下有不同的三相额定负载综合功率损耗 P_{kZ}（kW），将其计算结果列于表 11–17。

表 11–17　　不同分配系数下变压器三相额定负载综合功率损耗

C_2	0	0.1	0.2	0.3	0.4
P_{kZA}	1558.80	1529.87	1521.50	1533.69	1566.43
P_{kZB}	2287.57	2119.76	1973.13	1847.67	1743.39

C_2	0.5	0.6	0.7	0.8	0.9	1.0
P_{kZA}	1619.73	1693.58	1787.99	1902.96	2038.48	2194.56
P_{kZB}	1660.29	1598.36	1557.61	1538.03	1539.63	1562.41

变压器空载综合功率损耗 P_{0Z}（kW）的计算式为

$$P_{0ZA}=P_{0A}+K_QQ_{0A}=215.88(kW)$$

$$P_{0ZB}=P_{0B}+K_QQ_{0B}=128.60(kW)$$

按综合功率经济运行时，变压器 A 和 B 之间技术优劣判定的临界负载功率 S_{LZ}（kVA）由式（11–16）得到。

在不同的分配系数 C_2 下，变压器 A 和 B 之间技术优劣判定的临界负载功率 S_{LZ}（kVA）计算结果列于表 11–18。

表 11–18　　不同分配系数下临界负载功率

C_2	0	0.1	0.2	0.3	0.4
S_{LZ}	256.75	j184.30	j113.94	j88.53	j74.29
所属类别	8	6	6	6	6

C_2	0.5	0.6	0.7	0.8	0.9	1.0
S_{LZ}	j64.86	j58.01	j52.73	j48.50	j45.01	j42.07
所属类别	6	6	6	6	6	6

由以上计算结果可知，

1）当 $C_2=0$ 时，$P_{0ZA}>P_{0ZB}$，$\frac{P_{kZA}}{S_{rA}^2}<\frac{P_{kZB}}{S_{rB}^2}$，解得 $S_{LZ}<S_{rA}$，属于第 8 种情况，此时，当 $S<S_{LZ}$ 时，容量大的变压器 B 的技术特性优于容量小的变压器 A；当 $S>S_{LZ}$ 时，容量小的变压器 A 的技术特性优于容量大的变压器 B；当 $S_{rA}<S<S_{rB}$ 时变压器 A 已经超载，只能使用容量大的变压器 B。

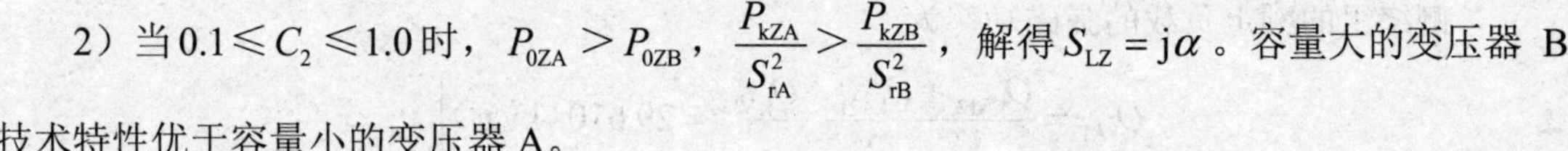

2）当 $0.1 \leqslant C_2 \leqslant 1.0$ 时，$P_{0ZA} > P_{0ZB}$，$\dfrac{P_{kZA}}{S_{rA}^2} > \dfrac{P_{kZB}}{S_{rB}^2}$，解得 $S_{LZ} = j\alpha$。容量大的变压器 B 技术特性优于容量小的变压器 A。

例 2　有两台三侧容量相等不同容量的变压器 A 和变压器 B，其技术参数见表 11–19。判别两台变压器间的技术特性优劣。

表 11–19　　三绕组变压器技术参数表

S_r（kVA）	U_N（kV）	P_0（kW）	P_{k12}（kW）	P_{k23}（kW）	P_{k13}（kW）
200 000（变压器 A）	220/110/35	95.20	592.40	490.80	596.80
240 000（变压器 B）	220/110/35	136.40	536.26	440.06	616.90

S_r（kVA）	I_0%（%）	U_{k12}%（%）	U_{k23}%（%）	U_{k13}%（%）
200 000（变压器 A）	0.07	13.81	8.81	24.61
240 000（变压器 B）	0.10	19.81	9.28	30.64

解：取无功经济当量 K_Q=0.04。

变压器在空载时电源侧的励磁功率（无功功率）Q_0（kvar）的计算式为

$$Q_{0A} \approx S_{0A} = I_{0A}\% S_r \times 10^{-2} = 140 \text{（kvar）}$$

$$Q_{0B} \approx S_{0B} = I_{0B}\% S_r \times 10^{-2} = 240 \text{（kvar）}$$

变压器额定负载时所消耗的漏磁功率（无功功率）Q_k（kvar）的计算式为

$$\left.\begin{aligned} Q_{kA12} &\approx S_{kA12} = U_{kA12}\% S_r \times 10^{-2} = 27\,620 \text{（kvar）} \\ Q_{kA13} &\approx S_{kA13} = U_{kA13}\% S_r \times 10^{-2} = 49\,220 \text{（kvar）} \\ Q_{kA23} &\approx S_{kA23} = U_{kA23}\% S_r \times 10^{-2} = 17\,620 \text{（kvar）} \end{aligned}\right\}$$

$$\left.\begin{aligned} Q_{kB12} &\approx S_{kB12} = U_{kB12}\% S_r \times 10^{-2} = 47\,544 \text{（kvar）} \\ Q_{kB13} &\approx S_{kB13} = U_{kB13}\% S_r \times 10^{-2} = 73\,536 \text{（kvar）} \\ Q_{kB23} &\approx S_{kB23} = U_{kB23}\% S_r \times 10^{-2} = 22\,272 \text{（kvar）} \end{aligned}\right\}$$

各侧绕组短路损耗的计算式为

$$\left.\begin{aligned} P_{kA1} &= \frac{P_{kA12} + P_{kA31} - P_{kA23}}{2} = 349.20 \text{（kW）} \\ P_{kA2} &= \frac{P_{kA12} + P_{kA23} - P_{kA31}}{2} = 243.20 \text{（kW）} \\ P_{kA3} &= \frac{P_{kA31} + P_{kA23} - P_{kA12}}{2} = 247.60 \text{（kW）} \end{aligned}\right\}$$

$$\left.\begin{aligned} P_{kB1} &= \frac{P_{kB12} + P_{kB31} - P_{kB23}}{2} = 356.54 \text{（kW）} \\ P_{kB2} &= \frac{P_{kB12} + P_{kB23} - P_{kB31}}{2} = 179.71 \text{（kW）} \\ P_{kB3} &= \frac{P_{kB31} + P_{kB23} - P_{kB12}}{2} = 260.35 \text{（kW）} \end{aligned}\right\}$$

各侧绕组的额定负载的漏磁功率为

$$\left.\begin{aligned}Q_{kA1}&=\frac{Q_{kA12}+Q_{kA31}-Q_{kA23}}{2}=29\,610(\text{kvar})\\Q_{kA2}&=\frac{Q_{kA12}+Q_{kA23}-Q_{kA31}}{2}=-1990(\text{kvar})\\Q_{kA3}&=\frac{Q_{kA31}+Q_{kA23}-Q_{kA12}}{2}=19\,610(\text{kvar})\end{aligned}\right\}$$

$$\left.\begin{aligned}Q_{kB1}&=\frac{Q_{kB12}+Q_{kB31}-Q_{kB23}}{2}=49\,404(\text{kvar})\\Q_{kB2}&=\frac{Q_{kB12}+Q_{kB23}-Q_{kB31}}{2}=-1860(\text{kvar})\\Q_{kB3}&=\frac{Q_{kB31}+Q_{kB23}-Q_{kB12}}{2}=24\,132(\text{kvar})\end{aligned}\right\}$$

变压器三相额定负载综合功率损耗 P_{KZ}（kW）的计算式为

$$\left.\begin{aligned}P_{kZA1}&=P_{kA1}+K_QQ_{kA1}=1533.6(\text{kW})\\P_{kZA2}&=P_{kA2}+K_QQ_{kA2}=163.6(\text{kW})\\P_{kZA3}&=P_{kA3}+K_QQ_{kA3}=1032(\text{kW})\end{aligned}\right\}$$

$$\left.\begin{aligned}P_{kZB1}&=P_{kB1}+K_QQ_{kB1}=2332.7(\text{kW})\\P_{kZB2}&=P_{kB2}+K_QQ_{kB2}=105.31(\text{kW})\\P_{kZB3}&=P_{kB3}+K_QQ_{kB3}=1225.63(\text{kW})\end{aligned}\right\}$$

在不同的分配系数 C_2 下有不同的三相额定负载综合功率损耗 P_{kZ}（kW），将其计算结果列于表 11–20。

表 11–20　　不同分配系数下变压器三相额定负载综合功率损耗

C_2	0	0.1	0.2	0.3	0.4
P_{kZA}	2565.60	2371.16	2200.62	2054.00	1931.30
P_{kZB}	3558.34	3326.52	3121.32	2942.74	2790.78

C_2	0.5	0.6	0.7	0.8	0.9	1.0
P_{kZA}	1832.50	1757.62	1706.64	1679.58	1676.44	1697.20
P_{kZB}	2665.44	2566.72	2494.61	2449.13	2430.26	2438.02

变压器空载综合功率损耗 P_{0Z}（kW）的计算式为

$$P_{0ZA}=P_{0A}+K_QQ_{0A}=100.80(\text{kW})$$

$$P_{0ZB}=P_{0B}+K_QQ_{0B}=146(\text{kW})$$

按综合功率经济运行时，变压器 A 和 B 之间技术优劣判定的临界负载功率 S_{LZ}（kVA）由式（11–16）得到。

在不同的分配系数 C_2 下，变压器 A 和 B 之间技术优劣判定的临界负载功率 S_{LZ}（kVA）计算结果列于表 11–21。

表 11–21　　不同分配系数下临界负载功率

C_2	0	0.1	0.2	0.3	0.4
S_{LZ}	138.3	172.06	233.93	416.28	j517.67
所属类别	3	3	3	3	1

C_2	0.5	0.6	0.7	0.8	0.9	1.0
S_{LZ}	j312.62	j269.86	j265.10	j292.03	j400.95	661.38
所属类别	1	1	1	1	2	3

由以上计算结果可知，

1）当 $0 \leqslant C_2 \leqslant 0.3$ 或 $C_2 = 1.0$ 时，$P_{0ZA} < P_{0ZB}$，$\dfrac{P_{kZA}}{S_{rA}^2} > \dfrac{P_{kZB}}{S_{rB}^2}$，解得 $S_{LZ} < S_{rA}$，此时，当 $S < S_{LZ}$ 时，容量小的变压器 A 技术特性优于容量大的变压器 B；当 $S > S_{LZ}$ 时，容量大的变压器 B 技术特性优于容量小的变压器 A；这类情况比较普遍。

2）当 $0.4 \leqslant C_2 \leqslant 0.9$ 时，$P_{0ZA} < P_{0ZB}$，$\dfrac{P_{kZA}}{S_{rA}^2} < \dfrac{P_{kZB}}{S_{rB}^2}$，解得 $S_{LZ} = \mathrm{j}\alpha$，属于第 1 种情况，$\Delta P_{ZA} = f(S)$ 与 $\Delta P_{ZB} = f(S)$ 两条曲线无交点。容量小的变压器 A 技术特性优于容量大的变压器 B。此时只有容量小的变压器 A 满载之后，才切换容量大的变压器 B 运行。

11.5　优化运行后的节能效果计算

设有 A、B 两台变压器，变压器 B 的技术特性优于变压器 A。

（1）均为双绕组变压器，在输送相同功率 S 的条件下，变压器 B 运行比变压器 A 运行时节约的有功功率为 $\Delta\Delta P$ 为

$$\Delta\Delta P = P_{0B} - P_{0A} + S^2\left(\frac{P_{kB}}{S_{rB}^2} - \frac{P_{kA}}{S_{rA}^2}\right) \tag{11–14}$$

（2）均为三侧绕组容量相等的三绕组变压器，A、B 变压器的运行条件完全一样，三侧绕组输送功率分别为 S_1、S_2、S_3，变压器 B 运行比变压器 A 运行时节约的有功功率 $\Delta\Delta P$ 为

$$\Delta\Delta P = P_{0B} - P_{0A} + S_1^2\left(\frac{P_{k1B}}{S_{rB}^2} - \frac{P_{k1A}}{S_{rA}^2}\right) + S_2^2\left(\frac{P_{k2B}}{S_{rB}^2} - \frac{P_{k2A}}{S_{rA}^2}\right) + S_3^2\left(\frac{P_{k3B}}{S_{rB}^2} - \frac{P_{k3A}}{S_{rA}^2}\right) \tag{11–15}$$

参 考 文 献

[1] 陈珩. 电力系统稳态分析. 2 版. 北京：中国电力出版社，2007.
[2] 韩桢祥. 电力系统分析. 3 版. 杭州：浙江大学出版社，2005.
[3] 电力工业部西北电力设计院. 电力工程电气设备手册（电气一次部分）. 北京：中国电力出版社，1998.
[4] 电力工业部电力规划设计总院. 电力系统设计手册. 北京：中国电力出版社. 1998.
[5] 胡景生. 变压器经济运行. 北京：机械工业出版社. 2007.
[6] 牛迎水. 变压器最优能效技术与节能管理. 北京：中国电力出版社，2016.
[7] 李汉香，刘丽平. 具有非标准变比变压器的参数计算. 电网技术，1999（12）.
[8] 刘丽平，等. 特高压交流示范工程实际运行线损评估. 电网技术增刊，2014（8）.